航空发动机燃油控制系统
典型零组件失效与预防

主　编　黄朝辉
主　审　邓卫华　袁君勤

国防工业出版社

·北京·

内 容 简 介

本书从燃油控制系统附件在航空飞行器中具有特殊的重要地位出发,以机械装备失效分析技术为先导,本着实用的原则,紧密结合企业关于燃油控制系统附件产品几十年生产实际,重点总结和介绍了典型零部件在制造、试验、使用中出现的失效案例及其分析和预防。内容包括航空发动机燃油控制系统附件概述、机械失效的基本概念与失效致因、机械零部件失效分析的思路和方法、燃油控制系统附件典型零部件的失效与预防、燃油控制系统附件的质量保证与可靠性增长、燃油控制系统附件典型失效分析报告等内容。

本书可供从事失效分析、产品设计、机械制造、材料研究、可靠性分析等方面的人员学习与借鉴。

图书在版编目(CIP)数据

航空发动机燃油控制系统典型零组件失效与预防/
黄朝辉主编. —北京:国防工业出版社,2015.5
ISBN 978-7-118-10125-6

Ⅰ.①航… Ⅱ.①黄… Ⅲ.①航空发动机—燃油系统
—控制系统—机械元件—失效分析 Ⅳ.①V233.2

中国版本图书馆 CIP 数据核字(2015)第 098128 号

※

国防工业出版社出版发行
(北京市海淀区紫竹院南路23号 邮政编码100048)
北京嘉恒彩色印刷有限责任公司
新华书店经售
*
开本710×1000 1/16 印张22¾ 字数445千字
2015年5月第1版第1次印刷 印数1—2000册 定价78.00元

(本书如有印装错误,我社负责调换)

国防书店:(010)88540777 发行邮购:(010)88540776
发行传真:(010)88540755 发行业务:(010)88540717

编审委员会

序

　　航空发动机是"飞机的心脏",属国家战略装备,是促进航空事业发展的重要推动力。航空发动机控制系统被誉为发动机的"大脑",是决定航空发动机性能的关键功能系统,在航空发动机的发展中占有举足轻重的地位。航空发动机控制系统的功用是在飞机整个飞行包线内,自动调节控制发动机在各种工作状态下的燃油供给、可变几何气流通道适应性变化等,以保证发动机安全、可靠、稳定工作,获取最佳使用性能。

　　航空发动机控制系统发展的历史,是从简单的开环机械液压系统起步,发展到复杂的闭环机械液压系统,到目前先进发动机普遍装备的全权限数字式电子控制系统(FADEC),成为以高度复杂的集现代先进光、机、电、信息与控制技术为一体的高技术产品。现役飞机发动机仍然大量采用机械液压控制系统,即使是在以 FADEC 系统为主流的现代发动机上,机械液压装置也作为执行部件和备份控制器发挥关键作用,其工作的可靠性直接关系到飞机、发动机的技术和战术性能、寿命、可靠性及安全性。这些产品一旦发生故障,对发动机的工作将产生严重影响,甚至引起重大飞行事故。因此,对航空发动机控制系统失效与预防的研究和总结,就更显其必要和重要性。

　　红林机械有限公司属中航工业集团以制造航空发动机机械液压控制系统为主要产品的专业化骨干企业。自 20 世纪 60 年代以来,为航空发动机配套生产了多型机械液压控制系统,为航空武器装备发展发挥了重要作用。总结整个红林公司生产发展的历程,一个主要经验就是坚持不懈地与机械液压控制系统失效进行斗争,其主要过程和成果形成了这本专著《航空发动机燃油控制系统典型零组件失效与预防》。该书立足于企业科研和生产实践的沃土,本着以史为鉴的原则,梳理和总结了发动机机械液压控制系统在生产、使用全寿命中的经验和教训,总结了航空发动机控制系统失效与预防的规律,是实现知识经验显性化、体系化和有效传承的一项基础性、长远性和全局性的科学工程,对于企业,乃至整个发动机行业具有很强的借鉴、启发和指导作用。

该书内容丰富,信息量大。全书收录了大量关于航空发动机械液压机控制系统的典型失效案例,并采用失效分析学的科学思路和方法对其进行分析研究和总结,从而找出失效的机理和原因。书中对案例的预防措施是以围绕提高产品可靠性为目的,涉及实际科研和生产链的诸多方面,既有以往宝贵经验的沉淀与传承,又有带前瞻性的新技术新理念的跟踪与应用,图文并茂,实用性强。全书的显著特点之一就是具有平实、丰厚和鲜明的工程实践性。实践可以出真知灼见、接地气更显生命活力。有理由相信,该书的出版,将为支撑航空发动机控制系统的发展起到很好的作用。

甘晓华

2015 年 3 月 18 日

前　言

　　航空发动机燃油控制系统被称为"飞机心脏的心脏",它在发动机系统中起到举足轻重的作用。燃油控制系统零部件的失效,将直接影响到产品交付,影响到零部件和发动机的正常工作,轻者导致零部件、发动机寿命降低,重者将导致工作异常、空中停车、甚至造成等级事故,给企业、军队和国家带来重大损失。因此,开展航空发动机燃油控制系统典型零部件失效分析工作不仅具有重大的经济意义、社会意义,而且具有重大的战略意义和政治意义。

　　本书由中航工业贵州红林机械有限公司科技委组织编写,从燃油控制系统附件在航空飞行器中具有特殊的重要地位出发,以机械设备失效分析技术为先导,本着实用的原则,紧密结合公司燃油控制系统附件产品几十年科研生产实际,重点总结和介绍了典型零部件在设计、制造、试验和使用中出现的失效案例及其分析和预防。

　　全书共分6章,第1章由程文军、黄朝辉撰写,参与这一部分编写工作的还有王毅力、黄森、吴刚胜,第2章、第3章、第4章由黄朝辉撰写,参与这一部分编写工作的还有王俊、李璠,第5章由尚树红、刘安用、黄森撰写,第6章由黄朝辉、罗斌、邹品文等撰写。黄朝辉负责全书的统稿,吴刚胜负责全书的文字和图表整理工作,邓卫华、袁君勤负责全书的审定。

　　因航空发动机燃油控制系统结构复杂、零部件种类繁多,失效模式和原因多种多样,本书仅针对燃油控制系统附件曾经出现的失效选取典型案例进行阐述,分析技术均基于目前掌握的技术基础,不当之处,敬请读者不吝指正。

　　中国工程院甘晓华院士在百忙之中为本书作序,谨致由衷感谢!公司设计、工艺、质量、服务保障等部门和廖雪峰、杨俊、岳朝江、董鸣、李剑、陈羿、章蓓、李卫东、周晓红、梅婷、唐华、江浩、陈秀义、杨旭江、赵猛、郑晓莉、周湘、郭湘等个人为本书编撰提供了相关素材,谨表感谢!

编审委员会

2014 年 12 月 31 日

目　录

绪　论

高度现代化的航空装备要求具有高机动性、多功能、拥有卓越的飞行技术性能和更加完善的机载设备系统。航空发动机是飞机的心脏，其性能决定了作战飞机的飞行速度、飞行高度、作战半径和有效载荷，直接影响飞机的作战使用性能和飞行安全。航空发动机的工作环境参数要靠发动机控制系统敏感元件感受，各种工作状态要靠燃油控制系统来实现，各种工作极限要靠燃油控制系统来保证，发动机的控制可靠性也要靠燃油控制系统来支撑。因而，航空发动机控制系统既是发动机的中枢神经，又是发动机的心脏。随着飞机、发动机的发展，对发动机控制也提出了更高的要求，需要监视和控制的参数越来越多，控制回路不断增加，这些变量相互关联、相互影响，必须协调控制。而且随着发动机控制和飞机系统之间联系的增加以及状态监视、故障诊断、参数显示等功能的扩充，飞机发动机一体化控制的要求不断提高。燃油控制系统附件担负着自动调节供给发动机主燃油室、加力燃烧室在起动、慢车、加减速、巡航、中间、最大等工作状态下所需要的燃油，并能通过各种敏感、放大、执行等元件来实现飞机飞行状态的调节。其工作的可靠性直接关系到飞机的技、战术性能、寿命、可靠性及安全。燃油泵－调节器一旦发生故障，对发动机的工作将产生严重影响，甚至引起重大飞行事故。

诞生于 20 世纪末并在 21 世纪得到飞速发展的航空运载装备，在给人们带来极大便利的同时，也引发过一些悲惨的空难事件。如英国"彗星号"客机的失事，美国 F-111 军用飞机机翼断裂，"挑战者号"航天飞机空中爆炸，我国图-154 飞机西安"6.6"空中解体等。这些悲剧一次又一次地告诉人们：质量与可靠性是航空工业的生命！

根据美国空军材料实验室的统计，在 1963—1979 年间发生的 3828 起飞行事故中，发动机结构故障引起的飞行事故占了近 50%，其中燃油系统故障 20%；对我国现役四型发动机的调查统计，在全部停车事故中，有 40% 是由于发动机结构故障所致，其中燃油系统故障占 10%。许多结构故障造成严重后果，引起重大飞行事故，乃至飞机全线停飞。据我国 1966 年对 WP-5 发动机的故障统计，大约有 51.2% 的故障是由于燃油系统故障所引起的。在所统计的一、二等飞行事故中，由燃油系统所引起的占 54.4% 之多。又据我国航空发动机工业，三十余年来，对涡喷、涡扇、涡桨等六种现役飞机，在生产使用中发生的故障现象进行统计与分析。其中附件控制系统故障率也比较高，约占发动机总故障的 20%，主要反映在附件结构强度、疲劳故障、管路系统、调节控制系统等。可见，燃油调节系统具有故障率高、事故率高的特殊性。一般性故障，影响工厂及配套厂生产与使用，造成经济损失。严重故障，导致飞行事故，带来血的教训，造成重大的社会影响，尤其是对于现代航空发动机，在强调产品可靠性、维修性、测试性、保障性、安全性和环境适应性的"六性"要求下，为确保发动机的安全与可靠，研究发动机燃油调节系统的故障规律，提高可靠性，成为更加迫切的工作任务。

众所周知，航空业是一个高科技、高投入、高风险的特殊行业。航空器产品的设计思想、制造技术、使用维修理念都是在一次又一次同失效做斗争中发展成熟起来的，是用高昂的代价甚至用鲜血和生命为航空可靠性工作者敲响的警钟。随着军工航空技术的迅速发展及现代战争的需要，对航空发动机的性能参数、稳定工作裕度、寿命及可靠性等要求越来越高，特别是为了现代战争需要，对发动机的转速、推力、推重比等要求，使得对发动机燃油控制系统附件随之提出了相应的高要求。其技术也将向功能多样化、系统集成化、体积微小化、系统网络化等方向发展。因此，军工航空产品的可靠性和安全性更是世人瞩目，对它的质量管理和控制也就愈加重要。

失效分析与预防工作是质量可靠性系统工程中的主要内容之一。可见，编写本书，更好地总结航空发动机燃油控制系统附件失效与预防的规律，以史为鉴，可以为上述质量危机管理提供有效的技术支持。

经过多年改革开放，中国的经济进入了从粗放发展阶段转向创新驱动的科学发展"新常态"。近年来发生的诸多战争以无可辩驳的事实告诉世人，现代战争是武器装备的较量，是科学技术的较量。空中力量作为现代化战争的核心力量，夺取制空权就成为现代化战争取胜的关键。纵观我国航空发动机六十多年的发展历程，从无到有、从修理到制造、从测仿到自行设计，取得了较大进步，但与先进国家相比，技术、规模、管理都存在着很大差距，而且这种差距还在进一步拉大。中国航空发动机从最初仿制、改进改型到今天可以进入独立自主的设计制造高性能航空发动机，走过了一条十分艰辛的发展道路。对航空发动机研制规律的认识之路也走得很不容易。好在我们已经在快马加鞭，在明确差距的基础上，审时度势，有计划、有步骤地实施"整合、凝聚、创新、卓越"的大集团战略，努力在世界发动机行业占有一席之地的整合目标。就发动机燃油控制系统而言，也相应提出了"构筑与发动机相对独立的科研生产联合体，统一组织发动机机械液压控制和数控系统的研制、试验和生产"的整合思路，通过整合有限航空发动机控制系统产品科研生产资源，达到科研牵头、理顺关系、变革管理、振兴控制的目的。

现在，经过改革开放，在实现中华民族伟大复兴的中国梦的大潮中，我国致力于开发国产高性能航空发动机，用于装备军用飞机的战略方向已经明晰，这是时代给出的命题和责任。航空发动机是国家加快实施创新驱动发展战略、打造新引擎、推动产业结构迈向中高端需要大力培育和发展的新兴产业重大项目。习近平主席在 2014 年 12 月 3 日召开的全军装备工作会议上讲话强调指出："武器装备是军队现代化的重要标志,是国家安全和民族复兴的重要支撑",要"加快构建适应履行使命要求的装备体系,为实现强军梦提供强大物质技术支撑"。发动机对于飞机的重要程度,不亚于心脏对于人体。我们清楚地知道,这一战略选择饱含着重大的航空技术挑战。因为发动机的设计研发,面临着温度、压力、过载等一系列严峻问题,只有最为先进的材料,最为合适的加工方法,科学的设计,合理的使用维护,才能解决这些难题。近些年来中国在材料和制造方面取得了一些进步,但在部件和系统设计、集成以及根据可靠性特征等方面仍然存在问题,这些方面是优化发动机使用效能的关键。所以,在沉淀和总结过去产品测仿、改进改型中研制生产的经验和知识,凸显、重视和运用失效分析技术对航空产品的技术、质量,作用重大,意义深远。它的重要性不仅仅体现在揭示产品失效的模式和原因、研究失效机理、找出内在规律等事后分析工作,而且具有前瞻性和指导性等预防预警作用。特别是正确掌握燃油调节系统的失效规律,掌握构成该系统的关键零部件的失效分析知识,就更显其特殊的重要意义。

第1章 航空发动机燃油控制系统附件概述

航空发动机主要涉及空气动力学、流体力学、固体力学、热力学、化学、材料学等学科,是人类有史以来最有效的动力之一,也是最复杂的机械之一。典型的航空涡扇发动机见图1-1。

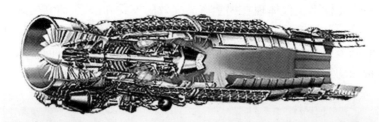

图1-1 航空涡扇发动机的气动原理图和外形图

航空发动机工作过程是极其复杂的气动热力过程,在规定的飞行包线内,随着环境条件和工作状态的变化,引起复杂的气动热力过程变化。燃油控制系统的目的,就是使发动机在这种变化过程中,能安全可靠工作并能充分发挥其性能。从发动机的起动到加力(对含有加力发动机)的整个工作过程中,自动控制发动机的几何通道,为发动机工作提供所需燃油,确保发动机准确、稳定、安全地工作。

航空发动机控制系统由主燃油控制系统、加力燃油控制系统和电控单元等构成,航空发动机控制系统是一个复杂的电子、机械、液压系统。其理论基础是自动控制理论、电子技术、液压流体技术、液压流体与系统建模及仿真技术、机械设计技术、材料科学、可靠性设计和工艺技术、健康管理等技术的高度融合。航空发动机控制系统一般由以下单元体组成:增压泵、主燃油泵、主燃油控制装置、压气机静子叶片可调导叶角度控制装置、风扇静子叶片可调导叶角度控制装置、主燃油分配器、加力泵、加力燃油控制装置、加力燃油分布器、喷口油源泵、喷口油源泵控制附件、喷口喉道面积控制装置、喷口控制装置、应急放油装置、射流点火装置、全权限数字电子控制器等。航空发动机控制系统对飞机来油进行调压,以满足发动机整个工作和控制过程对燃油压力的各种需要,完成发动机主燃烧室燃油流量的控制、主燃油流量的分配、压气机静子叶片可调导叶角度的控制、风扇静子叶片可调导叶角度的控制、加力泵的打开和关闭、加力燃烧室燃油流量计量和控制、加力燃油流量的分配、喷口喉道面积的控制、矢量喷口方位的控制以及发动机的起动、加速、减速、停车、消防喘等静态和动态控制,自动控制发动机在全包线范围内准确、稳定、快速、安全、可靠地工作。燃油控制系统是决定航空发动机性能的一个关键功能系统,在航空发动机中占有举足轻重的地位,其加工质量和性能的好坏决定了控制装置能否发挥应有的作用。

航空发动机控制系统根据飞行条件或驾驶员指令控制送入发动机燃油量,用以保证发动机的工作状态。它包括转速控制器、气压控制器和涡轮膨胀比控制器等。燃油调节器的控制方式一般可以分为机械－液压式、电子模拟式和电子数字式三种。发动机控制系统的分类见表1－1。

表1－1 发动机控制系统的分类

类 别	特 点
机械－液压式	以高压燃油为工质,由液压元件、凸轮、杠杆等组成。例如,转速控制器由发动机转子带动旋转的敏感元件(离心飞重)感受转速的变化。当外界干扰引起转速变化时,飞重的离心力与弹簧力的平衡被破坏,导杆移动通过杠杆使放大元件(分油活门)反向移动,于是执行元件(随动活塞)的一端进油,另一端放油活塞移动,带动柱塞泵的斜盘转动,改变柱塞行程,从而使供油量发生变化,直至转速恢复到给定值和飞重离心力与弹簧力重新平衡为止。如果驾驶员操纵油门,改变了弹簧力,同样会引起控制器动作达到改变转速的目的。一般在控制器中还装有反馈装置,以改善系统的动态性能。如采用齿轮泵供油,可由随动活塞带动计量活门来改变供油量
电子模拟式	采用电子元件。例如,转速控制器用电磁式转速敏感元件代替离心飞重,用晶体管放大器或磁放大器代替分油活门,以电磁活门或步进电机代替随动活塞,便成为电子模拟式控制器,靠电信号控制。因可靠性不高,未得到广泛应用
电子数字式	将数字计算机用于发动机控制。这种装置由微处理机和输入、输出接口组成。敏感元件输来的电信号在输入接口中转换为数字信息再进入微处理机。微处理机根据选定的控制规律和操作指令,通过计算得到输出参数的数字信息,经输出接口转换成操纵计量活门的电信号,用以保持或改变供油量,使发动机工作状态符合要求。这种系统的信号容易综合,适于多变量控制,通用性好,能缩短设计周期、惯性小、响应快、控制精度高

典型的控制系统如图 1-2 所示。

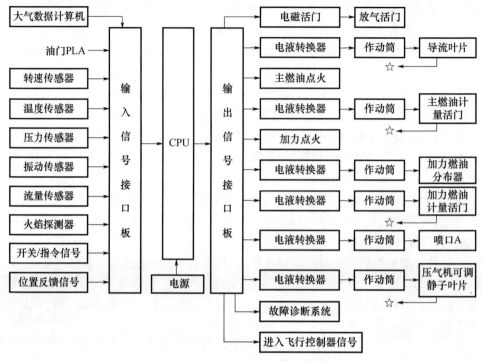

图 1-2　典型的控制系统框图

注：☆为信号反馈。

1.1　燃油控制系统附件的构成和工作原理

航空发动机燃油系统中的油泵类型很多,各自具有原理、结构、性能上的特点。飞机发动机上机械液压式控制器仍然是到目前为止航空发动机上使用最多的控制器。它按结构形式主要有柱塞泵、齿轮泵、离心泵和旋板泵,它们均具有良好的使用经验和较高的可靠性。其中柱塞泵相对于齿轮泵、离心泵和旋板泵,其比重量(泵重/泵功率)最大,结构最复杂,加工成本高,抗污染能力比齿轮泵、离心泵和旋板泵都低。这类控制器已从早期飞机上功能单一的调节器发展到目前功能齐全、十分复杂的控制器;从简单的开环控制到多回路开、闭环复合控制。它除控制供往燃烧室的燃油外,还操纵控制发动机可变几何形状,例如可调静子叶片、放气活门等,保证发动机工作稳定和提高发动机性能。其中应用最多的是柱塞泵和齿轮泵。随着发动机性能的提高,特别是推力的增大,旋板泵、离心泵以及类似离心泵的汽心离心泵等的应用渐渐加多。燃油控制系统由燃油泵和若干调节器组成。

典型的燃油控制系统框图见图 1 – 3。

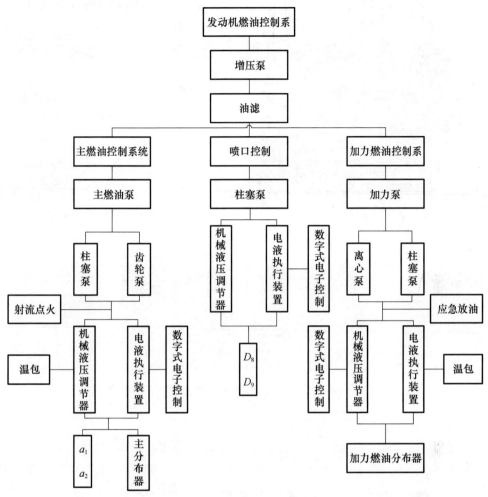

图 1 – 3　典型的燃油控制系统框图

a_1—风扇导叶角度;a_2—压气机导叶角度;D_8—喷口喉道面积;D_9—矢量喷口面积。

一般燃油泵采用柱塞泵、齿轮泵、离心泵。原理简图如图 1 – 4 ~ 图 1 – 6 所示。

在油泵的出油口,设置了调节器。来自发动机的转速、压气机的压力、落压比、油门杆角度,以及飞行高度和速度、大气压力等信号;通过计算,自动调节供给发动机主、加力燃烧室的供油量;同时调节发动机的喷口直径、风扇和压气机导叶角度;保证发动机在不同高度、不同速度以及各种飞行姿态下,都能可靠、安全、充分发挥效能地工作。典型的几种调节器见图 1 – 7 ~ 图 1 – 10。

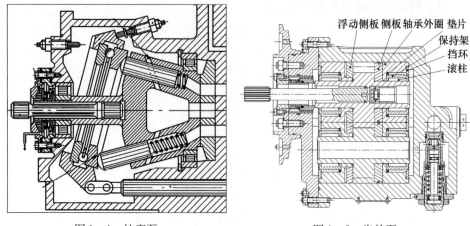

图 1-4　柱塞泵

图 1-5　齿轮泵

图 1-5 labels: 浮动侧板　侧板　轴承外圈　垫片　保持架　挡环　滚柱

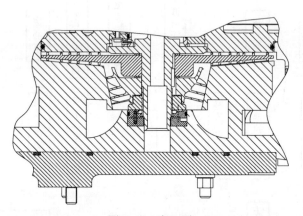

图 1-6　离心泵

图 1-7　调节器 1

图 1 - 8　调节器 2

图 1 - 9　调节器 3

图 1 - 10　调节器 4

因柱塞泵结构复杂,具有典型的代表性。在此,我们以发动机燃油柱塞泵 - 调节器(见图 1 - 4)为讨论对象,对其他燃油系统也有相似的适用性。组成柱塞泵的基本元件有转子、柱塞、斜盘、分油盘及随动活塞。柱塞和转子的轴线倾斜成一个角度,工作时转子高速旋转,分油盘及斜盘相对固定。转子是一个截锥体,沿锥体圆周均匀分布有 9 个柱塞腔,柱塞安装其中。斜盘可绕垂直于转子轴线的轴转动一定角度,该角度大小由随动活塞通过耳杆来操纵。分油盘为一金属圆盘,盘的端上开有两个贯穿的月牙形窗口,分别和油泵的进出油道相通,称为进油窗和出油窗。柱塞在转子孔中,受弹簧力作用,一端紧靠在斜盘面上,当斜盘有斜角并在转子转动时,转子每转一圈,柱塞往复运动一次。柱塞和柱塞腔的关系就像注射器的针管和针筒的关系一样,柱塞向转子外运动,柱塞腔自由空间增大,而这时柱塞腔在转子端面上的小孔刚好和分油盘端面的月牙形进油窗相通,低压油被吸进容积增大的柱塞腔。当在另一个区域,柱塞向转子内移动,柱塞腔的自由空间容积减小,柱塞挤压腔中的燃油,而此时柱塞腔刚好和分油盘出油窗相通,油被挤到出油管道。转子连续旋转,柱塞连续地做往复运动,形成柱塞腔自由容积增大与缩小的不断变化,完成连续的吸油和挤油功能。

由于柱塞泵的上述工作,在油泵出口处获得了一定流量的燃油。为了适应压力的要求,除流量之外还必须使该油量在流通过程中受到阻碍、产生作用力与反作用力的作用使出口处的燃油受到挤压,从而形成压力。这种作用是用在油泵后设置如开关、活门、喷嘴等各种节流装置实现的,这就是调节器的作用。

由于结构紧凑的需要,燃油泵往往同调节器紧密地连接在一起,完成供油又实现各种调节。如某涡喷发动机的主燃油泵 – 调节器,就是一个具有能调节发动机低压转子全态的燃油泵。它是由离心式转速调节器、液压延迟器、压力分布器、升压限制器、起动调节器、断油电磁阀、液压延迟器终点电门以及燃油总管放油活门等机构组成,是一种可变供油量的高压柱塞式油泵。

1.2　燃油控制系统附件的构成和特点

1.2.1　燃油控制系统附件组成

航空燃油控制系统尽管包括多个子系统,但按照功能划分主要有:供油泵、传感器、放大器、执行元件、反馈元件等,详见表1 – 2。

表1 – 2　航空燃油控制系统组成部件

组　成	主　要　功　能
供油泵 (含高、低压油泵)	将飞机油箱来的燃油经过低压增压、高压增压后供给燃油控制器或调节器
燃油控制器 (或调节器)	传感器感受发动机转速、温度、高度、压力等各种参数,按照油门杆角度和设定程序自动调节燃油量供给发动机燃烧室,与发动机需油量一致
限制器	为保证发动机安全可靠工作而设置对发动机最大转速、压气机出口压力、发动机排气和涡轮前后温度、扭矩等进行最大负荷限制的装置

组 成	主 要 功 能
执行元件	执行元件分为液压式、气动式和电液转换三大类。执行元件主要包括将液压、气压能转换成机械能；或电信号转换成液压能的液压作动筒、液压马达、伺服电机、步进电机、电磁阀、电液伺服阀等
传感器	将被测量的参数(如转速、压力、温度、流量等)按照某种规律转换成容易测量或处理的另一种量输送给燃油控制器
活门	根据不同用途控制燃油或气体的方向、压力、分配方式等的机构
喷嘴	执行燃油雾化或汽化任务，使燃油能快速、充分燃烧

1.2.2 燃油控制系统附件特点

以机械液压控制装置产品为例，从工作原理、产品特点以及多年生产、使用、修理中失效案例的实践中，我们对燃油泵调节器的结构特点可归纳为：工作环境严酷、性能要求高，结构复杂、零件组成多，制造方法复杂、工艺控制严格，所用材料品种多、性能要求高，精密的选配要求、敏感的系统的环境因素影响以及严格的试验验证考核等，是典型的技术含量高的复杂产品。

1. 工作环境严酷、性能要求高

燃油系统附件在工作过程中，其工作环境和工作条件是十分严酷的。例如，工作环境温度一般为 $-50 \sim 180℃$，个别附件环境温度达到 $215℃$；燃油温度到达 $125℃$。振动量级大于 $20g$、机械冲击 $20g$、加速度 $10g$；还需通过抗污染、霉菌、沙尘、太阳辐射、湿热防雷电、低气压、电磁兼容等试验考核。性能方面：油泵的旋转部件转速高达 $27600n/min$、供油量达 $37700kg/h$、系统燃油压力最高达 $22MPa$；控制活门：计量活门全程移动时间公差值仅为 $0.05s$、分油活门全程移动时间公差值仅为 $0.02s$、控制发动机转速的精度为不大于 $\pm0.4\%$、控制涡轮落压比的公差仅为 ±0.1；控制元件高速电磁阀响应时间仅为 $7ms$；部分产品 MBTF 要求达到 $20000h$，少量产品要求达到 $100000h$。如此转速高、燃油流量大、技术参数多、性能指标高的要求使得燃油泵调节器面临着高速、强载、高温等更加恶劣的工况条件。因此，发动机燃油系统中燃油泵及调节器至今仍较容易失效。其故障率较高、寿命偏低，是直接影响飞机发动机工作性能及安全的关键产品。也是当前推行可靠性研究所急需解决的重要课题。

2. 结构复杂、零件组成多

对燃油泵设计的基本要求：在中高压力满足一定流量的要求下，重量尽可能轻、体积尽可能小、寿命尽可能长以及结构尽可能的可靠。这就使其结构具有复杂的特点。燃油控制系统由于功能多，结构是很复杂的。例如，液压机械调节器，由动力部件(各种泵)、计算部件(凸轮、杠杆)、执行部件(活门、作动筒)、感受部件(离心配重、膜盒、薄膜、钢索等)等组成。据统计三代发动机的液压机械调节器由十多个燃油附件,近6000多个零件组成。其中的主泵调节器就包含有2600多个零件。在如此多的零件中,高精度配偶件、多油路件、性能高的调节元件、特别敏感元件、长线件以及关重件占相当大的比例。又例如,某涡轮起动机燃滑油泵调节器外形尺寸约为250mm×200mm×150mm,集燃油泵和三级滑油泵于一体,另配几十个调节功能部件,结构十分复杂,零件尺寸小,精度和形位公差要求很高。某主燃油调节器壳体上共组合有衬套11个,布有大小油路88条。其中最深油路孔为$\phi4\times165$mm,$\phi3\sim\phi4$的小孔总长大约为3958mm。共有38个盲肠段、39个堵头,盲孔大多带有螺纹,其加工工序长达1055道之多、制造成本很高。产品活门与衬套的配合间隙公差只有0.003~0.004mm,而且不仅仅是单一间隙配合,而是多台阶间隙配合。配合后必须保证每个台阶配合副的间隙要求,并在温度为$-50\sim-60$℃的燃油中能通过灵活性试验;燃油控制系统的零件,不仅形状复杂,而且形位公差要求很严。例如,有的油泵壳体与法兰盘配合的位置公差为0.04mm。产品中的壳体、杠杆类零件、精密活门偶件、凸轮类零件、空气减压器、双重差动活门、摆锤活门组件、落压比调节机构等多为关键件和异形件,都是生产、装配和调试中的难点,这些零组件的结构尺寸、粗糙度和形位公差精度要求都很高。它们的加工工作量大,它们的性能指标、几何精度、装配要求都很高,环环紧扣、一丝不苟,往往某一个零件的设计偏差或制造质量失稳都会造成牵一发而动全身的重大影响。

3. 制造方法复杂、工艺控制严格

由于燃油泵调节器结构复杂、零件在制造工艺上都有非常严格的要求。例如,起动机油泵调节器壳体一个面上有近60个孔。应急放油附件壳体,要求端面(距离130)平行度0.02mm,端面平面度0.01(100×105)mm,四个台阶孔在107长的轴线上同轴度0.02mm。起动机油泵壳体中齿轮安装孔的孔距公差0.02mm,圆柱度公差0.02mm,轴线不平行度公差0.005mm。又如精密偶件的加工:功能多的附件中,包含各类液压活门30余个。所有活门与衬套的配合间隙公差一般为0.004mm,有的活门间隙公差仅为0.002mm,零件加工的尺寸精度需达到0.001mm,且要满足$-50\sim+(220+10)$℃工作环境要求,试验技术难度很大。很多齿轮泵的齿轮精度高达4级,配对齿轮厚度差仅为0.002mm,齿对轴线的跳动0.005mm。大部分主动齿轮与传动轴联为一体,有的采用正三棱柱传动,加工难度很大。附件中还广泛采用铝合金活门和衬套,工作表面需进行硬质阳极化处理,且厚度和硬度等技术指标要求严格;某附件的温包组件需进行充氮、焊接,其焊缝深度不少于3.5mm,对焊前间隙及焊后密封性都有非常严格的要求。附件中还采用了大量的异型弹性敏感元件等。

产品中还大量使用了不锈钢、钛合金和高温合金材料来制作形状复杂、精度和表面质量要求高的零件。这些材料很难进行机械加工,对机床、刀具、热处理和加工工艺参数的要求都很高。

在工艺方法上涉及锻、铸、冲、焊、热、表面处理以及各种机械加工(车、铣、刨、磨、研等)和装配。在每种工艺方法中皆有其特殊要求。如复杂壳体外形、端面、转子毛坯的水冷铜模铸造、油泵壳体的金属型铸造、离心配重叉的熔模铸造、柱塞及轴承壳体的模锻、温包组件的封严焊接组合、各种活门的氮化处理、分油盘的高温淬火、喷嘴零件的高频处理、转子工作面的镀铟、铝壳体的氧化处理、耐磨件的抗粘着涂层加工、柱塞的抛光与研磨、各种活门的精密加工及元件试验、大量高精度齿轮/凸轮件(滚轮、叶轮、蜗杆、花键)的冷热及特种加工、严格的清洁度要求以及特殊的装配试验等。

航空发动机控制系统含括零件的工艺复杂性带来质量控制上的一定难度,如不能严格按照要求和规定加工和控制,将会导致零组件、产品发生故障。生产实践中因制造质量造成失效的事例所占比例较高,应该给予足够的重视。从航空发动机控制系统的发展趋势看,正在向着功能一体化、形位公差和尺寸精度要求更高、采用轻质和高强度材料等方向发展。其加工工艺具有各自的工艺特点,在机械行业中具有一定的代表性。因此,围绕典型零件的加工工艺特点进行深入研究并取得不断突破,很有必要。

4. 所用材料品种多、性能要求高

据对某型涡喷发动机某型燃油泵调节器中所用材料状况的不完全性统计,其所选材料有几百个牌号,涉及技术条件有上百个。其中包括黑色金属(碳钢、低合金钢、不锈钢、高合金钢、工具钢)、铝合金(纯铝、铸铝、硬铝、锻铝)、铜合金(纯铜、黄铜、青铜)、钛合金、高温合金、非金属材料等。在这些材料中有不少由于使用工况和性能以及工艺方法要求的不同,具有包括强度、塑性、断裂、韧性等综合力学性能和耐高低温、耐腐蚀、耐磨等特殊的性能要求。例如,柱塞所用材料 $Cr_{12}MoV$,其碳化物颗粒的大小、数量、形态均显著地影响其耐磨及抗接触疲劳性能,从而影响其寿命和可靠性。又如柱塞弹簧钢丝的技术要求,原冶标远不能满足其使用要求,只能用专用技术协议对冶炼方法、化学成分及表面状况等加以控制,才可避免其在使用中发生疲劳折断的故障。随着新一代产品的研制,在原有基础上还大量采用了钛合金模锻件、不锈钢弹簧钢丝以及陶瓷材料、复合材料、超高温材料、粉末冶金材料及长寿命耐磨涂层材料、聚酰亚胺薄膜、氟硅胶密封圈/环、石墨环等。

鉴于燃油泵调节器在飞机发动机中要求高性能及工作条件严酷的事实,其所选用的材料品种及技术标准繁多。而且,对一些关键材料还在通用标准外增加了特殊要求。当然,除了原材料的质量控制之外,复杂多样的工艺制造过程中造成的材料组织、性能的变化也必须严格控制。要特别注意原材料质量问题对油泵造成的不良后果。

5. 精密的选配要求、系统的环境因素影响

燃油泵调节器是一个要求高性能的精密机电系统,每个零件的装配组合有着非常严格的要求。例如，某燃油泵调节器中，活门与活门衬套的选配仅为 0.005mm，柱塞与柱塞孔的间隙为 0.008mm。如此高精度的组合，不仅对装（选）配过程提出了较高的要求，而且对整个制造过程的各个环节及系统环境都不能有丝毫的马虎。这里所指的系统环境，主要是指对油泵各组件在工作过程中所引起的动态阻尼作用的因素。比如，在某发动机配套的燃油泵调节器中，仅铝壳体中的油路就有 88 条，其中最深油路孔为 $\phi 4 \times 165mm$，$\phi 3 \sim \phi 4$ 的小孔总长大约为 3958mm，共有 38 个交叉油路，39 个堵头，其加工工序长达 1055 道之多、而油滤的过滤精度也高达微米级。这些细长孔在制造过程中，由于工序多、周期长、工序分散，加之油泵调节器在工作中状态变化多、磨损等原因，不可避免地造成外来物及磨屑的污染。所以在油泵的加工中安排了多次、多方法、多部位的冲洗工序，且有严格的检测标准。其目的就是为了控制油泵的清洁度。据统计，在工厂生产实践中，因清洁度原因造成活门卡滞故障的占活门卡滞故障的 71% 之多。在了解油泵的结构特点时一定不要忘记对装（选）配质量及环境要求（如清洁度、油液品质等）的控制，它往往是造成油泵故障的主要因素之一。

6. 严格的试验考核

由于使用的环境恶劣，产品的试验考核就显得非常重要。对燃油附件产品的试验，除了包括项目繁多的零部件制造、装配中的活门组件元件、电器元件（电磁铁、力矩马达、电液伺服阀等）气动元件、传感器、作动筒等各种元件试验外，对总成的性能考核通常还包括附件的静态性能和功能验证性试验测试、部分系统的匹配性测试、半物理模拟试验、环境考核试验、寿命试验、可靠性试验、防火试验、燃油结冰试验、高低温试验、老化试验、"三防"试验、冲击试验、振动试验、污染试验、电磁兼容试验等。其目的是为了验证考核产品的适应性、可靠性、合理性以及用户需求度等。以确保产品能优质交付，使用可靠。而且这些繁多和精确的试验贯穿于研发、生产、鉴定、装配、运转、调试、交付等各个阶段。

燃油控制系统附件产品试验时往往具有流量大、温度高、调整试验困难等特点。例如，某加力燃油分布器的最大燃油流量为 35000L/h，试验温度为 150℃，需要分成五路进行测量；某应急放油附件的最大燃油流量为 32000L/h；某起动机燃滑油泵调节器转速高达 16800r/min，转速精度为 ±5r/min；某发动机进口空气温度感受附件的感温范围大（-60 ~ +220℃），温控精度 ≤1℃；喷口加力调节器最大燃油流量为 36000kg/h；空气过滤减压器最高工作温度达 720℃。这些严格的性能要求，就对产品的调试和试验提出了挑战。另外，发动机附件在工作运转状态下，都会出现由于受到来自发动机机械、气动、燃烧等影响而引起的振动。它会造成产品精度降低、磨损加剧、疲劳断裂，从而导致产品损坏而失效。这种由振动引起的故障在产品故障中占很大比重，是影响产品安全工作和稳定运行的重要因素。还有不可或缺但又要求严格的环境试验。它要通过模拟产品在运输、使用等环境下所受的环境状况，考核和评价产品耐环境适应能力。以便于分析产品暴露出的结构弱点、缩短制造周期、评估结构强度等。如果某一个试验验证项目一旦出现验证不充分，就可能无法保证燃油附件系统产品性能，使用可靠，甚至酿成故障。

除上述特点之外，航空发动机燃油控制系统装备还具有失效诱因复杂、突发性强、控制难的特点。复杂产品是指"客户需求复杂、产品组成复杂、产品技术复杂、制造流程复杂、试验维护复杂、项目管理复杂、工作环境复杂"等特征的产品。综上所述，航空装备、特别是燃油泵调节器就是典型的复杂产品。由于其结构和系统异常复杂，需要控制和监视的参数越来越多，控制回路不断增加，控制精度要求越来越高，以及发动机控制和飞机控制之间联系增加，监控、诊断、显示等功能的扩充以及寿命要求等等，加之其制造、试验、材料等诸方面的特殊性和复杂性，从质量的角度来看，整个生产过程的每一个零件、每一道工序都有多个质量特性。而每个质量特性都会对最终产品的质量及可靠性造成影响，即出现质量缺陷的概率很大，出现失效的随机性也很大，而且任何单点的、局部的和小概率的失效往往都会引发严重后果，造成引起社会广泛关注的机毁人亡类灾难性事故。

1.2.3 燃油控制系统附件可靠性面临的挑战

随着技术的发展，液压机械调节器已经不能满足先进的发动机和飞机所要求的发动机性能和可操纵性。发动机控制的各种要求已经超出了液压机械调节器的能力。随着微电子技术的飞速发展，发达国家的全权限数字电子控制系统（FADEC）已经从第一代发展到了第三代。全权限数字式电子控制系统快速发展并开始成为航空发动机控制系统技术的主流。航空发动机数控系统在充分发挥发动机性能、保障发动机安全可靠地工作、降低发动机维护成本等方面具有举足轻重的作用。三代 FADEC 系统及其执行机构的特点如表 1-3 所列。

表 1-3　国外三代 FADEC 系统及其执行机构对照表

类别	FADEC 系统特征	执行机构特点	应用发动机	应用飞机
第一代 FADEC	单通道全权限数字控制＋液压机械备份	复杂的全功能液压机械备份，结构复杂，体积重量大	F100-PW-220	F15（早期）
第二代 FADEC	双通道全权限数字控制，发动机控制功能＋过程数据存储，具有故障诊断功能	不带液压机械备份或仅有保证飞机返航的简单液压机械备份，结构大大简化，体积小、重量轻	F100-PW-229 F404	F15、F16 F18
第三代 FADEC	主动双通道全权限数字控制，可实现飞推综合控制，并带有健康管理系统	不带液压机械备份，具有热管理、泵备份等新功能，可靠性高，维护性好，长寿命	F119-PW-100 F135	F22 F35

航空发达国家长期以来都是将优先发展航空发动机作为国策，列为国家高科

技战略性产业。多年来,伴随中国航空工业的迅速发展,航空发动机也进入快速发展阶段。以前国内航空发动机的研制、发展主要是以测绘、仿制为主。随着三代机、四代机的发展研制,国内航空发动机的研制形式也发生着本质的变化。由原来的测绘、仿制逐步向改制、自行设计转变。在发动机控制系统领域以批量生产为主导,与故障现象进行不断斗争,经历了从简单液压机械式到复杂液压机械+电子混合式再到全权限数字电子控制的发展过程,取得了长足的进步。目前,我国已经构建了比较完整的航空发动机燃油系统与液压机械装置研发体系,积累了比较丰富的科研经验,并具备第三代航空发动机燃油系统与液压机械装置的测绘仿制能力,完成了第四代发动机和大涵道比发动机等多型发动机全权限数字控制系统的技术验证工作。这些都是可喜的进步。但也应该看到,在世界范围内,航空发动机呈加速发展态势,不断向高性能、高可靠性、高推重比、更宽使用范围、更长的寿命、多任务能力和低油耗、低成本、低污染、低噪声的方向发展的大趋势。

相比于传统的液压机械调节器,现代航空发动机数控系统中,计算部件的功能用电子控制器和软件实现,感受部件的功能用各种传感器实现,液压机械装置作为FADEC系统的执行机构,主要由动力部件(各种泵)、电液转换部件(电液伺服阀、电磁阀、步进电机等)和执行机构(各种活门、作动器等)三部分组成。取消了原有的计算部件(凸轮、杠杆)和感受部件(离心配重、膜盒、钢索等),用电子控制器和传感器实现这两个部件的功能,从而使液压机械系统向结构简单化、功能复杂化的电调控制系统转变,零件数减少,研制周期缩短,但其可靠性和寿命却从几百小时增加到了几千小时。尤其是近年来,国家军工市场需求呈现多样化,变化周期更快,产品的更新换代频繁的发展趋势。这就要求发动机燃油控制系统要在原有技术的基础上,适应和跟踪发动机技术的更新迭代,用数控系统执行机构的关键技术提高发动机的功能、性能、精度、寿命和可靠性,解决多参数控制、减小重量、便于维护、减轻重量、耐恶劣环境等诸多问题。

面对国际发动机先进技术和发展趋势,我们在不断提高发动机控制系统附件可靠性和技术水平方面面临诸多挑战。这些挑战包括:

（1）努力提高在研在役产品的固有可靠性,强体固元;

（2）适应产品迭代要求的设计制造技术的提高;

（3）不断研制和应用新型多功能材料;

（4）失效分析技术的广泛应用;

（5）跟踪试验技术的综合性及智能性发展趋势;

（6）实行科学先进的研发体系控制系统设计技术。

1.3　燃油控制系统附件的失效与可靠性

由于燃油控制系统功能多、结构复杂、工作环境严酷,出现故障概率必然高。

据近几年对我国航空发动机试车故障的统计,控制系统故障占到30%,如图1-11所示。这就要求,必须从产品设计、制造、储存、使用、维护过程中提高这些零组件的固有可靠性。面对当今航空发动机飞速发展的国际大趋势和挑战,应把提高燃油控制系统附件可靠性作为当务之急和长期战略目标,全力推进。

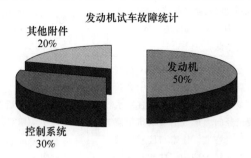

图1-11 发动机试车故障的统计

1.3.1 燃油泵调节器典型零件的失效模式及其危害

根据大量生产实践,燃油泵调节器控制系统零部件的失效模式,主要可归纳为以下几类:

(1)损坏型失效模式,如断裂、变形过大、塑性变形、裂纹等;

(2)退化型失效模式,如老化、腐蚀、锈蚀、磨损等;

(3)松脱型失效模式,如松动、脱焊、虚焊、脱落等;

(4)失调型失效模式,卡滞,移位,粘接等;

(5)堵塞或渗漏型失效模式,如堵塞、漏油、漏气等。

(6)功能型失效模式,如性能不稳定、性能衰减、功能异常等。

表1-4是根据燃油泵调节器在生产使用中常出现的故障总结出来的主要零部件存在的薄弱环节。

表1-4 燃油泵和调节器的主要薄弱环节及危害性分析

系统名称	零部件	工况或薄弱环节	主要失效形式	危害性	备注
油泵	总成	燃油泵是高温、高压力、高转速、大功率油泵,它的寿命决定了整个发动机燃油控制系统产品的寿命。油泵由斜盘轴承、柱塞、转子、分油盘、柱塞弹簧、传动轴以及密封装置等关键受力件和摩擦副组成	效率降低、供油失效	发动机不能正常工作或停车	

系统名称	零部件	工况或薄弱环节	主要失效形式	危害性	备注
油泵	油泵壳体	为非等壁厚结构,主要考虑强度、温度、振动负荷,轴承销安装孔受力大易磨损,加工周期长、合格率低	裂纹及破断	发动机不能正常工作或停车	增大接触间隙,降低供油效率。甚至引发燃油泵不打油等故障
	柱塞与转子	柱塞与转子的配合间隙小,柱塞在高速旋转的油泵转子中高频往复运动,交变载荷大;柱塞承受的径向力形成的负载扭矩使柱塞受弯曲。柱塞与柱塞腔壁有较大接触应力。柱塞与柱塞壁有相对运动,存在摩擦力,产生磨损	磨损	磨损后会使配合间隙增大,使油泵容积效率降低,供油量下降	
	柱塞与斜盘	柱塞头斜盘接触应力大,该力随油泵出口燃油压力的增加而增大,也随转子的旋转周期性变化。由于转子与斜盘轴承的转速不同步,柱塞头部与斜盘轴承接触处相对滑动速度很大。柱塞有自旋运动,接触面属于边界润滑,无稳定油膜	磨损	磨损量大时,使柱塞头部和斜盘轴承工作表面破坏,摩擦力增大,磨屑造成柱塞卡死,供油失效	
	分油盘与转子	分油盘与转子端面不易形成稳定的油膜,处于边界润滑状态。由于分油盘的剩余压紧力大、转子转速高,比功大。如果燃油被污染,微小硬质颗粒或空气进入,会导致表面磨损或气蚀加剧	磨损、气蚀	较大的摩擦功率会使分油盘与转子接触面的磨损量增大,从而使油泵泄漏增加,容积效率下降,油泵降低供油能力	
	柱塞弹簧	柱塞弹簧在高速旋转的油泵转子柱塞孔中往复运动受交变载荷作用,应力幅值随斜盘倾角的大小而变化。柱塞往复运动时,柱塞内壁及弹簧座和柱塞弹簧间均有相对运动,柱塞弹簧还有自转运动,使弹簧内、外表面都有磨损。其安全裕度小,要求疲劳寿命长,表面质量要求高	磨损、疲劳断裂	大量磨损使弹簧的静力强度与疲劳强度降低较多。柱塞弹簧的疲劳折断使油泵不能正常工作	

系统名称	零部件	工况或薄弱环节	主要失效形式	危害性	备注
油泵	传动轴	是油泵的主要受力件,承受交变载荷作用。其输入功率较大,有剪切应力作用,套齿表面的接触应力大。由于发动机有振动,齿面工作时有微动磨损	磨损、疲劳	首翻期300h后磨损量达0.3mm,可靠性降低,大修时更换率高	
	转子封严装置	该封严装置密封面有三部分:球面摩擦副、平面摩擦副和密封胶圈。球面与平面摩擦副受轴向压紧力和高速剪切作用	磨损	磨损量最大达到30μm。在外场(厂)多次发生漏油故障	
调节器	总成	由多种活门及敏感元件组成,起调节控制作用。各控制元件配合间隙很小,在油液清洁度好的情况下,能稳定工作,磨损量不大。但由于油液污染,加工、装配精度不理想,则在起动、加速、减速、飞行高度、速度及油门杆变化时,会造成磨损、污染物卡滞	偶件磨损、卡滞	活门类精密控制元件一旦产生偏磨,将失去原来的精度,摩擦加剧,间隙增大,泄漏增加,性能衰减,污染物卡滞	
	壳体	结构非常复杂,设计、加工难度极大,是附件中承接和组合各种传感器、放大器、执行机构、计算机构等功能零部件的重要载体,并在高转速、大流量和重载荷下工作。其通油孔路复杂,纵横交错,加工周期长,合格率低	污染物不易清理干净	造成偶件磨损卡滞等	
	分油活门偶件	既高速旋转又往复轴向滑动,其工作间隙对硬质污染物很敏感,容易被楔入动态间隙,使表面润滑油膜被挤破,发生运动紧涩、阻滞和卡死故障	粘着磨损	分油活门止转,失去调节功能	
	排油活门偶件	工作间隙小,细长比大,通往排油活门偶件的循环油路孔长,污染物容易淤塞和沉积在偶件的动态间隙中,对污染物特别敏感	紧涩和卡滞	失去活门的调节作用	
	压差活门偶件	工作间隙极小,对污染物特别敏感	紧涩和卡滞	失去调节功能	

系统名称	零部件	工况或薄弱环节	主要失效形式	危害性	备注
调节器	滚动轴承	承受交变接触应力大，其结构特点决定了它对污染物极其敏感，且滚珠运转时会吸附外界杂质，污染物颗粒渗入轴承内会引起故障	磨粒磨损、疲劳剥落	轴承失去传动功能，导致产品失效	
	层板节流器、油滤、油嘴	层板节流器、油滤、油嘴主要起节流和过滤污物的作用。如果燃油太脏，经过长时间工作循环，污染物就会包住层板和油滤，或粘附于油嘴孔	堵塞	导致过分节流淤塞，限制燃油量流通，引起动态控制时间变化，引起性能故障	
	活塞运动件	活塞运动件精度要求高，一旦某种因素导致精度降低（特别是粗糙度），对污染物特别亲合，硬质污染物就会划伤活塞衬套或嵌入活塞橡胶皮碗；软质污染物淤塞活塞与衬套的间隙，造成活塞运动的摩擦力增大或泄漏	破裂、泄漏	会使燃油量上升缓慢或供油量降低，调节器不能正常工作	
	液压延迟器结构	液压延迟活塞杆与两个衬套之间，用四个橡胶密封圈进行紧度配合，其运动易受橡胶密封圈摩擦力大小的影响，随着活塞杆的往复运动，会不断加剧橡胶密封圈的磨损	橡胶密封圈的磨损	油液泄漏，导致性能衰减	
	转速传感器	是燃气轮机最主要的控制器，主要由机械离心式转速敏感元件（离心飞重）、轴承和壳体等组成。要求反应快，灵敏度高，滞后小	小偏差下不灵敏，有滞后	转速调节，有静态误差	
	调节弹簧	给定预设的参数，对弹力的长期稳定性要求较高	弹力减退	长期工作后弹力有所减小，引起各调节器性能变化	
橡胶件	活塞皮碗、密封圈等	橡胶件均装在产品内部，承担密封作用，对老化因素（油液、温度、保期期）敏感	老化	失去密封作用	
敏感元器件	薄膜、膜盒、波纹管等	是感受发动机转速、压力和温度的敏感元器件，对工作稳定性要求严格	性能衰减	性能漂移	

燃油附件零部件失效后果是严重的。轻者使系统功能下降,重者则机毁人亡。例如,某飞机发动机因油泵传动轴磨损不能带动油泵转子,中断发动机供油,造成机毁人亡重大事故;某飞机发动机的油泵调节器支撑滚针磨损导致发动机尾喷口不能正常开放;某飞机发动机的燃油附件漏油引起发动机燃烧;某发动机加力燃油泵层板节流器因脏物堵塞引起加力接不通等。近年来,在航空发动机质量和可靠性方面,面临着"两多两高一低"的严峻形势,即"新研机种即将投入使用的多,现役机种延寿后翻修次数增多";"新研机种正处于早期故障高发期阶段,现役机种进入了耗损故障高发期阶段",也就是说新、老机种的共性问题是"可靠性低"。而航空发动机燃油附件的整体可靠性建立在零组件单元体的质量可靠性上,只有零组件可靠性提高了,燃油附件和发动机的可靠性才能得以保证。

燃油泵调节器的失效分析是一项专门的学科,旨在经过分析,判断失效事件的原因,找出失效的机理与规律,进而为提高航空产品的质量可靠性水平、主动预防和主动改进提供依据。因此,对航空装备、特别是航空燃油泵调节器的失效分析既是一项十分重要、十分困难的工作,又是一项十分敏感、十分严肃的工作。失败是成功之母,对每一失效事件的分析都是十分宝贵的经验,必须通过对失败的分析,汲取教训,把航空装备的质量和技术提升到一个新的水平,切实做到安全、可靠,万无一失,以适应航空工业飞速发展和科学技术日新月异的需要。

1.3.2 失效与可靠性的关系

随着航空事业的飞速发展,面对不断复杂化和智能化的航空装备,不断保证和提高其经济性、可靠性和安全性,提高其在全球环境下的竞争力,成为当前技术创新驱动型企业面临的重要挑战和急迫任务。

可靠性是指产品在规定的条件下和规定的时间内,完成规定功能的概率。完成规定功能的概率高,即可靠性就高。反之可靠性就低,也就是失效率高,产品不安全事故就高。保证产品的可靠性,就是要预防产品在使用中发生随机失效。即使其发生的概率小到可以忽略的程度,也必须和持续依靠系统而周密的控制,即进行可靠性管理。失效分析是以逐个失效产品(或将要失效的产品)及其相关的失效过程为分析对象,并以查找某个失效产品的机理、原因为主要目标;而可靠性分析是以某一种产品(或系统)群体为分析对象,以评估其失效的可能性或获得失效概率为主要目标。失效分析的思路和方法虽然与可靠性分析的思路与方法不完全相同,但二者有着密切的联系。可靠性控制首先是对设计和生产两个环节的控制,然后要考虑到产品整个寿命周期的所有环节。可靠性管理与增长包括从产品系统总技术要求的可靠性规范、可靠性控制计划,到按产品寿命和周期的分阶段方案等,全面实施。大量实证说明,失效分析是与产品失效作斗争的最有效的工具,失效分析是故障归零的关键技术;而产品的可靠性是在不断与失效作斗争中提高的。所以,在可靠性管理和增长中,要特别注意产品失效的数据管理和反馈、注意失效案例的分析与纠正改进。这是可靠性管理和增长的基础。

1.3.3　失效与寿命的关系

寿命问题一直是油泵业关注的焦点。泵的寿命一是固有寿命,另一个是挖潜延寿。固有寿命很大程度上取决于组成泵系统关键或典型零部件的的寿命,特别是对这些零部件薄弱环节的改进。例如,对泵中重要摩擦副寿命的研究与改进等。挖潜寿命的主要工作是对燃油控制系统附件的改进改型。这一工作则更加重要,要统筹推进。

我国在役的发动机寿命是比较短的,远远满足不了现代航空技战术的需要。所以延寿的问题经常被提及并得到越来越多的重视。过去,人们把发动机延寿往往比较多地集中在翻修工艺上,认为只要保证翻修的质量,该发动机就可以延寿。经过大量的调查和实践,人们认识到寿命不能延长的原因,根本问题不在返修工艺上,而是在设计和制造上。由于设计不合理、不完善,制造工艺不先进,发动机使用后必然出现故障,甚至出事故。若故障不能解决,寿命的延长就是一句空话。依靠翻修厂提高返修工艺也是很难解决设计构造及材料问题的。在发动机延寿问题上,过去认为需要解决的问题很多,包括的范围也很广。但是从发动机验收工作的实践经验教训来看,其主要矛盾,应该说还是故障问题,或叫做失效与预防问题。发动机及其附件的故障解决不了,寿命就不能延长。这是个"牛鼻子",牵住了它,就抓住了根本。比如,涡轮叶片榫槽裂纹解决,其寿命就得以延长。对于燃油调节器,很多薄弱环节如柱塞头剥落、轴承磨损等故障解决了,泵也就延长了寿命。所以,在研究和实施发动机延寿问题时,一定要从失效入手,找出薄弱环节和强化因子,从失效分析入手,反面推进,形成合力,达到延长使用寿命的目标。

在燃油控制系统附件(或产品)寿命周期(全寿命)过程中,由于对可靠性认识不足或可靠性设计经验不足或缺乏有效的可靠性管控,产品往往存在某些薄弱环节或随机隐患,从而使产品实际的可靠性水平远低于预期技术要求。因此,加强失效分析与预防工作的开展,针对产品、特别是典型零部件容易出现的失效事件,分析其原因,不断总结和探寻其规律,采取有效的纠正和预防措施,切实实施可靠性管理和增长,就成为企业必须认真对待的重大技术和管理议题。

第2章 燃油控制系统附件机械失效的基本概念和失效致因

随着现代工业的发展,产品失效分析技术发展迅猛,已经形成了一门新兴科学——失效学。其任务主要是分析和揭示产品失效的模式及原因,弄清失效的机理和规律,提出改进和预防措施,研究预测和监督失效的方法。失效分析的目的和意义,不仅在于确切地找到失效的原因,采取相应的改进措施,防止类似事故重复发生,而且对改进设计、选材和工艺,加强管理,提高产品质量,延长产品使用寿命,节约开支等方面都具有重要意义。同时,失效分析也有力地推动着有关工程学科(诸如断裂学、金属疲劳、应力腐蚀、氢脆等工程学以及各种测试技术)的发展。近年来,把失效分析引入产品可靠性研究和评估,对预测产品寿命、提高产品可靠性、安全性做出了积极贡献。失效分析已经成为全面质量管理闭环中的重要一环,也是可靠性研究的重要手段,因此越来越受到重视。

我国航空产品的失效分析工作始于20世纪50年代。随着航空装备的使用、维修和试制生产的发展,失效分析工作也逐渐开展并发展壮大。到了20世纪80年代,已经成立了行业失效分析的专门组织机构,锻炼和成长了一批失效分析的专业队伍和专家,也形成了适合航空产品失效分析的管理和技术体系。很多有关失效分析的专著对失效分析的发展历史、基本内涵、失效分析的基本理论和方法以及涉及失效学的有关知识已有详尽的介绍。考虑到本书的系统性,我们仍围绕航空发动机燃油控制系统附件的失效与分析,有选择性地介绍一些常用的基本概念等内容。

2.1 机械失效与失效分析的基本概念

2.1.1 基本概念和术语

(1) 失效:按 GB 3187—94 标准规定,失效是指产品(符合原定生产目的和用途的直接生产成果,可分为成品、半成品和在制品,不包括废品)丧失(指规定功能在流通或使用过程中失去或消失,可有暂时、永久、部分、全部、快、慢之分)规定(指按法令、标准、合同规定的对产品适用、安全、特性等要求)功能(指国家有关法规、质量标准、技术文件以及合同规定的对产品使用、安全和其他特性的要求等)的现象。

失效,是指人们的主观认识与客观事物相互脱离的结果。失效的发生与否是不以人们的主观意志为转移的,即失效是绝对的,而安全则是相对的。在机械工程向高性能、高精度、高实用飞速发展的今天,可靠性成为一个倍受关注的课题。

在工程实践中,失效可能有以下三种情况:其一不能工作,如电灯丝断了;其二工作不稳定,如收音机无声音,一敲又响了;其三功能退化,如电视机出现双影并越来越严重。如果出现机械失效,产品就不能履行服役任务或不能继续可靠地服役,因此,机械失效也称为不可接受的故障。

(2) 故障:对可修复产品而言,失效又称为故障。失效强调的是产品所处的功能状态,故障则强调的是失效后可否修复。可修复产品是指按规定的程序和方法进行维修后可以恢复其规定功能的产品。一个产品是否可以修复,是一个历史的相对的概念,受多方面因素的制约——技术上是否可能、经济上是否值得、时间上是否允许。

失效强调产品所处的功能状态,故障强调产品处于可修复的失效状态。在实际中,人们往往所说的失效也包括了故障的含义。但严格来说,失效强调过程,事故一般是突出后果。例如说涡轮叶片的疲劳断裂失效(模式)引起某飞机的二等事故。实践中关于废品与失效的区别:失效是指进入商品流通领域后发生的故障,而废品是指进入商品流通领域前发生的质量问题。机械产品在实际制造和使用中,材料损伤和缺陷是不可避免的。实践表明,大多机械产品由于存在材料原始缺陷或损伤都会造成裂纹萌生、扩展,直至断裂失效。所以,机械损伤有成为机械失效征候或潜在的机械失效的可能。生产实践中对材料或零件的损伤和缺陷的分析也是失效分析不可或缺的内容,废品分析的方法常与失效分析方法一致,只是在程序和方法上要简单一些而已。

(3) 可靠性:是产品在规定的条件下和规定的时间内,完成规定功能的概率,称为产品的可靠性,也称可靠度。它正好是失效率的倒数。产品可靠性的三大指标是可靠度、保险期和可用性。可见产品失效与其可靠性紧密相关。失效是可靠的反义词。

失效度即不可靠度,表示式为

$$F(t) = 1 - R(t)$$

式中:$F(t)$为失效度;$R(t)$为可靠度。

(4) 失效分析:失效分析,就是指判断产品的失效模式、查找产品失效的机理和原因、提出预防再失效的对策的学术活动和管理活动。

其中,失效模式是指失效的外在宏观表现形式和过程规律,一般可理解为失效的类型,相似于医学上的"病症";失效机理是指失效的物理、化学变化的内在本质,即失效内在的必然性和固有规律性,是对失效性质认识的理论升华和提高,相似于医学上的"病理";失效原因通常是指酿成失效事故的直接关键性因素,相似于医学上的"病因"。例如,患了感冒,发烧是病症,有感染是病因,病毒感染则是病理。这里的对策主要是指补救、预测和预防。失效分析与补救是事后的,预测和预防是事前的,即关于失效分析的工作要涉及对产品事前、事中和事后的全过程活动。在失效分析中,模式诊断是首当其冲的问题,具有"定向"的意义。失效模式一般可分为一级模式、二级模式和三级模式,一般要求诊断到二级甚至三级。失效模式诊断得越具体和越准确,对失效原因诊断的准确性和预防措施制订的针对性就越有指导价值。失效原因也可分为一级、二级和三级。一级原因是指酿成该失效事故的首先失效件(肇事件)失效的直接关键因素处于投入使用过程中的哪个阶段或工序(例如设计、制造、使用、环境等),二级原因是指一级失效原因中的直接关键原因。失效原因诊断是失效分析的核心与关键。

机械产品在实际制造和使用中,材料损伤缺陷是不可避免的。大量失效分析表明,大多机械产品失效是由于存在材料原始缺陷或损伤造成裂纹萌生,扩展,直至断裂的发展过程。失效分析的目的就是判断机械产品失效的性质、分析失效的原因、研究失效事故的处理方法、提出预防措施等。其目标要达到模式准确、原因明确、机理清楚、措施有效、模拟再现、举一反三。通过失效分析去发现新问题,认识新规律,发展新技术。

失效分析的内容包括以下三个方面:

(1)失效诊断:包括模式诊断、原因诊断和机理诊断,这是失效分析的基础;

(2)失效预测:包括安全预测、寿命预测和可靠性预测;

(3)失效预防:包括工程预防、标准制订与修订、案例数据库建立以及专家系统建立及推广应用等。

失效分析与状态诊断的区别:失效分析是指事后的分析,而状态诊断是针对可能的主要失效模式、原因和机理方面事先的,即在线的、适时的、动态的诊断。

机械产品的失效,广泛地存在于实际的生产实践中。显而易见,失效分析的重要性不仅体现在揭示产品失效的模式和原因、研究失效机理、找出内在规律等事后分析工作,而且具有前瞻性和指导性等预防作用。近十多年来,由于失效分析在国民经济主战场上的机械工程应用和广大失效分析专业工作者的研究、推动,失效分析在企业生产、质量、科研中不可忽视的重要地位与作用,越来越多地被有识之士所认知和重视。

2.1.2 失效分析工作的特点

失效分析、预测和预防的理论及技术方法已经发展成为一门新兴的边缘学科,不言而喻也有自己显著的学科特点:

1. 综合性与专门性的统一

失效分析是在工程实践的基础上,积极借鉴材料学、力学和其他科学实践与理论的成果,借助于相关知识与方法,并不断提炼、概括、总结其规律性并通过理论化的形态加以体现,从而形成较为系统的一门新兴学科。它既具有明显的借鉴、交叉、嫁接、融合等特点的综合性,又具有自身明确、独立的研究对象和研究方法,有自己确切、系统的概念链条和基本程序,并在研究规范、逻辑结构、核心概念、理论主线等若干方面具有独到特点与风格等的专门性。所以,对失效分析工作的学习和践行既要不断总结实用的经验和方法,又要不断学习其日新月异的新发展和新成果。

2. 工程性强

失效分析学科总体上属于应用科学,以紧密联系实际、指导实践为学科取向是其重要特点。正是这种理论性与实用性的统一,失效分析源于生产实践中发生的失效(故障)事件,是对大量失效事故模式、原因和机理的定性、定量的分析诊断和随后行之有效的预测预防工程实践经验的积累和总结。这是失效分析作为一门学科能够产生、壮大的沃土,也是它能不断地从现实实践与理论发展中丰富和完善自身,从而不断获得内在的强劲动力。近几年来,国内外用失效分析技术在解决大至宇宙飞船、运载火箭、飞机失效案例,小到工厂废品分析,以及从军口到民口、到保险业,从生产到使用、到维修,从机械产品到电子产品,从技术到管理,都显示出很重要、很活跃的作用。实践证明,失效分析已成为解决工程问题、防止失效事故的再发生、减少损失和伤亡的必由之路,成为创建优质名牌、提高产品质量、更新迭代的重要途径,成为保障社会生活稳定、促进安全生产、保护生产力的有效武器,成为发展新学科、理论、技术、材料、工艺、方法的重要窗口;作为一种重要的学科和技术,谁认知早、应用好,谁就受益早、受益大。

3. 发展空间大

失效分析是综合性很强的边缘学科,发展非常神速。在理论研究方面,它已经由以材料学、力学、物理化学等为基础的理论做支撑,发展了自己特色的学术理论(失效学);在实践应用方面,已实现了从简单实用的事故分析向着与工程安全、可靠的全面综合发展的转变;在技术方法方面,已从着重应用金相断口、事故调查,发展到应用交叉多学科技术及计算机技术的综合诊断等;在应用范围方面,也从以前的事后分析发展到现在的把事后分析同事前的事故预测预防及安全评估、可靠性有机结合;在参与人员的广泛度方面,已从以冶金人员为主扩展到具有生产、设计、质检、销售、管理等各方面人员参加的全员和全面性。失效分析已辐射到很大的覆盖范围,特别是在高新技术、材料、工艺、设备飞速进步的当今社会,失效分析和预测预防已成为高科技领域不可缺少的、具有强大生命力的重要脉支。

4. 知识面广

由于失效分析突出的综合性、交叉性、过程的全闭环性以及对最终结果、结论科学、准确、公正的严格要求,对失效分析工作者的知识面要求较广。要对一个失效案例做出正确科学的分析判断,必须要从宏观和微观、物理的、化学的、内因和外因等多角度全方位探索和揭示零部件存在的不可靠因素,从分析其工作条件、环境、应力和时间等因素相互作用对零部件发生失效所产生的影响做工作,才能快捷而有效地完成分析任务。它不仅要求失效分析工作者要熟练地掌握产品的生产工艺、材料性能、断口分析及理化测试方面的知识(诸如摩擦学、腐蚀学、哲学、质量管理学等方面),还要涉及社会学、管理学等知识与协调能力。既要有专业知识的深度，又要涉足和熟悉掌握知识的宽度。在工程机械行业中，培养和拥有一支这方面的专门力量，并保持相对稳定，对企业必然是一笔可贵的财富。

5. 经验性强

失效分析以工程实际应用为主要学科取向。它特别突出强调经验、概念与探索未知的说明与实证。在分析失效案例的过程中，失效分析人员要通过对事件失效原因、机理的分析与归纳，提出相应的假设或有待验证的判断、推测，并要采用正确有效的分析技巧，运用其独有的专业知识和思路方法，挖掘和获取相关数据、证据、分析、过程、经验来解释和揭示其内因和外因，证实或证伪所提出的假设和判断，并能通过措施的有效性来衡量和评估，从而圆满回答"为什么""是什么""怎么办"等诸多问题。这实际上包含着试验、分析和研究过程的思路和方法的规范性与实证性。一个大的失效事故往往是由机械系统中的单点或局部构件的随机失效而酿成的。失效分析要找出失效模式、失效原因、失效机理，这同医生诊病要诊断病症、病因、病理是相似的。失效分析工作也如临床诊断一样，需要从全局到细微的细致工作，其具体分析者的经验积累起着很重要的作用。在许多机械工程的失效案例中，其失效分析具有原因的复杂性、模式的多样性、影响的广泛性、分析的困难性以及研究的探索性和成果的重要性，就更需要由具有长期失效分析、失效诊断的经验积淀的专家把脉、处置；所谓见多识广、积少成多，没有一定的失效分析实践经验，对复杂问题就会束手无策，就不可能制定正确的分析思路和分析方法，就可能走弯路、贻误工作，甚至得出错误的结论，对生产、工程产生误导。当然，经验要来自于大量的实践积累、广泛的知识积累和孜孜不倦的科学探索精神。

6. 协调性强

失效分析作为工程技术学科的综合性不仅体现在理论与方法的综合，还体现在参与人员的协同与综合。实践中进行失效分析的时候，要经常与机械装备的设计者、制造者、使用者几方共同分析讨论，从装备零部件设计技术、制造技术、物理理论、使用条件、制造和设计以及可靠性管理等方面进行综合分析考虑，只有这样才能快速找出失效的真正原因。由于失效分析具有多学科交叉综合的技术范围和多部门、多领域人员参加的团队协作的性质，协调更显重要。失效分析的全过程包括确定分析对象、判断失效模式、寻找失效原因、制定改进措施、考核改进效果及巩固措施、举一反三等，涉及的专业范围、职能部门较多。特别需要各部门、各方面人员的配合，更需要主持分析项目的负责者强有力的协调、支撑和全过程的领导。各按各的思路做，没有有力、及时的交流、交叉、协作和协调，分析结果多会出现局限性。

7. 突发性与临战性

失效事件往往具有发生的突然性、过程的难救援性以及损失的严重(惨重)性等特点，因此它具有特殊的位置。失效分析工作是对发生失效事故后的事件进行全面工作，而事故的发生往往是随机的、不可避免的和突然性的。必须在平时就有一支专门的有失效分析资格和能力的力量,开展必要、适时的"门市工作"和工程实践,一旦事故发生,涉及多领域的参加人员,就要充分发挥团队协作的精神,采取适时作战的态度,拉得出、打得胜,或者至少能在失效事故发生后能适时作战、做出反应,并不断加强失效分析的可信度,为上级部门和领导处理问题提供技术依据。

8. 反向推动的作用不可忽视

失效分析是从失败入手、着眼于成功和进步,从过去入手、着眼于未来与发展的科学技术领域。是人们认识客观物理本质和规律的逆向思维探索,是对正向思维研究不可缺少的重要补充,是变失效为安全的基本关键,也是人们深化对客观事物认识的知识源泉。失效分析工作不仅在提高可靠性方面具有很好的效果,而且有很高的经济效益。虽然失效分析工作不出产品,但通过失效分析和采取纠正措施可以显著提高产品的质量和可靠性,减少因零部件失效导致系统试验和现场使用期间的装备故障。系统试验和现场使用期间的装备故障的经济损失巨大,排故的维修费用颇高,并且这种费用随着可靠性等级的提高而呈指数上升。失效分析可以在可靠性设计、材料选择、工艺制造和使用维修等方面为人员提供各种有用的科学依据。所以,对事故的正面牵引、做好事故的预报、预测、预防固然很重要,但事后分析做得好,仍然可以起到事半功倍、从反面推动的重要作用。失败乃成功之母,就是这个道理。有些单位不重视失效分析工作,"知者甚少、用者更少",不善于从失效、失败中找安全、找成功,教训是很深刻的。航天、航空工业企业中,近几年重视失效分析工作,并把失效分析的全过程程序应用于质量控制归零的五条原则,即"定位准确""机理清楚""问题复现""措施有效""举一反三",在产品质量控制中,取得了非常明显的效果。

2.1.3 失效分析的地位和重要性

众所周知,任何一种机械产品在使用中总会出现故障,而每一次故障的纠正与改进,设计的完善与优化,制造工艺及质量的提升等,都要依赖于使用者的反馈以及实际经验积累起来的资料和数据。而一般情况下,这些资料和数据都是由老型号产品的失效分析中积累起来的。也就是说,产品的优化和更新换代等,必然以产品的失效分析为依据。在人类技术革命的每一个历史阶段,都留下了人们进行失效分析的足迹。只不过那个时候的失效分析大多带有很大的"经验性""尝试性",随着科学技术的发展和人类对于未知的探索与追求,特别是近几十年技术进步、市场竞争、能源开发、新材料应用、航空航天等的快速发展,都要求失效分析作为其先导和后盾。今天的失效分析已经发展到微观分析、综合分析和系统化、程序化、智能化的新阶段,成为当今社会渗透于经济、社会、工程、科技等各领域不可或缺的科学体系和重要手段。

失效分析的功能涉及产品质量、科技进步、经济效益、社会生活各个方面。它的地位和重要性可归纳如图 2-1 所示。

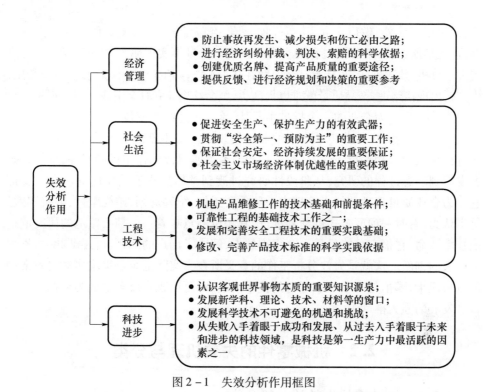

图 2-1 失效分析作用框图

长期以来,大多机械制造企业都重视失效分析工作在保证产品质量中的作用,所以产品失效事故发生的概率较低。特别是如航空、航天、电子、交通等一些重要企业,重视失效分析专业人员的培养、使用与建设,对生产中出现的厂内、外失效(故障)案例,做好各个环节深入细致的分析工作,举一反三、措施得力,取得了一个又一个重大成果,产生了举足轻重的影响。以航空某发动机燃油泵调节器厂为例,长期重视对厂内、外发生的失效事故的分析、研究,如对"柱塞球头剥落""柱塞弹簧折断""分油活门卡死""液压延迟器表面粘着"等重大失效案例的分析,都取得了重大成效,在部内外和行业中产生过重大影响,对工厂产品质量的提高和技术进步起到推动作用,培养和锻炼了一批有素养的失效分析专业人员,这是难能可贵的。

但是也应该看到,由于机构变动、人员交替、重效益轻过程等原因,企业失效分析工作自觉不自觉地受到冲击和影响,没有自觉开展失效分析、预测预防工作的意识,产品从研制、生产到使用、售后服务等环节的质量控制,仍然处于传统的事后把关、定性评价状态。致使生产中发生的失效事件往往不能得到及时、有效的解决,有的延误生产进度,有的则原因不清;有的则因种种原因久攻而不克,失效事故频频发生,产品可靠性和技术进步也徘徊不前,上不了档次。更有甚者,自己的产品出了质量问题或失效事故,不是按失效分析的规律和方法判断产品的失效模式、查找产品失效的机理和原因、提出预防再失效的对策、以科学的态度实实在在地做工作,而是眼睛向外、敷衍塞责,甚至行政干预、掩盖矛盾,结果被工程问题所具有的客观、无情所惩罚,经济损失和社会影响极大。大量事实说明,在生产过程中,凡重视失效分析、预测预防,并有始有终地做好这一工作,则生产、技术就前进一步,否则,生产就出现拦路虎,产品质量就难以提高,甚至会给企业和社会造成一定的损失。

失效分析作为企业的一个推进手段,既是一个连续的变量,又是一个阶段性的变量,要关注研究失效分析动态中的非连续现象。要不断地引进科学的思路和方法进行深入探讨和践行,不断从概念现象研究逐步过渡到作用机制研究,从静态研究发展到动态过程的研究,从阶段性研究过渡到整体工程连续作用的研究。要把它作为企业质量管理和技术管理中一项重要工作,统筹规划,始终坚持,取得实效。笔者认为,有时一项颠覆式创新和推进,其实也不意味着一个翻天覆地的研究成果或技术革命,它很有可能只是一个很小的点,解决了用户的问题,再逐渐壮大,累积成巨大的创新。这就是失效分析工作的意义所在。实际上企业里很多对失效案例的分析成果,哪怕是一个小小螺钉的技术改进,都可以积少成多地成为企业产品进步和发展的强大推动力。

2.2　机械零件的失效机理与分类

2.2.1　机械零件失效的一般分类

按产品质量问题含义,往往分为故障、事故、缺陷和不合格。为了解释失效分析的本质,更好地把失效分析技术应用于工程实践,我们还是按下列的分类予以叙述。

1. 机械产品常见的广义失效分类

机械产品常见的广义分类是按失效原因、失效时间特征、失效造成的影响和后果等进行的分类,如表 2 - 1 所列。

表 2 - 1　机械产品常见的广义分类

分类	名　称	定　义	资　料
按失效原因	误用失效	不按规定条件使用产品而引起的失效	GB 3187—94
	本质失效	产品在规定条件下使用,由于产品本身的弱点而引起的失效	GB 3187—82
	初次失效	一个产品失效不是由于另一个产品的失效而直接或间接引起的失效	IEC - 217—74
	独立失效	不是由于另一产品的失效而引起的失效	GB 3187—82
	早期失效	产品由于设计、制造缺陷而引起的失效	GB 3187—82
	偶然失效	产品由于偶然因素而引起的失效	GB 3187—82
	耗损失效	产品由于老化、磨损、损耗、疲劳而引起的失效	GB 3187—82

分类	名　称	定　　义	资　料
按失效急速程度分	突然失效	通过事前测试或监控不能预测到的失效	GB 3187—82
	渐变失效	通过事前测试或监控可以预测到的失效	GB 3187—82
按失效的整体性分	部分失效（部件失效）	产品性能超过某种界限,但没有完全丧失规定功能的失效	GB 3187—82
	完全失效（系统失效）	产品性能超过某种界限,以致完全丧失其规定功能的失效	GB 3187—82
	间歇失效（器件失效）	产品失效后不能修复,而在限定时间内能自行恢复其功能的失效	GB 3187—82
按失效影响程度分	轻度失效	不致引起复杂产品完成规定功能、降低产品组成单元的失效	GB 3187—82
	严重失效	可能导致复杂产品不能完成规定功能、降低产品组成单元的失效	GB 3187—82
	致命失效	可能导致人或物重大损失的失效	GB 3187—82
按失效后果分	突变失效	突然而完全的失效(分致命和严重失效)	GB 3187—82
	退化失效	渐变而部分的失效	GB 3187—82
按失效功能分	功能失效	某项目(或含此项目的设备)不能满足规定功能的失效	GB 3187—82
	潜在失效	指失效即将发生而可以鉴别的失效	GB 3187—82
按失效责任分	关联失效	在解释试验结果或计算可靠性特征量的数值时必须引入的失效	GB 3187—82
	非关联失效	在解释试验结果或计算可靠性特征量的数值时不应计入的失效	GB 3187—82
	非责任失效	事关已规定不是该组织机构责任范围内造成的关联失效	GB 3187—82
按修复的可能性分	暂时失效	可以修复	
	永久失效	不可以修复	

2. 按失效性质分类

为便于分析,对于航空发动机燃油泵调节器的失效(故障)按其性质可分为以下两大类:

（1）性能故障:这是指燃油泵调节器在使用以后(或使用中)发生某些变化,使规定的技术性能超出了技术标准的规定范围,这对燃油泵调节器或发动机系统而言是产生了异常状态,因此不能继续使用。

根据有关对我国航空发动机的故障统计,发动机性能性故障约占发动机总故障的 10% ~20%,其比率并不算高。性能故障多表现为发动机推力下降、转速不稳、耗油率过高、排气过热、空中熄火和放炮等现象。如某发动机早期的转速摆动、超温等。表现在燃油调节系统,如推力不足、转速漂移、录取的性能曲线不合要求等。

产生性能故障大多是由于燃调系统内部协调不当而引起的。导致产生这种现象的原因是多方面的,有的是零组件使用一段时间后发生变化(如柱塞磨损、弹簧松弛等),出现新的矛盾;有的是内部某些零件损坏(如弹簧折断、活门卡滞等),不能正常工作,影响到燃调系统内部的协调;还有的是外部条件的影响(如油路系统出现外来污染物、大气条件变化等),致使内部发生变化,从而产生性能故障。

性能故障在燃油泵调节器以及发动机上大都是一种综合表现,有时现象相同,但原因各异,错综复杂,因此,要搞清它的实质困难较大。这类故障所引起的后果经常是很严重的,许多飞行事故都与它有关。所以,在研究故障时切不可忽视对这类故障的全面诊断。

(2) 零件故障:主要是指一些零件经过使用以后产生破坏、断裂、烧伤、翘曲、变形、剥落、掉块、打伤、压坑、磨损、划伤、龟裂、麻点、腐蚀、老化、强度不足、疲劳损伤等故障。这一类型的故障是普遍而重复出现的,凡是使用过的零件到一定寿命以后都可能出现上述这样或那样的故障。零件故障的产生有的是因为在生产过程中由于设计、加工、材料、检验、管理等原因造成的,有的是在使用中由于某种因素引起的。出现零件故障引起的后果也是多种多样的,有的曾造成试车或飞行事故;有的致使零件大量报废;有的需要大量的修理才能恢复;也有的虽有些故障,但仍可以长期存在于使用的零件之中而几乎不产生什么不良后果。零件功能不同,失效后引起的后果各异,但任何机械失效最终大都可追溯到某一零件(或)和与之相关零件的失效,所以应加以重视。

上述性能故障与零件故障反映出不同的表征特点,也有不同的产生原因及影响后果,但两类故障又有着一定的联系性。如性能故障不一定由零件故障所产生,特别是航空飞行事故中就有不少不是因机械失效的,而是由操作不当等原因而造成。但零件故障大都会造成性能故障,以致引起严重后果。例如,燃油泵-调节器系统出现的转速摆动,起动不成功,加减速不合格,性能衰减或超出技术规定等的性能,经分析,其故障概率都较高,主要集中在离心泵组件、齿轮泵组件、油滤组件、计量开关机构、电液伺服阀、超转伺服活门组件、切换活门组件等具体零部件上。这就是必须对零件进行认真的失效分析和质量控制的一个重要原因。

为了更好地认识零件的故障,按其失效性质通常又可把它分为以下三类:

(1) 危险性故障。这类故障一旦出现其发展极为迅速,在较短时间内零件就会破坏或断裂而造成事故。如柱塞剥落、转子传动轴折断、弹簧折断、活门卡死等。

（2）稳定性故障。这类故障出现后，可以稳定下来，不继续发展；或者很缓慢地发展，有时可长期存在于零件中，不会产生损坏和断裂。例如转子保持架非工作面的磨损、转子孔划伤、活门非工作面的轻微划道等。

（3）过渡性故障。这类故障出现以后，开始时发展较为缓慢，但是到了一定阶段、一定寿命以后发展速度加快，造成零件破坏或断裂，如柱塞的磨损、钢圈磨损等。

当然，上述的分类只是基于长期的实践、观察而得出的一些定性的分类。从断裂力学的原理揭示其内因，可从裂纹发展所需的表面能理论予以解释。稳定性裂纹是指裂纹发展所需的表面能大于零件产生位移所释放出来的应变能量不能满足裂纹发展的需要，故虽有裂纹亦不能发展，所以就稳定下来。危险性裂纹，就是零件工作中产生的应变能足够供给裂纹发展的需要，所以发展迅速，到达某一临界值时则产生不稳定扩展，断裂遂迅速出现。过渡性裂纹，就是裂纹发展中所需要的能量，很接近失稳扩展的临界值。所以裂纹出现的开始阶段，仍然是稳定的，后来由于外因的影响，零件表面或基体发生变化，出现新的因素，裂纹就缓慢地发展起来，达到临界值时，不稳定扩展就出现，最终发展为断裂，可以说是一个由量变到质变的过程。上述临界值对裂纹的长度、裂纹不稳定扩展所需的能量、不同的材料以及不同结构的零件都有其特定数值并受外界条件，如工作寿命、服役工况等的影响而变化，所以应对零件的具体故障做出确切的分析。

在航空产品的研制和生产中，按照国家有关条例，往往按其重要程度或出现的概率，将产品或零部件进行功能和危险性等级分类（如一等事故、二等事故，一类件、二类件，关键件、重要件等），其目的是为了更好地控制其质量。例如根据航空发动机的特点可将其故障严酷度（即造成产品最坏的潜在后果所规定的一个度量）分为四个等级类，如表 2-2 所列，并依此作为确定发动机系统关键件和重要件的主要依据。不同的类别等级有不同的研制程序和控制方法，它们的分类与这里的失效分类，概念上略有不同，但也有一定的内在联系。

表 2-2　航空发动机严酷度等级

等级	性质	程度	备注
Ⅰ类	灾难性的	引起发动机空中停车的故障或导致机毁人亡	
Ⅱ类	致命性的	引起发动机性能严重下降的故障，或导致机毁人存	
Ⅲ类	临界性的	要提前拆换发动机的故障	
Ⅳ类	轻度性的	不足以提前拆换发动机，但仍需一定非计划维修工作的故障	

3. 按照燃油泵调节器失效发生的时间分类

按产品寿命特性曲线（浴盆曲线），即机械失效的过程（发生、发展、灭亡），分类故障可如图 2-2 所示，分为早期性故障、偶发性故障和耗损性故障。

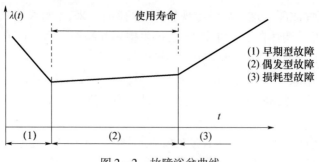

图 2 - 2　故障浴盆曲线

（1）早期型故障：又称磨合型故障。是指零部件未到寿命，而早期出现的非正常失效。故障发作于使用初始，故障率较高，随着使用时间的增长，故障迅速下降。这类失效可能是产品在使用初期，由于设计不合理或制造缺陷而诱发的。由原始设计存在不合理现象引起的故障，具有其重复性，要从完善设计入手，从使用工况条件上找原因。当然有时也要从造成零组件质量不良的工艺方面找原因。早期故障大多数发生在内厂生产和试验中，一般发动机性能故障和附件系统故障多属于这类故障。

（2）偶发型故障：又称潜在型故障。在发动机正常使用寿命期间突然发作的故障。故障一旦发生，其危害性和严重程度都比较大，经常导致发动机和飞机的致命性故障事件。我国航空发动机所经历的几起重大飞行事故，绝大多数都是偶然型故障所造成，其发生具有随机性。诸如弹簧的早期疲劳折断、柱塞的早期疲劳剥落、精密偶件的过量磨损、受力件的过载断裂、活门的突然卡死等故障。偶发型故障属潜在型故障，这主要是由于故障零组件质量问题所引起。

（3）损耗型故障：损耗型故障又称老化型故障。发生在使用寿命后期，或在发动机延寿阶段出现。损耗型故障也叫正常失效。是指零组件在服役工况情况下，随着日历或服役时间递增、产品中的元件已临近寿命而逐渐发生的寿命失效。例如正常的磨损、疲劳、腐蚀、老化等。这类失效过程符合寿命浴盆曲线，其发作多为渐变型的，延迟的、逐渐发展的。故障发作前，有时会存在前期征兆。只要采用故障监控与诊断技术注意预测、监测，往往能事先发现。可以进行故障预估和防御，视情况进行及时修复与更换，以减少故障及避免造成大的事故。这类故障多为零件到寿命的一种表现。

4. 按失效模式和失效机理分类

常见机械产品的失效形式有四种：磨损、腐蚀、变形和断裂。实质上产品的失效是材料、力学和化学三者交互作用的结果。材料与化学二者之间的交互作用引起材料（构件）的腐蚀；材料与力学的交互作用引起材料的断裂、疲劳；材料、化学和力学三者之间的交互作用引起材料的磨损和与腐蚀有关的断裂（如应力腐蚀、腐蚀疲劳、高温断裂）。

机械失效模式是机械失效的外在表现形式。是机械零件失效物理和(或)化学过程中机械零件的尺寸、形状、状态或性能发生变化,并导致整个机械产品失效的表现特征。机械失效机理是指引起机械失效的物理、化学变化等内在原因或过程。模式是表观特征,机理是导致失效的物理、化学过程。模式与机理是宏观与微观的关系。只有二者相结合,才能由表及里地揭示机械失效的物理本质、分析出失效的真正原因,提出有效的改进措施。

由于不同的物理、化学过程对应着不同的失效模式,工程实践中典型的失效模式类型及其主要内容如图 2 - 3 所示。

(1) 功能失效：导电、导热、导磁等功能下降

(2) 过量变形失效
- ①变形超限（扭曲、拉长、胀大等超限）
- ②蠕变（高、低温下的蠕动）
- ③蠕变压弯

(3) 表面损伤失效
- ①卡死
- ②过量压痕
- ③擦伤
- ④剥落、麻点
- ⑤磨损（a.粘着磨损,b.磨粒磨损,c.接触疲劳磨损,d.腐蚀磨损,e.冲击磨损,f.冲蚀磨损）
- ⑥腐蚀（a.整体腐蚀,b.电化学腐蚀,c.缝隙腐蚀,d.点蚀 e.选择腐蚀,f.生物腐蚀,g.浸蚀,h.气蚀,i.氢损伤,j.液态金属腐蚀,k.辐照损伤）

(4) 断裂失效
- ①冲击断裂
- ②疲劳断裂（a.高温疲劳,b.高频疲劳,c.低频疲劳,d.热疲劳,e.冲击疲劳,f.腐蚀疲劳,g.摩擦磨损疲劳）
- ③蠕变——疲劳组合断裂
- ④热振
- ⑤低温脆断
- ⑥室温静载脆断
- ⑦持久断裂
- ⑧应力腐蚀断裂

(5) 裂纹失效
- ①使用裂纹（a.冲击裂纹,b.氢脆裂纹,c.应力腐蚀裂纹,d.疲劳裂纹,e.热龟裂纹）
- ②铸造裂纹（a.铸造热裂纹,b.铸造冷裂纹,c.铸造机械裂纹）
- ③锻造裂纹（a.毛细裂纹,b.端部裂纹,c.加热裂纹,d.龟裂纹,e.加热不透裂纹,f.十字裂纹,g.分模面裂纹）
- ④焊接裂纹（a.热裂纹,b.冷裂纹,c.延迟裂纹,d.再热裂纹,e.应变硬化裂纹）
- ⑤热处理裂纹（a.淬火冷却裂纹,b.淬火加热裂纹,c.未及时回火裂纹）
- ⑥机械加工裂纹（a.磨削裂纹,b.振动裂纹,c.电加工裂纹）

图 2 - 3 典型的失效模式类型及其主要内容

机械失效机理是揭示机械失效本质原因和机械可靠性的基础。通常可能出现的失效机理如表 2 - 3 所列。

表 2 – 3　可能出现的失效机理

序号	机械失效机理	相对应的失效模式	断口指纹特征
1	变形机理	弹性或塑性变形失效	
2	磨损机理	磨损失效	
3	腐蚀机理	腐蚀失效	
4	磨蚀机理	磨蚀 + 腐蚀失效	
5	气蚀机理	冲蚀或气蚀失效	
6	烧蚀机理	腐蚀 + 冲蚀失效	
7	电蚀机理	电蚀失效	
8	热蚀机理	热蚀失效	
9	解理破断机理	脆性破断失效、脆性疲劳……失效	河流花样
10	准解理破断机理	脆性与延性混合破断失效	河流花样
11	韧窝破断机理	延性破断失效,……失效	韧窝花样
12	沿晶破断机理	氢脆失效、脆性、高温应力……失效	冰糖块花样
13	疲劳破断机理	疲劳破断失效……	疲劳条痕

2.2.2　燃油泵控制系统零件失效的类型

1. 燃油泵调节器失效的含义

根据燃油泵控制系统的生产实际和使用特点,泵的失效(故障)定义:指丧失其规定功能(或出现异常状态)的一种过程或结果。具体内容包括,在规定的工作条件下:

(1) 不能完成机械燃油的功能转换和调节;

(2) 性能指标超过专用技术条件或合同要求;

(3) 泵的零部件在规定应力范围内发生塑性变形、失稳、磨伤、断裂、卡死、摩擦副剧烈磨损(深犁沟、粘着、掉块、咬合、咬死)、腐蚀、非金属材料老化等损坏状态。

燃油泵调节器的失效(故障):是指丧失其规定功能(或出现异常状态)的一种过程或结果。它在不同的情况下有不同的判定内容:产品提交使用单位前的厂内交付试验、磨合运转、检验试验、寿命长试等是全面考核性能指标的一项质量检验,在这种情况下,有任意一项指标不能满足专用技术条件要求都将被视为失效(故障);在实际服役或使用中的失效(故障)则以低于技术条件最低要求,或不能正常工作、影响发动机性能为判定内容;而在可靠性分析中,对油泵失效的判断则往往兼顾上述二者的具体情况而定。例如在油泵工作中有些摩擦副(如柱塞、斜盘等),即使表面产生局部点蚀或轻度磨损,但仍可运转继续工作,不影响性能。但从摩擦学观点分析,这种缺陷已破坏了摩擦副的完整性,这种潜在的故障危害,属产品的不可靠因素,仍应列为失效(故障)。

2. 燃油控制系统附件典型零件常见的失效模式和失效机理

按照燃油泵调节器的实际工作情况,从发生失效的机理出发可分为以下几类:

(1)精密偶件的磨损:燃油泵可视为一个封闭的摩擦机械系统,它是通过一定数量相对运动的摩擦副有规则配合,将机械功转变为液压能。影响摩擦机械功能正常发挥的主要故障不是断裂而是磨损。磨损的危害不仅造成摩擦副间隙增大,引起振动、冲击、疲劳、泄漏、效率降低、寿命缩短,更为严重的是粘着磨损可能是雪崩式的发展,引起运动件的"撕落""咬死"、"卡死"等灾难性失效。因而,摩擦副的磨损严重影响燃油泵调节器的可靠性与寿命。由于燃油泵调节器本身结构精密、复杂,在工作过程中,有大量作各种相对运动的配合零件,零件间的作用力、摩擦、磨损都与泵的转速密切相关。而现在燃油泵由于大燃油量的要求转速越来越高,这就使转速越大摩擦及发热量、总磨损程度均增加,从而使泵的寿命下降、效率下降。一些配合间隙很小、而受力又复杂的偶件,在工作中容易出现磨损失效。如柱塞与斜盘、柱塞与柱塞孔、柱塞与转子、花键啮合摩擦副、转子断面与分油盘、活门与衬套、转子支撑面与轴承、滑动轴承、顶杆与支座、配重(支座)与顶针、传动轴与齿轮、转动件与密封件之间的磨损、活门与衬套、液压延迟器杆组件等。

磨损失效的机理是损伤失效,模式为表面损伤,原因和形貌特征依照不同工况下发生的不同摩擦失效而不同。这类耗损型失效的失效率随时间增长,不是恒定值,符合这一特性的分布有正态分布、威布尔分布、对数正态分布和极值分布,应从摩擦磨损学角度进行研究。

(2)主要受力件的断裂失效:断裂失效主要是零件在应力作用下服役,其应力超过了材料本身的屈服强度,从而发生的断裂。如柱塞弹簧的折断等。

断裂失效的机理和模式比较复杂。往往失效机理为解理(准)断裂的,其模式为脆性断裂,表现形式为河流花样状的断口特征。失效机理为韧窝断裂的,其模式为延性断裂或混合断裂,表现形式为韧窝花样的断口特征。失效机理为沿晶断裂的,其模式为脆性断裂、氢脆断裂、高温应力断裂、低熔点金属致断、应力腐蚀断裂等,表现形式为冰糖块花样的断口特征。

(3)受交变高负荷零组件的疲劳失效:疲劳失效主要是指零件在承受循环交变载荷反复作用下,由裂纹萌生、扩展及断裂形成的失效过程。如柱塞的剥落等。

疲劳失效机理是疲劳断裂,模式为疲劳断裂和腐蚀疲劳断裂,表现形式为明显的疲劳条痕的形貌特征。

(4)燃油介质中工作件的腐蚀失效:主要指油泵的零组件在制造、维修或使用中,系统的污染措施执行不好,在腐蚀性介质中造成的腐蚀故障。如弹簧的腐蚀断裂、壳体的晶间腐蚀破坏等。

腐蚀失效同磨损失效一样,其机理也是损伤失效,模式为表面或内部损伤,原因和形貌特征依照不同工况下发生的不同腐蚀失效而不同。

（5）非金属件的变形、老化失效：油泵调节器中所用的橡胶薄膜、活塞圈、活塞皮碗、密封垫等，在燃油介质或空气中受力，引起变形、老化、龟裂等的失效现象，有的属制造装配不当引起的早期失效，而有的则属老化失效（故障）。前者主要与制造、装配、使用等有关，后者与存放和使用时间有关，往往可通过弹性、硬度等反映出来。当然，也有二者同时作用引起的失效。常见的如橡胶薄膜的裂纹、密封垫圈的漏油、活塞皮碗开裂等案例。腐蚀和老化常常与环境有关，也可归属于由环境因素造成的失效。

上述几个主要的失效类型也常用作燃油泵的失效加速因子考虑在油泵的加速、等效试车及寿命评估中。引起磨损、疲劳、橡胶老化、油液污染等故障的物理因素有载荷、速度、温度等。这些物理因素，对产品失效的影响有的是单独的，有的是组合的，也就是说，其失效模式很多，甚至同一零组件有多种失效模式。不同失效模式之间往往是相互交叉、相互影响的，同一零组件常为一种机制为主，多种机制的复合，因而可能发生不同的失效。在进行失效和可靠性分析时需要考虑失效模式的相关性。而污染是随机的，影响因素比较多，其影响后果较严重，应予以特别注意。

不同类型的断裂模式所出现的频率不同，一般航空工业零件失效原因的比例饼图如图 2-4 所示，其中，疲劳和过载所占比例较高。

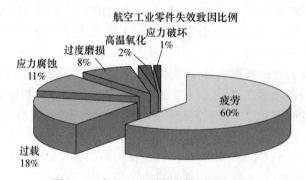

图 2-4　航空工业零件失效原因比例图

2.3　燃油控制系统零部件的失效因素

如绪论中所述，航空发动机在飞机故障中出现的比率是很大的，这些血的教训使国内外航空界对航空发动机的可靠性极为关注。航空发动机故障率高的主要原因：一是航空发动机是大型复杂的热力旋转机械，各部件的气动热力负荷很高，工作范围很宽，工作环境十分恶劣，往往要求在稳定边界处和接近材料极限抗力下工作，对可靠性要求高；二是早期设计只注重产品性能要求，不规定可靠性、维修性、耐久性和全寿命期费用要求;三是由于国内可靠性基础薄弱,长期以来在设计、研制和试验考核环节中,对产品可靠性难以进行较深入的工作,加之可靠性研究投入不足,试验验证不充分,难免遗留一些可靠性隐患。

燃油泵调节器作为航空发动机的重要附件,由于系统结构复杂、材料品种繁多、工艺方法严格以及性能影响参数多等原因,往往造成失效的因素是很复杂的,它涉及结构设计、材料选择、加工制造、外界环境(温度、介质、载荷等)、装配调试、操作使用以及维护保养等技术和管理的诸多因素。航空燃油控制系统产品的加工过程是动态的过程。从原材料复验开始,直到产品包装出厂,各个环节紧密相扣,人、能源、物流、信息流所组成的系统,不论哪个环节失控,都会造成产品缺陷。只有认真准确地了解失效的模式以及造成失效的原因,并对症采取措施,才能有效地为预防或推迟失效找到有效的途径。了解失效的模式以及造成失效的原因是对症采取措施的基础,后者是前者的继续和目的,二者紧密相扣,才能使产品达到功能、安全、经济、美观各方面的统一,获得最大的经济效益和社会效益。所以,了解造成燃油泵调节附件失效的常见致因,并通过具体失效实例的分析工作,把在失效分析中所获得的信息及时反馈到设计、生产、使用的各个环节,采取有效措施就成为一项重要的工作。

造成燃油泵调节附件失效的因素是异常复杂的。它具有随机性大、可变性多、类型广泛以及交互作用强等特点。不同的零件对象,不同的失效模式,引起的失效原因将是不同的。应根据具体实例做出具体的分析和判断。

图2-5为某工厂在生产某系列发动机所用各类燃油泵调节器中,对500次内外厂(场)失效(故障)案例产生原因进行分析后按所占百分比绘制的饼图。

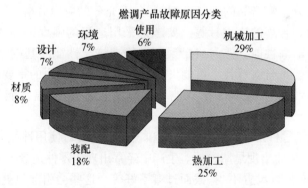

图2-5 某厂燃油泵调节器产品故障致因示图

将以上比例按质量管理中ABC法所作统计分析,在各类失效原因中,机械加工造成缺陷引起失效的143例,占28.6%,因热加工问题引起失效的126例,占25.2%,因装配问题的91例,占18.2%,因材质原因的42例,占8.4%,因设计不良的34例,占6.8%,因环境因素的33例,占3%。按ABC分类法,其中机械加工、热加工及装配等内厂制造工艺因素的占失效原因的 72.0%，是主要因素；材质、设计及环境因素其次，占失效原因的 12.8%，是 B 类，而操作及其他共占 8.6%，属 C 类。按 ABC 分类要求，A 类应是主要控制重点。但作为燃油泵调节器这类高性能的复杂而关键的机械系统，其安全性、可靠性、要求尽可能做到万无一失。所以对其产生的原因应全面认识，不仅要紧紧抓住引起系统失效的 A 类重点原因，而且还要认真兼顾 B、C 类因素，以确保整个产品的安全、可靠。

据对某燃油调节器生产企业厂内试车和外场使用出现的 108 次重大失效案例统计，直接因工艺因素（包括机械加工、热处理、铸造、锻造、焊接、装配、试验等）造成的故障 31 起，占到 28.7%。外购件质量引发故障 12 起，占 11.1%。可见，在燃油附件厂，尤其要重视工艺制造中的质量控制。

下面从燃油控制系统附件生产全过程，对一些常见的失效因素作简要叙述：

2.3.1 设计因素

设计在产品质量中是非常重要的。而因为种种原因引起设计不当，是引发失效的一个很普遍原因。这往往与设计人员的技术素质、经验水平以及设计机构的管理等有关。

由于设计考虑不周或设计不完善而引起零部件失效，在实际中应特别注意。设计错误大致有如下几个方面：

（1）对零部件在使用中的受力状况认识不足，造成设计载荷判误或控制系统与主机技术要求协调不到位导致零件早期失效。如某飞机用高压油泵进口导管中间无卡箍，造成在服役使用中发生共振、冲击等作用而导致破裂。应特别注意在设计时充分了解产品的性能指标，避免不充分的应力分析，或者在一个复杂零件中不能做到合理的应力计算。要考虑采用适当的强度级别、韧性等。避免片面追求单一的高性能。要力戒错误地在静态抗拉性能的基础上进行设计，并以此代替用以衡量材料对各个可能失效模式所具有的抗力的重要性能。除了有关应力分析的性能外，还要考虑其他如抗腐蚀性能、耐高温性能等环境需求的性能。

（2）忽略了零件形状突变处的尖角和表面粗糙度对使用性能影响，导致设计结构不尽合理，从而出现早期失效。生产中经常出现因零件边缘未倒角、转角处半径 R 过小、孔穴位置设置不当、截面过渡不好等。这些会引起热处理裂纹或引起应力集中成为疲劳源而导致疲劳断裂。要知道，零件的尺寸与形状，通常决定着零件的应力分布或集合约束。这类失效事故在工厂制造中常占较大比例，主要是设计因素造成的。

（3）片面地追求高硬度来提高耐磨性，忽略了材质的综合性能，造成设计中固有的过度严重的应力提升。例如有些结构件采用轴承钢时，对硬度要求 60HRC 以上，上限不做限制，忽略了接触疲劳性能及材料脆性的影响；又如当选用 12CrNi3A

渗碳做摩擦副零件时,虽然表面硬度很高,但在摩擦中一旦温度升高,其渗碳层组织即发生变化,变成低硬度的回火索氏体,摩擦中很容易出现粘着磨损失效。实际上,对摩擦副而言,并不是硬度越高越好。对于磨粒磨损,硬度高比较耐磨,而如果是粘着磨损,摩擦表面的成分和组织起重要作用,而并非硬度。

(4)选材不合理或错误:主要表现为所选材料性能不足、状态不对、相容材料相接触或匹配零件材料的膨胀系数相差悬殊等。选材不当为一通病,这关系到材料的化学成分及为获得所要求的性能而必需的处理方法(例如热处理)。例如对摩擦副配合件的选择,不仅要考虑耐磨性的搭配,还要考虑金属材料的性质、电极电位、晶体结构和表面状态的配合。如选择同类材料做摩擦副,抗粘着性差,在腐蚀环境下电极电位差值大,易产生腐蚀失效。又如柱塞用料在一般工况下选择CrWMn 钢可达到寿命要求,但在油泵转速、流量、压力及寿命等提高的情况下,CrWMn 做柱塞就不能满足使用要求。必须选取高碳高合金的共晶模具钢Cr12MnV 来提高其耐磨性及耐抗接触疲劳性能。又如,3Cr13 材料制作的弹簧接触水气介质时选用镀锌防护,则起不到抗蚀作用,以致在使用中出现腐蚀或应力腐蚀而失效。

错误的设计或错误的使用材料,往往会造成零部件的韧性失效(过度变形,弹性或塑性的撕裂或剪切断裂)、脆性断裂(由于裂缝或临界尺寸提升了应力)、疲劳失效(载荷循环变化、应力循环变化、温度循环变化、腐蚀疲劳、滚动接触疲劳)、高温失效(蠕变、氧化、局部熔化及翘曲)以及静态延时断裂(氢脆、腐蚀脆性、环境因素促进的裂纹的缓慢生长)等。

在考虑设计因素时,首当其冲的问题是结构工艺性。即设计的产品在满足使用要求的前提下,考虑制造(维修)的可行性和经济性。实际中往往对工艺性考虑不周。由于设计因素发生的失效(故障)多见于燃油控制系统附件的早期型故障又称磨合型故障。故障常发作于产品研制、使用初始,这一时期(即试制阶段)故障率较高,是设计不合理的早期暴露。随着产品定型或使用时间的增长,同类故障会随着设计改进迅速下降。当然,因原始设计上存在不合理现象,也会在产品服役一段时间后发生偶然型故障。实践证明,当零组件设计存在问题,在不恰当的工况使用时,故障就会爆发,而且有其重复性。

我国军工武器产品,长期以仿制为主,很多时候因为缺乏周全的原始资料、或对原始资料获得滞后以及消化吸收不充分等原因,往往设计上的不周全引起的失效(故障)也屡有发生。转入自行设计研发以后,由于管理模式转型、知识传承不及时、新人经验不足等原因,由设计造成的故障也时有发生。

下面是某企业近几十年因设计因素造成失效(故障)的典型案例:

案例 1 1980 年 1 月,某企业生产的某型燃油控制系统附件交付海军航空兵使用,在赴现场服务组检查进口油滤时,发现焊缝处严重腐蚀,迫使海军飞机全部停飞。后经一系列分析工作,原因为焊料 HIAgPb97 抗腐蚀性较差。其后将焊料

HIAgPb97 改为 HIAgPb92 – 5.5,后者比前者有较好的抗腐蚀性能,更改后故障再未发生过。

案例 2 1989 年 10 月,某型涡喷发动机在鉴定试车进行到 15 阶段,发动机退出二次加力时,某型燃油泵主起动活门出现不能正常关闭故障,致使试车中断。后分解,取下电磁铁后发现底座松动,锁紧底座的铝制锁片及铜制密封垫片损坏脱落。经分析,其原因为铝制锁片太软,加上在装配时未拧紧,在发动机的振动、冲击下,自身产生摩擦,造成锁紧失败。后将铝制锁片改为不锈钢锁片,并贯彻了 6N·M 力矩扳手拧紧措施,故障得以彻底消除。

同类材料选用不合适的案例在生产中时有发生。例如,某型附件中的旁通活门上有若干直径为 1.7mm 的小孔,设计选用传统的 4Cr14Ni14W2Mo 奥氏体不锈钢经氮化处理使用。加工中在钻攻该小孔时铟层出现孔边崩块,合格率不到 5%,成为生产的瓶颈。后经分析、对比等工作,材料改为了 9Cr18 直接淬火处理后使用,合格率提高到 80% 以上,且质量稳定。足见正确选材的重要性。

案例 3 2007 年 11 月在空军某师团某飞机返厂着陆油门拉回慢车时,飞行员感觉发动机异常。飞机着陆后滑油压力报警,发动机停车。后经组织分析团队联合现场分解,发现燃油泵调节器中的气动薄膜破裂。进一步分析原因认为,该型发动机因为没有安装起动放气嘴而使其使用工况超过了原来使用的丁腈橡胶薄膜设计要求。后改为新研制的氰化丁腈橡胶薄膜,这种橡胶更换了胶料和中间夹层材料,其强度和使用可靠性相应增加。此后,该故障再未发生过。

案例 4 2011 年 4 月,在某部队出现某型尾喷口应急放油管处漏油现象。现场分解检查发现,应急放油附件断油活门上氟塑料密封环脱落,更换新断油活门后,故障排除。经原因分析,工厂生产的应急放油附件是根据某产品测绘而来,后在修理中发现该附件也出现过该处漏油问题。其原因是该处在工作过程中承受较大冲击力,同时活门在油压作用下产生旋转,使装于活门座上用于密封的氟塑料密封环损坏,造成漏油。这是一起典型的因仿制资料不全造成的设计问题。后设计人员重新进行了设计优化改进,采用了新结构的断油活门,故障得以消除。

如此的案例还有很多,对于因为设计因素造成的失效(故障),解决起来,就要首先从使用工况条件出发,在设计上找原因。当然有时也要从造成零组件质量不良的工艺方面找原因。对于确因设计为主要致因的,要切实加强设计能力的提高和管理,包括提高人员素质和强化设计程序管理,采用防错设计流程和可靠性设计技术,进行设计改进和优化,切实从源头上提高产品的可靠性。要特别注意从提高零组件的抗疲劳性能、防止或减少微动磨损疲劳和耐磨性等方面进行研究。在改进设计时,充分考虑结构设计对疲劳的影响而进行的结构改进,减少应力集中(如避免剖面的急剧变化、尖角、锐边等),改进材料或应用新材料;要通过结构改进来消除或减少振动。对摩擦副要应用高稳定性的耐磨耐高温材料和表面强化工艺,选用合适的润滑剂和润滑方法增加润滑效果;还要注意加强和运用防漏设计技术,提高系统的密封性等。

2.3.2 冷加工因素

这里指金属零件的切削加工。它是用刀具从工程材料(毛坯)上切去多余的部分,使获得的零件具有符合要求的表面特征(包括表面粗糙度、表面波纹度、表面纹理方向和表面缺陷等几何特征)和表层特征(主要指零件几何表面至材料基体之间所产生的一系列复杂变化的薄层,如微观组织变化、再结晶、晶间腐蚀、热影响层、微观裂纹、硬度变化、塑性变形、残余应力以及热、电磁、化学特征性变化等)的加工过程。

机械加工过程造成的失效因素,在燃油泵中主要表现为:零件在加工后由于刀痕、磨屑引起表面组织改变或产生微裂纹未发现以及加工尖角(边)毛刺和加工产生的缺陷(皱皮、裂缝、破碎开裂、热裂、起皮及过度的局部塑性变形)等。

生产实践中常出现的有:

(1)尖角 R 小或表面粗糙度高。加工中未按设计要求或加工中刀痕过深,造成应力集中导致失效。如柱塞球面在研磨操作不当造成的划痕及磨伤。又如转子柱塞孔在加工中由于研磨方法的不同造成的异常纹理,图2-6和图2-7分别为珩磨和研磨加工的两种样件纹理照片,显然,图2-6珩磨加工表面纹理有利于提高和保持尺寸的一致性和稳定性,但图2-7所示的研磨加工的纹理相对于图2-6珩磨来说,由于磨痕粗糙、纹理有犁沟等,从摩擦特性来说会对活门类精密偶件的抗粘着性及使用可靠性带来不利影响。

零件表面粗糙度是表面完整性的主要表征。它对零件的耐磨性、抗腐蚀性、抗疲劳性、配合稳定性和可靠性有明显影响,应特别注意控制。而表面粗糙度与金属切削方法有直接关系,应根据不同零件的使用技术要求采用科学合理的加工刀具、设备和加工方法。

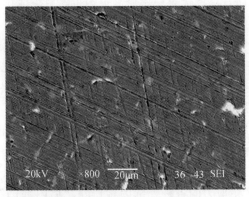

图2-6　珩磨加工表面纹理

图 2 - 7　研磨加工表面纹理

（2）加工"毛刺"未去除彻底。加工中形成的"毛刺"由于金属激烈变形而性脆、易开裂,使用时易在"毛刺"部位形成开裂或疲劳源。机械零件加工过程中会产生大小不等、形状各异的毛刺,对于精密活门,如存在"毛刺"还会在使用中因其不稳定脱落,而堵塞油路,造成重大事故。必须通过去毛刺的方法加以去除,以保证零件的清洁度和产品工作的可靠性。

（3）尺寸超差。因考虑不周盲目地办理超差处理使用手续或漏检,使尺寸超小引起强度不够等造成失效。如工厂曾发生的柱塞弹簧座断裂就是在加工喇叭口时,因刀具角度不对造成尺寸超差、强度减小而发生的。

（4）磨削缺陷。主要是表面损伤、表面烧伤、表面裂纹以及磨削加工造成的不利残余应力等,归纳起来主要可分为磨削裂纹和残余应力两类。

磨削通常是最后一道工序。经过淬火处理或经过渗碳、碳氮共渗处理的高硬度工件,在磨削过程中要产生大量的热量,这些热量只限于表面极薄的区域内。它足以使其表面温度达到 800℃ 以上,而且升温极快,造成很大的热应力。磨削过程中常常由于工艺参数有误或操作不当、磨削时冷却不够充分等,不仅会造成表面产生较大的加工应力,而且会导致表面层显微组织重新奥氏体化,并再次淬火成为马氏体,使工件表层组织发生转变并产生极大的附加组织应力。当组织应力和热应力叠加超过了材料的强度极限时,被磨削表面就会出现磨削裂纹。

磨削裂纹出现于零件被磨削的表面上,一般很细小,不易发现。磨削裂纹有的呈分散条状,各条裂纹相互平行,且与磨削方向相垂直,有的呈网状或辐射状。若与磨削面成一定角度观察裂纹时,裂纹有从表面突出的感觉。如果从垂直于磨削面取样观察,可发现磨削裂纹一般很浅,大致在 0.1 ~ 0.5mm,而且深度基本一致,从表面起由粗到细逐渐消失。磨削裂纹在显微镜下观察,主要表现为穿晶,但也有沿晶扩展的。

残余应力是指产生应力的各种外部因素撤除之后内部仍然存在,并自身保持平衡的应力。这些外部因素有相变、温度急剧变化、表面处理与机械加工等。通常这种残余应力是在较大范围、众多晶粒内平衡着的应力,也是工程上要特别加以注意的一类残余应力。这类残余应力在各类零件的生产制造过程中最为普遍,对零件的影响也最大。值得注意的是工件在磨削加工过程中,会由于表面温度和相的变化而产生较大的热应力和组织应力。一般情况下这种应力并不会使零件表面产生裂纹,但却会在零件表面一定深度范围内保存下来,形成很大的残余应力,并在表层(一般情况下磨削工艺导致零件表层残余应力变化的深度为 0.013 ~ 0.318mm)残留下来。表层残余应力的变化深度受磨削工艺影响很大。一般粗加工产生的残余应力层较深,而精加工则较浅。表面存在的较大残余应力对工件的疲劳强度、静强度、抗蚀性及显微组织等均有影响,从而对工件的使用可靠性造成隐患。有些高硬度工件在磨削过程以及其他机械加工过程中产生了较大的残余应力,虽然该应力在工件生产过程中没有形成表面裂纹,但在其使用过程中会与工作应力叠加,从而在零件表面产生了微裂纹。该微裂纹又在工作应力作用下进一步扩展,最终导致宏观疲劳裂纹的出现。

磁粉检测是利用磁性材料在磁场中的行为,观察漏磁场大小、数量和分布,以判别裂缝等缺陷常用的一种无损检测方法。它不仅适用于探测铁磁性材料制件经磨削后出现的表面与次表面裂纹缺陷,还可以检测工件的残余应力、表层组织发生塑性变形、冶金缺陷等。磁痕检查的正确性(包括是否显示和显示程度等)受被检工件的检测结构和检验工艺参数的影响很大,使得对探伤结果即磁痕显示的分析研究和判断工作变得困难和复杂。要注意掌握正确的方法和标准,避免漏判、错判和误判。对于由残余应力造成的显示磁痕,通过高温回火或去除应力退火来消除零件局部应力过大的试验,可以判断磁痕显示是否由残余应力所引起。磨削裂纹、表面组织塑性变形层、冶金缺陷(主要有成分偏析和夹杂物两个方面)所引起的磁痕显示,必要时可辅助以金相显微镜、视频显微镜或扫描电镜能谱仪对磁痕显示进行放大形貌观察和微区成分鉴别以及工艺试验等方法,来确保检测质量的正确性和可靠性。

在提及磨削缺陷的时候,往往不能忽略工序间对磨削烧伤的控制。实践证明,表面磨削烧伤会严重降低钢的力学性能,而且与磨削应力、磨削裂纹有着直接的因果关系,应该予以严格控制。近年来,国内外在对磨削烧伤的表面特征、不同材料磨削烧伤后的变质层特性、烧伤形式的识别等方面进行深入研究,深化了磨削烧伤机理的理解。认为,烧伤对燃油调节装置中的高硬度精密件,仍是产生失效的重大隐患。对它的检测和控制要根据不同零件(材料)对象采用不同的检测方法。主要有:

① 目视法:其依据是工件磨削时,过高的温度使表面生成氧化膜。这个膜因厚度不同,对光的反射状态亦不同,会显示出浅黄、黄、褐、紫、青等不同颜色。该方法简单易行,但有些磨削烧伤的表面往往不出现颜色的变化而不能判定磨削烧伤的性质,故有一定局限性。

② 酸蚀法:依据是金属的表面烧伤因组织变化具有不同的耐蚀性能,通过轻微的酸蚀后会呈现不同的色泽。在酸蚀检测中,不同材料的金相组织不同,磨削烧伤的特点亦不同。根据烧伤外观,一般分为全面烧伤、斑状烧伤、均匀线状烧伤和周期条状烧伤;按表面组织的变化特征可分为回火磨削烧伤、二次淬火磨削烧伤及退火磨削烧伤。工件在磨削过程中当表面温度显著超过马氏体转变温度而又低于相变临界温度时马氏体组织发生分解,转化为硬度较低的索氏体和屈氏体组织,析出碳化物,形成高温回火烧伤。该表面不耐腐蚀,酸蚀后形成暗黑色带;磨削时当温度更高超过相变临界温度时(一般在800℃以上),会产生原来的马氏体组织重新加热转变成奥氏体,随后就被钢件心部较冷的基体及冷却液的急冷,使表层会出现高硬的二次淬火马氏体,这就形成了钢材表层的二次淬火烧伤。酸蚀后该区域呈白亮色,其边缘被暗黑色所包围。这层暗黑色属高温回火烧伤区;磨削后若缓慢冷却,硬度会降低很多,则产生退火磨削烧伤。

③ 涡流法:磨削烧伤后组织的改变也会使表层发生物理机械性能的变化,特别是电、磁性能及表面应力的变化。涡流法就是根据这些变化来鉴别磨削烧伤的。但这种方法需要专用设备,且仅适合简单外形的零件。

④ 硬度法:淬火钢件的表层在磨削烧伤后,不论是哪种烧伤,表面层的硬度较之基体材料硬度值都将产生明显变化。因此,通过检测磨削表面的硬度变化,可以准确地鉴别其磨削烧伤的情况。往往这种方法也被用作仲裁判别。

(5) 电加工重熔层:随着航空发动机对推重比及相关工作性能要求的越来越高以及形状复杂等,发动机燃油控制系统附件制造中已越来越普遍地采用了钛合金、高温合金以及碳素结构钢、高速工具钢、不锈钢、铜及其合金、铝及其合金等高性能材料的放电加工(电脉冲及线切割)等特殊加工方法。由于放电加工是借助于放电所产生的高温而使工件表面熔化的加工方法,因此,在其加工表面不可避免地容易形成白色的放电加工变质层,并产生很大的拉应力,这样,在电加工过程中常出现变形或裂纹等缺陷。金属材料在电加工后,会在加工表面产生一定厚度的重熔层(也叫再铸层)。重熔层是在电加工过程中,极间介质被电离、击穿形成放电通道后,脉冲电源使通道间的电子高速移动,电能变成动能,动能通过碰撞又转化为热能的过程中形成的。重熔层具有双重性,对于一般结构性承受单一受力或摩擦的工件,表面重熔层可以在一定程度上提高零件的抗磨性能和工作寿命;但对于重要的结构件、连接件则应制定控制标准,避免重熔层出现微裂纹、麻点,应尽可能无液珠,材料基体应无裂纹、氧化物以及由于热影响的显微组织变化。重熔层缺陷的存在,有很大的危害性。结构件、连接件在产生重熔层后,由于金属表层质地变得不均匀以及微裂纹的存在,使得金属在长时间交变应力作用下工作时易发生断裂而造成事故。类似的故障在飞机发动机中不乏先例。因此发动机零件金属表面电加工后所产生的重熔层需要彻底去除,杜绝隐患。这一点在生产中往往由于认识不足而没有有效地控制,应引起重视。并从技术要求、去除方法以及检测验收诸方面予以控制。

下面是某企业近几十年因机械加工因素造成失效(故障)的典型案例:

案例1 主泵进口管内孔加工超差故障。

2006年3月,已经交付发动机厂的某型主燃油泵,在主机厂装配时,主泵进口管内孔小,不能安装发动机进油管(工作时间为0),返厂排故。查阅该泵进口管接头设计图纸尺寸,技术要求尺寸内孔直径为 $\phi240+0.28$,外径为 $\phi31d6$,将该泵进口管接头拆卸,送计量室检查内孔直径尺寸为 $\phi23.86\sim\phi23.87$,小于设计图纸要求。进一步调查分析,属于操作工人不细心加工超差,在厂内装配车间装配调整时因使用工艺管接头,也未发现而出了厂。后采取了加强工人责任心教育以及生产过程各环节控制,此类故障得以纠正。

案例2 某型产品(RCB)放气活门组件漏气。

工厂在产品装配时调试,其漏油量出现不合格,严重时漏油成喷射状(初装及动作5次后均有此现象),影响一次提交合格率。所有放气活门组件技术要求漏油量:机加不大于10滴/min,装配不大于15滴/min)。经分析,设计图要求放气活门有45°密封环带。实际制造中一直加工成光洁锐边,与设计要求不符。且光洁锐边不易保证,去毛刺易产生缺口,装配时敲击又容易使光洁锐边产生崩块、翻边、凸起等缺陷。这种结构与面密封相比,在同等受力条件下,不容易获得宽大的密封环带。这是导致漏油量不合格的主要原因。更进一步对密封环带进行分析,对相关尺寸进行合理的尺寸链换算以及必要有效的试验,认为造成45°密封环带不合格的原因与设计、工艺加工、弹簧制造等多个环节有关。针对此情况,设计上对弹簧的垂直度、止挡的大小外圆尺寸以及机加的漏油裕度等进行更改,是之更趋完善;机械加工对放气活门接头增加倒角45°密封环带要求并增加了研磨工序,使45°环形密封带能确保其形状、形位公差及粗糙度;增加了配套和配磨(配车)工序,确保止挡的大小外圆与弹簧内孔的间隙及过盈配合要求,并在弹簧的加工、检查方面也进行改进,以确保弹簧孔为基准的两端面垂直度,使弹簧的累积垂直度符合设计要求等,经以上工作,从设计、工艺等各环节改进后,漏油量合格率达到100%,成功地解决了这一难题。

该问题说明,工艺问题也会出现几种因素的综合与交叉。应全面综合的进行分析与控制。

案例3 联接杆小孔错位。

2005年11月19日,某燃油调节器在外厂发动机上慢推油门试车时,发现内、外涵角度大,无法调试,产品返厂排故。经分解检查加力部分,发现联接杆零件的 $\phi1mm$ 径向小孔错位在平面D台阶上,如图2-8所示右联接杆错位。

经进一步工艺复查分析,小孔错位的主要原因是:工艺在编制工艺规程时,没有理解设计图纸的设计意图,对铣平面和钻 $\phi1mm$ 小孔两道工序没有考虑定向要求,使本应钻到圆弧面的 $\phi1mm$ 径向孔有可能钻至平面D上,造成位置错位。

图 2 - 8　右联接杆错位实物

值得指出的是,在产品加工过程中的每一道工序、每一个环节都有可能引发缺陷。特别是燃油控制系统产品的零件,批量小、品种多、精度高,任何加工缺陷的产生和漏检,都可能成为失效的单一或复合的致因隐患。关于工艺过程中的操作不当造成的失效事故,不仅与加工环境、设备条件、工艺管理等有关,而且很大程度上取决于操作者的技术素质和责任心。应加强对操作者的技术培训,尽量减少带"病"设备运行和盲目操作。

对于工艺资料,应特别注意要科学合理,具有操作性。生产实践中发现,在燃油控制系统附件的工艺资料中,往往会出现诸如"保持锐边""冲洗干净""拧紧"等定性描述的工艺要求。这样的工艺"老师傅不用看,新工人看不懂",难于定量把握和检查监测。加工出来的产品凭师傅的经验,离散性大,往往成为质量隐患。后来,对工艺资料进行了定量细化,产品质量则大大提高。

对于工艺加工,要注意在传统加工基础上,不断引进新的制造理念和先进技术。仅仅停留在"成形"上是远远不够的。要针对工艺加工中容易出现的质量隐患和失效事件,特别是燃油控制系统中复杂壳体、精密偶件、异形结构件等关键零件的加工特点,研究引进诸如"抗疲劳加工""柔性加工""成组技术""成熟度评价"等新的管理和技术,以适应产品多样、高效、节能、可靠的新要求。

2.3.3　热加工因素

这里主要指经铸、锻、焊及热表处理造成的质量隐患,被俗称为"内科病"。这类缺陷常具有隐蔽性、成批性以及危害大的特点。

常见的有:

1. 铸造质量不高

燃油泵中的主要壳体等零件大都采用铝合金铸造而成。一般铸件较之形变合金零件,强度低、塑性差、组织不均匀。加之在铸造过程中往往由于原材料繁杂、工艺过程复杂、质量影响因素多、手工操作多等原因,最初产生在铸锭及铸造过程中的缺陷(偏析、不致密、疏松、夹渣、缩裂、针孔及非金属夹杂物)造成合格率低。这些缺陷如带入产品使用,则成为质量隐患,导致零件的早期失效。

其易见的缺陷主要有:

(1)夹杂(渣):包括外来夹杂、内在夹杂以及熔剂夹杂等。主要是浇注前的金属液净化不好,在铸件内往往产生夹杂(渣)而使铸件性能恶化。实践中曾发生铸钢件连杆在使用中发生断裂的实例,其主要原因就是连杆基体存在黑斑(夹杂)而引起强度降低,脆性增加所致。

(2)气孔、针孔、缩松:由于浇注系统不合理,浇注工艺不好或操作不当等原因造成铸件冷凝结晶不合理、组织不致密而产生局部疏松,检查中又未及时发现予以剔除。这种缺陷严重破坏金属的直接连续性、影响铸件的抗腐蚀及疲劳性能,容易在使用应力作用下产生微裂纹,并逐渐扩大导致壳体漏油等失效。图 2-9 为 ZG16CrMnTiA 某蝶形叉铸件出现的铸造疏松。

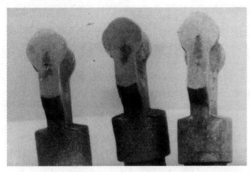

图 2-9　铸件疏松实物

(3)铸造裂纹:包括热裂纹和冷裂纹。这在铸钢件中比较易出现。前者是由于浇注应力过大所致,后者是由于热应力和组织转变应力超过铸件的强度极限而产生的。这种缺陷严重地破坏了铸件基体的连续性,极大地影响铸件的抗失效强度。图 2-10 为某铸造铝合金壳体截面交变处的裂纹。工厂曾多次发现,作连杆零件用的 16Cr2MnTi 铸钢件断裂的失效事故。

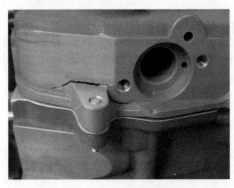

图 2-10　铝壳体裂纹

（4）组织反常：铸件中的成分偏析而使各部位的组织不均匀是普遍的，但严重的偏析和组织差异会导致宏观性能的不同，从而影响零件的使用性能而造成早期失效。

典型案例：2008年2月，空军某师团反馈：工厂生产的主燃油泵在部队出现漏油故障。该泵为新泵，工作时间0h，漏油部位在开关后调节器壳体装测压堵头的壁面上。接到反馈后，工厂空运一台新泵到部队更换。其后将故障泵返厂做工作。经厂内分解复查、试验分析，在调节器壳体渗油处表面，发现有一黑点，直径约0.1mm。经对漏油部位进行X射线和渗透检查，确认渗油处表面的黑点为穿透性铸造渣孔缺陷。虽然这一缺陷为偶发事件，但其造成的后果应引起注意。

（5）力学性能不合格：生产实践中，铸钢件发生冲击韧性不合格的情况较多。燃油泵调节器中，诸如杠杆、连杆、拨叉等受力结构件要求具有良好的综合力学性能，生产中多采用ZG16CrMnTiA等合金结构钢熔模铸造而成。生产中常常出现力学性能不能全部满足技术标准要求的情况，特别是冲击韧性低于技术标准的情况居多。冲击韧性低，材料脆性就大，使用中就容易出现断裂。这种缺陷轻则造成合格率低，影响生产正常进行。一旦出厂使用，则会造成结构件出现断裂等重大事故。图2-11为ZG16CrMnTiA精铸件冲击韧性不合格的典型金相组织照片。

图2-11　冲击韧性不合格铸件金相组织

凡是导致ZG16Cr2MnTi合金材料脆性增加（硬度提高）、塑性降低的因素都可能引起铸件冲击韧性降低。比如热处理工艺、材料的化学成分、冲击试样的尺寸偏差以及表面质量等都会影响材料的抗冲击性能；但从上述金相照片看，这类铸件试样皆存在晶粒粗大，并具有明显的晶界特征。这种组织会造成材料比较硬、脆，抗冲击韧性不合格。其主要原因除与铸件的热处理、熔炼脱氧工艺因素有关之外，还多与材料配料时各元素比例搭配不协调的先天不足有关。

铸件生产过程中缺陷产生的原因是错综复杂的。应按照不同零件、不同部位、不同合金种类以及工艺过程，进行具体分析，有效控制。特别要注意提高合格率的同时，控制好铸件的冶金质量和加工质量关，不要把有缺陷的铸件带入产品使用之中。

2. 锻造缺陷

锻造是把金属毛坯加热到再结晶温度以上,通过锤击、加压、热镦、轧制、挤压等方法给其施加压力或冲击力,使其产生变形,制成所需几何形状、尺寸和组织性能的机械零件的特种加工过程。锻件具有较高的力学性能,特别是良好的强度、塑性和韧性。在燃油控制附件中,由于工作条件和材料性能的要求,很多诸如柱塞、分油盘、钢圈等关键受力构件毛坯都要经过自由锻、模锻或特种锻造等压力加工成形。零件在锻造过程中,由于工模具设计不合理、设备选择、锻造工艺及操作或加热不当等原因,会导致锻件形状不完整、流线不顺、金属间结合力削减等影响零件使用安全和寿命的缺陷。

锻件的缺陷表现形式分为外部缺陷、内部缺陷。在油泵生产中其常见主要锻造缺陷有:

(1)锻造折叠:这是由于锻造中毛料尺寸或形状不当、放置位置不妥、毛刺未去除以及模腔不合理等原因,在锻件上残留下的一种表面缺陷。其特点是折叠往往与零件圆弧表面切线构成一角度,折缝内有氧化物夹杂,四周有脱碳。这种缺陷如未清理干净,残留在成品零件上可能成为疲劳裂纹造成疲劳失效。图 2 – 12 为油泵中分油盘在机加工序中发现的在模锻时产生的折叠。产生锻造折叠处往往会出现夹杂物。这种夹杂物多为锻造过程中裹入的氧化皮等外来夹杂物,如图 2 – 13 所示。

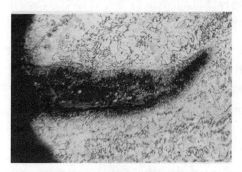 

图 2 – 12　模锻时产生的折叠　　　　　图 2 – 13　锻坯中的外来夹杂物

(2)流线不顺:在油泵中对重要锻件如 U 形柱塞,为提高其抗疲劳性能,要求流线必须沿零件轮廓连续分布,但在锻造过程中,往往由于模具不合理、毛料尺寸不对等原因使之出现涡流、穿裂等流线不顺、分布不好的缺陷。它会割裂金属的连续性和完整性,成为应力集中源和破断源,特别是在柱塞工作面部位,显著影响其疲劳强度,从而影响零件工作寿命和可靠性。

(3)组织反常:主要指锻件出现过热、过烧等不合格组织。这里主要是锻造温度过高造成晶粒长大、晶界熔化。这特别容易出现在铝合金锻件中,在钢锻件中也会产生。图 2 – 14 是 Cr12MoV 柱塞毛坯在锻造时由于炉温均匀性不好造成个别柱塞出现的过热组织。从图中可见,除隐针马氏体外、二次碳化物溶解、已出现球块状碳化物聚集。它会急剧恶化零件的力学性能,应特别予以注意。在组织反常中,还有脱碳、渗碳等也会降低锻件的抗失效性能。

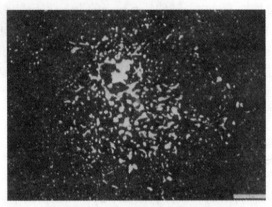

图 2 - 14　柱塞锻造局部过热

3. 焊接缺陷

燃油控制附件制造中,由焊接方法组合的零部件很多,主要涉及高频焊、真空钎焊、电子束焊、氩弧焊、软钎焊等熔化焊。由于熔化焊接是在热力学不平衡的条件下进行的,金属材料与焊料的冶金因素和焊接件的结构、以及焊接接头复杂的几何结构形状、应力集中程度以及操作水平等综合影响因素较多,因此焊接件是最容易出现缺陷的一种装配工艺。焊接过程是一系列物理、化学变化的热过程、冶金过程和结晶过程的复合过程。生产过程中由焊接引起的缺陷有组织变化、疏松、咬边、开裂、残余应力、未焊透、焊道下开裂、热影响区等。

焊接件除要求一定的连接强度外,有时还要求有一定的抗压强度和密封性。除此之外,还有环境适应性(如高温、燃油、滑油介质)等,所以,还要求有耐温、耐环境介质、耐腐蚀性能等。在燃油控制附件中多见的主要是焊接应力消除不彻底、开裂、焊接强度不足或虚焊等。这主要是由于对采用焊接组合的一些工件,由于焊接材料质量不好、焊剂或焊料选择不当、材料相容性不匹配以及焊接工艺不符合操作技术要求等原因产生的质量问题。例如,采用高频焊接而成的喷嘴零件在试车中出现喷嘴脱出,以及采用软钎焊组合而成的温度补偿器在外场出现破裂漏油案例。经工厂分析认为,前者主要是由于焊接时保护气氛(NH_3)含有氧化性水分以及被焊件(硬质合金与钢件)表面对焊剂(T3)润湿性不好等操作原因引起,而后者则主要是由于所选焊料熔点偏低所致。

案例　1997 年 3 月,空某师团 40 号机,地面起动 25 ~ 30s 时,发动机尾部发现喷油故障。地面冷开车检查,尾喷口有白色油雾喷出现场检查电磁活门组件、挡板活门等,并将喷嘴 - 挡板活门组件返厂检查,发现硬质合金油嘴脱落。图 2 - 15 为喷嘴脱出实物。进一步分析认为,油嘴脱落的原因是由于焊缝部位粘结面积小,强度低,在使用中受到正常油压及振动后引起脱出,直接原因是喷嘴虚焊造成的。而造成虚焊的主要原因是焊接面不清洁,造成黏附性差所致。一个小小的焊接质量问题几乎酿成严重事故。

图 2 - 15　喷嘴脱出实物

4. 热处理缺陷

燃油附件中几乎 90% 的金属零件都要经过一次或多次热处理。热处理主要包括通过加热、冷却,以获得所需要的组织和性能的常规热处理(退火、正火、淬火、回火、表面淬火、固溶处理、沉淀硬化、时效等)和通过给材料表层渗入预定的金属或非金属元素,从而改变表面化学成分、组织和性能的化学热处理(渗碳、碳氮共渗、氮化、多元共渗等)。

油泵中金属零件的热处理是直接影响使用性能的一种重要特种工艺,涉及工艺方法种类多、要求严。由热处理引起的不正常现象有过热、过烧、淬火裂纹、晶粒粗大、过量的残余奥氏体、脱碳及偏析、变形、回火脆、硬度不足、深层剥落、组织异常等。由表面淬火引起的缺陷有晶间碳化物、软心、错误的热循环等。

生产中常出现的缺陷有如下几种:

(1)热处理变形和裂纹:金属零件热处理时,由于加热和冷却的温差造成的热应力、比容不同的金相组织在转变时的时差性所造成的组织应力,常使零件产生变形和裂纹,同时也会使材料的疲劳强度和冲击韧性下降。这对一些形状异常、化学成分复杂以及活门轴一类精密偶件多的油泵类附件尤其重要。图 2 - 16 为柱塞弹簧在热处理时,由于采用了不适当的水淬后在钢丝表面有缺陷处产生的淬火裂纹。该裂纹曾导致该批弹簧在厂内试车时折断。图 2 - 17 为16CrMnTiA 制转接头经渗碳后由于不均匀冷却在渗层中出现的裂纹。生产中还曾出现 4Cr14Ni14W2Mo 材料加工的精密活门氮化零件出现热处理变形问题。由于活门与衬套配合间隙小、形位公差(如跳动、直线度、椭圆度)要求严格,氮化处理后留下的加工余量很少,难以通过机械加工修正等原因,成为影响生产正常进行的瓶颈。

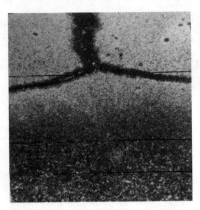

图 2－16　柱塞弹簧水淬后的淬火裂纹　　　　　图 2－17　渗碳层裂纹　（×100）

　　热处理变形和热处理裂纹产生的根源，主要是零件在热处理时，由于各部分不均匀的塑性变形以及比容不同的组织产生，造成了热应力和组织应力的叠加。它往往与零件本身的形状效应、热处理过程中出现的过热（过烧）、冷却不当、脱碳以及原材料的组织不良等因素有关。热处理过程中，这些应力的叠加作用导致零件发生变形是不可避免的，但可以通过各种方法降低这种变形。对于这类缺陷的控制应从控制热处理过程，尽量减少零件的内应力，包括原材料、机械加工的残余应力，热处理时加热、冷却过程中的热应力，材料组织转变产生的组织应力以及化学热处理时原子的渗入导致的表层体积膨胀产生的压应力等。热处理变形与裂纹对于高碳钢、合金钢以及淬透性不高的金属零件尤其敏感，要特别注意。

　　在机械制造中，热处理变形是绝对的，而不变形才是相对的。换句话说，只是一个变形大小的问题。这主要是由于热处理过程中马氏体相变具有表面浮凸效应的缘故。预防热处理变形超差（尺寸变化和形状变化）是一项非常困难的工作，这是因为不仅钢种和工件形状对热处理变形有影响，不当的碳化物分布状态及锻造和热处理方法同样会引起或加剧。而且在热处理诸多条件中，只要某一条件发生变化，钢件的变形程度就会有很大变化。对于这一问题主要靠经验和试探法予以解决，要注意从已经积累的实际数据中去把握热处理变形规律，建立有关热处理变形的档案资料，根据具体情况逐一加以解决。同时，也要跟踪和运用新设备和新方法，不断取得成效。

　　（2）组织不合格：这里包括氧化脱碳、过热、过烧、组织异常等缺陷。

　　脱碳是金属零件表面的含碳量较内部有明显降低，在高倍组织上可明显看到表层渗碳体数量减少，同时表层的硬度和强度也会下降。其产生原因是金属在高温下表层的碳被氧化的结果。脱碳层的深度往往与钢的成分、炉气的成分、温度以及在此温度下的保温时间等因素有关。例如，由高速钢制作的分油盘零件在盐炉高温淬火时,如果盐浴脱氧不好就很容易出现表层氧化,造成表面脱碳,出现硬度不足、软点等,给以后的使用带来隐患。过热、过烧是指金属零件由于加热时温度过高或保温时间过长引起粗大晶粒或晶界熔化的现象。晶粒粗大会使零件的力学性能下降,特别是冲击性能劣化。晶界熔化是由于在高温时炉中的氧以及氧化性气体渗透到金属晶粒间的空隙,并与铁、硫、碳等发生氧化,形成了易熔氧化物的共晶体。它会使晶界间的联系遭到破坏,从而导致零件失去使用价值。图2-18是3Cr13材料弹簧组织过热的照片。该弹簧终检磁探时发现支撑圈裂纹。经分析,其组织中晶界明显变粗,且在晶界交汇处出现小的三角区。这是典型的过热特征。高速钢分油盘高温淬火很容易发生过热和过烧。铝合金零件由于淬火强化相变温度区间小,也很容易发生过热过烧现象。

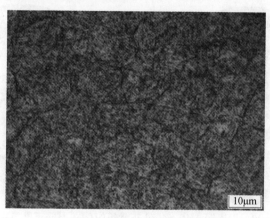

图2-18　3Cr13材料弹簧组织过热

　　至于组织异常,根据不同的材料零件会有不同的表现形式。例如由9Cr18材料制作的活门等零件、由4Cr14Ni14W2Mo制作的精密氮化零件,在热处理后都会出现诸如链状孪晶、双晶、晶粒粗大、网状碳化物等异常组织;由铝青铜Al10-4-4制作的零件会出现羽毛状过热组织等。这些异常组织会不同程度地影响零件的使用性能。出现这些异常组织的原因有的是热处理工艺问题,有的是原材料组织遗传所导致。图2-19为奥氏体不锈钢4Cr14Ni14W2Mo正常化后出现的晶粒不均匀和双晶数量超标的图片。这种组织超标的双晶和过大的晶粒度会影响氮化的质量,容易产生氮化剥落及脆性。图2-20为铝青铜Al10-4-4制作的零件的异常组织。由图可见,正常组织为β相中均匀分布的K相和γ2相的组织,材料具有高强韧性的综合力学性能,而非正常组织为晶粒粗大、α相消失、并出现羽毛状组织,其力学性能下降。这种非正常组织往往与材料的原始状态和固溶热处理温度偏高有关。工厂生产中50CrVA所致使柱塞弹簧在超声波检查时出现树枝状杂波,造成生产不能进行。经分析认为,金相组织不正常是致因之一。

图 2 - 19　4Cr14Ni14W2Mo 非正常组织

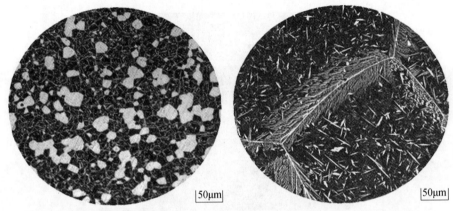

图 2 - 20　铝青铜 Al10 - 4 - 4 正常组织(左)与非正常组织(右)

　　图 2 - 21 为 50CrVA 柱塞弹簧正常和异常组织的照片。显然,前者为较粗索氏体,后者为较细的屈氏体组织。对柱塞弹簧来说,较细屈氏体更有利于疲劳强度的提高。又如,12CrNi3A 所制渗碳零件在渗碳过程中由于工艺控制不当出现碳浓度过高,在渗碳层部位出现网状及大块碳化物,在零件表面的交角处出现裂纹、麻点、剥落等严重缺陷,这将导致零件在使用中失效。

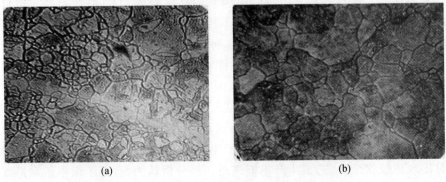

(a)　　　　　　　　　　　(b)

图 2 - 21　50CrVA 柱塞弹簧正(a)和异常组织(b)

对于组织异常的控制，一方面要从原材料、热加工工艺上予以严格控制，必要时还要针对不同的材料和零件，制订专用的检查验收标准，以确保其质量和使用可靠性。

（3）应力消除不好。热处理残余应力是由不均匀温度场引起的热应力和相变引起的组织应力叠加的结果。其大小与分布直接同零件形状、化学组成、淬硬层深度、加热温度、冷却方式等直接相关。而油泵中复杂形状件、各种淬火件、渗碳件、氮化件较多，其残余应力分布都较复杂。如控制不好都会产生不利的残余应力从而导致零件早期失效。如柱塞件在机加研磨球面工序曾出现剥落状裂纹，经分析该批柱塞热处理后回火不及时不充分，造成残余应力过大且分布不合理（正常柱塞表面为压应力，这批柱塞经应力分析为较大拉应力达到 68.6MPa）造成早期疲劳裂纹而失效。图 2 – 22、图 2 – 23 分别为该柱塞球面出现热处理应力造成的裂纹和裂纹引起的基体剥落趋势的形貌。当然，这里所指的应力消除不好，亦包括由于机械切削加工、电火花加工以及零件各部分不均匀塑性变形等外部作用产生的残余应力。这种应力常与原热工艺衔接不好、工序安排不当等有关。比如有的零件经研磨、抛光或电火花加工工序，但未安排随后的消除应力回火，这种残余应力在以后的服役中发生失效也是不无例子的。生产中曾发现高强度活门零件使用中出现从电笔刻字处发源的疲劳裂纹就是明显一例。

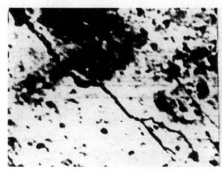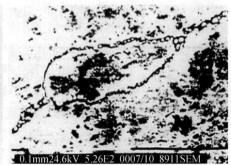

图 2 – 22　热处理应力裂纹　　　　　图 2 – 23　纹引起基体剥落

近年来，工厂在赶制新品中发现，很多铝制壳体（大多是由棒料直接机械加工而成）在最后装配工序或交付发动机后发现：尺寸发生变化，严重时出现套子松动、铆堵处泄漏等故障。不仅影响研制周期，而且造成重大质量隐患。究其原因也是时效处理不充分，应力消除不彻底造成零件变形所致。

对于应力的消除，应根据应力产生的原因（机械应力、热应力、组织应力或复合应力）、零件的状态等情况，制订科学合理的消除方法和选择合适的设备来进行。特别要强调做好冷热协调。在适当的工序（一般在精加工之后）采用适时充分的低温回火（时效）方法予以消除。有条件时还应根据不同零件的使用要求，对应力消除情况进行定量检测，确保其残余应力不会对使用带来隐患。

5. 表面处理缺陷

零件表面处理,就是采用物理、化学或电化学的方法,在金属或非金属材料表面沉积、涂覆单层或多层膜层、涂层、镀层、渗层、包覆层或者使金属、非金属材料表面的化学成分、组织结构发生改变,从而获得所需要性能的一种特种工艺技术。油泵类产品中很多重要零件都要经过表面处理,如转子镀铅铟合金、铝壳体阳极氧化、接触面部位涂固体润滑剂等。

燃油附件中要求进行表面装饰、表面防护、表面改性的表面处理种类繁多、工艺环节多,而且许多影响因素又不能直观分析和用常规方法检测,技术要求严格,操作过程人为因素多,加之通常又是零件的最终工序。如果出现缺陷,不仅降低零件表面抗腐蚀性能,降低了金属零件表面完整性,而且会直接影响产品的使用性能而导致零件的失效。特别是随着新一代在海洋性气候条件下服役的航空发动机性能的不断提升,对燃油控制系统装备很多提出"三防"(防湿热、防霉菌、防盐雾)新要求。因此要特别注意对工艺过程各个环节的严格控制和采用特殊测试手段等措施,来保证最终表面处理的质量。同时还要注意工艺进步,不断地更新和引进、开发新的工艺技术和方法,提高表面处理的质量和可靠性。

在油泵零件生产中常易出现的表面处理缺陷有:

(1)防护层质量差:按技术标准达到防护要求是表面处理最基本的要求,而在生产中常常会出现零件表面防护层质量差的情况。例如:一些镀锌件出现的镀层发脆、起泡、麻点;镀镍件出现的暗黑色条纹、起泡;转子镀铟出现的铟面发黑、掉铟、表面粗糙、脱落;镀铬件出现的镀层厚度不够、硬度偏低、麻点等。又比如,随着发动机减重等技战术指标的不断提高,在燃油附件中,很多原来采用合金钢制作的活门控制类零件,现更多地采用了铝合金经硬质阳极化处理技术。铝合金重量轻、比强高,硬质阳极氧化处理可以大幅度提高铝合金表面硬度而使其得到强化,同时,硬质氧化膜层由于存在可以吸附润滑剂的微小孔隙,提高零件的抗磨能力。所以,经硬质阳极化处理的铝质活门具有耐磨、耐热、耐蚀、绝缘以及工作灵活性好等特殊性能,使其在航空发动机燃油调节装置中得到广泛应用,这一重大改进也成为航空制造业的一大技术进步。而在对这类零件的硬质阳极化处理中,经常会出现硬质阳极化膜层硬度低、耐磨性差、膜层厚度薄等镀层质量和工艺难题。在零件加工过程中也会出现常被电流烧伤,镀层发花、加工操作困难,影响生产正常进行的问题等。出现这种现象的原因,大多是由于工艺方法不当、槽液日常调整和维护保养不善、成分控制不严或不正确、有杂质、镀前零件表面粗糙、或违反工艺规程操作等。

(2)表面腐蚀缺陷:由于大多数镀件在腐蚀性化学溶液中进行表面处理,出现腐蚀是难免的。关键是要加强检查、严格控制。生产曾出现镀铬件产生非铬层腐蚀造成失效、1Cr18Ni9Ti不锈钢螺旋管在化学镀镍中出现点状腐蚀导致温包微泄漏的故障(见图2-24)以及柱塞弹簧在电抛光时出现过腐蚀(见图2-25),引起试车时断裂等。

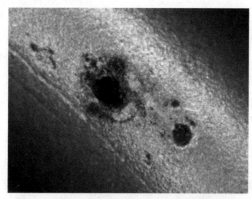

图 2 - 24　不锈钢螺旋管镀镍腐蚀

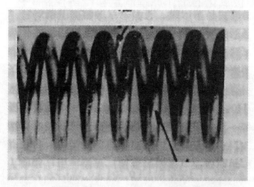

图 2 - 25　弹簧电抛光腐蚀点

（3）除氢不彻底：油泵中螺栓等连接件、高强度钢电镀件大多经表面处理后，在使用中发生断裂的失效案例时有发生。经分析大多属于电镀后除氢工艺不严格执行，造成氢脆破断失效。应注意，这是机械零件失效很危险的一种，它的发生有突然性，而且正常工艺检验中很难发现。有效的预防办法就是严格执行工艺过程，特别是严格执行除氢工艺中对温度和时间的有效控制，严格对除氢质量的试验监控。另外，对于有吸氢倾向的镀种，要寻求不断改进和创新，有效防止氢脆、镉脆、黑脆的发生。

（4）硬质阳极化缺陷：这里之所以提出硬质阳极化是因为对于燃油控制系统附件而言，硬质阳极化工艺有着特殊的重要性。燃油泵调节器中的各种铝合金壳体均要经过阳极氧化处理，即通过化学或电化学等方法在其金属表面生成一层均匀、致密并具有一定厚度和机械强度的氧化膜，用以达到高硬度耐磨、绝缘、耐气流冲刷、隔热以及瞬时承受高温等作用。近年来随着附件技战术的提高，很多活门类零件也由原来的钢质改为采用质量轻、强度好的铝合金材料。所出现的问题主要是既要保证一定高的硬度要求以满足工作面的耐磨性，同时还要保证活门衬套零件在加工中能很好地保持锐边。硬质阳极化层硬度偏低、硬度不均匀、色泽不一致、硬度与脆性的合理搭配等主要与阳极化的配方和工艺参数的选择与控制有关；锐边处硬质阳极化膜层掉块的主要原因是由于氧化膜在相邻的两个面同时生长，膜层堆积，相互挤压，发生了开裂和存在残余应力，在后续的研磨工序使膜层崩块所致。图2-26为阳极化膜层裂纹。经试验分析，硬质阳极氧化膜层在生长时由于体积膨胀、受热、材质等原因，产生较大的内应力，严重时就会出现裂纹。如图2-26是阳极化膜的裂纹形貌，裂纹汇集处放大可以看到一个个小球状颗粒，通过能谱分析其化学元素为Al、O、Si、Fe，这些颗粒可能是铝基体中金属间化合物部分保留在氧化膜中。阳极化通过电流时，此处电流密度大，引起氧化膜烧蚀。在烧蚀点的周围因金属间化合物和氧化膜的溶解速率差异，易形成应力集中。再加上氧化膜生长过程中的应力，就发生了开裂。这就要求选择很好的阳极化工艺途径和方法。同时根据阳极氧化的工作原理制定和严格控制工艺参数。必要时也可选择新的阳极氧化工艺(如可进行微弧阳极氧化工艺研究)，以逐步取代问题零件，达到使用可靠的目的。

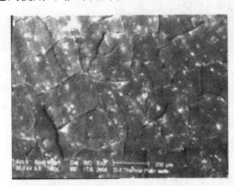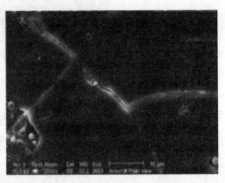

图2-26　阳极化膜层裂纹

　　铸造、锻造、焊接、热处理、表面处理、理化检测等往往在工厂里被称为特种工艺。其特点大多表现为材料内部的组织变化，故其出现的缺陷往往具有隐蔽性和成批性，一旦出现失效事件，则损失很大，应引起足够的重视。值得注意的是，在以机械加工和装配为主的企业，热加工往往因为是协作工序而不被重视。随着企业质量意识的增强，从生产出产品为主要目的向以质量取胜转变，热加工的地位也从协作、不被重视向被十分重视转变。正如一个人的生活，原来只注重温饱而现在要追求有品质一样，热加工的内在质量被提到议事日程上。

2.3.4　装配因素

　　装配一般是指将两个或两个以上零件组合在一起的方法。包括螺接装配、焊接组合、压套组合、铆接组合等。这里所说装配主要是指在装配车间所进行的机械组装，它是产品的最后一道工序。对燃油泵调节器这类零件繁多、结构复杂的高精密高性能产品而言尤为重要。而且在外场出现的失效案例中，因装配不当者所占比例较高。笔者从对工厂发生的 108 次外场较大故障统计,因工艺制造因素引起的 31 起中,装配原因造成的故障达 11 次之多,占工艺因素的 38.7%。装配不当,包括铆钉孔的布局不合理、螺栓装偏、轴孔系紧度不恰当、配合件的错误匹配、带入灰尘或磨料、残余应力、零件擦伤或损坏、漏装、多装、多余物等。

常见的主要问题有:

(1)装配紧度不恰当。装配的组合过紧引起附加应力过大,致使工件在工作中过载断裂;若装配时组合过松,则在使用中会因振动等应力作用引起进一步松动脱开,产生封严不良而漏油,甚至引起零部件的折断。据工厂 2000 年统计,全年外场(厂)出现漏油故障就有 14 起之多。漏油部位随机,程度各异。但分析其原因,大部分都与密封圈及其装配质量有关。相反,以往多年多次发生的加力泵轴尾漏油故障经工厂攻关并有效采取装配措施后,得以有效解决。

(2)零部件之间的配合间隙控制不当,引起附加应力和磨损致使整个产品失效。这类失效案例在精密配合偶件中尤其多见。如柱塞与转子孔的间隙选配、油门与衬套的间隙选配等。

(3)装配时清洗不好或带入污染物,造成产品使用中的润滑不良或微粒磨损,致使产品失效。

(4)错装、漏装或多余物。这类错误多为低级错误,虽不多见,但危害性是致命的。特别是油泵系统中的多余物,它能使产品丧失功能,严重时造成等级事故,必须从全生产过程中予以特别控制。

图 2-27　被多余物致
柱塞卡死实物

图 2-27 为某型发动机燃油泵在外场出现故障返厂分解,发现因装配多余物嵌入转子端面的实物照片。这一故障曾造成油泵中 9 个柱塞有 7 个严重卡死,油泵打不了油,发动机无法启动的严重后果。

1985 年,某航空师在地面开车检查发动机时启动不起来。返厂检查发现分油盘进油槽有一多余的金属垫片。转子镀铟面被磨坏,从而破坏了转子与分油盘的密封工作面,使几个出油口沟通,从而使供油效率满足不了发动机要求而导致故障。多余物的产生是工人装配时粗心大意所致。图 2-28(a)、(b)分别为被磨坏的转子镀铟面和泵中的多余物垫片。

这里的"多余物"也叫异物、外来物、杂物。看似小事,但在燃油附件中危害极大,甚至是致命的。一定要从部装、总装、测试以及发料、环境清洁、文明生产、管理等各个环节严加控制。

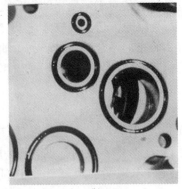

(a)　　　　　　　　　　　　(b)

图 2 - 28　多余物垫片磨坏转子工作面

（a）被磨坏的转子锢面；（b）泵内多余物垫片。

值得指出的是,由于装配不当的失效现象,往往在检验中不容易被发现,而且装配好的产品,初次工作时也不会明显地妨碍其正常工作。所以,对于燃油泵产品的部装、总装等各个环节,都要按照严要求、高质量的标准,适时细化和优化装配试验规定,提炼和总结经验教训,加强岗位技能培训,落实责任,使各环节的工作质量和实物质量得以保证。

除了装配操作技术和管理的不断完善措施之外,从设计上采用防错设计也是一条重要途径。防错设计包括针对零件的具体构造特征和外形上的差异,进行对称、非对称、差异性、定位、消除条件、特性识别、颜色识别、尺寸识别、形状识别以及增加看板提示等设计方法。将产品容易装错的零部件设计成仅有一种安装方式,使其在装配过程中,能有效地防止由于装配失误,而造成错装、漏装和安装不到位等质量问题和失效隐患。

2.3.5　材质因素

材质是产品质量的基础,是产品使用寿命的首要保证。材料的缺陷往往表现为材料的纯洁度和组织稳定性两个方面。材料的纯洁度主要用来评价材料中的夹杂物。夹杂物会使金属材料基体的均匀连续性发生中断。它在材料中的分布形态、性质、含量等都会不同程度地影响着材料的性能。严重时,它会导致疲劳裂纹萌生,造成机械失效。材料的组织决定材料的性能。不同的材料在一定的工艺条件下应具有稳定和正常的组织。组织是否正常或是否稳定,将会直接影响材料的加工和使用性能。材质的表面质量往往可以被检查和控制,但是材质的内在质量往往都未被引起足够的重视和严格的检查。这将导致产品早期失效的严重隐患甚至造成灾难性的结果。材质质量不好有可能是原材料进厂时由承制厂直接带来的,也有可能是工厂在选择材料和加工过程中失误造成的。

在燃油控制系统附件的生产、使用实践中,由材料因素造成的失效往往有:

（1）材质使用不当。材质的选用如果不考虑或不明确材料状况,就不能充分发挥材质的性能,甚至造成恶性事故。某厂在某产品恒速装置中的弹簧片,设计要求 Cr12Mn6Ni4Mo3Al(69111),未明确固溶时效状态,加工车间采用冷硬状态,经冲压后存在微裂纹,装配产品后在组装试验时即出现弹簧片断裂事故。又如某产品在外场出现油门手柄力矩偏大、影响产品性能的重大故障。分析原因为所使用的橡胶件超过保管期、材质严重老化以致变硬掉块,填充在轴与轴套之间所致。

（2）组织反常。材料金相组织中的偏析,如碳化物网络、脆性相出现和沿晶分布等都会促使疲劳源的早期出现和扩展。这里要特别指出的是,一些不合格组织状态是在原材料控制环节或零件制造中的工艺处理中形成的。也有一些零件是在长期使用中,由于环境(温度、应力等)影响而发生的组织相与分布形态的变化而造成的。特别是那些长时间使用具有组织稳定性敏感的亚稳定组织的材质零件,应特别加以注意。图 2 – 29 是 W9Cr4V 高速钢分油盘锻坯中发现的碳化物聚集,在锻造过程中很难打碎,主要是原材料造成的。还有比如 6061 铝合金型、棒材具有的粗晶环会使材料力学性能下降、强度、硬度降低,并在阳极氧化时出现花斑、着色色差明显、深浅不一等缺陷。这种粗晶环缺陷在材料标准中虽然没有明确规定,但也应该根据使用要求对原材料进行质量规定,要求从熔铸、挤压以及热处理等环节予以控制。

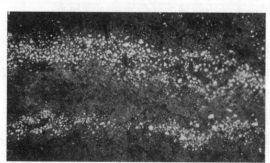

图 2 – 29 W9Cr4V 高速钢锻坯碳化物聚集

（3）表面或内部缺陷。表面(或内部)有微裂纹(或发纹)存在,未及时发现,结果导致产品早期失效。如弹簧表面的发纹、锈坑、磨痕等,造成弹簧在使用中断裂。柱塞用料 Cr12MoV 中的夹杂物局部超标造成柱塞的疲劳剥落等。

1985 年 5 月,工厂在对某主燃油泵调整过程中,发现油泵自动工作转速不合格,经数次排故仍不合格,影响到产品出厂。后经技术部门反复查找分析试验,原来是连接液压延迟器左右腔的铜衬套(QA10 – 4 – 4)端面存在原材料缺陷,造成延迟器皮碗左右腔沟通,压力上不去的性能故障。图 2 – 30 为实物照片。

该故障告诉我们:在军品上没有小事,微小的缺陷可能引起产品性能不合格的大故障,必须要严格质量把关。

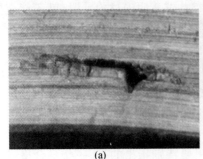

(a) (b)

图 2-30 铜衬套原材料缺陷造成产品故障

(a) 铜套原材料缺陷;(b) 气密性试验从缺陷处冒气泡。

2.3.6 外购件因素

燃油控制系统附件中有薄膜、膜盒、皮碗、密封圈、轴承、波纹管、压力信号器、标准件等不少关重件是由一些专业化厂家配套提供,习惯被称为外购件。据统计,在燃油附件失效案例中,直接由外购件引起的约占11%。

案例1 20世纪80年代,某型涡喷发动机多次出现斜盘轴承在钢珠外场造成重大失效事故,就是由于外购的轴承制造质量问题所致。

案例2 2013年8月,某师团在机场组织某歼击机跨昼夜飞行时,空勤反映左发"起动"信号灯亮。返航放伞后,左喷口内有明火等异常故障。分解检查加力燃油分布器指令活门衬套密封圈,发现14号位9.7*1.9A密封圈断裂并脱落。更换密封圈复装合格后,故障排除。经进一步分析,故障原因是当指令活门衬套密封圈发生破损失效后,填充油路与指令油路沟通,形成假的指令压力,打开了分布器闭锁活门,使加力燃油分布器异常出油。对破损密封圈进行分析,失效模式为疲劳断裂。属外购密封圈自身制造质量问题所引起。图2-31为某型燃油泵参加发动机试车后分解发现的液压延迟器橡胶皮碗裂纹件的内部空洞。这明显是外购件的制造质量所致。

图 2-31 橡胶皮碗内部空洞

案例 3　2011 年 11 月,某试飞部队在起飞过程中,出现某发动机加力接不通故障。外场更换了喷口加力调节器配装的压力信号器,装回原发动机,地面开车检查,故障得到排除。经组织团队做一系列调查分析,确认故障原因为压力信号器触点电烧蚀,造成未能给发动机综合电子调节器提供可靠信号,导致加力接不通故障。该压力信号器为外购成件。

对于外购件质量的控制应给予足够重视。首先要同原材料一样制订科学合理的技术标准和规定。要尽可能地熟悉外购件制造过程和质量状况。同承制厂建立联合质量保证体系,包括建立外购元器件选用与评定制度。元器件的选用必须能经受产品物理、电气以及力学应力等方面的可靠性考核。供应厂家应有完善的质量保证体系和能力。对于已经发生的外购成件引起失效(故障)的质量问题,必须在第一时间向承制厂反馈,督促其查明故障件失效原因,做出相应质量整改措施,保证产品的使用安全。

2.3.7　环境因素

在本书第 1 章 1.2.2 中叙述燃油泵调节器结构特点时已经强调了环境因素对系统的重大影响。要求产品及其零部件必须在整个生产、运输以及使用全过程中的环境历程能保证其可靠性。在这方面易造成失效的主要因素有:

(1)清洁度不好:从油泵结构看,它在所处的环境介质下工作,其污染物往往会如同楔子一样嵌入油路或运动副微小的间隙之中。该系统虽然采取了很多诸如冲洗、过滤等措施,但就其总体抗污染能力而言是不够有力的。而其工作中又要求系统必须具备较好的清洁度,否则就会造成卡死、止转等重大失效事故。容易污染油泵系统的不洁物主要是金属屑、研磨膏和纤维物,工厂通常称为"三害"。它们主要来自加工、冲洗、装配等工艺过程以及油料、环境、工作过程中的动态磨损等。

据工厂统计,仅从 1993 年至 1994 年 3 月,某发动机燃油泵调节器附件中的分油活门、排油活门、随动活塞等,在内厂运转和外场使用中就出现卡滞故障 5 次之多。经大量分析,其原因都与加工过程中的清洁度控制不好有关。

2000 年某加力泵在外场曾出现 4 起加力接不通故障,经大量分析排故工作,结论皆为系统的燃油污染所导致。后采取了一系列联合措施,故障予以排除。图 2-32 为从外场返回的故障泵的柱塞腔中的油液滤出的污物照片。放大镜下明显可看到大块具有金属光泽的铁屑、铝屑、铜屑以及非金属纤维物及胶质物。

值得指出的是,燃油泵清洁度除在内厂制造中予以严格控制之外,还不可忽视外界(包括发动机、飞机以及机场、油库等)环境因素对其的污染危害。1998 年 2 月,在空军某机场曾出现数台某型歼击机加力接不通的故障,造成影响部队飞行的严重后果。经组织有关专家现场调查分析,认为:加力接不通是由于燃油系统受外界油料污染,引起加力泵中心油滤、加力开关层板节流器和随动活塞层板节流器的滤网附着有杂质,导致供油失调。这些污染物再经有关部门检验,主要为金属物和非金属物两种。对油滤上的这些污染物进行成分鉴别主要为 Si、Al、Mg、Pb、Fe 等杂质。非金属物主要为颗粒、土色尘埃、细纤维。这些污染物非油泵内产生，而是由外部污染物侵入的结果（进一步追踪复查，确认是属于机场在装配时，油箱中残存的滑石粉对油泵油路造成污染所致）。

图 2-32 柱塞腔污染物照片

（2）油料质量不好。油料在飞机发动机中的作用如同血液供人生存一样的重要，它直接影响飞机发动机的使用可靠性，就燃油泵调节器本身而言，燃油（常用 RP-2）既是系统的工作介质又是系统工作的润滑剂，它直接参与系统中精密偶件间负荷与转速的传递，并直接影响零件的寿命与失效，因此是最活跃最关键的因素之一。据生产实践数据统计，我国某型涡喷发动机主燃油泵中曾出现柱塞磨损、卷边，导致发动机启动困难，慢车转速下降、自动停车等故障，分析认为皆与燃油润滑性较差有一定关系。

1971 年 11 月至 1973 年 3 月期间，我国生产的某发动机燃油泵曾四次因厂内 200h 长试后，柱塞头部严重磨损超过设计要求（产品长试纲要规定磨损不大于 0.6mm）乃至柱塞头边缘产生毛边、裂纹、掉块，致使工厂产品不能定型出厂，经济损失严重。经大量内外厂调查与燃油质量对比试验分析，其原因属某产地提供的航空燃油料品质欠佳、润滑性差，造成摩擦偶件磨损。这些磨损又与燃油中的胶质粘合在一起，从而使泵内柱塞、活门等各偶件产生划伤、卡滞等失效故障。采用了合格的航空燃油以后，用同批生产的燃油泵再次进行长试考核，其性能合格，柱塞的磨损量仅为前面油品不好时的 1/5。图 2-33 为因油料品质造成柱塞严重磨损的照片。

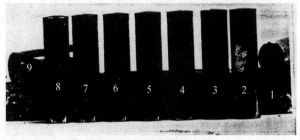

图 2-33 柱塞磨损实物

（3）腐蚀气氛的影响。腐蚀是危及飞机整体寿命很突出的环境问题。燃油泵调节器在生产中采用了严格的防护措施,加之其工作小环境的特殊性,似乎腐蚀不容易出现,往往也易被忽视。实际上腐蚀引起的失效也很危险。1984年某型涡喷燃油泵中高空气压薄膜弹簧因在外场防护不好,致使气压薄膜腔局部积水,造成弹簧断成6节。分解检查,P_2腔中积有大量棕黄色溶液,弹簧被锈蚀。经工厂故障分析认为:这是属于积水中所含的 Cl^- 和 SO_4^- 离子对弹簧材料造成腐蚀,使材料的钢度、强度下降,并成为疲劳源,在应力作用下造成的应力腐蚀疲劳破坏。图2-34为P_2腔中断裂的弹簧。

工厂曾在生产过程中出现过一次油泵壳体因保管不善,出现表面"黑点"的故障。经金相检查发现:该壳体材料的基体出现严重晶间腐蚀,使材料强度明显下降。图2-35为"黑点"处切开的金相显微照片。可见明显的渗透深度并有逐步沿晶界向内延伸的倾向。该例故障如不及时发现和采取措施,必然会在以后的使用中造成重大失效事故。

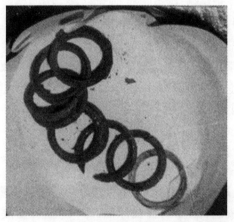

图2-34　P_2腔中断裂弹簧

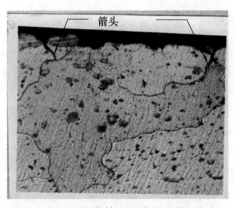

图2-35　油泵壳体表面腐蚀处晶界加粗

存在腐蚀的环境无处不在。燃油的氧化、工业气氛、大气、海洋环境等都会造成零件的腐蚀。在燃油控制系统技、战术要求越来越高的今天,防腐蚀就成为一个重要的课题。要根据零件的具体使用要求,从材料选用、试验应用耐腐蚀镀(涂)层、以及加工、储存、使用等各个环节予以监控,以确保零部件的使用可靠性。

2.3.8 服役使用因素

产品在服役使用中的寿命,主要取决于它本身的质量和服役条件。使用中造成的失效,有的是由操作不当造成的,但大多数则与制造过程或使用中的某些影响工作可靠性的不正常诱发因素有关。这些诱发因素使产品在服役过程中质量劣化,从而造成事故。

在服役条件下由于质量劣化而产生失效的原因包括以下几个方面:

(1)过载或未预见的加载条件;

(2)磨损(磨蚀、因过度磨损而咬住、粘住、擦伤、气蚀);

(3)腐蚀(包括化学接触、应力腐蚀、腐蚀疲劳、脱锌、铸铁石墨化、大气污染);

(4)不够充分的或非直接的维护或不适当的修理(例如焊接、镀层、磨削、冲孔、冷校直);

(5)剥蚀,由化学接触、液态金属接触或高温下电镀所致;

(6)射线损害(有时必须去除试验所留下的污染,它可能毁坏失效原因的要害性的证据),随时间、温度、环境与剂量而变化;

(7)偶然性条件(如不正常的操作温度、剧烈的振动、声振、冲击或不可预见的碰撞、烧蚀、热冲击);

(8)其他。

对于外场使用出现的故障一定要加强信息沟通和工作协调,建立外场排故和故障跟踪处理应急机制,准确的查找原因,举一反三,使故障得到客观、科学的解决。

2.3.9 管理因素

对于燃油控制系统产品失效致因的研究表明:没有单一的通用的原因能够为解决事故的预防问题提供依据。大量事故则是由多重因素决定的,任何特定事故都具有若干事件和情况联合存在或同时发生的特点。尽管在产品生产的各环节出现的致因特点、规律和符合性技术判据有所不同,在研究产品失效的时候,往往要把组成产品系统链条的各个环节看成一个包括人、机械和环境的一个系统去分析和研究。要研究分析它们之间的相互作用、反馈和调整,从中发现事故的致因,揭示出预防事故的途径。

燃油附件生产同大多数机电产品的生产一样,以多品种小批量为主,而零件的生产工艺性往往在生产工艺(序)之间具有矛盾性(即有时为了考虑产品零件的整体工艺性,对某些工序而言不一定具有良好的工艺性),这就突出了生产过程质量控制的重要性和严密性。在实际生产中,往往由于管理不到位造成失效(故障)的实例颇多,应引起足够重视。管理因素包括因缺乏经验造成的误判;因无知、训练不够、反应迟钝造成的技术低劣;因主观臆断、违章操作造成的违抗指令、规程;因生理缺陷、心理状态不佳等造成的粗心大意;因工作态度不好、缺乏责任心造成的玩忽职守以及与之关联的规划、计划、设计不当、工艺规程不完善或不尽合理;还有监督安全教育不够,装置、材料、工具不合适,作业程序实施不当、干部训练和安全措施不力、管理失误、规程不细不全等。所以,哈佛大学安德鲁斯教授曾说过:"无论多小的一件意外事故,都是组织管理上的失误"。这话用在产品质量控制上同样适用。

下面是管理因素造成产品失效(故障)的典型实例:

实例1 1981年9月,某厂工人在加工油泵转子时,粗心大意,违反工艺规程要求,误将转子上的弹簧座孔做大超差,没有按技术要求选配好销子孔,致使不合格件混入合格品里,埋下质量隐患,造成工厂重大损失。成为人为因素造成质量事故的典型事例。图2-36为松动的转子实物。

实例2 1985年8月,主燃油泵在装配分厂二次装配检查密封性时,发现油泵与调节器结合面严重漏油。经查,是装配工粗心大意,错装了胶圈,检验员也未检查出来所致。同类故障之前也曾发生过。2000年某工厂发生某加力泵在发动机试车中出现严重漏油故障。经检查分析,原因为装配工人操作不慎,漏装了胶圈所致。还有一次是加力泵大薄膜盖上面的螺钉,装配时没有拧紧,造成外场发动机性能无法调整合格。图2-37为胶圈错装压坏的结合面。

图2-36　松动的转子实物　　　　图2-37　胶圈装错压坏的结合面实物

实例3 2006年10月,某工厂某型加力泵在运转试验过程中,离心配重和传动杆发生断裂事故。经试验室故障分析发现,造成配重断裂的原因是因为人工制造的线切割裂缝,使配重的杆部承载截面大大减少,而形成过载断裂。经进一步对操作过程调查,造成线切割裂缝的原因是操作者对刀起点时坐标错误造成加工位置错误。发现后重新对刀加工,此时该配重件已有线切割裂缝,应报废处理而未报废,使该零件流到下工序所致。在运转试验时,离心配重断裂后造成卡滞,累及传动杆断裂,从而造成试车失败的重大故障。

诸如此类的操作者粗心大意、责任心不强应引起足够重视。后来对工人加强了技术培训和质量教育,同类故障得以有效纠正。

引起燃油泵失效的因素很多,但从具体零件的失效模式、失效机理去分析仍可找到一定的规律性和特征。从统计学角度分析,工厂生产中出现的失效事例,从产品设计、结构、材料、工艺、使用以及生产管理的失效案例,仍有一定的统计性质。一般情况下,由于设计结构不合理所引起的故障带有固有性和长期性,特别是一个连续发生的具有相同失效模式的故障,往往多与设计本身有关;由加工工艺因素原因造成的失效往往与加工批次有关。不同生产时期的故障重点不同,表现了失效模式的明显不确定性。摩擦磨损引起的故障带有相对的稳定性和时效性,而突发性的粘着卡死必然有特定的原因;长试故障与外场使用故障表现形式有所不同,但有一定的联系性。由环境因素引起的故障也能找到与环境相关的某些特征,往往带有偶然性。由此可见,生产过程及影响因素是复杂的、多变的,这种复杂性和多变性也就决定了零件发生失效模式的多样性和影响因素的不确定性。所以,对引起燃油泵失效的影响因素应全面认识、具体分析,抓住主要矛盾,这对失效分析工作者将是很重要的。

值得指出的是:在研究和统计引起重大失效(故障)的实例中,虽然没有如同发动机那样纯属零件强度不足(九级盘断轴)、振动或共振造成的高周疲劳损伤以及低周大应力疲劳损伤(如涡轮叶片颤振、封严装置振荡、转子甩轴和盘轮辐板自激振动等)故障事例那样发生较多,占主导地位。但对于航空发动机核心部件——燃油泵调节器产品而言,由于工艺不良、材质缺陷,特别是零件本身存在内在缺陷、设计不合理、再加上工况条件产生故障还是相当可观的。这种故障重复性较强,且具有一定的潜伏期,可在使用寿命期间,突发性地产生。解决这种故障,首先要从零件设计方面着手,提高其固有可靠性。同时在产品生产中要做好产品生产质量的过程监控以及优化。不仅要针对产品的单质量特性进行,更不要忽视对多重质量特性之间的相互作用和相互影响的监控和优化。对生产过程既不"欠控",也不"过控"。"欠控"会出现遗漏和隐患,"过控"又会增加生产成本。要用科学全面的管理方法,搞好生产全过程的监控,实现产品固有可靠性的不断改进和有效提升。

现代生产即使采用了大量自动控制、机器人操作,这些科技的进步使人们享受带来的工作的便捷,但同时也让人们承担了更多的认识负荷。尤其是在数字化控制系统中,"巨量的信息、有限的显示"仍然会要求操作者必须在有限的时间内更高效地完成实时监控任务,以确保系统的安全可靠。而监控任务的完成也需要人们通过大量认识活动、特别是要通过视觉系统在瞬息万变的环境中快速搜索目标位置和进行数据筛选操作。所以，任何机械装备的生产制造，最终还是要人来掌握，要通过一道道具体的工序、工艺、工具，并由具体的人加工出来。所以这些相对来说稳定的、重复的操作状态，人的差错仍然在所难免。况且还有工艺本身不尽合理，也容易出现加工缺陷。更何况产品的加工过程是动态的过程，从原材料复验开始，直到产品包装出厂，各个环节紧密相扣。人、能源、物流、信息流所组成的系统，不论哪个环节失控，都会造成产品缺陷。大量研究表明：许多事故是许多相关的事件顺序发展的结果。这些事件不外乎人和物两个发展系列。在实际情况中有一些事故是与人的不安全行为或物的不安全状态无关的，而绝大多数则是与二者同时相关的。即在人和物两大系列的运动中，二者并不是完全独立进行的。人的不安全行为或物的不安全状态往往是相互因果互相转化的。在实际中，既要注意人的不安全行为会造成物的不安全状态，又要关注物的不安全状态又会导致人的不安全行为。但人的因素往往占主导地位。因为纵然事故完全来自机械或物质的危害，但如果更进一步追踪，机械还是由人设计、制造和使用的，物质也是有人来支配的。所以在实际中，我们更应该以人为本，提高产品的质量和可靠性。

我们注意到这样一种现象：在企业长期坚持召开的质量分析例会中，每次都毫不例外的要提到人的因素所占比率。而往往在人的因素中恐怕大多提及的是"粗心大意""责任心不强"等。从失效分析的角度认为，仅此还远远不够，应运用失效分析的方法抓住具体事件刨根问底，进一步找出人的因素中更确切的原因，如："对工艺规定缺乏理解""缺乏必要的知识技能""指令不当""监督不力""工夹具使用不正确"等，以便从管理上有针对性地予以纠正。

此外，还应着重说明，对待发动机燃油控制系统附件出现的故障，不能存在任何侥幸心理，不能认为是一次偶然性故障就放松警惕和细致的分析工作。因为工程问题是客观存在的，如果心存侥幸，没有找到本质的原因和得力有效的措施，事故还会重演，惩戒还会再来。

随着发动机批量的不断增加和使用期限（寿命）的不断增长，发动机燃油控制系统附件的故障现象有向着如下的发展趋势：耗损型故障现象增多，例如变形、间隙变化、轴承磨损、转速摆动、加力接不通、泄漏故障增多等。这就要求我们必须重视和时刻关注从工艺特点以及工艺特点可能存在的、潜在的失效模式之间的关系，找出引起失效事故的各种致因，研究其产生规律，全方位多层次地采取有效措施，绝不能有丝毫放松。

第3章 机械失效的分析思路与方法

燃油泵调节器作为航空用特殊机械产品,其失效分析同样也应着眼于系统的工程分析。其中包括判断失效模式、分析失效机理与原因、提出预防措施等全部技术工作和管理活动。所不同的是由于燃油泵调节器处于飞机"心脏之心脏"的特殊位置,功能十分重要,对分析工作者特别要求应具有高度的责任心、全面的专业知识和分析技能以及特有的经验积累。

关于失效分析的思路与诊断方法,因分析对象的不同而有所不同。失效分析由于在提高可靠性工程、推进科技进步、提高经济效益和社会效益以及在具体保证产品安全、指导维修等方面,愈来愈显示其密切的联系和重要作用,近年来发展很快,成为一门越来越被工程界的技术人员和管理人员所认识和接受的新兴科学。特别是对机械产品的失效分析方法、分析思路以及诊断技术更是日新月异、发展迅速。诸如统计分析技术、残骸分析法、痕迹分析法、失效树分析法、感官分析法、失效在线模拟实验法、相关性综合分析法、逻辑推断法等,在很多教科书及专著中都有系统介绍。还有的把工程上的失效分析同医学的、公安的、社会的分析思路紧密结合,总结出"医生的思路、侦探的技巧"以及失效分析数据库、专家系统软件的出现,这都大大丰富了失效分析的工程技术和学科理论。

这里,仅就针对燃油泵调节器系统典型零部件常用的失效分析的思路和方法做一些简单阐述,并通过一些典型零件的失效案例分析加以应用。

3.1 燃油控制系统附件的失效分析思路

凡工程技术问题都有两个显著特点:其一是工程性,要求总体工作可靠;其二是时间性,出了问题要及时解决,否则会引起一系列不良后果。机械失效结果的出现,都与该事件的制造过程相关联,任何事件的过程都有很多相关的因素(外部的、内部的、力学的、物理的、化学的等)在起影响作用(就机械而言都与过程中的5M1E有关系),这就是过程性与相关性的分析思路。这种思路为从果求因、从已知求未知、从失败中找成功、从故障现象与工艺过程各环节各因素的影响程度中去揭示原因提供了可能。这种过程的发展方向和发展途径以及过程中各相关因素的显现变化成为我们分析因果关系、从失效中求得可靠的桥梁。

3.1.1 失效分析思路的内涵

失效分析思路是指导失效分析全过程的思维路线(思考途径)。它是在思想中以机械失效的规律（即宏观表象特征和微观过程机理）为理论依据，把通过调查、观察和实验获得的失效信息（失效对象、失效现象、失效环境统称为失效信息）分别加以考察，然后有机结合起来作为一个统一整体综合考察，以获取的客观事实为证据，全面应用推理的方法，来判断失效事件的失效模式，并推断失效原因。因此，失效分析思路在整个失效分析过程中是一脉相承、前后呼应的自成思考体系。它把失效分析的指导思想、推理方法、程序、步骤、技巧有机地融为一体，从而达到失效分析的目的。失效分析思路是整个失效分析的灵魂。

机械失效事故往往是突发性的。失效分析的限期往往要求很短，分析结论要求正确无误，改正措施要求切实可行。导致机械构件系统失效的因素往往很多，加之构件之间受力状态复杂、外界环境因素影响等，因而失效原因的分析更是涉及面广、时间紧、任务重、要求严。航空发动机燃油控制系统装置也同其他机械的失效一样，往往是多维致因的综合评价。它不仅影响因素多、动态交互作用多、是多种原因造成的，即一果多因，而且，往往大多数失效分析的关键试件数量有限，一般只许一次取样、一次观测，致使在分析程序上错走一步，都有可能导致整个失效分析任务无法完成。所以，更需要正确的失效分析思路的指导，以最小的代价来获取科学合理的分析结论。正确的失效分析思路是顺利进行失效分析原因的基础，只有掌握并运用正确的分析思路，才能对失效事件有本质的认识，减少盲目性、片面性和主观随意性，大大提高失效分析的效率和质量。

机械产品的工作条件、失效模式、失效机理不同，其失效分析思路也不一样。失效分析的思路和方法虽然要因具体分析对象而定，即方法不能统一复制，但还是有一定的规律可循的。失效分析的思路大体可归纳为如图 3 - 1 的框图。

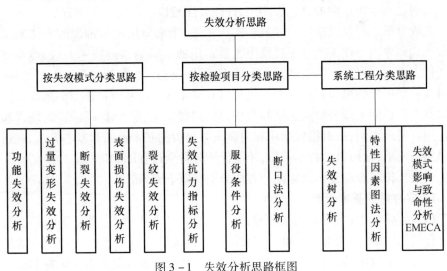

图 3 - 1　失效分析思路框图

通过合理的失效分析思路判断失效机制，解释失效模式，其主要依据是失效的形貌特征、失效的应力状态、失效材料的实际强度、失效的环境因素和失效的相关因素。现代材料科学和工程力学对破断、腐蚀、磨损及其复合型的失效模式的深入研究，为失效模式的判断、失效机理及原因的解释奠定了实践基础、技术基础和理论基础。只有在科学的分析思路指导下，才能制定出正确的分析程序。只有掌握并运用正确的分析思路，才可能对失效事件有本质的认识，减少失效分析工作中的盲目性、片面性和主观随意性，大大提高失效分析工作的效率和质量。因此，失效分析思路不仅是失效分析学科的重要组成部分，而且是失效分析成败的关键，特别是在复杂的失效分析过程中，失效分析思路显得尤为重要。

任何失效过程都具有复杂多变以及原因的多样性等特点，失效分析的思路既具有从果求因的明显方向性，又有多向思维的选择性。失效分析是从结果求原因的逆向认识失效本质的过程，其结果和原因都具有双重性。因此，失效分析可以从原因入手，可以从结果入手，也可以从失效的某个过程入手。如"顺藤摸瓜"法，就是以失效过程中间状态的现象为原因，推断过程进一步发展的结果，直至过程的终点；"顺藤找根"法，是以失效过程中间状态的现象为结果，推断该过程退一步的原因，直至找到过程起始状态的直接原因；"顺瓜摸藤"法，即从过程的终点结果出发，不断由过程的结果推断其原因；"顺根摸藤"法，就是从过程起始状态的原因出发，不断由过程的原因推断其结果。每个方法都不是孤立的，要结合具体失效案例的情况，科学组合、灵活应用。如"顺瓜摸藤＋顺藤找根""顺根摸藤＋顺藤摸瓜""顺藤摸瓜＋顺藤找根"等。

3.1.2 制定分析思路应遵循的基本原则和方法

在制订和运用正确的分析思路中，往往要注意以下几个原则和方法：

失效分析过程是以获得的客观事实为依据，全面应用逻辑推理的方法来探求失效模式和原因。在失效分析过程中大量运用的实验室检测技术方法，通常被称为硬件方法。它可以获得数据等直观证据，帮助我们取得分析结果。但是，往往很多时候看似抽象的思维路线和方法也更具有重要性。这些看似抽象的思维路线和方法是人们长期实践经验的总结和升华，具有"提纲挈领""纲举目张"的统领和指导作用。实践表明，只有很好运用和遵循失效分析的基本原则和基本方法，在正确的思路指导下，运用科学技术手段，才能保证分析全过程顺利进行。

失效分析一般应遵循的原则和方法分别有以下五条：

1. 应遵循的基本原则

（1）整体观念：主要是指失效事故具有多原因论的特点，要有整体考虑的观念。任何失效事件，大都没有单一的通用的原因能够为解决事故的预防问题提供依据。大量事故则是由多重因素决定的。任何特定事故都具有若干事件和情况联合存在或同时发生的特点。在分析时不但要考虑失效件本身及其与设计、材料、制造、装配等相关因素的关系，还要考虑失效构件与本身以外的相关设备、周围环境、操作人员等因素的关系,要把它们作为一个整体系统考虑。要大胆设想失效构件可能与其他相关因素发生了哪些问题,逐个列出失效因素,对照调查、检测试验数据,再逐个排列、仔细分析研究和排除,以免遗漏某些因素,特别是重要因素。

(2) 立体性原则:即任何客观事物都存在于不同的时空范围。应用多方位多角度的多维综合思考问题的方法。就如同系统工程中要求"三维结构式"考虑问题的方法一样,要求从逻辑维(思路维)、时间维(程序维)和知识维的"三维结构图"来考虑和指导失效分析过程,充分发挥三维在总体失效分析中的地位和作用;逻辑维提供思考方法,时间维考虑生产环节和空间,知识维重点要运用失效分析的知识和技能。三者紧密结合,立体考虑。

(3) 从现象到本质的原则:失效过程和失效原因之间具有普遍性、必然性、双重性和时序性的特点,其中最关键的特征是必然性。这种严格对应的因果关系是事物间最紧密最难以分割的联系。许多失效特征指标是具有其特定涵义的失效现象,要善于从现象到本质,由表及里,层层深入。例如一个断口出现贝壳花样,又知道其承受交变载荷,就可以认定失效类型是疲劳。但这还只是现象,还要进一步弄清楚为什么会发生疲劳失效,找出原因才是根本。

(4) 动态性原则:任何一个产品或零部件对周围环境的条件、状态或位置来说,都处于相对的交互变化之中。例如它的受力条件、环境温度、湿度和介质的种类、浓度以及管理人员、操作人员的变动等,包括设计参量和操作工艺指标也只能是一个分析的参考量,它们实际都在与其他相关因素发生着变化。所以应该动态地而不是静止地考虑问题。要在变化中找规律,揭示本质。

(5) 两分法原则:把这一认识论的重要哲学原则用于失效分析,就是要告诫我们不要盲目地轻信某个单方面的意见或现象,更不要受某些不必要的干预。要一分为二地全面分析问题,辩证地处理问题。

2. 失效分析的基本方法

(1) 相关性方法:就是把失效模式(脆断、韧性断、磨损或腐蚀等)、断口形貌特征、服役条件、材质情况、制造工艺水平和制造过程、使用和维修情况等,都放进一个分析系统中,从总体上加以考虑的一种思想方法。由此进一步深入地测试分析(包括模拟试验或失效再现试验),找出真正的失效原因。本方法要求尽可能地搜集与全局性有关的资料和测试信息,从而合理地确定测试分析范围。

(2) 抓主要问题的方法:就是要注意抓主要矛盾和矛盾的主要方面。当某零部件存在两个以上的失效类型时,应分析和找出主要的失效类型及其主要的失效抗力表征参量。例如,同时存在断裂及磨损时,前者是"急性病",后者则是"慢性病",因此应首先抓断裂失效的分析与预防。还要注意抓主要失效类型的原因综合分析。当一个零部件或产品失效的类型和原因可能有很多方面时,其主要原因一般只有一两个。例如,材料缺陷、偶然的局部应力集中造成的疲劳强度降低。这时首先要找准引起失效的起始失效部件,这是第一个关键问题。其次是在主失效件上找出断裂源,然后从断裂源正确地推断分析,找出主要的失效原因。

(3)对比的方法:如果能找到同样的但经过相同工况试车或实际使用而未失效的装置或零部件,便可以采用与失效件或有关标准参照对比的方法,从中找出差异,再从分析差异中寻找引起失效的原因;对比找差异要在认真分析的基础上进行,要抓住重点,科学分析。

(4)历史的方法:不同零部件的失效表现和引起失效的原因,都有它特定的因果关系。根据这种关系借助于同样零部件在相同服役条件下所表现出的失效情况和变化规律,以史为鉴,来推断已发生失效的可能原因。这种方法会提高分析效率和准确性。使用这种方法的条件,取决于人们对过去资料积累和经验沉淀的多寡,但也要注意不要犯经验主义,要注意发现新情况。

(5)逻辑方法:这种方法是根据失效事件的背景资料(如设计图纸及技术规范、用料情况、制造工艺、安装调试情况等)、失效装置的调查材料和失效件的实验室测试分析数据等,进行分析比较,综合归纳、概括推理,最后做出判断和推论,从而得出最后可能的失效原因。

应该指出,以上这些原则和方法都不是单独应用,而是要根据实际情况灵活掌握和交叉运用。对于复杂产品的失效事件,由于零件数量多、工序多、质量特性多,究竟是哪个因素特性对产品的最终失效具有关键影响,有时很难用现有传统的工程知识解释和揭示这种影响关系。如在某复杂机电产品的装配过程中,尽管所有零件均符合公差要求,但也会出现有的产品装配后表现为合格,有的则表现为不合格。这就需要根据上述原则和方法,全面、立体、辩证地思考。采用科学先进的方法,从多元质量控制过程中自上而下逐层分解,抓住主线进行降维操作处理,进一步进行数据挖掘和特性识别,以准确诊断引起失控失效状态的变量或变量组合,去伪存真,揭示本质。因此,失效分析的速度和准确度,除了经验外主要取决于对这些原则和方法的熟练程度和运用水平。同时要注意,这些原则和方法较为抽象和难以操作,实际运用时还需要引入工程可操作概念。因此,在实际机械失效分析活动中,常常是在分析思路指导下应用更具有工程操作性的方法。

3.1.3 常用失效分析的工程思路和方法

1."撒大网"逐个因素排除的思路

一桩失效事件不论是属于大事故还是小故障,其原因总是包括操作人员、机械设备系统、材料、制造工艺、环境和管理等方面。根据失效现场的调查和对背景资料(规划、设计、制造说明书和蓝图)的了解,可以初步确定失效原因与其中一两个方面有密切的关系,甚至只与一个方面的原因有关。这就是5M1E,即人(Man)、机器设备(Machine)、材料(Material)、工艺制作方法(Method)、管理(Management)、环境条件(Environment))的失效分析思路。这种分析思路和方法,把人、设备、材料、方法、管理和环境当做一个系统来对待,并对所有环节进行分析,逐个因素排除,不放过任何一个疑点,直到找出原因为止。

如果失效已确定纯属机械问题,则以事故件制造全过程为一系统进行分析。即对事故件所经历的规划、设计、选材、机械加工、热处理、二次精加工、装配、调试、使用和维护等所有环节以及可能的各种致因缺陷逐个进行分析,逐个因素排除。要采用列表或统计的方法,组织团队人员,撒大网捉鱼。这种"撒大网"逐个因素排除的思路,面面俱到,它怀疑一切,不放过任何一个可疑点。"撒大网"思路是早期安全工作中惯用的事故检查思路,一般比较费时费力,但当找不到任何确切线索时,这种方法不失为一种比较好的办法。

实际生产中常常采用鱼翅图来查找和分析构件出现故障或失效的原因,其思路就是一种"撒网式"思路和方法。

2. 残骸分析法

残骸分析法是从物理、化学的角度对失效零件进行分析的方法。如果认为零件的失效是由于零件广义的"失效抗力"小于广义的"应力"的缘故,则该"应力"必然与零件的服役条件有关。因此,失效残骸分析法总是以服役条件、断口特征和失效的抗力指标为线索的。

零件的服役条件大致可以划分为静载荷、动载荷和环境"载荷"。以服役条件为线索就是要找到零件的服役条件与失效模式和失效原因之间的内在联系。但是,实践表明,不同的服役条件有不同的失效类型和特点。同一服役条件下,也可能产生不同的失效模式;同样,同一种失效模式,也可能在不同的服役条件下产生;同一材料状态在不同的服役条件下,也会表现为不同的失效类型和特点。因此,以服役条件为线索进行失效件残骸的分析,只是一种初步的"入门"方法,它只能起到缩小分析范围的作用。

断口是断裂失效分析的重要证据,它是残骸分析中断裂信息的重要来源之一。断口上存留有与失效有关的很多信息,应运用断口痕迹特征以及必要的实验手段仔细观察识别。但是在一般情况下,断口分析还必须辅以残骸失效抗力的分析,才能对断裂的原因下确切的结论。

以失效抗力指标为线索的失效分析思路,如图3－2所示。其关键是在搞清楚零件服役条件的基础上,通过残骸的断口分析和其他理化分析,找到造成失效的主要失效抗力指标,并进一步研究这一主要失效抗力指标与材料成分、组织和状态的关系。通过材料工艺变革,提高这一主要的失效抗力指标,最后进行机械的台架模拟试验或直接进行使用考验,达到预防失效的目的。

很明显,以失效抗力指标为线索的失效分析思路是一种材料工作者常用的、比较综合的方法。它是工程材料开发、研究和推广使用的有效方法之一。要使构件(或材料)在不同的服役条件下,能够具有不同的失效抗力指标,其实质就是要求其强度与塑性、韧性之间应有合理的配合。为此,必须进一步研究失效抗力指标与材料(或零件)的成分、组织、状态之间的关系,来达到提高其失效抗力的目的。因此,研究零件(或材料)的强度、塑性(或韧性)等基本性能及它们之间的合理配合与具体服役条件之间的关系就是这一思路的核心。

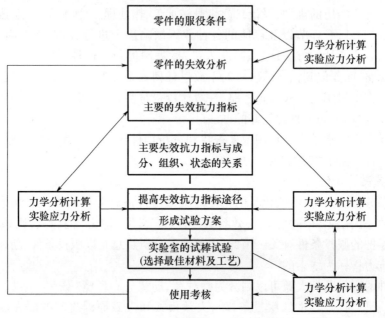

图 3-2 以失效抗力指标为线索的失效分析思路示意图

3. 按构件的失效类型分析法

这种方法首先要判断构件失效的类型,然后依此推断失效的原因。例如轴的断裂,它的失效模式(类型)属于断裂失效。根据断裂失效是以裂纹萌生、稳态扩展、失稳扩展直至断裂为主线的失效过程,分析时就要仔细观察断裂处裂纹的形态、特征、产生的位置等,进一步判断裂纹的类型,寻找裂纹萌生的原因,裂纹扩展的机理,从而找出失效的具体原因。这种方法比较直接,实际中也应用较多,分析者要具有有关失效模式等方面的知识和判断经验。

运用该分析方法时一定要注意抓主要矛盾和矛盾的主要方面。当某零部件存在两个以上的失效类型时,应分析和找出主要的失效类型及其主要失效抗力的表征参数。要注意抓造成主要失效类型的原因进行综合分析,从造成失效的主要原因入手,层层深入。

4. 失效树分析法

失效树分析法是在系统设计过程中,通过对系统由总体到局部按树形结构进行逐渐细化分析,以逻辑框图(即失效树)的形式形象地进行失效的分析工作,从而确定系统失效原因的各种可能的组合方式或发生概率。其目的在于判断基本故障并进行定位,确定故障原因和故障概率,采取相应的纠正措施,以提高系统的可靠性。该方法是一种图形演绎方法,特点是直观、明了,思路清晰,逻辑性强,可以做定性分析,也可以做定量分析,被公认为是当前对复杂系统安全性、可靠性分析的重要方法和工具之一。

从系统工程的角度来说,故障既有因设备中具体部件(硬件)的缺陷和性能恶化所引起的,也有因软件,如装置中的控制程序错误等引起的。此外,还有因为操作人员操作不当或不经心而引起的损坏故障。这种失效树图形,可以清晰地表达系统故障和形成的可能原因(包括软件、硬件、环境、人为因素等)之间的内在联系,并指出元部件失效与系统之间的逻辑关系。通过建好的故障树,可以围绕失效事件某些特定的失效状态作层层深入的逻辑推理分析,从而找出系统或零部件最容易发生失效的原因或该构件的薄弱环节。以便帮助判明潜在的系统故障模式和灾难性危险因素,发现产品在可靠性和安全性上的薄弱环节,并集中力量解决这些薄弱环节,达到提高系统可靠性的目的。它不仅可以进行定性的逻辑推导分析,而且可以定量地计算复杂系统的失效概率及其他的可靠性参数,为改善和评估系统的可靠性、提高产品安全性提供定量的数据。

采用失效树分析法(FTA法)解决产品失效问题,难点在于理解建立故障树的基本原则、建立故障树的方法、同时要能对建好后故障树进行科学分析,以便求出故障树的最小割集和对最小割集进行排序分析,为故障维修和预防故障提供依据。失效树分析法(FTA法)的步骤,因评价对象、分析目的、精细程度等而不同。但一般可按如下的步骤进行:

(1)建立故障树图形并定义相关数据模型;

(2)失效树的定性分析;

(3)失效树的定量分析;

(4)基本事件的重要度分析。

失效树的建造是一件十分复杂和仔细的工作,失效分析人员在建树前必须对所分析的系统有深刻的了解,用树形图把失效事件(顶事件)、中间事件、基本事件由逻辑关系联系起来,明确分析过程和结果的关联,然后进行层层分析,从而确定产品故障原因的各种可能组合方式和其发生的概率。

实用举例:2012年,在对某型发动机进行充油放气时,发现某计量装置上的放气嘴部位漏油严重。检查发现放气嘴与壳体之间的安装座发生松动,胶圈及其他部分完好。随后将放气嘴安装座重新拧紧后继续进行发动机试验,未出现漏油现象。放气活门主要由安装座、弹簧、钢球、螺母等零组件组成,其结构示意图如图3-3所示。正常情况下,当产品需要进行放气时,将放气活门的螺母拧下,用专用工装将放气活门中的钢球向下顶,即可放掉产品内的气体。

为查找原因,采用故障树进行了故障分析,取得预期效果。放气嘴安装座松动故障树见图3-4,表3-1为原因排查表。

按照故障树和排查表。对各原因进行了逐一排查分析,梳理出可能造成放气嘴安装座松动故障的因素有3项。对3项因素进行排查:其中2项因素可以排除;

1 项因素可能造成放气嘴安装座松动的故障。该因素为:操作方法不当。根据故障原因分析,在旋拧放气活门螺母时,应用两个扳手固定放气活门的螺母和安装座,保证在螺母松动的过程中其下方的安装座固定不动。故障发生后,将安装座重新拧紧后继续进行发动机试验,放气活门处工作正常,没有出现漏油现象。依据故障树图形和原因排查表,可清晰地看出某计量装置上的放气嘴部位严重漏油的逻辑关系。失效树的顶事件就是构件的破坏。这种破坏可由不同的事件——设计、制造、装配、试验以及零件等——造成的。这些事件,每一个都通过"或门"与顶事件相连。在故障树的帮助下,根据故障现象分析,找到发生某计量装置上的放气嘴部位严重漏油的直接原因之一,可能是装配和拆卸时操作方法不当所致。继而从技术、管理等方面予以对症采取改进措施,保证螺母松动的过程中下方的安装座固定不动,使该故障得以圆满解决。

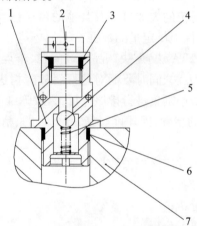

图 3 - 3 放气活门结构示意图

1—安装座;2—螺母;3—密封圈;4—钢球;5—弹簧;6—密封圈;7—壳体。

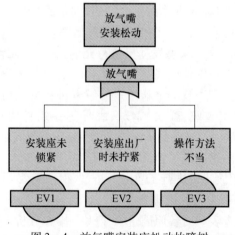

图 3 - 4 放气嘴安装座松动故障树

表 3 - 1 产品故障原因排查表

序号	故障影响因素	影响分析	排查情况
1	安装座未锁紧	安装座未进行锁紧,导致拧螺母时安装座跟随转动,造成故障	此处设计资料有锁紧要求,且锁紧方式与我厂某定型产品的放气活门锁紧一致
2	安装座出厂时未拧紧	出厂时安装座未拧紧导致安装座松动故障	产品在厂内性能调试前需要预先放气,安装座正常,未松动
3	操作方法不当	放气活门为上下双螺纹旋转结构,该结构在装配和拆卸时应使用两个扳手分别固定上下两处旋转部位,保证活门的正常工作,若操作不当则会造成故障	根据外场反馈,在旋拧上端螺母时,安装座带松

在失效分析中,思路指导程序,程序体现思路,这是机械失效原因分析工作的一般规律。如同机械失效原因分析思路一样,机械失效情况千变万化,失效原因也多种多样、枝缠叶织,很难规定一个统一的失效分析程序。一定要针对失效状况的不同情况,合理选择正确的失效分析思路。制定具体的分析程序和工作计划,以最小代价(时间、人力、设备、财力等)来获得较科学、准确的分析结论。

失效分析的工程方法还有很多实用的思路,如基于安全系统工程分析法的统计图分析法、文字表格法、因果关系直接分析法、系统工程分析法、逻辑推理分析法、专家系统法等。因篇幅问题这里不再赘述,可参考有关专著。

3.2 机械失效分析程序与常用方法

3.2.1 机械失效分析的基本任务

机械失效分析是分析失效的任务可归纳如下:
(1)机械失效性质的判断;
(2)机械失效原因的分析;
(3)机械失效预防抗力的提高。

3.2.2 失效分析技术

机械失效分析的实质是一项严谨的系统工程。失效分析与医生看病或与侦破案件有许多相似之处。首先,对所获得的信息资料既要单独和分类推敲,又要综合分析,通盘考虑。然后提出疑问、假设,进一步有针对性地补充信息资料,多方考核、验证假设,从众多的原因中,逐步确定取舍,从而得出可靠的结论,并提出切实可行的预防措施,在实践中进一步验证。因此,失效分析工作要有"医生的思路,侦查的技巧"。

失效分析技术选择原则:一是要考虑失效分析的实际需要;二是要考虑检测技术的适用性;三是要考虑检测技术的经济性。总结失效分析的技术,主要是指各种失效分析的方法和手段。对分析对象而言,总体上可分为非破坏性分析方法和破坏性分析方法。在长期的机械失效分析试件和理论探索中,人们归纳出一系列行之有效的失效分析技术,其中最常用的有:

(1)感官诊断分析技术——主要依靠人体感官功能和智力、经验的结合来获取、存储、加工处理信息,从而达到分析目的的一种技术。包括视觉检查、听觉检查、触觉检查、嗅觉检查等,类似于我国传统的中医诊治技术。实践证明这种方法直观、简洁、使用方便,可靠性好。

(2)理化检测分析技术——利用实验室的设备和技术进行失效分析的方法。通常包括失效形貌观察技术、化学成分分析技术、力学性能和断裂韧性测试技术、金相分析技术、无损检测技术等。要根据分析对象及分析内容合理选择。

(3)无损检测分析技术——无损检测是应用一些物理现象,在不改变材料或零件形状和性能的条件下,迅速而可靠地确定其表面或内部裂纹和其他缺陷的大小、数量和位置,从而为失效分析提供佐证的方法。包括采用 X 射线探伤、电磁感应检测、超声波探伤、磁粉探伤、渗透探伤、声发射试验、应变测试等。该方法在压力容器的失效分析中有成熟的应用经验。

(4)痕迹检查分析技术——"力学、化学、热学、电学等环境单独地或协同地作用于机械,在它的表面或表面层留下的损伤性标记,称为机械表面痕迹,简称痕迹"。痕迹的含义包括表面形貌(花样)的变化、成分的变化(或材料的迁移)、颜色的变化、表层组织及性能的变化、残余应力的变化以及表面污染状态的变化等。所谓痕迹分析,就是对上述变化特征进行诊断鉴别,并找出其变化的原因,为事故和机械失效分析提供线索和证据。这种分析方法对判定事故的性质、破坏(解体)的顺序、找出肇事失效件、提供分析线索极为重要。目前痕迹失效分析技术还在不断的发展和完善中。

(5)医学诊断分析技术——根据直接或间接与机械产品失效事故有关人员的生理、心理状态、致死或致伤原因分析,从而找出事故原因的方法称为机械产品失效事故的医学诊断分析技术。

3.2.3 失效分析的工作程序和内容

机械产品失效原因分析的基本步骤与顺序取决于失效的具体情况。一般包括以下几个方面:

(1)失效现场信息调查(含背景材料收集);

(2)失效事件初步研究;

(3)失效模式初步判断;

（4）确定具体分析思路和工作程序；

（5）综合分析失效原因；

（6）总结报告。

各方面工作的具体内容如下：

1. 现场调查，收集失效件残骸与碎片

失效分析人员要亲临现场，深入了解事故发生的过程和可能产生的原因。记叙失效的历史情况，包括任何与失效有关的资料。诸如零件及与之关联的构件的设计（包括材料与性能）以及此构件的使用情况。详细记录残骸、碎片的宏观特征和断口形貌，并照相。同时对断口要保护好，严禁碰伤和化学物质浸蚀。

2. 确定首要失效件（肇事件）

失效分析的首要任务是准确地确认首要失效件（肇事件）。首要失效件（肇事件）是引起产品失效的"罪魁祸首"。能否准确地确认首要失效件（肇事件）直接关系到失效分析工作的成败。因此，应根据在产品失效现场充分调查分析的结果，以失效件的残骸、碎片为依据，经过综合分析，反复验证，在广泛听取各方面意见的基础上来确认首要失效件（肇事件）。

3. 复查原始资料

对首要失效件（肇事件）的原始资料尽可能收集齐全。其中包括设计图样、设计结构和计算数据；原材料的理化检测报告；冷、热加工工艺的质量档案；受力状态及工作环境介质；装配使用和维修记录；事故发生时的运行状态等。必要时，还要收集类似失效件的国内外相关资料。

4. 首要失效件（肇事件）的外观检查

对首要失效件（肇事件）的尺寸形状、表面颜色、变形与损伤特征、表面附着物的成分、断口宏观形貌、断裂位置等应作详细测量和记录，必要时进行照相。这一步主要靠肉眼观察。零件的总的形貌应记入文件。摆弄零件时应小心，不要对断口表面或其他重要特征造成任何影响。检查断口这一步很关键，最好把破坏的构件切割成便于掌握的试片，也可以制备一个复制品来再现断口表面的结构并在此复制品上进行观察。因为这是无损的并且对后面的分析非常重要和有用。

5. 首要失效件（肇事件）的材质分析

（1）化学成分：鉴定肇事件材料（试块的、局部的）的化学成分是否符合技术条件规定。当零件太小时可采用电子探针分析。在特殊情况下，还要对表面沉积物、表面涂（渗）层、表面腐蚀产物进行成分分析。这一步常常关系到考察此材料从抗蚀的观点是否适用。

（2）金相检验：一般在肇事件上或断口附近切去金相试样。观察金相组织、冶金缺陷（夹杂、疏松等是否符合技术标准）；是否出现过热、过烧、脱碳、增碳、偏析、γ相溶解、初熔组织、脆性相析出等。金相显微组织检查，主要是为了有助于明确零件是否经过正确的热处理等，并由此可以得到关于材料的工艺过程与性能的资料。

(3) 力学性能试验:根据失效分析的目的、要求和可能性,有选择地分别进行硬度、室温拉伸、高温拉伸、冲击、疲劳、持久等力学性能试验,以评定肇事件的材质和工艺是否符合技术要求。失效构件与设计所对应的性能应予以明确。有时候因为确定其力学性能的试验可能会破坏此零件,可以采用力学性能项目中的硬度值来进行换算,这一点特别重要。因为硬度经常与许多其他的力学性能相关联(例如屈服强度),而且硬度试验操作简单,并通常不会损坏零件。

(4) 无损检测:根据肇事件的具体情况,可选用不同无损探伤方法检测肇事件内部和表面存在的缺陷和裂纹,以确定与诸裂纹的关系。

6. 机械设计分析(应力分析)

当此零件明显地与机械设计有关,是一个重要的设计构件时,应进行应力分析。这会有助于确定此零件是否有足够的尺寸与合适的形状,以及满足何种力学性能。应力分析可以采用 X 射线衍射、应变片等方法对失效件或模拟失效件进行应力测定,以确定失效件所承受的载荷性质和大小。预测导致失效的应力水平及残余应力情况。

7. 断口分析

断口的显微组织试验主要是为了确定断裂机理。

(1) 断口切取与保护:在取切断口前,应对失效件(肇事件)的外观、断裂位置、表面颜色、附着物等都应具体地做文字描述,并照相记录。切取断口时应避免烧伤、污染、变形和冷作硬化,更要注意保护断口,避免碰伤和划伤。不允许打磨失效件表面,不允许将两个匹配的断口互相接触对合。

(2) 断口宏观分析:用肉眼或借助实体显微镜放大 10～100 倍,对失效件(肇事件)的外观特征、断口位置及其断口形貌、断口颜色及其变化规律、氧化腐蚀特征及其程度、裂纹起源及其特征、裂纹扩展及其走向、裂纹扩展区的大小及其与瞬断区所占面积的比例、断口周围变形程度及其分布、二次裂纹的数量及其走向等进行全面的观察和记录,并予以照相。断口宏观分析是失效分析的基础,可以初步判断失效件承载类型、断裂性质和断裂原因,为进一步深入分析奠定基础。

(3) 断口微观分析:断口微观分析必须与宏观分析相结合,通过微观精细分析来验证宏观分析的结果是否正确。断口微观分析是利用光学显微镜、透射电镜(TEM)、扫描电镜(SEM)等,对断口进行显微观察和记录,并予以照相。通过 X 射线能谱仪或波谱仪,可以对断口中的冶金缺陷、相质点、腐蚀产物等进行微区化学成分分析。通过微观分析,可以进一步更准确地判断失效模式及失效原因。

8. 模拟试验

根据对首要失效件背景材料分析、材质分析以及断口宏观和微观分析结果,对失效机理做出分析和判断,并确定失效模式。在需要与可能的条件下,对已确认的失效机理及模式,仿效失效件的工作条件进行模拟试验,使故障再现,以验证分析结果的正确性。失效模拟,一个很有用的方法是取一个与破坏的零件相同的(虚拟的)零件,使之尽可能地承受其在设计中运行的真实条件(模拟服役)。这种在模拟服役条件下的试验,常被叫做特殊试验。

9. 综合分析

在完成上述各项试验后,将所得到的原始数据、试验结果和图片汇总,并对全部证据进行综合分析。从设计、材料、工艺、装配、维护、环境、管理等因素中找出失效的主要原因和诱发因素,得出正式的结论并提出纠正措施和建议。

10. 失效分析报告

失效分析报告(包括建议书)要文字简练、层次清晰、结构严谨、论据确凿、客观公正、结论正确。一般应包括以下部分:

(1)概述:描述失效件的背景材料,主要包括事故发生的时间、地点和事故等级;使用情况、失效征候,以及所造成的人员和经济上的损失;失效件的材料及主要工艺参数;失效分析的目的和要求。文字应叙述全面、层次清楚,简洁明了。

(2)试验方法和试验结果:包括已经进行过的化学成分、金相分析、力学性能、物理探伤、断口分析、工艺分析等。数据要可靠、取舍得当。

(3)分析讨论:包括对失效机理、失效模式、断裂原因及所有实验结果的综合分析与讨论,对失效的性质与原因提出看法。分析应科学合理,有理有据,经得起推敲。

(4)结论:分析结论是整个报告的核心,一定要实事求是、客观公正、准确可靠、文字严谨、结论正确。

(5)建议:针对失效的性质和原因,提出避免同类失效重复发生的纠正措施和预防措施的建议,措施要具体可行。

11. 失效分析的后续工作

(1)失效分析资料的管理:失效分析资料包括失效件实物样品;事故征候调查报告;各种实验、验算报告;失效分析会议记录及分析计划;各种照片和录像带;最终失效分析报告;上级批文等。上述资料应按企事业单位的失效分析管理文件规定,认真登记造册,确保资料配套完整,文字准确整洁,归档长期保存。

(2)纠正和预防措施的验证与贯彻:根据失效分析结论所提出的纠正措施和预防措施应经审批后进行验证。在实施过程中应跟踪和详细记录。纠正和预防措施验证工作全部完成后,由技术部门发出响应及避免失效的技术文件,责成有关单位狠抓贯彻落实。质量部门跟踪检查,观察使用效果。根据获得的成果,经评审后将纠正措施分别贯彻到设计、材料、工艺、装配、使用和维修部门中去。

由上述分析程序和内容可知,失效分析是一项相当复杂而又非常细致的工作。归纳起来,一般失效分析程序与内容可用图 3-5 予以描绘。

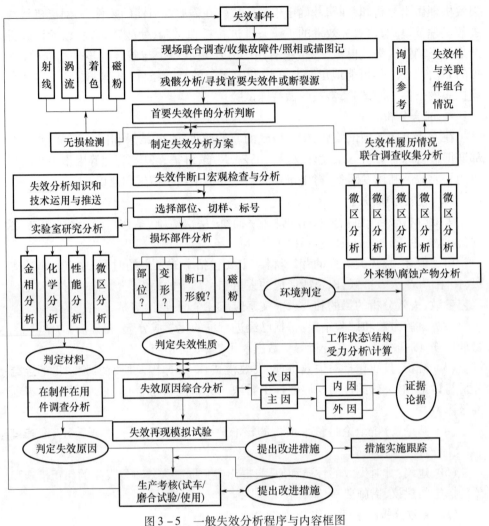

图 3-5　一般失效分析程序与内容框图

3.2.4　失效分析对人员素质的要求

搞好航空装备的失效分析工作不是一件容易的事。原中国工程院副院长、工程院院士师昌绪在 1998 年 10 月北京第三次全国机电装备失效分析预防预测战略研讨会上指出:"参与失效分析的科技人员能否站在公正立场,以追求真理的精神、实事求是的态度,摆脱本单位或本部门的压力是失效分析成败的关键。因此,对失效分析的科技人员的素质(业务素质和政治素质)要求很高"。他还指出:"失效分析工作是一个极其复杂的过程,首先,它是多学科交叉的产物,……其次,它又是以基础科学与实践经验相结合为基础的,没有深入的基础研究(应用基础研究)就很难作出正确的判断;没有丰富的实践经验,对复杂问题就会束手无策;第三,它涉及自然科学技术(技术科学),又与社会科学(管理学、心理学等)有密切联系,"因此,"在业务上要求他们知识面要广而又要有一定的深度"。作为承担航空装备失效分析的人员,一定要力求具备这种客观性、公正性、科学性、准确性、可信性和权威性,并特别注意失效分析预测预防工作的交叉性、综合性、复杂性、探索性、必然性和偶然性,提高素质,不断推动失效分析工作向纵深发展。

基于失效分析工作的重要责任和科学方法的要求,对于承担失效分析的主要人员应有严格的要求。日常工作中应按此要求培养人才,建立失效分析团队,高效高质量地完成失效分析任务。

具体要求有以下内容:

(1)从事失效分析的人员应具有大学专科以上的文化水平,连续从事技术工作五年以上,并取得工程师职称;按照 HB 7478—1996"航空装备失效分析人员资格鉴定"的要求,经过技术培训和考核后,取得资格证书。

(2)失效分析人员应具有实事求是的科学态度和秉公办事的品德,具有强烈的事业心与高度的责任感;有技术综合和协调能力。

(3)应具有较扎实的材料、工艺基础理论与专业知识,对材料与工艺、理化检测与试验方法有较全面的了解与掌握;对航空航天及机械机电装备的设计、结构、生产与使用有一定的了解。

(4)对各类失效模式和机理有较深入的了解,并具有丰富的实践经验,熟练掌握理化检测分析技术,对失效件的失效原因,失效性质能做出准确分析和判断。

3.3 燃油控制系统附件失效分析应注意事项

3.3.1 航空燃油控制系统附件失效分析工作的特点

笔者长期从事航空燃油控制系统附件失效分析研究工作,认为航空燃油控制系统附件失效分析除了具有一般机械失效分析的特点和规律外,尚有如下特征值得特别关注:

1. 失效事故的突发性

很多航空飞行事故是突发的,没有先兆,没有预告。一旦发生,上下关注,刻不容缓。必须在一定的时限内搞清来龙去脉、做出准确判断和处理决定。完成失效分析任务必须采取适时作战的态度。对一些较大的故障甚至来不及做更细的分析原因就必须当机立断,做出特殊处理,采取非常手段制止其继续爆发恶性事故的可能性。

2. 失效事故的严重性

航空事故往往没有小事,轻则贻误战机,重则出现等级事故,一旦出现事故很难救援,也非常悲惨,往往给国家和企业造成重大影响和经济损失。必须在保证安全的前提下,合理、科学地予以应对。

3. 失效事故原因的复杂性和模式的多样性

失效分析的技术范围具有包含多学科交叉综合的性质。航空装备一般工作条件相当复杂,其失效往往是一个十分复杂的过程。航空失效事故广泛地存在于实际的生产实践的内涵和外延的各个环节中。一旦出现,其涉及面广,从生产、到使用、到维修,从结构设计、工艺制造、材料器件、到环境等,链条长、环节多、参变量多,互为影响,分析诊断时疑点多、难点多,难度大,模拟故障重现更难。其失效模式由于飞行事故的多原因论,常常有多种模式的交互作用,必须采用科学的方法和思路予以多维因素综合评价与解决。

4. 失效分析任务的时限性

失效分析的限期往往要求很短,分析结论要求正确无误,纠正措施要求切实可行,必须做出快速反应。导致机械构件系统失效的因素往往很多,加之构件之间的受力状态又很复杂。如果再考虑外界环境因素的影响,则失效原因的分析更是涉及面广、时间紧、任务重、要求严。此外,大多数失效分析的关键试件往往有限,一般只许一次取样、一次观测,致使在分析程序上错走一步,都有可能导致整个失效分析任务无法完成,这就增加了失效分析的困难性和探索性。参加分析的人员要有多领域的团队协作精神,只争朝夕。

5. 失效事故分析结论的正确性

结论的正确性直接关乎到措施的有效性,最终结果一定要得出科学公正的结论。很多时候,需要采用改进设计、或考虑所用材料或其电子元器件更高档次的代用品,而实现这样的技术改进又有一定难度,常常需要进行技术攻关和实践过程才能根治。对待出现的故障,不能存在侥幸心理,认为是一次偶然性故障,从而放松警惕。故障再现与试验研究等项工作要持续跟进,要经受工程实践的考验。

6. 失效分析思路的新颖性和技术的高科技性

由于航空飞行器类产品本身属于高科技范畴,产品的复杂性、使用的特殊性、故障的多样性以及举足轻重的影响性,使其的分析思路和方法永远处于探索未知的前沿阵地。研究表明,很多新思路、新方法、新仪器,甚至新理论、新材料、新技术就是在航空产品失效事故的分析中被发现和发展起来的,对分析过程要有探索求实的作风。

3.3.2 企业开展失效分析工作的实践体会

航空发动机属国家战略装备,是促进航空事业发展的重要推动力。联系到我们国家正在建设和打造经济建设的升级版,同时,我国航空发动机事业的腾飞给燃油控制系统产业提供了良好的发展机遇和环境,同时也对燃油控制系统装置提出了更高的技术要求。所以,对于航空燃油控制系统附件失效的分析就有更严格的要求。不仅要思路、方法正确,而且要求失效分析人员要具有良好的素质,知识面要宽,并具有一定的经验和深度,在很多情况下,还需要具有不同学科背景、专业知识和不同经验的科技人员共同合作、实事求是、客观公正,才能得出正确的结论。

有关失效分析的思路和方法,一些专著中多有描述和介绍。下面结合对一般失效案例分析的践行体会,梳理、采撷和分享一些重要观点和注意事项如下:

(1)失效分析是直接的经济效益,要给予真正的重视。失效分析工作是花气力、花投资、涉及面广,而又责任重大的一种工作,在企业中要给予足够的重视。大量实践证明,失效分析已成为解决工程问题的一种重要的学科和技术。它是直接的经济效益,谁认知早、应用好,谁就受益早、受益大。有些单位不重视失效分析工作,"知者甚少、用者更少",不善于从失效、失败中找安全、找成功,教训是很深刻的。

企业是产品制造的第一现场,是失效的多发地带和"源区"。经常性、规范性地开展失效分析工作,就如同在人群聚集地带建立地方"诊所"一样,及时找到病根,并有效地医治,是防患于未然、减少盲目性的有效措施。有些单位不认知失效分析工作的必要性和重要性,质量问题多次发生、重复发生,头疼医头、脚疼医脚,造成恶性循环的教训,应该予以纠正!否则,生产中出现的各失效事例得不到有效的获取、分析、纠正,就难以做到举一反三,也难以从反面给技术进步以推动力!

所谓重视,不能停留在口头上。有的企业设立失效分析及措施纠正专门机构(工作站),落实组织、制定条例、明确责任,作为工厂对厂内外产品故障进行失效分析的职能机构(航空制造行业已把失效分析的有关程序、要求等正式纳入航标,贯彻执行)。把有失效分析资格、能力和经验的人员,组成分析团队,平时开展必要、适时的"门市工作"和工程实践,做好可靠性研究、案例汇集、材料技术问题协调、工艺攻关、防错试验、人员培训等技术研究、储备工作。当故障事件出现时,有应急预案,立即响应,集中力量把每项失效分析工作做深、做透,为科学地处理产品重大故障提供技术依据。有的企业在质量保证体系机构(如全质委)中吸纳有关失效分析专业人员参加,把失效分析工作纳入质量保证体系的日常工作之中,并为工厂质量分析走上深入化、精细化、科学化提供技术依据,笔者认为都是值得推广的好形式。

(2)要制订好失效分析的总体思路和规划。总体思路和规划是搞好分析的纲,一定要策划好。要根据失效事件的具体情况,运用科学的思路和方法,制定分析路径。一般较大的失效案例分析,应组成分析调查团队,对以下问题有明确的考虑和认识,然后制定出具体的执行计划。这些问题通常被称为"5W2H",它们如图3-6所示。

(3)对于失效事件,在分析时要明确特征与机理的关系。以机械失效的规律(即宏观表象特征和微观过程机理)为理论依据,努力发掘失效信息(失效的对象、现象及环境等),分别考察、综合分析。特征是判据,机理是解释。看到了,要能说明它,否则便成了思路不清。在通过失效过程的分析中,应注意失效原因的多样性、相关性和偶然性,要善于剥丝抽茧、去伪存真。这就要扩大自己的知识面,不断学习和总结,学以致用。

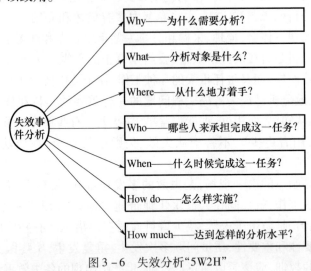

图3-6 失效分析"5W2H"

例如对一个爆炸失效件的分析,其现象与解释如表3-2所列。

表3-2 一个爆炸失效件的分析

现象(特征)	解释(机理)
有小穿孔	包壳高速爆炸碎片对薄壁件穿透所致
有冲击坑	包壳高速爆炸碎片对厚壁件穿透所致
擦伤	包壳高速爆炸碎片与物件表面锐角掠过所致
爆炸点蚀	较小爆炸金属颗粒撞击一、二区物件所致
放射冲击痕迹	近炸物薄金属板形成爆炸洞受颗粒冲击所致
烟熏痕迹	不同的炸药烟迹所致,其中TNT炸药一般呈深黑色,硝铵类炸药呈灰白色等
…	

要有明确的概念和理论去指导实际。概念不清楚,必然造成分析的误区,导致结论不准。要不断地积累经验。在分析中要注意细节,不放过任何蛛丝马迹。不但要善于提出问题,还要善于解决问题,这才是科学性,才是数据说话。分析中常常可能遇到一果多因、令人头疼的困境。不要回避疑点,要追根寻底,也不要画蛇添足。在分析失效原因时,不仅要重视失效过程的终点,更要注重失效过程中各起始状态的重点分析,即注重撒大网(5M1E)和层层剥皮、顺藤摸瓜法的应用。要科学运用有关理论知识,认真研判失效证据与样品失效的关系,从而诊断失效件的失效机理,以便进一步查明主要原因,要善于在分析和试验中揭示因果链。

(4)注重符合性检验与失效分析的紧密融合。失效分析是对已经丧失规定功能的产品(系统)进行全面的失效模式、原因、机理的剖析,从而提出改进措施的过

90

程。产品的符合性检验是指在产品的整个生产过程中，按技术文件、技术标准对产品、元器件进行的质量检验（包括工序检验、成品检验、性能试验、外购器材入厂复验等）。二者都是保证产品质量非常重要和密不可分的环节。它们的共同目的都是保证产品的质量。但是，它们在具体实施过程中却有所侧重和区别。失效分析要求全过程全面进行，一环扣一环，闭环出成效，并要求在人员、试验手段、时间、物质上都具有一定的条件保证。而工厂遇到和进行的大多为产品的符合性检验：即在合格元器件（材料）中按产品符合性检验标准对其查找设计、工艺缺陷，判别缺陷符合性的检验。前者是从失效入手、立足于成功的事后分析，后者是按标准做出产品是否合格的事前（或过程中）把关。处理好这二者之间的关系，把事前（或过程中）把关与事后全面分析有机地结合起来，对保证产品质量是至关重要的一个课题。

符合性检验在产品的整个生产过程中起着事前（或过程中）把关的重要作用，是工厂产品质量保证的基础。其局限性在于大多是通过抽样检验来评价产品的工艺质量水平，其否定性结论（符合性检验不合格表明产品生产存在隐患）可靠性较高，而肯定性结论（符合性检验合格表明产品生产可靠）则存在一定的风险，即在产品符合性检验的合格批中，仍有因未抽检到而可能存在缺陷（甚至严重缺陷）。如果对符合性检验中被剔除的不合格品按照失效分析的方法对其缺陷作进一步的分析，找出缺陷产生的原因、性质及进一步揭示其产生的机理，从而为生产单位采取措施彻底消除缺陷，这就从根本上为提高产品（器件）的固有可靠性提供技术依据。在实际质量检验中，往往会把一些很重要的不合格品的分析信息（原始样件、缺陷固有形貌等）轻易地丢弃或破坏了，使后续深入的分析工作再想去做已不再可能。出现这类情况的原因，有的是怕麻烦、不愿再做深入的分析工作，有的是程序不清、不知如何再去做深入的分析工作。这样做的结果，往往使一些质量问题不能得到很好的解决而时常重复出现、束手无策，所谓"有钱买棺材无钱买药"（意指报废得起，而不愿做深入分析的投入），这是质量管理中的一个疏漏。而且，养成对不合格品做进一步深入分析的常态性做法，还可以起到积累经验，厚积薄发的技术积累。

所以，符合性检验同失效分析作为产品质量控制的一个有千丝万缕联系的整体，是工厂贯彻全面质量管理和质量问题归零必不可少的手段。应该说，产品的符合性检验是基础，而产品的失效分析是提高。前者是事前（或过程中）预防，后者是反面推进。在符合性检验中，剔除不合格品是目的，而在失效分析中，搞清失效原因和机理是关键，提出和实施有效的改进措施是核心。只有这样环环紧扣、不断延伸、举一反三，才能保证产品（系统）的质量，特别是防止同类质量问题的反复发生、避免灾难性后果或重大经济损失，才能真正达到质量问题归零处理的目的。

（5）一定要重视现场调查，这是第一手材料，要走出去，腿要勤。承担失效分析任务的人员不仅要在失效件上下功夫，还要深入到生产实践中去，全面了解与失效事件有关的资料与过程。同时要善于搜集第一手真实情况,包括过程履历以及座谈询问等。然后去粗取精,去伪存真,全面分析。有时现场调查可以得到在实验室得不到的预想结果,这对尽快全面得出失效原因是很有益的。

(6) 失效方法要根据故障的具体情况正确选择。失效分析的关键是找出真正的致因,方法的选择要根据故障的具体情况而定。失效分析检测技术选择原则:考虑失效分析的实际需要、考虑检测技术的适用性和考虑检测技术的经济性。在对失效件做冶金分析时,要把常规的宏观测试方法和微观分析方法有机地结合起来。要重视常规宏观方法的应用。要把工况分析、现场调查以及分析紧密结合起来,在分析上下功夫。微观分析作为深入辅助的方法。实际中有很多失效案例采用常规宏观方法是可以解决的,而且快捷、省成本。只有较大的复杂失效案例为了探究更深层次的原因,才采用很先进的设备去研究细微末梢。当然,这需要经验的沉淀和积累,正像一个医生看病,并不是动不动就要 CT、核磁,采用"望""闻""摸""切"等同样能取得好的效果。要明白,方法和实验手段的选择是为了定位、找疑点。在分析中,不要拘泥于某一种方法,要根据失效(故障)发生的情况和有关资料,选择最直接、最科学、最有效的方法。要注意通过典型的失效分析案例的剖析,加深失效分析程序和方法的掌握,积累经验。

对燃油泵产品的摩擦磨损件,应特别注意痕迹分析技术的应用和摩擦学试验研究。磨损研究对象主要是材料表面层破坏失效问题。要注意失效过程的研究和表面分析技术的应用。既要注意失效件、相关件的宏观表现及特征,又要注意微观特征。既要注意失效件、相关件显性的失效表现和特征,又要注意其隐性的失效表现和特征。有的案例模拟试验难度很大,特别是在失效后果严重、涉及面广、任务时限紧迫时,应注意抓主要矛盾和矛盾的主要方面,以最小的代价(时间、人力、设备等)来获取分析结论的科学性。有些案例情况复杂,而证据不足,往往要以为数不多的事实和观察结果为基础,可运用统计分析、数理计算等技术,作出假设,进行推理、统计、计算,以补充调查或专门检验,以获得新的事实和论据来揭示原因,寻求措施。

(7) 要注意各专业的横向联系,互相弥补,完成系统的综合。失效事件由于致因多,其综合性、交叉性对取得失效任务的完成很重要。失效分析在生产全过程中辐射面很大,有关设计、质量、工艺、冶金、管理人员了解失效分析的知识、技能、程序等,它涉及很多学科和部门。要深刻领会和树立"互联网思维",在分析中要有多方面人员的参与和配合。所以在具体分析过程中,要重视沟通、协调和交流,必要时要组成专门的团队,分工协作,互相启发与弥补,拓宽分析思路、完成系统综合,得出确切的结论。使失效分析以及安全评估、失效的预测预防、可靠性工作等取得全面进展。

(8) 理论知识指导,既要遵循通用原则,又要探索特殊规律。只有找出特殊规律,才能有所发现和进步。

世界上任何事物都是可被认识的。失效是一个累积损伤的过程,其过程是有条件、有规律、有原因的,只要按照失效分析的科学方法去做,就能有所发现;这种严格对应的因果关系是事物间最紧密最难以分割的联系。换句话说,凡属因果事件链中排序靠后的事件,均以前面的事件存在为前提。它的局限性就是仅仅适用于单一因素造成的失效事故(如弹簧表面有锈坑淬火裂纹到断裂)。但实际失效事件往往处于多因链(如锈坑、漏检、漏工序致断裂)中,各个起因之间没有因果关系,而只有几个因素同时发生才能造成事故。该多个独立起因不必是同时产生的,但组合完成时这些起因不仅是客观存在而且是同时起作用的。最早出现的起因埋下了失效的隐患,随后相继出现的各个起因,伴随着最早出现的起因和较先出现的起因共同把产品推向了失效发展的最后阶段,一旦失效起因的组合完成,失效就不可避免地发生了。

失效分析既是一门学问,也是一门技能,必须要有良好的训练和经验的积累。要重视平时有关材质和材料应用课题研究与应用的积累。这就如同建筑中的砖瓦、音乐中的音素、汉字中的点画一样,虽然简单,却是基础。有了基础还要注意归纳、分析、综合、提升。正如一个字由点画组成,如不注意组合,不知其中轻重感、快慢感、来龙去脉等规律的熟练运用,也是难以显示出"健与美"的意境。当然要做到这一点,必须注入感情,勤于耘耕,正如写字也同做其他任何事一样,需要意志集中,认真细心。要认真写好每一点、每一画,一笔不苟,锲而不舍,就会运作自如,下笔有神。

(9)一定要客观、公正,不受行政干预,不受条件制约,不以个人情感倾斜。当一个失效事件出现的时候,往往会有责任追究,接踵而来的是这样或那样的干预和干扰。作为承担失效分析的人员一定要客观公正,唯客观事实为重,绝不能人云亦云。要知道,机械失效事故有着自己必然的客观规律,工程的问题来不得任何的虚假和掩盖,不把原因找准确,措施就难得有效,事故必然还会再来惩罚你。只有老老实实、严格按科学方法进行,求真务实,才能真正从失败中求得成功,真正提高产品的质量和可靠性。要注意对结论和措施的验证,否则,工程的问题是要经过客观无情考验的。要做到客观公正,除了要有高度负责的精神和修养,还必须不断学习和运用失效分析的理论知识和技术技巧,养成探求真知、探索未知的良好习惯。

(10)注意分析报告的写作格式及质量。分析报告是整个失效分析工作的最终显性表达。这里强调的是内容一定要条理要清楚。论据要充分(照片要有特征性),分析要有理有据,结论要明了,措施要具有可操作性,文字要精炼正确,经得起推敲,格式要符合有关规定。一份好的失效分析报告就是一份很有技术价值的资料,它可以作为处理类似技术问题的具有长效参考价值的珍贵技术依据,是失效分析工作者的基本功。实际中,有些分析报告结论模糊,没有针对性和操作性,应予以纠正。

(11)失效分析报告的反馈。失效分析报告的反馈是质量闭环管理的必要步骤,是积极的失效分析思路。失效分析的目的不仅在于失效性质和原因的分析判断,更重要的是反馈到生产实践中去。由于失效原因涉及结构设计、材料设计、加工制造和装配使用、维护保养以及管理等各个方面,分析结果也要相应地反馈到这些环节中去。在一般情况下,从失效分析的结论中获得反馈信息,据以确定提高失效抗力的途径(形成反馈试验方案),并通过试验选择出最佳改进措施。反馈的结果可能是改进设计结构、材料、工艺、现场操作规程,也可能是综合改进。对失效分析报告的反馈和贯彻,应制定相应的流程和制度,使其真正起到提高产品可靠性和管理水平的目的。

　　失效分析作为一门新兴的边缘学科,其理论和实践飞速发展。目前总的趋势是综合化、系统化、定量化。随着计算机技术的飞速发展,更使其走向规范化、程序化和计算机模拟化、智能化,有力地推动着经济和社会各领域的前进。世界是什么? 它是一个庞大的由因果链组成的网络。解链是一种艰苦而十分有趣的事业。让我们不断学习失效分析的有关知识和技能,不断拓展自己知识的宽度和深度,不断总结和汲取失效分析的最佳工程实践成果,为求解一个又一个的因果链,为航空报国,实现中国梦贡献出我们的聪明才智!

第4章　燃油控制系统附件典型零件的失效与预防

4.1　概　述

燃油泵调节器系统是一个承担重要功用的复杂系统。构成燃油调节系统的零部件很多，如油泵壳体、转子、分油盘、柱塞、斜盘轴承、活门、操纵活塞、限速和限压机构、油滤、弹簧、薄膜及活塞圈等。这些零组件大多都是油泵调节器系统中的基础及核心部件和关重件，也是决定产品性能、寿命和可靠性的强化因子。这些零组件结构和工况十分复杂，它们在发动机运行中由于受到高压高温、机械振动和冲击等作用以及燃油污染的影响，容易出现卡死、磨损以及疲劳损坏、电器元件老化、损坏等多种模式的故障。在实际生产使用工作中这些零组件对燃油清洁度、冷加工尺寸公差和装配质量的要求都比较严格，控制的难度也较大。随着液压控制元件采用电子——液压机械结合方式，更导致故障模式增多，引发系统不可靠的因素也随之增加。通过对这些零部件功能的可靠性分析，它们大多由于在产品中所处的工作状态复杂，出现失效的危害性和概率较大，是燃油泵调节器生产和使用中易出现问题的薄弱环节。研究和分析这些典型零件的失效与预防，总结其规律，对于提高产品的固有可靠性具有重要意义和迫切性。

从大量燃油泵调节器另组件失效案例分析中得知，引起燃油泵调节器零组件失效的原因基本覆盖了从设计、制造、装配、储存、使用、维修等发动机全寿命过程的各个环节，并贯穿产品从研制、试用、定型、批产使用及延寿的各个阶段。每种零件的失效都具有各自的特点、规律以及影响后果。通过寿命试验、内外厂（场）调查、观察以及数理统计的方法可知：燃油泵调节器典型零组件的失效都有其各自的特点和规律以及影响后果，它的失效没有单一的故障模式，引起故障的原因也是多样的。在工程实践中，燃油控制系统装备的很多故障通常都表现为某一些具体零部件的失效。虽然要弄清楚各种零部件失效的原因及其规律和影响因素，往往并非一件易事。但从保证航空器件可靠性的要求出发，所有失效的零部件都应考虑根据零组件的生产过程和实际工作情况，从发生失效的机理出发，充分运用失效分析的科学手段，查明原因，采取相应措施，防止失效重复发生。

为了帮助了解和分析燃油泵调节器的失效分析工作，这里仅根据工厂涡喷系列发动机燃油泵调节器系统的典型零部件在内、外厂故障的调查和分析，选择柱塞、转子、斜盘轴承、分油盘、活门、壳体、传动杆、弹簧等一些具有代表性的、容易出现故障并容易引起较大事故的零件，分别介绍其失效特点及预防措施。

4.2　典型零件及其失效概述

　　燃油泵调节器是一个由很多零部件组成的复杂构件。这里所谓的典型零部件是指产品中起着关键和重要作用、容易出现失效（故障）且危害影响较大，具有典型意义的零部件。其中包括转子、分油盘、柱塞、斜盘轴承、调节弹簧、传动杆、控制活门、壳体、支承滚针组件、封严装置、温包组件、油滤装置、电子元器件等，还包括具有系统性的运动副摩擦磨损和环境污染等。这些零部件在燃油控制系统附件的工作中分别起着不同的重要作用，而且工作时所受到的载荷类型及运动类型也各有特点，因此这些零部件出现的失效模式及机理也不尽相同。

　　我们曾按失效模式，对工厂历来发生的108次较大内外场故障进行分类统计发现：其中摩擦磨损类故障49起，占45%；断裂与疲劳15次，占12.8%；系统污染38起，占37%；非金属件故障15起，占到13.9%。上述几个主要的失效类型也常用作燃油泵的失效加速因子考虑在油泵的加速、等效试车及寿命评估中。当然，从失效发生过程的机理上看，几种失效类型也是相互交叉、相互影响的。同一零件经常是一种机制为主、多种机制的复合，因而可能发生不同的失效。

　　应指出的是，这里虽然重点介绍典型零组件的失效与预防，实际也是对燃油控制系统失效与预防的有力阐述。因为燃油控制系统产品的可靠性模型是全串联结构，产品（部件、总成）的可靠度可以表示为各零组件单元可靠度的连乘。所以单元越多，产品（部件）的可靠度则越低，失效率就越高。也就是说，燃油控制系统的故障往往与零组件单元的失效密切相关。燃油泵－调节器的可靠性取决于其关键件和重要件结构、工艺和各种使用因素的总和。它的使用寿命也在很大程度上主要取决于系统装置中关键零部件单元、特别是敏感零件单元的寿命（尽管系统的寿命受到各种内、外部因素的制约，其实际寿命比寿命敏感零件的寿命要小）。前面所列的108起故障中，直接与零件单元质量有关的故障就有69起，占到故障总数的63.9%，而且大多集中在活门、柱塞、转子、轴承、弹簧、密封件等典型零组件上。应该加强对这些重要部件的失效与预防的研究，以促进整个产品系统的可靠性增长。

4.3　典型零部件的失效及其分析

　　燃油泵及调节器是发动机燃油系统中故障最多的一个复杂组合部件。其发生故障的概率较大，分析与预防也较为复杂。以下分别按其在附件中的作用和容易发生的失效情况分别予以叙述和讨论。

4.3.1　柱塞类零件的失效与分析

1. 柱塞的结构及工况特点

　　柱塞是航空发动机柱塞式燃油泵的重要零件之一，其功用是通过柱塞和斜盘的不断相对往复接触,达到供油的目地。该零件一旦产生失效,往往导致发动机不能正常工作或停车的恶性事故。

柱塞在工作时是个复杂的受力体。它一方面受到油压、弹簧力等的作用,又有因对转子的相对运动、牵连运动而引起的惯性力;另一方面,柱塞在运动中还受有柱塞及斜盘的约束力。这些复杂的受力状态以及高温、高压、高速、大流量、高交变负荷的恶劣环境,使得柱塞在使用中需要特别重要的可靠性。如何保证其工作可靠、寿命延长,一直是航空燃油泵系统行业非常关注的课题。

目前,涡喷系列发动机燃油泵的柱塞结构大多采用整体或直筒状结构,这种结构简单、加工方便,但柱塞头部球面半径 r 受接触条件限制,尺寸不能做大。因此,柱塞球头部位所受应力较大,反映在实际产品中就是柱塞头部故障较多、使用寿命较低。制造柱塞的材料一般要求采用强度高、耐磨、耐腐蚀、耐热的合金钢制作,加工过程比较复杂。柱塞经常容易出现的失效(故障)是磨损、头部掉块、剥落、边缘碎裂等,这种故障常常对整个柱塞泵的生产和使用发生严重影响。

1)柱塞失效实例及其简要分析

从生产实践的统计来看,引起柱塞失效的常见形式主要有两种:其一是严重磨损;其二是疲劳剥落。

实例1 由工艺因素造成的表面裂纹或剥落。

故障现象:柱塞在生产和试车中曾出现裂纹、剥落现象多次,有时用肉眼即可看出,有的用磁粉探伤法检查出,常常直接影响了工厂生产任务的完成。

简要分析:由工艺因素造成的柱塞表面裂纹或剥落在工厂生产中时有发生。根据柱塞的生产工艺流程(下料 – 锻造 – 机加 – 热处理 – 磨抛精加工等),在锻造、热处理、磨削中出现的较多并表现为不同的形貌特征。

(1)锻造裂纹:锻造引起柱塞表面裂纹是常见形式之一。柱塞一般经镦、挤而成。由于表面氧化皮等夹杂卷入或模具粗糙度高等原因,会造成柱塞在拔长时分层开裂或在表面留下折叠痕迹,图4-1为在柱塞半成品磁检工序发现的一条折叠,它于柱塞表面成一角度延伸,裂纹中常伴有氧化皮夹杂。

图4-1 柱塞表面的锻造折叠 (×50)

锻造工艺不当,会在柱塞球面出现裂纹。这种裂纹一般较粗,尾部圆秃,呈无规律分叉,裂纹两侧无偶合对称的应力开裂特征。在随后经退火及最终热处理后,裂纹附近会出现较严重的氧化。图4-2为锻造裂纹形貌、脱碳现象。

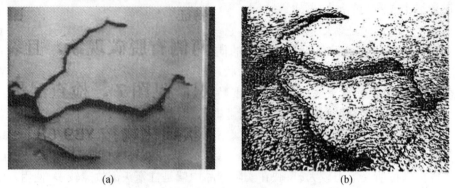

图4-2　锻造裂纹形貌　(×200)

(a)未浸蚀;(b)浸蚀后。

锻造温度过高也会造成柱塞出现开裂。图4-3为CrWMn材料柱塞锻造温度超高出现的裂纹。其中,图4-3(a)为磁粉聚集的裂纹形貌,深度达0.83mm。图4-3(b)为金相放大裂纹形貌,裂纹内腔有氧化物,两侧有严重氧化脱碳特征。图4-3(c)为超标的网状碳化物组织,图4-3(d)为局部过热组织。

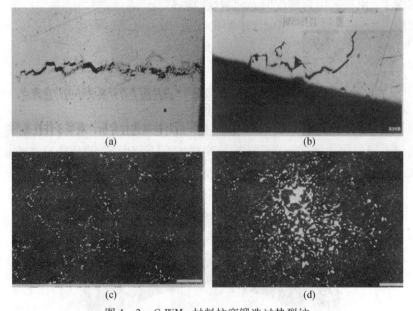

图4-3　CrWMn材料柱塞锻造过热裂纹

(a)磁粉聚集裂纹形貌　(×50);(b)金相放大裂纹形貌　(×100);
(c)网状碳化物组织　(×100);(d)局部过热组织　(×100)。

(2)热处理裂纹:柱塞的最终热处理对其工作可靠性是非常重要的。就Cr12MoV所制柱塞而言,其热处理规范为1040±10℃油冷,-70℃水冷,220±10℃

回火。生产中曾发现柱塞在台架上运转试验后,出现球面弧形裂纹,图4-4为裂纹处充磁形貌。图4-5为垂直于球面外表剖面上金相裂纹形貌。裂纹呈"⊥"字形,一部分垂直于表面,尾部沿平行于表面方向分叉,末端尖细(图4-6),并有剥落趋势(图4-7),进一步测定残余奥氏体量(达7%~8%)和应力(为7%)并与正常比较,认为该裂纹属热处理冰冷不及时、不充分、较高的残余奥氏体在工作条件下发生组织转变,造成球面拉应力,在高接触应力作用下出现裂纹和剥落。

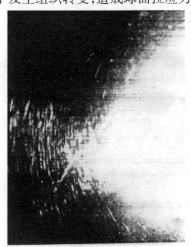

图4-4 柱塞球面裂纹 (×10)

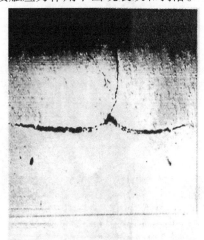

图4-5 "⊥"形裂纹 (×100)

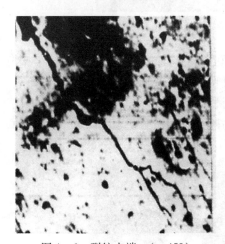

图4-6 裂纹末端 (×450)

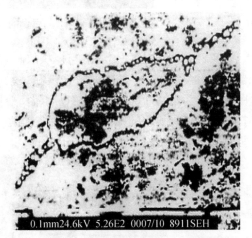

图4-7 剥落趋势形貌 (×900)

(3) 精加工裂纹:柱塞由于精度要求很高,在热处理后需进行精磨及抛光。生产或返修中,如果工艺操作不当或材料存在冶金缺陷,柱塞球面则会在磨削应力及磨削热的作用下,产生局部裂纹。

这种磨削裂纹一般呈弧形或网络形,多有数条,裂纹细而浅,在磁探后才能检查出,沿裂纹剖开高倍观察,一般呈"⊥"字形与磨削方向垂直扩展,裂纹两侧往往可以看到回火颜色,如图4-8所示。磨削裂纹如不能及时发现,将在以后的试车或服役中出现由磨削裂纹造成的早期疲劳剥落,如图4-9所示,这是很危险的。

图4-8　裂纹剖开形貌　（×100）

图4-9　磨削引发的疲劳裂纹　（×100）

　　实例2　严重磨损、剥落与掉块故障现象:1972年,某发动机所用燃油泵调节器中的CrWMn制柱塞在工厂长试和发动机鉴定试车中发生磨损、剥落和掉块。图4-10为剥落后的宏观及微观形貌。可明显看到裂纹、塌边、剥落的宏观形貌,扫描观察可见典型的弧形疲劳条带与剥落的碎片。经微分测量,未剥落柱塞其磨损量大多亦超过设计规定允差(0.6mm)。

(a)

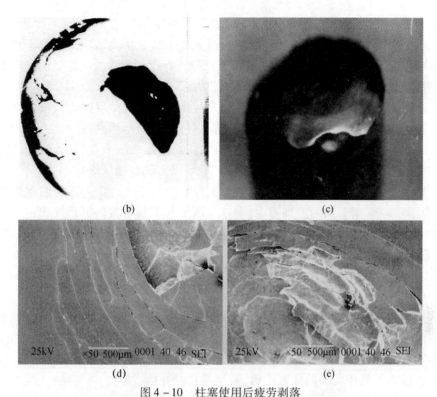

图 4 – 10　柱塞使用后疲劳剥落

（a）158h 试车后柱塞实物　（×0.8）;（b）裂纹剥落　（×5）;（c）球面掉块、塌边　（×5）;
（d）弧形疲劳裂纹;（e）即将剥落的薄片。

　　简要分析及结论:经多次分析,造成柱塞头部严重磨损以致剥落掉块的主要原因如下。

　　① 所选材料 CrWMn 热稳定性差,在高于 200 ~ 300℃温度下回火,会使马氏体几乎完全熔解,并使析出的碳化物聚集成渗碳体组织,从而使硬度降低、强度和耐磨性劣化。

　　② 原材料冶金质量欠佳,有较严重的碳化物偏析和网状。

　　③ 润滑油油品欠佳(燃油中芳香烃含量过高,含水量高、杂质多等)。

　　④ 热处理质量影响(硬度不足、有软点等)。

　　2）柱塞的失效特点及预防措施

　　（1）严重磨损。

　　柱塞在高温、高速、高交变负荷的恶劣环境下工作,按照柱塞泵的设计原理可以说柱塞表面存在磨损是难免的,只能是程度轻重不同而已。

　　这里所说的严重磨损常常是相对正常磨损而言的。正常磨损是柱塞表面很轻微的材料磨耗,外表不容易看见,反映出的外径尺寸的变化也微小(在设计允许的范围之内)。生产中发现,一些柱塞经在试验器上运转 4h 后,在柱塞表面圆周上

101

形成"磨黑带",此后在连续 200~300h 试车后,黑带无变化。这种"磨黑带"是柱塞运动过程中产生自转,油膜在较高的摩擦温度下被破坏而形成的类似于非常浅的"积炭层"。这仍属于正常磨损,不属于故障。而我们通常对柱塞磨损的失效分析是指对非正常磨损,即严重磨损形式的分析。

所谓严重磨损,往往在柱塞球头表面成片出现,磨损部位的锥度、椭圆度都有明显变化。磨损量超出设计规定的允许值。仔细观察,严重磨损常伴有较严重的划道和划伤,扫描观察可看到交错的犁沟痕迹,并出现挤压形成的"舌状花样",具有机械滑动摩擦磨损和挤压变形特征。严重磨损大都在油泵工作不久后产生,即在工作开始时就表现出来,在以后的继续工作中变化不大(如 100h 所看到的磨损与划伤,同 200h 所看到的差别不大)。这是因为凡工程机械的磨损规律都有①磨合期;②磨损率恒定期;③磨毁期三个阶段。而磨合期最容易出现严重磨损故障。在工厂对某涡喷发动机燃油附件试车中,曾出现试车 50h,CrWMn 柱塞磨损量即达到 0.64mm,超过设计规定的 ≤0.60mm 要求的实例。

造成柱塞球头严重磨损的原因大致有:

① 柱塞材料的匹配及其冶金质量:如某涡喷发动机中的燃油泵柱塞材料原采用 CrWMn,磨损量常超出设计规定,后改为 Cr12MoV,同时注意提高材料的冶金质量,使其抗磨损性能大大提高。

② 柱塞及其相关件的加工质量,特别是尺寸精度、光度、磨削操作、装配间隙等。生产中曾出现间隙配合不当造成柱塞表面严重磨损的实例。应严格控制加工和装配精度。

③ 燃油的润滑性变坏。航空燃油属宽馏分油,使用后柱塞磨损重,出现黏糊状物。煤油有吸水性,湿度大、气温高,会使煤油的含水量增大,致使润滑性和抗磨损性变坏;试验器的燃油温度过高,以及煤油本身品质的优劣(如燃油的清洁度、组分的稳定性、添加剂的成分)等,也会造成其润滑性变坏,机械磨损增大。

④ 外来物的入侵:油泵在磨合期,由于泵体各部件管路清洁度不好或选配不当等原因,常会产生大量的金属屑,它们被吸入转子内部后,造成柱塞严重磨损。燃油污染度水平也是引起柱塞磨损的原因之一。

根据上述产生原因,采用的预防措施常有:

① 选择耐磨性好的材料,并尽力提高材料的冶金质量,如对柱塞先后采用 CrWMn - Cr12MoV - 细化晶粒的 Cr12MoV - 柱塞表面采用离子束动态混合,注入 N - Ti - Cr 等合金元素等,经试验验证和生产实践考核,均可不同程度地提高其工作可靠性。

② 提高柱塞及其相关件(转子孔、斜盘)的加工、装配质量。

③ 采取提高油泵润滑性的有关措施。

④ 提高油泵的清洁度。

（2）疲劳剥落。

柱塞在工作中受到很高的周期性接触应力的作用（据对某涡喷发动机燃油泵中柱塞所受接触应力的计算，大约可达 $2.4 \times 10^5 \mathrm{N/cm}^2$），柱塞球头与斜盘轴承的工作锥面为点接触，加之直头柱塞本身在与斜盘跑道的摩擦运动中，其接触处很难建立起油膜关系而常处于"干摩擦"状态，所以柱塞球头常出现疲劳剥落，从而导致过早失效。

柱塞的疲劳剥落一般从小麻点开始，逐步形成疲劳裂纹，从接触表面下的最大正交切应力处或柱塞材料缺陷处产生，然后扩展至表面，出现剥落、掉块现象。该剥落掉块一般无明显的规律性。有的出现在柱塞球面的中部，有的出现在最大滚动接触应力区，这往往与裂纹的发展方向有关：一般由最大接触应力引起的疲劳裂纹容易向球面中部发展，而由材质缺陷诱发的疲劳裂纹往往向球面的四周发展。在以往批生产中经运转或试车、使用后的 CrWMn 柱塞表面常出现放射状"旋叶线"，经分析认为，这种旋叶线往往是疲劳剥落的前奏。

引起柱塞早期疲劳剥落、掉块的原因常有：

① 接触应力过大；

② 油膜被破坏；

③ 斜盘轴承表面质量影响等（如型面出现磨沟、压坑等）；

④ 材质缺陷：如夹杂物、锻造折叠、热处理脱碳、软点、原材料碳化物分布不好等；这里要特别控制好柱塞的锻造和热处理，加强检查，防止因工艺因素造成的表面缺陷在以后的工作中形成疲劳源。

对于柱塞疲劳剥落的预防措施，可根据上述原因分别从设计、加工、材质等诸方面予以对症下药。

有关对柱塞材料的改进，大量试验证明有以下措施是行之有效的：

① 原材料碳化物形态和基体组织的控制：对柱塞用料（如 Cr12MoV）碳化物的控制。其内容包括控制碳化物的分布均匀性、碳化物颗粒的尺寸、碳化物的形态以及基体马氏体、残余奥氏体与碳化物的合理分配等。有关试验证明：如果原材料中碳化物偏聚严重，且尺寸悬殊过大，有大块成角状的共晶碳化物，则会由于碳化物的弹性模量膨胀系数与基体差异大而导致在碳化物处形成较大的切应力场，从而使基体的连续性受到破坏而形成疲劳源的萌生点，造成柱塞的早期疲劳。

图 4-11(a)为 Cr12MoV 材料采用传统工艺出现的共晶碳化物，(b)为在共晶碳化物的棱角处产生的裂纹。所以，碳化物分布越均匀、碳化物颗粒的尺寸越小、形态越趋于圆钝，其耐磨性、抗接触疲劳的能力越好，这对提高柱塞的工作可靠性以及工作寿命是十分有益的。其方法可以在冶炼时采用减小钢锭尺寸、多次镦、拔交替进行等工艺来实现。选择柱塞锻造以及热处理的合宜工艺也将产生一定的效果。

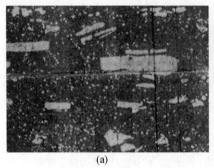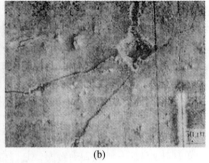

(a)   (b)

图 4 – 11　钢中粗大共晶碳化物

(a) 粗大共晶碳化物　（×500）；(b) 起源于碳化物处的裂纹　（×200）。

②　采用合适的热处理工艺,保证柱塞材料的使用可靠性:有关试验指出,对 Cr12MoV 钢所制柱塞,在淬火前增加高温固溶和球化退火的预处理、采用较低温度淬火(990℃),并在冰冷前增加 200℃ 左右的回火,可以使基体组织获得一定数量的可提高韧性的板条马氏体和保留一定数量的残余奥氏体。这对提高柱塞在使用中的抗接触疲劳寿命将是十分有益的。

③　对柱塞材料进行离子注入,可以进一步提高其抗疲劳性能:试验证明,对 Cr12MoV 柱塞在热处理后获得高强度的基础上,采用离子束动态混合注入 N + Ti + Cr 等元素。试验结果表明:采用离子注入对柱塞进行表面改进处理,不仅可以使其耐磨性提高,而且大大提高了抗疲劳性能,从而使寿命明显增加。研究认为,在航空油泵的轴承、柱塞、斜盘类承受大接触疲劳应力的精密零件中,不断推广表面离子注入的工程应用具有明显效果和广阔前景。

离子注入的强化机理可以解释为:

（a）高能离子轰击,破坏了晶格的完整性,形成大量晶格缺陷;

（b）由于外来粒子的注入,造成基体材料表面原子结构分布的改变,从而使基体的晶体结构形成亚稳式平衡;

（c）产生大量位错缠结和钉扎效应,使位错滑移发生困难;

（d）注入元素与基体材料的合金元素形成中间化合物;

（e）离子注入易诱发金属中的马氏体相变。

3）柱塞表面斑点

某空军修理厂反馈生产厂质量信息说,柱塞"圆柱面上有针头大小的白色斑点,研磨抛光不能去除"。图 4 – 12 为返厂有斑点的柱塞照片,(a)为斑点局部放大,(b)为经过局部抛光的有斑点的返厂照片。显然,经抛光后原有痕迹变少,表面状态得以改善。再经进一步扫描能谱以及金相高、低倍分析认为:该斑点属于加工、修理过程中产生的磨削犁沟,在自然光下目视或低倍看到的白色斑点。工厂在生产过程中也多次发现柱塞球面出现有色斑点问题。

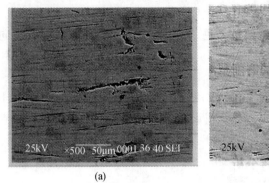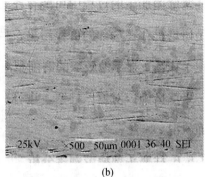

(a)   (b)

图 4 - 12   返厂柱塞斑点放大形貌
(a) 原返厂件斑点局部; (b) 局部抛光后返厂件斑点局部。

对于这类问题,虽然没有对使用造成很大影响或事故,但搞清楚黑点或斑点的性质,及时地对症采取措施,对于生产的顺利进行有着普遍意义。

许多低粗糙度($Ra0.05 \sim Ra0.1\mu m$)钢质零件表面(特别是平面和球面),例如柱塞式油泵转子和分油盘配流面,柱塞头和万向接头球面等,研磨后经常发现肉眼可见的凹坑,在低倍下观察呈现黑色、白色、灰色等光学斑点。斑点一般深 $1 \sim 1.5\mu m$,少数达 $60\mu m$;横向尺寸 $30 \sim 60\mu m$,个别达 $100\mu m$。这在高粗糙度($0.2\mu m$ 以下)或不仔细观察时难以看到。斑点破坏了表面的完整性和粗糙度,且积聚有研磨膏粒或嵌有砂轮脱粒,会加速摩擦副表面的磨损,这是十分有害的。通过光学观察和扫描电镜能谱分析以及必要的跟踪试验。可将低粗糙度面上出现的斑点分为以下三类:

第 I 类黑点:目视和低倍检查可定为机械损伤所致。其特征是坑的表层成分与基体相似,凹坑底部比较光滑、带有金属光泽,无腐蚀特征,边缘积有研磨膏粒和砂轮脱粒,成分以含 Al 为主。其显微形态如图 4 - 13(a)、(b)所示。这类斑点其形成原因有加工和搬运中碰伤、定位夹紧压伤、研磨划伤等。特别是大部分由磨削过程中产生的犁沟等。磨削时会产生磨粒脱落,脱落的磨粒在工件表面上处于自由状态。由于砂轮与工件间的挤压和相对运动,磨粒对工件的切削和摩擦构成三个阶段:开始切入→压嵌→破碎,形成划道(有时只看到其中一段)。研磨时,切入和划出部分先研掉,留下一个与沙粒形状相似的凹坑,成为机械损伤黑点。生产中在平面和球面磨削时,接触面大,脱落的磨粒容易停留在切削区,损伤的概率更大。

第 II 类黑点:坑壁呈灰色,近似圆形。表层含有 Ca、Al 量高。这类黑点出现在材料任何截面上,尽管看起来深度浅,研磨时有时感到越研越深或越研越大。这是材料缺陷的反映。试验证明,这种缺陷属于点状不变形非金属夹杂(也有呈链条状的)。其显微形态如图 4 - 13(c)所示。点状夹杂物是钢在冶炼过程中钢液凝固时,一部分 Al 和 Ca 的脱氧产物未能从钢液中及时上浮而形成的。因此,Ca 和 Al 含量高,其基体是 Al_2O_3 和 CaO 组成的钙铝酸盐,常含有微量的 MaO,SiO_2 和 CaS。

105

尺寸可大至$50 \sim 60 \mu m$,在显微镜明场下呈暗灰色。

第Ⅲ类黑点:外形不规则,坑壁呈黑色,坑内夹有暗红色斑点,横向和纵向尺寸都比较大。表层 Si 含量高,有的还含有 Cl。这类黑点属于大气腐蚀凹坑。其显微形态图 4 – 13(d)所示。它的形成主要是因为工业污染中存在 S、Cl 等。SO_2 在 Fe_2O_3 的催化作用下生成 SO_3。当湿度达到临界湿度(相对湿度 70%)以上时,金属表面附有尘埃等部位会引起水分毛细管凝结,使 SO_3 转化为 H_2SO_4,容易造成钢基体腐蚀。氯化物的存在(煤烟、汗渍等)会加强含硫的各种酸的腐蚀作用,产生更加严重的后果,产生大而深的腐蚀凹坑。

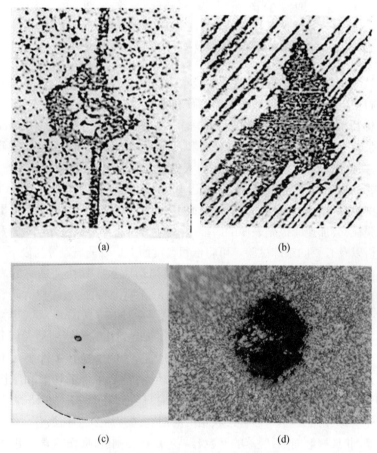

(a)　　　　　　　　　　　　(b)

(c)　　　　　　　　　　　　(d)

图 4 – 13　低粗糙度表面斑点形貌

(a) 机械损伤斑点　(×125);(b) 磨粒脱落压伤斑点　(×125);

(c) 点状不变形夹杂物　(×100);(d) 大气腐蚀坑形貌　(×300)。

上述机械损伤和大气腐蚀黑点随去除量加大而减少,因而可以采取一定措施预防或排除,而点状夹杂则是无规律的随机分布。

值得指出的是材料缺陷不仅仅是点状不变形夹杂物,还有一种是碳化物聚集。

106

图4-14为工厂在研磨分油盘(W9Cr4V)镜面时多次出现的表面灰白条。有的呈点状,有的呈条状。经金相腐蚀放大观察,其灰白条纹属于材料中的碳化物聚集所致。对于机械损伤凹坑和大气腐蚀凹坑应尽量避免。零件在进入精加工阶段后,应对精密表面用塑料套或其他保护物防护起来,以免搬运时撞伤和与腐蚀介质发生腐蚀,并且应尽量缩短加工阶段的周期。常采用的措施有:磨削时应选择粒度均匀、硬度合适、不易掉砂的砂轮,切忌吃刀量太大,而应逐级减少吃刀深度;应加强文明生产,以精密表面定位或夹紧时,必须将铁屑和沙粒去除干净;当零件加工余量足够时,可补充加工排除这两类缺陷;对于点状夹杂,则应尽可能地对点状夹杂物按标准进行严格控制,用作精密加工的关重件材料(合金结构钢或工具钢),在现行材料标准难于提出或难以实现时,或者因加工余量的限制,机械损伤和腐蚀凹坑也不能完全预防和排除时,可根据零件使用情况制订切实可行的缺陷标准。例如对转子和分油盘配流面按照密封带区分,对柱塞头等球面按点接触区域和非接触区域区分,规定斑点(条)的允许个数和直径(长宽)大小,也不失为一种既保证质量要求、又减少废品损失的实用方法。

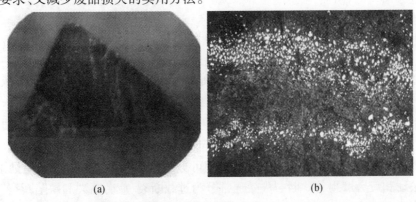

(a)   (b)

图4-14   研磨分油盘镜面时出现的表面灰白条
(a) 研磨后灰白条 (×2.5);(b) 碳化物聚集 (×100)。

4.3.2   斜盘轴承类零件的失效与分析

斜盘轴承是柱塞式燃油泵中一个很关键的受力部件和摩擦副。其动圈与九个柱塞接触,在柱塞弹簧力、燃油压力作用下工作。同时,柱塞随转子给斜盘动圈交变负荷并与此同时高速旋转。动圈还在摩擦力作用下相对有自旋转运动。斜盘轴承由内外动圈、滚珠、保持架等部件构成,其材料分别为 GCr15、W9Cr4V、CrMo4V、GCr6 以及 QAL10-3-1.5 等。根据斜盘轴承结构及其工况条件,它处于煤油介质的不良润滑状态下与柱塞的高应力滚动摩擦,同时还承受偏移量极大的轴向冲击负荷。对斜盘轴承的要求同柱塞一样,要求有较好的耐磨、耐高压、高速以及长期工作可靠性的能力。

1. 斜盘轴承的工况和失效类型

斜盘轴受力状态复杂,作用于轴承的载荷通过滚动体由一个套圈传递给另一个套圈。载荷的大小、套圈滚道每一点的应力和循环次数都直接影响到轴承的性能和寿命。工作中的轴承在受到不同的径向、轴向载荷、力矩及其联合作用时,其内部的载荷分布是不相同的。所以对轴承的失效分析往往比较困难。这一方面是由于当轴承的某一部位或零件发生破坏时,轴承组合件的所有相关部件均会发生严重碰撞而使失效特征或形貌发生严重程度不同的复杂破坏;另一方面,在轴承的使用过程中,由于致因多,两种或多种失效机理可能同时起作用、且相互影响。

斜盘轴承在油泵厂一般属于重要的外购成件。斜盘轴承的失效形式很多,但大的方面分为止转失效和丧精失效。止转失效是指轴承终止转动而失去其工作能力。丧精失效是指轴承的尺寸变化,改变了配合间隙,丧失了原来的回转精度。这种轴承虽然尚能继续转动,但属于非正常运转,极易发生故障。

根据燃油控制系统附件生产实践,斜盘轴承的主要失效形式有轴承型面马蹄形痕迹磨损、轴承锈蚀、轴承跑道麻点或剥落、轴承跑道与滚珠出现"点腐蚀"的麻点剥落掉块等。按其失效机理主要分为接触疲劳、磨损、裂纹或断裂、塑性变形、锈蚀与电流腐蚀、游隙变化、粘污等失效形式。接触疲劳是指在高的接触应力作用下,经过多次循环后,在套圈或滚动体工作表面的局部产生小片或小块金属剥落,形成麻点或凹坑。从而引起振动增加、噪声增大、温度升高、磨损加剧,导致不能正常工作的现象。一般可分为剥落、浅层剥落和硬化层剥落三种类型。磨损主要是滚动轴承在工作过程中,由于滚动体与内、外套圈滚道间的滚动运动,保持架与滚动体、保持架与引导面间的滑动运动而引起轴承工作表面金属不断损失的现象,称为滚动轴承的磨损。轴承的磨损按其机理可分为粘着滚动、磨料滚动、腐蚀滚动、微动滚动和疲劳磨损等。断裂失效通常分为过载断裂、疲劳断裂和缺陷断裂三种。塑性变形通常指压痕和形变。锈蚀与电蚀腐蚀主要指轴承同环境介质发生的化学或电化学反应而引起的锈蚀损伤以及轴承内部通过电流时造成的局部表面熔融的电蚀现象。游隙变化失效是指轴承在工作过程中,由于受外界温度影响,及其自身的内在因素变化,改变原有的配合间隙,使精度减低,甚至造成咬死的现象。游隙变化失效常见的有两大类:一是轴承在超温下运转,零件膨胀不均使游隙变化;另一种是零件内部组织和应力的变化,使之产生尺寸变化,轻者丧失精度,重者发生咬死故障。

由于影响斜盘工作可靠性的因素较多,且错综复杂,如结构不合理、材料质量、表面缺陷、过载、冲击、振动、不正确的装配、过大的装配预负荷、润滑不良、发热或环境温度过高、磨料物质污染、有害气体液体的浸入、杂散电流的作用等。所以,失效分析往往有一定难度,需要把它作为一个系统进行全面分析,并在分析中仔细观察和试验,精确地辨别其破坏的形貌特征、寻求失效机理和致因,并不断积累经验,确保分析的正确性。

2. 斜盘轴承失效实例分析

根据工厂生产实践,斜盘轴承易出现的故障有轴承跑道的磨损失效和滚珠的剥落掉块。斜盘轴承跑道的磨损、粘着属于磨粒磨损和粘着磨损的综合反映(粘着磨损主要表现在擦伤、撕脱阶段),滚珠的失效主要机理是疲劳断裂。值得指出的是,跑道的磨损与钢球的剥落往往在工程分析中是紧密联系,互为作用的。在跑道片状剥落的早期阶段,首先会在滚道上形成一些独立的坑穴,但很快就链接并形成汇合的麻点线或带,进而逐渐破坏整个滚道。这一破坏过程是逐渐加剧的。因为麻点本身和嵌入滚道的金属颗粒会引起运转振动和噪声,加上坑穴边缘上的冲击载荷作用,这将进一步加剧其破坏。另外润滑剂中的金属颗粒与滚珠发生磨损,也会促进滚珠的疲劳破坏。

实例1 斜盘轴承跑道磨损失效。

故障现象:1989 年工厂在对某涡喷发动机加力燃油泵进行厂内55h 等效试车后,分解发现 3 号柱塞头部剥落,斜盘轴承跑道出现麻点、划伤等。

简要分析:观察斜盘轴承跑道,麻点、划伤、划道皆沿柱塞头滑动方向,如图 4-15所示。放大观察,有片状剥落损伤,经腐蚀后可见明显的烧伤条带,如图 4-16 所示。观察剥落的柱塞球头也有烧伤条痕和剥落裂纹,图 4-17 所示。

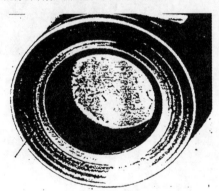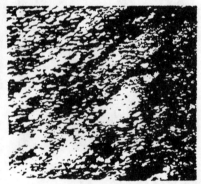

图 4-15　跑道面磨损　(×0.6)　　　　图 4-16　跑道烧伤　(×125)

分析认为,主要是等效试车时压力过高,柱塞与跑道两个摩擦面高压接触,致使接触面发热软化,造成粘着、撕裂和犁沟。轴承受到载荷作用时,在滚动体(滚珠或棍棒)和滚道相接触的部位就会发生塑性变形。虽然,表面看来其接触面所涉及的只是压应力,但在表层下方还存在较大的剪切应力和较小的张应力。轴承在运转时受反复剪切应力的作用,金属碎片逐渐被剥落下来,以致产生所谓麻点或剥落、裂纹。

结论:粘着磨损。

同样故障在 2009 年某发动机在部队使用中也出现过。当时发现加力接不通,将燃油泵返厂后检查。分析发现:柱塞球头与斜盘跑道发生挤压磨损,座圈跑道上大约1/3工作面上有明显的枞树状磨痕。该磨痕呈一定方向性并有碾压所致的掉屑。轴承保持架滚珠兜孔也有磨痕。滚珠表面有多处小裂纹并有因摩擦造成的二次淬火层。故障件形貌如图4－18所示。进一步分析认为,造成这对重要运动副不能正常工作主要原因,是泵内存在大量金属屑等污染物所致。

图4－17　柱塞头裂纹与烧伤　（×125）

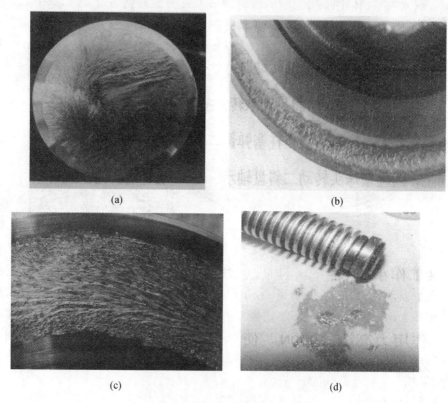

(a)　　　　　　　　　　　　　(b)

(c)　　　　　　　　　　　　　(d)

图4－18　斜盘运动副使用中摩擦磨损

（a）柱塞球头磨痕;（b）轴承座跑道磨痕;（c）滚珠表面磨痕;（d）泵内中心油滤金属屑。

分析认为,由于泵内存在大量金属屑等污染物,致使该运动副出现不正常摩擦磨损。结论为以磨粒磨损为主的失效。

实例 2 斜盘轴承钢球剥落。

故障现象:1983 年某涡喷发动机主燃油泵在进行 100h 厂内长试后分解检查,发现斜盘轴承有一颗钢球剥落,并在油泵中发现其剥落的三个碎片。

简要分析:宏观检查,剥落钢球约 3/5 的球面上有剥落坑。对应该剥落球的保持架珠架孔边缘产生变形,轴承套圈动圈轨道局部有小的剥落坑。经尺寸检查、重量测定、材料成分及组织分析,均未见异常。剥落片的断口形貌如图 4 – 19(a)所示。其断口可见较明显的波纹状疲劳条带。剥落钢球金相磨面上的裂纹如图 4 – 19(b)所示。

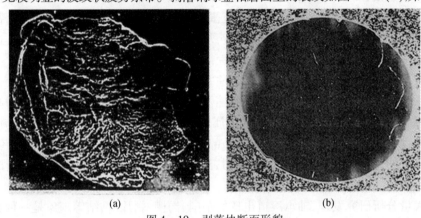

(a)   (b)

图 4 – 19　剥落块断面形貌

(a)剥落块断口　(×2.5);(b)剥落块磨面裂纹　(×10)。

进一步观察断口磨面,可见很多裂纹。剥落钢球表面有缺陷,裂纹从缺陷处起源。这些裂纹大多以沿晶为主,分叉较多,呈网状,而且与滚珠球面或剥落坑相联通,如图 4 – 20 所示。

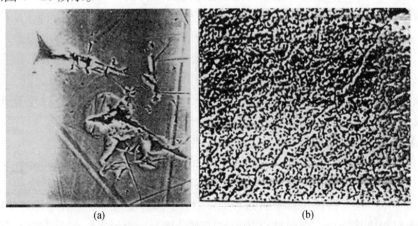

(a)   (b)

图 4 – 20　剥落钢球表面缺陷及裂纹

(a)钢球表面缺陷;(b)起源于表面缺陷的裂纹。

根据全过程分析,认为属于早期疲劳剥落。其产生原因主要是由于钢球表面存在缺陷(损伤、酸蚀空洞、夹杂物等),产生应力集中,在循环接触应力作用下造成的。

结论:由钢球表面缺陷造成的早期疲劳剥落。

3. 斜盘轴承的失效特点及预防措施

1)斜盘轴承跑道面的失效

在叙述柱塞球头剥落失效时,我们已经论述了斜盘轴承跑道恶劣的受力条件。对此,我们常遇到的失效形式为严重磨损、粘着和疲劳剥落。

严重磨损,反映在柱塞球头和斜盘跑道这对摩擦副的相互作用上。其特征除了磨损量过早地超过了技术条件许可范围之外,在跑道表面还伴有烧伤色。甚至出现小麻点和剥落片等小损伤,引起噪声增大、温度升高、性能失调等现象。造成严重磨损的原因往往与摩擦件的选材、性能匹配、装配过盈、油品等有关。

所谓粘着,也是一种磨损故障。当柱塞球面与斜盘跑道紧密接触摩擦,使其产生严重磨损,而磨损的产物又加剧了摩擦。由于各个接触部位的应力情况和高速运转,局部发热、油膜破坏,以至出现金属的塑性变形和沿运动方向的金属流动。在此过程中还伴随着受热部位金属的局部回火软化和二次淬火硬化等组织转变。这些复杂的过程导致了跑道表面的刮削、沟槽、剥片、粘结等现象。严重时造成柱塞体止转。

大量分析研究发现,轴承滚道出现的刮削、沟槽、剥片、粘结等现象是一种疲劳剥落。其疲劳失效的裂纹一般分为起源于表层和起源于亚表层二种基本类型。一般起源于亚表层的疲劳裂纹,常常先平行于表面扩展,而后突然到达表面,即形成浅层表面剥落。如果在随后的运转过程中没有使这一特征遭到破坏,这种失效形式和机制很容易辨认和分析。但实际情况往往是随着金属的剥落,必然遗留下边缘陡峭、底部平坦的凹痕。这些凹痕导致材料按一种或多种累积损伤机制受到破坏,最后导致疲劳裂纹的产生和扩展。有些失效形式,其初始阶段的特征是在光滑的接触面上,常可观察到小的麻点。但这种表面损伤随着轴承继续工作会进一步发展,从而导致金属碎片从轴承的构件上剥落下来,并在接触面上留下孔穴。所以,亚表面的裂纹开始形成时,其表面损伤甚微或者看不出来,直到过程的最后阶段,裂纹和剥落就表现得很明显了。所以裂纹起源于表面或亚表面对疲劳剥落而言,仅仅是一个相对的概念。

滚动接触疲劳磨损产生的磨粒具有一定的特征,这种特征可以显示出颗粒形成的条件。仔细观察检验磨粒的形态,并确定其成分和结构,就可获得零件运动表面的状况以及磨粒如何从表面产生和磨粒形成的基本信息,这对解释滚动接触疲劳磨损非常有用。滚动接触疲劳过程有三种不同类型的磨粒产生,即薄片状磨粒、球形磨粒和块状磨粒。薄片状磨粒通常带有孔槽,在整个轴承运行期都会产生,仅仅当片状磨粒尺寸长大,数量增多时,才表明轴承运行发生了变化。球形磨粒是一种和疲劳扩展开裂有关的特征。所以检测出球形磨粒就表明滚动元件中已经出现了疲劳裂纹的扩展。球形磨粒的多少表示疲劳裂纹扩展的程度。块状磨粒的尺寸较大,它表明表层已经损坏。

实践中发现,斜盘轴承跑道的严重磨损和剥落有其特殊的规律。它往往产生在柱塞注油行程的角度内,因而剥落位置偏归一边。这是因为柱塞注油行程开始时,注油的反压力比较大,容易在这一范围内局部形成循环负荷过高所致。造成这种故障的原因多与接触应力过大,材料硬度不足或组织不均匀等有关。

预防措施:

(1)摩擦件选材要得当;

(2)接触应力合理;

(3)严格按工艺规范加工和装配,一般轴承与斜盘壳体之间配合过紧,易造成磨损剥落;

(4)保持油膜的润滑功效;

(5)提高材质及热处理质量。

2)轴承滚珠的失效

轴承滚珠的失效亦属危险性故障。燃油泵中滚珠剥落掉块常拌有试车中出现噪声、振动以及粘卡等现象。在斜盘轴承中,滚珠上所受的周期性接触应力最大高达 4.9GPa 以上,属高载摩擦件。同时滚珠还受到离心力所引起的负荷。该负荷随燃油泵转速的增大而增大。此外还有滚动、滑动及装配质量引起的摩擦力的作用。所以对滚珠的失效受力分析将是很复杂的。

滚珠的失效形式主要为剥落、掉块和热粘结(抱珠)。经分析大多数剥落都属于疲劳性质。它是滚珠运转期间在轴承接触面上或接近接触面处经受应力作用的结果。如某涡喷发动机燃油泵1984年试车中就发现5起6个钢球剥落的事故,直接影响到生产的正常进行。

滚珠疲劳剥落往往有以下特征:滚珠除剥落、掉块以外,常伴有麻点、凹坑、滑动摩擦线、烧伤(或烧熔)色泽或金属熔化粘结现象,而且有疲劳剥落、掉块痕迹。在电镜下观察可以找到弧形疲劳特征和脆性掉块,裂纹大多以沿晶为主,分叉较多,有的呈网状分布(也有的以穿晶为主,这种裂纹形貌往往与引起剥落的原因有关)。在滚道表面往往会有被碾压的滚珠材料碎块。

引起轴承滚珠剥落的原因一般有:

(1)滚珠表面的完整性:主要包括滚珠表面是否有碰伤、刮痕、锈坑、腐蚀坑点、加工粗糙度高、酸蚀麻点、裂纹等缺陷。

(2)滚珠的热处理质量:一般有脱碳、软点、硬度偏低、显微组织不正常等。

(3)材料的冶金质量:夹杂物、空洞、碳化物形态、裂纹组织变异等。

(4)尺寸精度及装配质量:特别是选配合适的游隙。

(5)润滑与受力状况:润滑不好,往往会造成缺油过热、"抱珠"或剥落。

预防措施可根据产生原因对症实施。近年来,轴承制造厂、所同油泵生产行业组织联合攻关,分别对斜盘轴承进行保持架设计改进、套圈工艺改进、采用立方氮化硼新磨料精研、采用镀银新工艺以及采用真空热处理等措施后,使斜盘轴承质量可靠性和寿命大大提高,开创了厂际技术合作、联合攻关的好形式,值得发扬光大。

斜盘轴承由于结构复杂,还会出现诸如斜盘面磨损、压坑、斜盘支承点钢套磨损、斜盘固定销裂纹、划伤、保持架剥落等故障,因篇幅有限,这里不再一一分析。

4.3.3 转子零件的失效与分析

1. 转子的工况

转子是燃油泵中一个关重件。转子与分油盘在燃油系统柱塞泵中组成一对极其重要的摩擦副组件。转子由主轴带动高速连续转动,转子孔中的 9 个柱塞依次连续地作高速往复运动以改变密闭容腔的面积,从而给油泵提供高压力、大流量的燃油。发动机工作时,转子的端面紧贴在压入壳体里的分油盘上。分油盘有两个半圆形窗口和两个斜孔,分别与壳体上的油泵入口和出口油路相通。油泵转子由发动机的传动装置经转子的传动轴带动作高速旋转(约 5000r/min),完成油泵的供油。工作中转子端面与分油盘端面之间的相对运动形成滑动摩擦副。转子材料由锑青铜(ZQSb3.5–20)铸造而成,经机械加工后端面镀铅铟合金。研究转子的失效,应主要考虑转子工作中的摩擦磨损、密封、气蚀等。

2. 转子的常见失效实例

转子容易出现的故障有钢圈裂纹、松动、转子端面掉铟、磨削、转子保持架球形面磨损、划伤等。

1)转子端面铟层脱落、磨损

燃油泵转子端面铟层脱落和磨损,是一种很普遍的故障,可以说大部分转子端面都出现过这种故障。

燃油泵转子端面与分油盘是直接磨合接触的,同时转子也在转动。构造上为了避免转子端面产生磨损漏油,镀上一层铟和铅的合金层(通常称为"铟层")。该合金层一方面起耐磨作用,同时由于它本身较软,有封严作用,可以避免转子端面产生磨损和漏油。但是,这层铅铟合金层,却经常出现脱落、磨损故障。

转子端面铟层脱落故障,大都首先产生在端面出油孔的边上。表现为小片的脱落,像局部镀层脱皮那样,然后逐渐发展成为大面积的脱落。铟层磨损故障,表现为转子端面铟层大片的成圆环形划伤,而且划伤的条纹密集,局部露出端面底部金属铜的颜色,这是铟层磨损的特征。图 4–21 为转子底面和分油盘端面的磨削磨损痕迹,图 4–22 为故障转子磨损面粘着的磨损产物。

试验证明:铟层脱落和磨损,在燃油泵经运转试验后的分解检查时就可发现。出现局部脱落故障后,如果转子继续工作,大约经过 50h,铟层脱落和磨损就会大片出现,不能再起到它本身的封严和耐磨作用。到 100h 左右,铟层就基本被全部磨损,继而出现分油盘与转子端面的磨损故障。转子端面的磨痕微观观察大多为碾压、犁削、堆积、撕脱形貌,并伴有分油盘材料被转移到转子上的凸起及嵌入物质,属于粘着磨损,如图4-23所示。这种故障将引起不良后果。

(a)   (b)

图4-21　转子底面和分油盘断面的磨削磨损痕迹

(a) 转子端面磨痕;(b) 分油盘端面磨削裂纹。

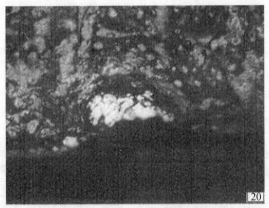

图4-22　转子端面粘着的磨损产物

图4-23　磨损特征(碾压、堆积、撕脱)

转子端面铟层磨损和脱落故障产生的主要原因有：

（1）电镀层的结合力问题：镀层的结合力与电镀工艺过程控制、转子端面粗糙度等有关。生产中也出现过由于分油盘或转子端面的不平度过大或系统有污染物所引起的磨损和掉铟；转子端面研磨的平面度不好和镀铟质量（结合力、厚度等）的影响，应该从机械加工和镀铟工艺过程的质量控制上予以改进。机械加工应注意控制端面研磨的平面度，对镀铟工艺过程的控制则要从槽液温度、成分稳定性、槽液污染、环境温度等入手。特别要加强镀层厚度、均匀性以及 Pb 层与 In 层的合理搭配，不断提高镀铟工艺水平和镀层质量。对于系统有污染物的情况，应严格控制产品系统的清洁度。

（2）工作中转子与分油盘的压紧力不均匀：图 4-24 为转子组件装配和运转后在转子和分油盘配合面发生偏磨的实物。明显可见，转子组件的镀铟端面与分油盘镜面产生非正常磨损（二端面产生严重偏磨）。转子镀铟端面一侧的铟层出现严重磨损脱落，分油盘镜面也有严重磨损，二端面的磨损面积在 50% 以上。在生产过程中，可采用刀口尺检查端面透光性的方法来检查是否出现偏磨现象。如中间不透光，四周透光，则说明中间高，四周低。分析认为，造成这种偏磨的原因往往是由于工作中转子与分油盘的压紧力不均匀所致。其压紧力与以下因素有关：柱塞弹簧力、转子柱塞高速运转产生的离心力的分力、低压腔的燃油压力、柱塞腔高压油压力等。其中以转子后高压油压力为主要作用力。所以，磨损一般出现在高压区。由于加力泵泵后压力大于主泵泵后压力，所以，加力泵更容易产生偏磨。

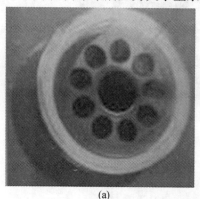 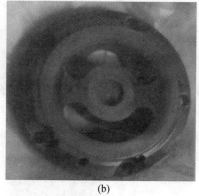

（a）　　　　　　　　　　　　　（b）

图 4-24　转子和分油盘配合面偏磨实物

（a）转子端面偏磨实物；（b）分油盘工作面偏磨实物。

2）转子钢圈裂纹、磨损、松动

（1）转子钢圈裂纹：这是油泵转子在生产或服役、翻修中比较普遍存在的一种故障。钢圈是通过选配、收压和磨外圆等工序完成的。钢圈压入转子要求保证足够的紧度，并去锐边，磨外圆不得产生烧伤。转子钢圈在使用中出现裂纹在大钢圈、小钢圈都有。裂纹大多出现在钢圈边缘，呈多条裂纹，长度较短较浅，且成片产生。这种裂纹大多为在生产或翻修过程中经过磨修而产生，有的在磨修过程中就可发现。裂纹数量比例是大钢圈多于小钢圈，形貌大、小钢圈相同。这种裂纹出现以后，发展速度很慢，属于稳定性故障，但也要引起注意。

关于转子钢圈裂纹的原因，一般分析认为：由齿根向外的端面裂纹是由于转子与钢圈之间紧度过大所引起的。因为钢圈边缘内部是有齿牙形的锯齿，在制造过程中，如果个别挤压工艺不好，钢圈外径尺寸被挤压胀大会使紧度过大。在工作过程中，由于工作时摩擦产生热膨胀（转子是铜材料，膨胀系数大于钢圈），形成循环负荷，这种状态对紧度大的转子容易提前出现裂纹。特别是磨修转子钢圈时产生的磨削高温，也容易形成热应力过大而产生裂纹。特别是从转子钢圈锯齿的齿牙根部处，从内往外开裂的裂纹，其主要原因是紧度过大所致，其次是应力集中也有影响。

钢圈外圆表面的裂纹，大多都属于磨削裂纹。因为大部分有裂纹的钢圈，生产或翻修中都经过磨削。钢圈由 20CrNi4A 渗碳，HRC≥61，其磨削面是带有锥面的环形面，磨削工序较多，是磨削量较多的复杂表面。磨削过程瞬时高温可导致钢圈局部的高温回火和二次淬火相变。这样在工作一段时间后，有相变的地方，就容易出现裂纹。特别是磨削钢圈倒角处，最容易产生烧伤，因而倒角部位裂纹较多。

排除钢圈裂纹的方法：最主要的是严格控制产生钢圈磨削裂纹的各种致因，通过减少磨削热的产生，加速磨削热的传出，以降低磨削区的温度，从而消除烧伤和裂纹。生产实践证明，下面的措施比较有效：

① 选择具有高硬度、高弹性模量、高导热率、低摩擦系数、低热膨胀系数、适用于高硬度材料的砂轮（如 CBN 砂轮）。

② 严格控制材料渗碳层碳化物的级别。因为碳化物级别越高，就意味着零件表面的网状、角状、条状游离碳化物越多。由于这种碳化物极硬，在磨削过程中很容易出现局部过热。实验指出，碳化物级别≥5 级，则很容易产生磨削烧伤和裂纹。碳化物的控制往往与渗碳（氰化）的工艺有关。HB 5942《航空工业钢制渗碳、碳氮共渗金相检查标准》对碳化物级别有明确规定。生产中不仅要检查和控制渗碳层的硬度和深度，也要严格控制碳化物的级别。修理厂对出现裂纹的钢圈，往往采用磨修镀铬的方法进行修理。这种磨修也要注意控制磨削工艺过程，防止产生烧伤。现在修理厂大多采用更换钢圈的方法。但是，由于受钢圈尺寸所限，只能更换一次。

（2）转子钢圈磨损：这种故障几乎每个转子都有，只是轻重不一。表现为钢圈表面产生许多圆周的划道。严重时，划道沿圆周密集出现，钢圈表面粗糙度受到一定的破坏。至于小钢圈的磨损，则只限于和滚棒的接触面。这点与大钢圈稍有区别，其余现象，则大、小钢圈都相同。

钢圈磨损故障的性质，就其本身来说，没有多大的危险性。但是严重磨损后可能引起传动轴负荷的增加，有可能提早产生疲劳折断。所以到了一定程度的磨损仍是有危险性的。因此,这种故障性质,是属于过渡性故障。关于转子钢圈磨损的原因,大都认为轻微磨损是难免的,严重的磨损多半都是由于如铟面磨损、轴承剥落等原因所引起的。

（3）钢圈松动故障:一般比较少见,表现为转子端面的锯齿与钢圈接触有间隙,用手可感觉到转子钢圈有活动量。这种故障严重时产生钢圈脱出,造成油泵内部磨损。一般来说,小钢圈松动较少,其中以大钢圈松动故障较多,脱出则比较少。

转子钢圈松动:这种故障与钢圈磨损故障差不多,属于过渡性的故障性质。松动发展到一定程度可能产生钢圈脱出,引起油泵内部磨损,最后也会使转子卡死。关于转子钢圈松动、脱出故障,原因认为多与制造质量、使用磨损等有关。

3）柱塞孔磨损、划伤

燃油泵柱塞与转子柱塞孔相对运动,加之几个柱塞孔属高精度带角度的加工形状,很容易产生磨损。一般情况下,这种磨损属于正常磨损,只是严重的成片磨损,才算是故障。在正常状态下,孔的磨损用肉眼看似乎与正常的柱塞孔表面差不多。但在测量孔的尺寸时,会发现磨损部位尺寸变大,锥度、椭圆度不符合要求,整个柱塞孔变成两端尺寸大、中间尺寸小的喇叭形。这种现象就是柱塞孔磨损。

转子柱塞孔划伤,是可以从表面清楚地看出来的。划伤大多数是轴向划伤,也有环状划伤。正常的转子,工作较长的时间,一般可以没有划伤。如果有表面划伤,基本上是属于故障。转子柱塞孔的磨损、划伤发展到一定程度,会影响到燃油泵的性能。有可能产生油泵的供油效率下降、泵后压力不稳定或超转等性能故障。因此,往往发展到一定程度就不能继续使用。就故障本身而言,发展虽然缓慢,但也要防止其产生。

产生油泵转子柱塞孔磨损的原因,根据实践观察,这种故障与柱塞的配合间隙关系较大。因为油泵随发动机在高空工作,温度变化很大,如果装配间隙较小,容易产生磨损。相反的间隙过大,油泵性能不好。因此适当地选配间隙是重要因素之一。特别是因为转子是铜合金,柱塞是钢制的,二者的体胀系数有较大差异,因而容易产生磨损问题。测量配合尺寸时的室温控制比较重要（规定测量时室温为 $20 \pm 2℃$ ）,生产实践中不能忽略测量时的温度与这种故障后果的关系。除此之外,对于孔的锥度、椭圆度等也要严格控制。

转子柱塞孔划伤的原因:多数与燃油中存在外来物有关,或者是油泵其他部位产生的金属末被吸入到转子内,也会产生划伤。生产中曾发现,夏季试验器油温高的情况下运转时容易出现划伤,即使使用的燃油状态较清洁也会经常出现。分析认为,这种现象可能与燃油的润滑性能变坏有关。

转子柱塞孔磨损和划伤故障,在修理厂是采用研磨和冷挤压的方法加以排除。经过多次使用和修理,转子柱塞孔要变大,就得采用尺寸加大的柱塞,来保证配合间隙。由于孔的增大,柱塞选配困难,最后也会影响到转子的使用寿命。关键还是要控制和提高孔的加工质量。转子柱塞孔要配柱塞,加工时内孔工艺要求的直线度、圆柱度都较高,与转子中心线所成一定角度,加之铜合金材质相对较软、抛光后易出现珩磨网纹、不均匀纹路、以及孔口深的竖划道等,传统采用手工超精研磨要降低粗糙度有一定难度,应在孔的加工设备和操作方法上予以严格控制,注意规范性,不断积累经验、避免偏磨。

生产实践中还发现转子在厂内300h试车后或外场服役中出现转子端面孔口处有轻微或严重气蚀。孔口边缘有明显掉块。这种掉下的微粒会对油泵调节器精密活门工作可靠性有很大影响,也会影响到油泵供油效率下降,需要引入新理论新技术加以改进。

4.3.4 分油盘的失效与分析

1. 分油盘的构造及工况简述

柱塞式燃油泵的分油盘是一个由高速钢(W9Cr4V 或 W9Mo3Cr4V)材料锻造而制作的金属圆盘。其外径与转子端面外径相同,盘面上有两个月牙形盲孔。分油盘与壳体固连后装在转子底部,直接与油泵转子端面接触。这种结构一方面能保持与转子端面密合,同时也保证转子正常的转动,解决转子低压吸油、高压注油,并对高、低压油起分隔作用。它直接关系到柱塞泵的工作效率和系统工作的可靠性。

转子和分油盘之间作高速相对旋转运动,而分油盘的两个盲口分别通压差很大的两个油腔。油腔的密封完全靠转子平面和分油盘的平面贴紧。从磨损角度讲,贴紧力要小,能使一定的流量的燃油通过它和转子配合面之间的缝隙;而从密封角度看,贴紧力则要大,以防止漏油。这一贴紧力矛盾的要求决定了对转子和分油盘接触面的要求很严格。为了防止漏油,在分油盘工作面的转接处还要保持一定的粗糙度。为了使分油盘与转子端面贴合紧密,被油膜分开的两表面必须有足够的相对滑动速度。润滑油需要有一定的黏度,压紧力和分离力必须平衡,必须保证两贴合表面的粗糙度及平面度。为此,对转子和分油盘的材料选择及端面加工质量要求很严,材料配合要好,要求耐磨性好、抗粘着能力强。所以分油盘的材料选择视转子而定,一般钢转子用铜分油盘、铜转子用钢分油盘。涡喷系列发动机的柱塞泵均采用铜转子。由于液体进出分油盲口速度高,易冲毁盲孔锐边,分油盘还必须有一定强度。

2. 分油盘的常见故障

1)分油盘裂纹

(1)磨削裂纹:分油盘磨削裂纹故障,大都在燃油泵试车或使用后产生在分油盘与转子直接接触的端面。裂纹成片状分布,很少是单条的。严重时整个分油盘端面都有。裂纹大都沿分油盘径向分布,出现在一定的圆周角范围内。裂纹大多较浅,长度较短,但比较密集。有些裂纹通过研磨表面即可排除掉。个别情况也有裂纹较深的,如图4-25所示。裂纹严重时甚至可使分油盘局部断裂。大凡分油盘出现裂纹时,与其配合的油泵转子端面铟层多数都有磨损现象。分油盘出现这种裂纹的性质,从实践中观察,属于过渡性故障。

图4-25　分油盘磨削裂纹　(×15)

关于分油盘裂纹的原因,从故障现象看,很像是热疲劳裂纹。但是分油盘有燃油冷却,工作温度并不高。如果要产生热疲劳裂纹,则分油盘表面温度要达到500℃以上,而且是不均匀才有可能产生。从这些条件看,可以说不会是由于热疲劳而引起的;更不会是机械振动疲劳。因为机械振动疲劳裂纹大都是单条,或者是单条联系在一起的枝状裂纹。这些现象与分油盘裂纹现象不符合。曾经用X射线法测定分油盘表面,发现使用过的分油盘,表面有大约0.1mm厚度的硬化层。分析认为,该硬化层是在使用、或者是机械加工的磨削过程中产生的表面金属局部相变。在生产制造过程中,分油盘热处理后使用磨削加工的容易出现裂纹,而使用研磨加工的却很少出现。由此认为裂纹产生的原因,是由于磨削加工中产生硬化层或表面金属相变而导致的可能性较大。

其改进措施,主要是控制加工工艺过程和质量。

(2) 热处理裂纹:分油盘材料为高速钢(W9Cr4V),导热性较差。工厂生产中常采用高温盐炉淬火。图4-26(a)是在热处理后探伤检验时在分油盘月牙孔中部出现的成批裂纹。裂纹均已贯穿零件的横向截面,裂纹起始部位有网状或三角状空洞,如图4-26(b)所示。表面0.06~0.46mm深度区域有网状碳化物,裂纹沿晶向内伸展,在裂纹两侧角状碳化物较多,表现出过热特征,如图4-27所示。生产中还发现在分油盘端面的两型面交汇的边缘处出现熔瘤、熔坑。经金相分析,该处金相组织,由表及里分别为莱氏体、网状碳化物、粗大马氏体以及回火马氏体+粒状碳化物。属于局部典型的过烧组织,如图4-28所示。值得指出的是,分油盘热处理裂纹的出现,除了热处理工艺和过程要严格控制外,往往还要注意原材料碳化物不均匀度的控制。分油盘属于高碳高合金高速钢,锻造时变形量也不均匀,很容易出现块状或角状碳化物聚集以及网状、带状不均匀分布。这也很容易引起热处理裂纹的产生。图4-29为分油盘锻坯中的碳化物聚集。

(a)　　　　　　　　　　(b)

图4-26　分油盘热处理裂纹

（a）裂纹形貌；（b）裂纹起始部位。

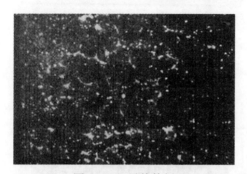

图4-27　过热特征

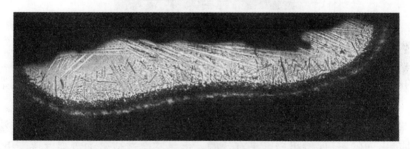

图4-28　局部过烧组织

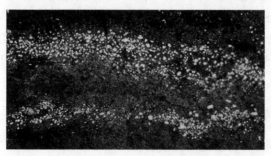

图4-29　分油盘锻坯中的碳化物聚集　（×100）

121

2）分油盘磨损、划伤

分油盘的表面,在正常工作条件下存在环形的划道和轻微磨损,那是必然的,不算什么故障。这里所提及的是指那些工作时间短,而磨损和划伤较严重,平行度变化较大的特殊现象。

分油盘的严重磨损和划伤,大都同时存在。磨损后表面不平度很大,同时存在较多较密集的环形划伤,如图4-30所示。这种故障,多半是因为在转子端面铟层有磨损后出现的。如果铟层还能保持正常工作,说明分油盘的磨损划伤比较轻微。如果一旦转子端面铟层被破坏,磨损划伤就比较严重。这种故障是属于过渡性的,发展到严重时,有一定的危险性。它会使转子端面损坏,而整个分油盘陷入于转子端面之内,增加转子的转动负荷而容易造成转子断轴的重大故障。

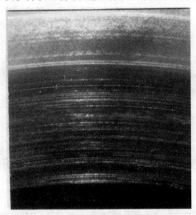

图4-30 表面磨痕 (×7.5)

造成分油盘磨损和划伤故障的原因,与转子端面铟层损坏有直接关系。对于铟层的磨损前面已有阐述。如果说有什么不同,因为材料的不同,铜转子的磨损多以粘着磨损为主,而分油盘的磨损则多以磨粒磨损为主,局部有粘着磨损。

传统的工艺对分油盘的磨损与划伤,是采用再研磨予以排除。这种方法对恢复分油盘表面状态,保持粗糙度是有效的。但是它会造成分油盘高度逐渐下降,以致最后造成分油盘高度不够而报废。有效的预防措施还是原材料质量控制和热加工工艺过程的严格控制。

如燃油中含有空气,当进口油压突变时,空气泡破裂释放出大量的能量,冲蚀分油盘油孔孔口,使其出现大小不一的麻点或坑洞。这种故障应为气蚀,是磨损的一种。

4.3.5 弹簧类零件的失效与分析

1. 弹簧的功用、种类及主要失效类型

弹簧是一种重要的基础性机械调节零件。它的基本功能是利用材料的弹性和弹簧的结构特点,在工作时产生变形和恢复时,把机械能或动能与形变能进行转换。由于这种特性和功能,在航空发动机燃油泵调节器中,弹簧主要是储蓄能量,与其他零件相互配合,使机件完成某一动作,起到调节、缓冲、减振和控制等作用。例如活门的打开和关闭、柱塞的往复运动、限位、缓冲、密封等。

弹簧的种类很多。按材料可分为金属弹簧、非金属弹簧、空气弹簧、流体弹簧;按所承受载荷的形式可分为拉伸弹簧、压缩弹簧、扭转弹簧、弯曲弹簧;按弹簧的形状可分为螺旋弹簧、蝶形弹簧、环形弹簧、板簧盘环等。在航空燃油泵调节器中,以金属圆柱形螺旋压缩弹簧居多,涉及的材料主要有优质合金结构钢(65Si2MnA、50CrVA)、不锈耐酸钢(如3Cr13)、碳素钢(如Ⅱa)等。

实践中,金属弹簧失效模式主要是破断失效和松弛变形失效两类。其中以断裂失效最为常见,危害性也最大。

在弹簧的断裂失效中,绝大部分属于早期疲劳折断造成的脆性断裂,也有由于应力腐蚀或氢脆造成的脆性断裂。只有当弹簧工作温度较高时,弹簧才可能出现塑性断裂(如切变断裂及蠕变断裂等)。而造成早期疲劳断裂的因素大多与弹簧表面缺陷有关。这里所指的表面缺陷,既包括原材料(热轧或冷拉钢丝)存在的表面裂纹、折叠、拉痕、磨痕、碰伤、锈坑、脱碳及材料内部的夹杂物、层状组织、晶粒异常等,也包括弹簧在制造中导致的裂纹、机械损伤、锈蚀、凹坑以及热处理、表面处理不当造成的裂纹、脱碳、组织异常、腐蚀、应力残存等。应特别指出的是,根据应力计算,螺旋弹簧在服役时内圈所受剪切力最大,也是最薄弱的环节,应特别加强对弹簧内圈表面缺陷的严格控制。

松弛变形失效也称作弹力失效。这对于燃油控制附件中特别是弹力要求严格的调节类弹簧至关重要。影响弹簧松弛性能的主要因素:一是弹簧的工作温度及加载速度。工作温度愈高,加载速度越大,则应力松弛越严重。二是与弹簧材料的化学成分及组织状态有关。

弹簧的失效大多属危险性故障。据对我国某涡喷发动机燃油泵调节器的粗略统计,因弹簧折断产生的故障约为0.1%,因弹簧负荷不够产生的故障率有2.4%,因弹簧锈蚀产生的故障达30%。这些故障都直接影响到生产的正常进行及飞机的安全和可靠性。因此,对弹簧的失效分析应引起足够的重视。

2. 弹簧失效实例及其分析

实例1 柱塞弹簧折断分析。

故障现象:某涡喷发动机主燃油泵调节器在内厂台架试车4h30min后,发生柱塞弹簧折断,断成5节,如图4-31所示。类似故障在发动机试车中也出现过。图4-32为经过139h 59min试车出现杂音异常情况后分解出的弹簧折断实物。弹簧都断在第6.75圈。其断口形貌如图4-33所示。断口平坦、有解理台阶,呈疲劳断口特征。断裂面大多和钢丝轴线成45°角,经进一步观察,断口附近有一纵向裂纹,如图4-34所示。经分析为淬火裂纹。同时在另一断裂处发现有锈蚀坑点,如图 4 – 35 所示。

图 4 – 31　柱塞弹簧折断实物　（×1）

图 4 – 32　故障件实物

图 4 – 33　弹簧折断断口　（×20）

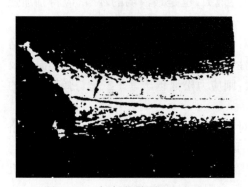

图 4 – 34　折断处裂纹　（×30）

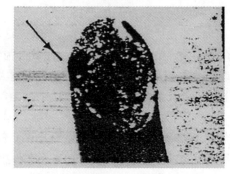

图 4 – 35　断口上的锈坑　（×10）

淬火裂纹是一种严重的热处理缺陷，是导致弹簧发生脆性断裂的重要原因。淬火裂纹的特征是，裂纹由弹簧表面开始然后向内部扩展。裂纹往往在棱角、槽口、截面突变、空洞边缘等处形成。这种裂纹一般出现在奥氏体晶界或马氏体碰撞处、相界面处，裂纹形态由粗变细，尾部尖细。如果弹簧表面有裂纹、折叠或粗大夹杂物时，热处理将使这些缺陷扩大、延伸。引起淬火裂纹的主要原因有：奥氏体化温度过高引起晶粒粗化（晶粒越大，淬火开裂的倾向越大）、淬火介质选择不当、回火不及时或回火不足等。此外，弹簧设计不当，如空洞位置及截面变化处存在很高

124

的应力集中也易导致开裂。

简要分析：该批钢丝由于存在表面锈蚀和淬火裂纹等缺陷，造成应力集中，使弹簧在较大交变应力作用下，产生疲劳扩展，最终在剪应力作用下发生断裂。

结论：由表面缺陷引起的早期疲劳折断。

实例 2 高空气压薄膜弹簧断裂分析。

1980 年，某涡喷发动机加力燃油泵在外厂使用后发现 P_2 腔中的高空气压薄膜弹簧($3Cr13\phi2.2$)断成 6 截，见图 4 - 36；并且 P_2 腔中积有大量棕黄色溶液，断裂弹簧已严重锈蚀，如图 4 - 37 所示。

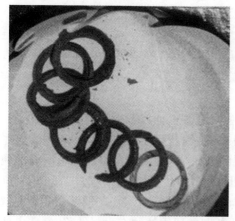
图 4 - 36　断裂弹簧实物　（×1）

图 4 - 37　P_2 腔中的锈蚀弹簧　（×1）

简要分析：该弹簧的工况与其他接触燃油环境的弹簧不同，它在空气环境中工作。宏观观察，其中有一对断口与弹簧轴线近于垂直，其余断口面与轴线成一斜角，断口形貌如图 4 - 38 所示。断口大部分呈颗粒状，断裂弹簧表面有腐蚀产物。擦去腐蚀产物后可见钢丝表面有褐色腐蚀斑疤和微坑。经微观进一步观察，断口大部分呈结晶特征，较小区域断面为准解理和韧窝，确认属脆断性质。

图 4 - 38　折断弹簧断口

经工厂作进一步腐蚀模拟试验，当对该弹簧进行到 114h 的腐蚀敏感性试验时，经 10 次压缩，断为两截，其断口形貌与故障件相同。对断裂弹簧表面上的白色

125

附着物及腔内白色物进行分析,100%是可溶性的水,略带碱性(pH=9.2)。

简要分析:弹簧在循环应力和腐蚀介质的共同作用下会产生腐蚀疲劳破断。分析认为该弹簧的断裂,其断口具有疲劳断裂的特征,有明显可见腐蚀形貌的特征。这是该弹簧长期处于水溶液介质环境中,使钢丝表面产生腐蚀,在一定循环应力作用下发生了应力腐蚀脆断。P_2 腔有水存在,还会造成管接头、薄膜支承壳体、螺钉等严重锈蚀,应予以特别关注和控制。

改进措施:

(1)禁止腔内进水。

(2)对弹簧进行表面防腐处理,以提高在空气介质中工作的弹簧耐蚀性。

3. 弹簧零件的失效特点及预防

根据航空燃油泵长期生产的实践,常见的弹簧零件失效形式主要为断裂失效。在断裂失效中一般可分为脆性断裂失效、疲劳断裂失效、应力腐蚀断裂失效等。

1)脆性断裂

脆性断裂是弹簧中最常见的一种(工程上有时也把疲劳断裂、应力腐蚀断裂、氢脆断裂等归为脆性断裂,而我们这里所说的脆性断裂是指与时间积累因素关系不大的迅速发展所致的断裂)。脆性断裂的断口形貌,一般在宏观上呈明亮的粒状或瓷状形貌。多平台、几乎没有塑性变形和剪切唇、断口平齐、垂直于受力方向、有人字花样(∨形或∧形)。微观形貌可为结晶的冰糖块状断口,也可为穿晶的解理或准解理断口(即河流花样)。造成脆性断裂的原因往往有材料缺陷、制造方法不当、热处理缺陷等。

近年来,随着燃油控制系统附件对防腐蚀的要求越来越严格,很多采用高碳钢或低合金钢制作的弹簧都要经过电抛光、酸洗、镀锌、镀镉、磷化等的电镀过程处理。弹簧在电镀时,电解液中的氢原子会被弹簧表面所吸收,并沿晶界向材料内部渗入和扩散。这种氢的渗入往往与电镀参数(温度、电流、浓度)、镀层的致密度、弹簧的应力状态、表面粗糙度等有关。如果不能及时彻底除氢,则会造成材料在使用中的脆性断裂。对于易出现氢脆的弹簧应通过试验制定严格的除氢工艺,并控制好电镀过程,尽量寻求和采用低氢脆的新的电镀工艺方法。在含碳和含硅量较高的弹簧材料中,如果石墨化严重,显微组织中有黑色游离碳,则会出现由于黑脆造成的脆性断裂。对于出现黑脆断裂的弹簧,应很好控制材料的质量和热处理工艺,避免石墨化组织。

2)早期疲劳断裂

疲劳断裂是航空燃油泵调节器中弹簧最常见的失效形式。其断口形貌有明显的疲劳特征:宏观上可看到疲劳源、裂纹扩展区和瞬断区三个部分,金相高倍观察往往可在裂纹扩展区看到疲劳条带,如图4-39所示。根据生产实践,弹簧疲劳源大都产生在表面缺陷处,如表面的机械划伤、锈蚀坑、夹杂、脱碳等,少数也有起源于金属内部非金属夹杂物与基体交界处,然后在变应力作用下发展成疲劳裂纹直至断裂。需要指出的是,由于弹簧的设计已经考虑了一定的安全裕度,使用中真正发生疲劳断裂的实例并不多。而大部分出现的则是弹簧的早期疲劳失效。以柱塞弹簧为例,在生产和使用中出现的断裂,有约80%以上的断裂都属于早期疲劳断裂。

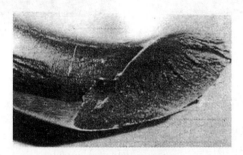

图4-39　典型疲劳断口

在燃油泵调节器中,弹簧在用作各种敏感元件(放大元件、转速敏感元件、压力敏感元件、温度敏感元件等)不可缺少的调整构件时,其预紧力、压缩量等会直接改变敏感系统的静态和动态特性,以致影响其敏感性、准确性以及稳定性等,而这些特性往往与弹簧的刚度有关。为此,应特别注意弹簧的选材和材质的使用状态。

在燃油泵调节器中,弹簧多采用3Cr13和50CrVA钢丝制造。3Cr13的显著特点是强度高,耐蚀性好;而50CrV综合力学性能好,抗回火稳定性高。生产中曾出现50CrVA钢因含C量偏低而弹性不稳定,10次压缩后尺寸不稳定以及热处理组织异常、出现软点而造成弹力不足、致使产品发生失效的实例。

图4-40为50CrVA钢热处理后出现异常金相组织导致弹簧折断的断口形貌。其断口细腻灰暗,未见明显表面缺陷,疲劳裂纹始于簧圈内侧。进一步电子断口分析,除出现穿晶疲劳条带外还有韧性疲劳条带。说明材料基体组织较软,组织不均匀较严重。并发现断口过载区有碳化物粒子,说明奥氏体化不够充分,碳化物溶解不良。图4-41为3Cr13材料制造的某圆柱压缩型弹簧支撑圈上出现的裂纹,该裂纹是由于组织过热所致。这种裂纹在弹簧工作时的交变应力作用下,很容易造成早期疲劳折断。

图4-40　组织异常折断弹簧断口

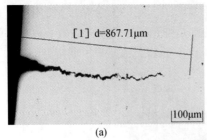
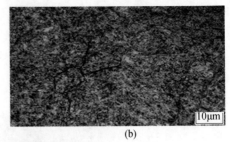

(a)　　　　　　　　　　　　　　　　(b)

图 4 - 41　弹簧支撑圈裂纹及组织

(a) 裂纹形貌　（×100）；(b) 粗大晶界及晶界三角区　（×100）。

这类弹簧出现早期疲劳断裂失效的一般特征可总结如下：

（1）一般发生在厂内磨合试车（运转试车）时，如 4.5h 左右。

（2）绝大多数情况下，断裂弹簧仅一个断口，偶尔也发现断成几段的，这可能是由于出现第一个断口后，运转时发生卡涩而导致第 2、3 个断口发生。

为了使压缩螺旋弹簧直立、与支撑座接触平稳，减少扭曲和具有较均匀的压力，弹簧的两端一般要进行磨削加工。有些小型压缩弹簧在设计上还要求端部并圈拼头并磨平。如果对磨平部分的圆周长及端头厚度未能达到技术要求，则在端部 1~3 圈处断裂的概率最大。因为服役中在第 1~3 圈处承受的扭转和弯曲应力最大，因而在此处经常发生断裂失效。特别是对于柱塞弹簧、气门弹簧等重要工作弹簧，这种断裂很常见。对于拉簧大多断裂都出现在弯钩处，因为弯折处在制造中容易出现曲率半径太小或者用工具弯折时留下刻痕的缘故。扭簧在弯钩时容易产生过量的塑性变形、引起形变硬化或刻痕，容易在端部结构的拐弯处发生断裂。

（3）宏观分析，断口均与轴线成 45°角。这是因为弹簧工作中由正应力引起的最大切应力和由扭转引起的最大正应力皆发生在与簧杆成 45°角的斜截面上。

（4）断口有明显的放射状疲劳条带，而且这些疲劳条带大多从弹簧内侧的缺陷处萌生，并向外辐射。弹簧材料截面上的应力最大点一般在弹簧材料截面的内侧，如图 4 - 42 所示。故内侧的缺陷比起外侧来，更可能形成断裂源（疲劳源）。

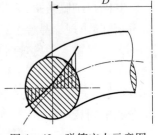

图 4 - 42　弹簧应力示意图

（5）绝大部分断口能找到各种不同的缺陷。其中包括表面凹坑、腐蚀点、钢丝表面折叠、磷波、剥落、非金属夹渣物、原材料冶金缺陷（如 Si、Cu 等脆性元素富集等）、机械损伤等。

在分析研究弹簧断裂失效特征中，还应注意工作条件对弹簧失效的影响。主要有以下几点：

① 高速循环下工作的弹簧易引起早期断裂失效。

有关试验指出，同样的应力水平，运转速率高的弹簧其循环次数相对较低，即容易发生断裂。也就是说，如果运转速率较高，设计时就必须适当降低工作时的许用应力，或者选用更优质的材料来制造弹簧。高速运转容易使弹簧发生早期失效的原因可能与工作时弹簧内部产生了较多的热量、振动较大及冲击载荷倾向增大，使弹簧圈产生疏密不匀、冲击载荷只在一部分弹簧圈承担等因素有关。

② 冲击载荷会使弹簧在第 1～3 个有效圈处发生断裂。

压缩弹簧承受冲击载荷（例如动态应力高或者加载速度快等）时，往往会导致弹簧的第 1～3 个有效圈处发生断裂。这是因为第 1～3 个弹簧圈首先承受载荷吸收的冲击能量，又不能迅速而又有效地将该载荷传递给其他弹簧圈。同时，这几圈比其他各圈的压缩量也要更大的缘故。这对于圈数较多的压缩弹簧（有效圈数在 12 以上）在设计时尤其要慎重。对于拉簧，突然加载时，因钩环处的应力成倍增大，它可能迅速断裂。高碳钢制造的弹簧不像合金钢那样能经受冲击载荷。所以，对于受冲击或动态载荷的各种弹簧应优先选用铬钒钢或硅铬弹簧钢。此外，还可以采用减小第一或第二圈螺距的办法来改变快速加载时所引起振动频率。

③ 弹簧运行之初的过载荷很容易造成断裂失效。

例如，弹簧在低于疲劳极限 σ_{-1}（不低于 σ_{-1} 的 80%）的应力下循环，经过一定周次后再逐步将应力升高时，则其疲劳极限可能提高。如果运行之初承受过载荷，则非常危险。不仅降低疲劳极限，甚至经过较短时间运行后就会导致疲劳断裂。所以弹簧在制造过程中往往要经过压缩和振动考核。

④ 加载偏离中心时可造成弹簧的过早失效。

偏心载荷将使应力增大，应当尽量避免。当弹簧受到一个偏心载荷或挠曲时，将会减少其安全应力值和挠度（一般将减低到原工作应力的 70% 左右），增加引起故障的应力，从而导致弹簧失效的发生。

解决柱塞弹簧早期疲劳断裂的对策：

① 控制原材料的冶金质量。

在绝大多数情况下，疲劳裂纹起源于零件的表面或次表面，而且多位于应力集中部位。因此，弹簧零件的表面加工质量，即表面完整性对其疲劳源的萌生影响极大。所以防止弹簧早期疲劳失效方法主要是围绕通过改变其表面完好性的冷、热加工处理等途径。

近来某些定点生产弹簧钢丝的专业厂采用联合制订专用技术条件的方法，对钢丝的冶炼采用精选原材料以及电渣重熔，严格控制脱碳层以及改进拉制工艺等。切实保证钢丝的冶金质量，并使钢丝尽可能做到无内部损伤及表面缺陷，使折断率大大降低，效果明显。

② 加强生产过程的质量控制，努力减少表面缺陷的产生。

生产实践证明，采用改进缠绕方法、专炉专槽处理、真空热处理、改进清洗方法、改进电抛光工艺、加强工序防锈、控制生产周期、增加滚磨工序等，可以取得明显效果。有的生产单位还对钢丝先车床缠绕，再盐炉淬火的传统工艺改进为先进行钢丝油淬火后用绕簧机绕制,不仅避免了热处理变形、表面腐蚀等缺陷,使弹簧表面压应力大大提高,而且大大提高了弹簧的疲劳寿命。

③ 采用超声波控制弹簧表面缺陷:基于弹簧表面缺陷与零件使用性能有着直接的关系,为了保证弹簧使用可靠性,采用超声波探伤仪器定量检查代替以目视为主的定性检查是比较先进的方法。这里的关键是制订好弹簧缺陷波高的控制标准。应根据弹簧的使用要求、结构、缺陷种类和部位等具体情况通过充分试验制订,确保弹簧工作的可靠性。对超声波探伤仪的正确操作也很重要,要调整好超声仪的灵敏度并随时予以修正校准,以确保扫查时出现在时基轴上各处的反射波能得到正确显示,并能够准确判断缺陷的大小和位置。要注意排除由于材料残存的空穴、热表处理造成的污染附着物等出现的杂波因素的影响。要不断积累检测经验,既要严格把握标准确保使用可靠性,又要避免误判,提高合格率。必要时要通过大量科学实验予以确定。

④ 对弹簧实行表面喷丸强化处理。喷丸强化可以提高弹簧的可靠性和耐久性。它是利用高速运动的弹丸流对金属表面的冲击而使表面和次表面(一般可深入到 0.005~0.030mm)产生循环塑性应变层。由此导致该层的显微组织变化和产生残余压应力场,从而提高金属材料弹簧的疲劳断裂和应力腐蚀断裂抗力。有关试验指出,对汽车悬架弹簧进行喷丸强化处理,可以使其残余应力的峰值达到 1200~1500MPa,从而得到高的抗疲劳强度。鉴于燃油控制附件中的弹簧品种多,形状特殊,可以选用合适的喷丸设备和采用适用的喷丸工艺方法和规范,控制好喷丸后的强度和覆盖率检测,以确保喷丸的质量。

⑤ 寻求新的弹簧材料。弹簧材料选择要考虑材料力学性能的变化规律、钢材(或弹簧)尺寸与钢的淬透性的关系、弹簧的工艺条件(包括载荷大小及其性质、工作温度及介质等)、弹簧的制造工艺、材料来源及成本等。

弹簧的选材要慎重、科学合理。弹簧承受工作应力的大小与载荷类型(静载荷或动载荷)、所需的使用寿命长短、失效后危害的严重程度以及其他工作条件(如工作温度及腐蚀介质)等有关。弹簧的失效一般是在受力最大、而结构截面又最薄弱的部位首先发生。在静载荷下工作的弹簧一般不会发生断裂失效;而在动载荷、高应力、应力幅度较大以及冲击作用下的弹簧比较容易发生过早地断裂失效。对于尺寸较小、承受静载荷、工作应力不高及有限次数的交变载荷的弹簧,可选用价格低廉的碳素弹簧钢及 65Mn 等钢种。对于尺寸较大(>16mm)并承受重载荷的螺旋弹簧,则宜选用硅锰弹簧钢。一些承受交变载荷,即动作次数超过 10^6 的交变载荷和冲击载荷的弹簧以及那些不易维修的重要弹簧应选用强韧性更好的弹簧钢,如 50CrVA、60Si2CrA 及 60Si2CrVA 等。在较高温度下工作的弹簧应选用合金弹簧钢。对于在高、低温以及腐蚀环境工况下工作的弹簧,应选择不锈钢、耐热钢或耐热合金、镍基合金、蒙乃尔合金、磷青铜和铍青铜等有特殊用途的材料。因为升高温度将使弹簧材料的弹性模量 E 和切变模量 G 下降。低温会使材料的弹性模量、硬度及强度增加,使塑性和韧性下降。在腐蚀条件下,弹簧发生疲劳的应力比无腐蚀条件下的疲劳极限要低得多。所以,在高、低温以及腐蚀环境工况下工作的弹簧在一定程度上考虑和选择弹簧材料的耐温、耐蚀稳定性能比其室温时的高强度更为重要。

3）应力腐蚀断裂

它是弹簧在受到拉应力(外加的或残余的)和腐蚀介质共同作用下引起的一种断裂失效现象。这里所说的拉应力,不仅包括弹簧在绕制、整形、热处理、强压等生产过程中产生的残余拉应力,也包括弹簧在安装和使用中承受的外加高应力。表面腐蚀的程度主要与弹簧在腐蚀性介质中接触或浸泡的时间有关。应力腐蚀断裂的断口往往平直,而且与弹簧杆线垂直。断口上没有明显的塑性变形。断裂源区还常被腐蚀产物所覆盖,色泽灰暗,断面结构呈颗粒状或小面状,所以也属于一种脆性断裂。在腐蚀环境中存在交变或反复应力时将发生腐蚀疲劳现象,并且这种环境能加速裂纹的萌生和扩展,因而显著降低弹簧的疲劳性能。

应指出的是,应力腐蚀断裂往往与弹簧的贮存(服役)环境及时间有关。其发展是逐渐进行的,是一种延迟性断裂。但这种失效具有极大的潜在危险性,应十分注意。特别是在燃油控制系统附件中,一些在空气环境中工作的弹簧,其耐蚀性尤其要引起关注。

预防措施:

（1）选择抗腐蚀的材料来制造,或者使弹簧表面获得一种保护镀层。

（2）控制生产中诸如酸性、盐浴处理及存放中的防腐环节。

（3）降低材料的应力腐蚀敏感性。

在燃油控制装置中,有时还会发生微振腐蚀引起的弹簧损坏形式。当平面接触并产生了微小的相对运动时,就可能发生这种损坏现象。微振腐蚀显著降低材料的疲劳强度。例如,压缩弹簧的两个端圈、拉伸弹簧的弯钩、扭杆的固定端、钢板弹簧片与片之间都可能产生微振,有内、外导向的螺旋弹簧的工作圈的微振腐蚀就更为严重。减小微振腐蚀的方法有:与弹簧摩擦的相对表面材料的硬度应比弹簧材料本身的硬度更低一些,也可以在接触表面采用油或含有二硫化钼的油脂进行润滑以减少微振摩擦。

4）弹簧的磨损失效

在燃油控制系统中出现弹簧磨损失效的案例不多。但由于弹簧表面的相对运动,也会在弹簧表面出现不同程度的材料磨损。例如柱塞弹簧,不仅会发生弹簧与柱塞内壁的磨损,还会由于往复压缩而造成圈与圈之间的磨损。由于异常因素影响,弹簧会发生严重磨损而使簧圈尺寸减小,强度降低。严重时还会造成弹簧卡死、断头(多与制造时支撑圈磨加工有关)等失效。

弹簧的磨损机理不同,其磨损状态也有区别。弹簧磨损也会发生磨粒磨损、疲劳磨损和腐蚀磨损等。实践中要结合弹簧的工况给予分析研究,并采取有效的预防措施。

5）弹簧弹力减退

弹簧弹力减退是指弹簧在服役过程中有形状、尺寸改变,发生所谓"下垂""降低""减退"或"松弛"等现象,即材料在服役载荷作用下逐渐发生的弹性应变之外的"微塑性应变"和弹性模量降低的过程。弹簧材料的弹性减退,有时也称为应力松弛。二者叙述的角度不同,既有区别又有关联。应力松弛强调在恒应变下,应力随工作时间延长而下降的现象;而弹性减退强调的是弹性变形能衰退的现象。二者都与时间有函数关系,是弹性不完整的时间效应。

在燃油泵调节器的生产、试验、使用中,常常出现弹簧零件经过装泵工作或外场服役后长度尺寸以及弹力存在不稳定现象,在高温下工作的弹簧尤其反应突出。稳定性是指对弹簧抵抗外界因素(高温、外力作用等)作用产生永久变形的能力。弹簧作为燃油泵调节器中的基础敏感调节元件,更要求弹簧在服役中的稳定可靠。一旦出现弹力减退,必然会直接影响工作的可靠性。工厂曾出现弹簧在外场工作一段时间后,其长度尺寸发生变化,影响涡轮发动机落压比(Π_t)性能平移或漂移的故障。经分析,其主要原因就是与之有关的弹簧弹力减退(总长度缩短、弹力变小)所致。燃油泵调节器弹簧在长期工作后弹力有所减小。经分析认为这是由于弹簧工作时产生"弹性后效",有少量的永久变形,内应力降低,刚度减小,产生松弛现象。随着温度增加,时间增长,松弛愈大。到一定时间后,就基本稳定了。弹力减小,会对调节器的性能有影响。

实际的弹簧材料是多相合金,不同的相有着不同的弹性模量和临界切应力,还存在着微观和宏观缺陷。这一切使弹簧材料在弹性变形范围内不可能表现出完整的弹性,必然出现弹性变形时加载和卸载不重合等有别于弹性完整性的现象。这种在弹性变形范围内应力和应变间的非线性关系称为弹性的不完整性,又称滞弹性。由于弹簧服役时的运动方式必然会造成滞弹性,所以,滞弹性是造成弹性减退的根本原因。其本质是材料发生循环软化,即在疲劳载荷循环过程中的微塑性变形累积的宏观现象。材料发生塑性变形的原因,是材料晶体内位错发生定向、长程位移而表现出的宏观塑性变形行为。

通常,提高弹簧抗弹性减退的方法主要有:

(1)弹簧坯料的高强度化。常采用添加合金元素(如 Si、Cr、Mn 等)来改善弹簧的抗弹性衰减及淬火性,我们常用的 50CrVA、60Si2MnA 等材料都具有相对较高的强度;也可通过变更热处理条件(如适当提高奥氏体化温度、降低回火温度等)来提高弹簧材料的强度。对有些抗回火性较好的弹簧坯料还可以通过渗氮等整体表面处理的方法,获得高的表面硬度,增加表面压应力,从而提高疲劳寿命。

(2)增加钢的抗回火性。可选用含有 Mo、V 等元素的弹簧材料以提高其抗回火性。众多研究者的研究结果表明,Si 是合金中提高室温下弹减抗力最有效的元素之一,其作用仅次于 C。这是由于不仅 Si 的固溶强化作用可以有效提高弹性极限和屈服极限,同时因为 Si 能在回火过程中抑制 ε 碳化物转变为渗碳体,改变析出碳化物的数量、尺寸和形态等,从而提高钢的回火稳定性。因此,早期弹性抗力优良(设计应力 1000 ~ 1100MPa)的弹簧钢一般含硅量均较高,如日本的 SUP7、SUP12 等。但这些钢的 Si 量已经高至最大值,再靠提高含 Si 量来提高弹减抗力很困难。其中一个重要途径就是利用析出强化和晶粒细化技术,如加入微量的合金元素 V、Nb、Mo 等。有关研究表明,弹簧钢中加入微量 B、Ti、Zr、Nb 及稀土元素等具有活性的合金元素,可以显著地稳定组织状态,加强对位错的钉扎作用,或者使空位的联结更为牢固,以便提高对微量塑性变形和松弛的抗力性能。

必须指出的是,随着钢材抗拉强度的提高,当达到一定程度时,抗拉强度与疲劳强度失去比例关系。强度越高,疲劳强度反而会下降。这主要是因为坯材夹杂物和表面缺陷的有害效应突显的缘故(弹簧的设计应力提高后,弹簧的螺旋角加大,会使弹簧的疲劳源由簧圈的内侧移到外侧)。所以,在提高弹簧材料强度的同时要注意同时提高弹簧的疲劳性能特性。其主要方法有:第一,降低材料的非金属夹杂物和表面缺陷;第二,细化材料的奥氏体晶粒。

从设计上看,应结构合理,充分考虑弹簧结构的稳定性。特别是螺旋角等参数的选取要科学合理。除了能满足弹簧设计的有关技术标准和工作条件要求之外,还要充分考虑材料本身的性能和工作过程特点,有的还要经过充分的试验验证。例如不锈钢 3Cr13 钢丝所制弹簧,设计中按照设计标准选取螺旋角为 60° ~ 90°,但大量生产实践证明,只有把螺旋角控制在 60° 以下,绕制的弹簧才能稳定,而 70° 以上则弹簧极不稳定。经稳定性试验后产生尺寸变化,弹性松弛。而 60° ~ 70° 之间,其稳定性与弹簧的旋绕比大小有关,旋绕比大则稳定性差,反之则好一些。

从弹簧的制造工艺看,要着重强调充分地进行强压试验和立定试验,以增加弹簧的弹力稳定性。

强压试验(含加荷时效处理)是将弹簧压至并圈保持 12 ~ 48h(或更长时间)。其时间长短应根据生产经验、弹簧的重要程度以及工作应力大小有设计确定。强压处理的作用是提高弹性极限内受静载荷或有限作用次数的承载能力,并保证弹簧工作时的尺寸稳定。强压处理的原理是将弹簧压缩至超过弹簧材料的屈服强度极限,并保持一定时间卸载,使钢丝表面产生与弹簧工作应力相反的残余应力,从而使实际工作应力减少,也就提高了弹簧的承载能力。在高温条件下工作的弹簧,尤其要加强加温(高于工作温度下)强压处理和蠕变回火(在加载状态下进行低温回火),以防止弹簧在使用时的高温蠕变和应力松弛。近年来,对弹簧的热强压工艺应用,在要求高的抗永久变形量的螺旋弹簧上取得明显效果。热强压是作为高级的防永久变形的一种稳定化处理工艺。试验证明,它不仅可以显著提高抗永久变形,还可以提高疲劳寿命。

立定处理是将热处理后的压缩弹簧压缩到工作极限负荷下的高度或并压高度(拉伸弹簧拉伸到工作极限负荷下的长度,扭转弹簧扭转到工作极限扭转角)一次或多次短暂压缩(拉伸、扭转),以达到稳定弹簧几何尺寸为主要目的的一种稳定化工艺方法。经立定处理过的弹簧,经长期保管及运输、使用振动,其尺寸只产生部分回弹。因此,在测定指定高度下的载荷和检查尺寸前都需要进行立定处理。实践证明,对于出现使用中弹性减退的弹簧,尤其应该严格执行工艺规定,有的尚需适当增加和延长强压处理和立定处理的频次或时间,以确保其使用时的质量可靠。

要注意弹簧的热处理过程和质量控制,例如正确执行热处理工艺,防止氧化脱碳、热处理后及时回火、使弹簧在淬回火后得到回火屈氏体的正常金相组织,避免过热等,这对稳定弹力,增加弹减抗力也是有益的。

要特别引起注意的是弹簧力的稳定对于燃油泵调节器中承担调节作用的弹簧工作可靠性的重要作用。应加强弹性件论证研究,不断提高其使用寿命。

4.3.6 传动杆类零件的失效与分析

1. 传动轴的工况及技术要求

在机械设计及工程应用上,传动杆(轴)是一种用来支承旋转零件或通过旋转运动来传递动力或运动的杆状零件。其主要功能是引导旋转并传输动力。它主要承受扭矩,有时还需要起到承受载荷、保持结构刚度的作用,经常与轮、盘或轴承等零件配合使用。根据其设计功能和使用工况要求,传动杆(轴)类(含凸轮轴)零件工作过程中一般要承受扭转、弯曲、拉伸、摩擦、振动或结构造成的应力,多数时候还要同时承受几种应力的综合作用,受力情况和失效模式都比较复杂。要求制造传动杆的材料必须具有较高的强度和韧性、良好的耐疲劳和尺寸稳定性,特别是传递部位(轴颈、花键、齿形等)要能够承受大的扭矩、耐磨、抗剪能力和冲击韧性。在航空燃油控制系统附件中,传动杆是传递回转运动的关键零件,多选用应用范围广泛的 18Cr2Ni4WA、20Cr3MoWVA、40CrNiMoA、65Si2MnWA、16Cr2MnTiA 等合金结构钢材料,来制造中高速、高载耐磨,具较高冲击载荷及交变力的传动轴。其工作的可靠性直接关乎产品使用的安全性。

2. 传动轴的失效实例及其分析

通常情况,传动杆(轴)的失效形式为断裂,其模式主要有过载、扭转、疲劳和磨损。传动杆(轴)类零件的失效与结构设计、材质缺陷、加工质量和异常过载等因素有关。其中材质和载荷异常造成轴件主体部位断裂的可能性较大,而设计和加工不当造成轴件特殊结构部位(如转接 R 处和轮盘安装处)断裂的可能性较大。

案例 1 传动轴过载断裂。

某齿轮泵在工厂试验器运转试验时出现燃油泵供油量下降现象。经分解检查,发现其二个传动轴断裂。图 4-43 为断裂实物照片。其中,一根传动轴由 20Cr3MoWVA 经表面氰化处理($\delta = 0.15 \sim 0.45mm$, HRC $\geqslant 59$),断裂在传动轴最小的三角截面处;另一根轴材料为 60Si2MnWA,热处理后硬度为 49~55HRC,为等截面轴,断裂发生在截面尺寸有微小变化处。

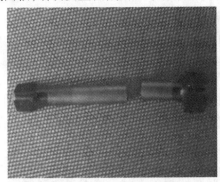

图 4 - 43　传动轴断裂实物

简要分析:宏观观察,断裂传动轴的断口均为垂直轴向的平断口,端面可见明显的以轴心为圆心的多个同心圆形成的扭转形貌特征。扫描观察两个传动轴的断口微观形貌均为拉长韧窝。说明是在受扭转剪切应力作用下产生的扭断。传动轴作为传递扭矩的构件,在承受输入扭矩的同时,还要向下一级构件传递扭矩。当输出受阻时,齿轮轴接受的外力超过材料本身扭转强度极限,就会导致齿轮轴的过载断裂。

结论:过载断裂。

预防措施:应从改进设计、加工和材料几方面对症采取措施。

案例2　疲劳断裂。

某离心泵在外场工作 24h28min 后,发现花键松动,齿面严重磨损。遂返厂做进一步检查发现,内部叶轮轴断裂。该叶轮轴材料为 1Cr17Ni2,硬度 26 ~ 32HRC。叶轮轴断口平齐,端面有严重的后期磨损痕迹,如图 4 - 44 和图 4 - 45 所示。同类故障 2011 年在某燃滑油泵调节器厂内批次交付长试时也出现过。当时分解产品发现直接与试验器连接的产品传动轴轴套的三角孔内有一异物,导致产品无法安装在调整试验器上。进一步检查发现自由涡轮传动轴已经断裂,折断的传动轴三角头棱边严重磨损变形。

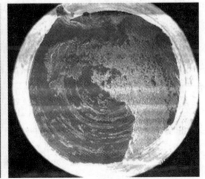

图 4 - 44　叶轮轴断裂实物　　　　　图 4 - 45　断口宏观形貌

简要分析:对断口进行扫描微观观察,断裂起源于齿轮轴的表面,有线源特征,与轴的周向加工痕迹相关。断裂沿线源呈疲劳扩展,可见疲劳弧线。进一步分析,线源在叶轮轴细颈处的根部,该处属于叶轮轴的截面薄弱处。当叶轮轴工作中受到振动等交变载荷时,即发生疲劳断裂。对厂内长试中发生的自由涡轮传动轴裂纹分析认为,传动轴三角头棱边严重磨损变形,说明传动轴工作时三角头与试验器内三角连接处不平稳,存在较大干涉,产生偏载,导致振动发生。传动轴在交变应力作用下,由传动轴截面的根部(应力集中处)产生疲劳裂纹直至断裂。

疲劳断裂是传动轴类零件在服役中发生比率最大的主要失效模式,这与轴类零件的结构和长期受到交变载荷的使用工况密切相关。对于这类失效案例的分析,要注意断口的疲劳特征,细心查找断裂源。并要注意根据轴件所受载荷的不同,从轴件的受力状态出发辨别其断口特征。

一般轴件的疲劳失效分为弯曲疲劳、扭转疲劳、轴向疲劳以及接触疲劳等几种模式。当轴件承受弯曲载荷时,其应力分布表面最大,中心最小。一般情况下,疲劳裂纹总是在表面萌生,然后沿着与最大正应力相垂直的方向扩展。当裂纹达到临界尺寸时,轴件发生快速断裂,其断口特征一般表现为断口与其轴线垂直。当轴件承受交变扭转载荷作用时,轴的表面所受应力最大,而心部为零。加在轴上的扭转力矩在轴的横向截面与纵向截面上引起剪应力,而在45°斜截面上则引起拉应力及压应力。其断口形貌表现为锯齿状或棘轮状断口。当轴件承受拉-拉(拉-压)交变载荷时,应力在整个零件的横截面均匀分布,由此导致的断裂,称为轴件的拉-拉疲劳或轴向疲劳。该断裂由于应力分布均匀,使疲劳裂纹萌生的位置大多在轴件表面上萌生。如果轴件亚表面存在比较大的材质缺陷或轴件表面经过喷丸等强化工艺,则疲劳裂纹有可能在亚表面萌生。轴件的接触疲劳断裂,是指轴件表面由于反复的滚动或滑动在高的循环接触应力作用下,产生的一种兼有疲劳和摩擦特征的破坏形式,主要表现为表面损伤,如出现麻点或剥落。接触疲劳的特点是既有疲劳裂纹源,逐渐扩展直至最后形成剥落,又存在表面摩擦损伤。两个相对表面的接触应力是在表面层下某点达到最大值。轴件的接触疲劳多发生于轴与轴承滚针相接触的表面。

图4-46是某齿轮泵在变速箱修理时传动轴齿轮系统与试验器连接发生干涉导致偏载而造成的单向扭转疲劳断裂实物。该传动轴材料为18Cr2Ni4WA,齿轮部分经表面氰化处理。经金相分析,传动轴断裂均发生在卡槽转角与齿面交汇处,断面与轴承45°角,断口呈不对称的棘轮状花样,如图4-47所示。在断裂轴较大的断面上可以看到明显的疲劳断裂特征。在与轴旋转相反方向的圆周上,6~7个齿面之间有45°角的裂纹,这是齿轮在传动过程中受到较大扭转应力的特征。

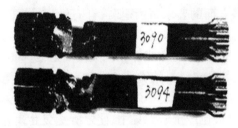

图4-46　传动轴扭转断裂实物　（×1）　　　　图4-47　断面棘轮状花样　（×2）

结论：疲劳断裂。

预防措施：应从改进设计、加工、装配和材料几方面对症采取措施。特别要注意避免在传动轴上出现应力集中的薄弱环节，它往往会造成疲劳源，加速疲劳断裂发生。

案例3　转子传动轴折断。

燃油泵转子传动轴折断，大都产生在传动轴的截面最小的地方。个别轴的折断，产生在封严圈接触的部位。大多数的轴断口是垂直的，表面较为光滑，没有什么粗糙区；个别轴的断口也有45°斜面断口。多数的轴断后，没有发现有变形现象，但也有少数产生明显的变形。飞行时，燃油泵产生轴断，会立即发现转速及油压下降，接通安全活门不起作用，最后发生空中停车。还有一个危险的现象，就是断轴后，燃油泵转子室的燃油，通过传动轴的封严圈跑到传动机匣内。由于燃油越漏越多，最后从机匣气孔冒出，造成失火事故，这是十分危险的。所以说，这种故障属于危险性故障。

根据有关资料分析，认为引起燃油泵转子传动轴折断的原因大致如下：

（1）由于进入水分或其他杂物，卡死柱塞，以致轴的负荷突然增大而折断。转子柱塞与孔之间的间隙小、接触面较大。如果进入水分或外来物、以及金属屑等其他杂物，就有可能产生卡死油泵转子。根据翻修厂的经验，这些杂物，来自燃油泵内部及导管内部的可能性，要大于直接从外部进入。燃油泵进口的油滤断丝或掉块、燃油导管接头拧紧时所产生的铝质金属丝条、由于转子端面铟层磨损后端面产生的铜质金属末、斜盘轴承剥落所产生的钢质金属块等，都有可能卡住转子的运动。对于出现垂直断口的断裂传动轴大多属于这种情况。

（2）由于传动轴本身材料的疲劳性能不稳定。这种情况主要对于出现45°斜断口的断裂传动轴较为多见。传动轴本身材料的疲劳性能不稳定，主要是传动轴本身材料疲劳性能不稳定或者传动轴表面产生划伤、压坑、锈蚀等缺陷使其疲劳极限下降。然后在发动机启动、停车、变换转速等状态时，使传动轴受到较大的循环负荷，因而产生疲劳折断。

上述两种原因在很多情况下是综合作用的。要针对情况具体分析和诊断，并对症采取改进转子的结构、改进材质和加工质量，提高轴的疲劳性能等改进措施。

造成轴类零件疲劳断裂的原因很多。实践证明，轴件表面存在应力集中往往是主要因素。传动轴类零件由于结构等多方面的要求，往往要设计有轴肩、键槽、螺纹、横孔等，从而使其几何形状复杂化。轴件在加工、使用以及维修过程中受到的意外损伤等，都会造成应力集中。加之外加载荷的方式往往也不很规则，这些应力集中往往就成为了轴件失效的根源。尤其是在材料的脆性状态和交变应力下更为危险。生产中通常出现的有：由于工作副啮合面硬度不匹配，表面硬度差值大会导致硬度较低的一方容易产生疲劳剥落凹坑，也产生应力集中，使之所受交变载荷增大，进而发生疲劳裂纹扩展，直至疲劳断裂的失效。还有另一种常常发生的疲劳断裂失效是由于表面强化层组织不合格导致而产生的。一般传动轴、齿轮、花键为了增加表面强度和耐磨性，常采用淬、回火及渗碳、氰化、氮化等化学热处理。如果表面深层出现异常组织，例如氮化层出现脉状氮化物和白色网状氮化物，这些不合格组织会导致晶间脆性剧增也会导致传动轴工作面产生疲劳剥落和疲劳断裂。有些传动轴选用铸造（如某叶轮轴为典型铸件，材料为 ZGCr17Ni2 - Ⅱ）、锻造（内花键阶梯状的回转件尾杆采用 12CrNi3A 锻造挤压成型）的毛坯，还应严格按照标准控制好其冶金质量。

值得指出的是，轴类零件在燃油控制系统附件中有时候会发生腐蚀或气蚀损伤导致的腐蚀疲劳或应力腐蚀开裂。一般而言，均匀性腐蚀并不会严重影响传动轴的使用寿命，但点状腐蚀不仅会损坏轴表面粗糙度，而且常常造成应力集中，在交变应力作用下萌生疲劳裂纹，从而导致腐蚀疲劳或机械疲劳失效。

案例 4 磨损。

某主燃油泵在外场服役 265h 后（经过二次大修，总工作时间 814h24min）传动轴发生磨损失效，导致等级事故。该传动轴材料为 18Cr2Ni4WA，硬度 38～44HRC，表面氰化处理。与其配合的传动副尾杆材料为 12CrNi3A，硬度 31～37HRC。磨损部位在传动杆与尾杆配合的花键表面，图 4 - 48 为磨损的传动杆实物照片。其表面有大量黑色油泥状磨损产物。清洗后可见花键表面严重磨损，与其配合的尾杆也同样有严重磨损痕迹，见图 4 - 49 和图 4 - 50。传动轴上的弹簧卡圈有与花键齿端冲击产生的凹坑。

图 4 - 48　磨损的传动杆实物

简要分析：检查传动杆的材料成分、金相组织、硬度均符合技术要求。对传动杆的黑色油泥状物进行分析，主要成分为金属粉末，同时含有脂基合成润滑油（脂）的成分，认为是磨损产物。

图4-49 传动杆磨损

图4-50 尾杆磨损

结论:微动磨损。

预防措施:主要是对工作副表面进行表面强化处理或增加润滑效果。

轴件在运转过程中,由于和齿轮、轴承、滑套或其他碎片相互接触,表面相对滑动,彼此产生摩擦而造成磨损。通常情况下,轴件的磨损过程比较缓慢,但它能够减小轴件的有效尺寸,使其失效。值得指出的是,有的修理厂曾经对轴类零件尺寸不够时采用研磨后镀铬的工艺方法进行恢复尺寸的翻修,这种方法有待商榷。这种工艺,对轴的使用寿命有影响。电镀过多,会使轴的疲劳性能下降。特别是如转子传动轴等传递转动力矩一类重要轴类,不宜采用电镀工艺。

4.3.7 活门类零件的失效与分析

在燃油泵调节器中,活门组件起着供油、断油、控油、限压、限速、调节等重要作用。以涡喷七(某)燃油泵——调节器为例,在其结构中就有排油活门、定压活门、定压差活门、慢车活门、加力分布器活门、升压限制器活门、补油电磁活门、断油活门、回油活门、流量活门、燃油分布器、液压延迟器等。

1. 活门的结构特点及工况要求

所谓活门,实际上是由活门轴和衬套组成的精密阀门组件,它的构造特点是其几何形状比较复杂,具有凸台、型面、型孔、控油窗口、锐边、低的粗糙度和小的配合间隙(大多仅几个微米),同时要在燃油工作介质中运动灵活,全寿命工作可靠。活门材料的选用要考虑其优良的耐磨、抗污染、防卡滞等性能。除选材和结构上的特殊性外,它的工作状态复杂,影响的参变量多,一旦出现故障或失效,多属危险性质。

2. 活门失效实例及其简要分析

对于这类组件容易出现的故障(性能故障这里不予讨论,仅讨论其本身故障)主要是表面划伤和粘着磨损。下面举例:

实例1 分油活门划伤造成的卡滞。

故障现象:1977年,某发动机主燃油泵在厂内交付试车至50h时,出现排油活门和分油活门同时卡死的故障,图4-51、图4-52分别为分油活门和排油活门卡死后的实物照片。经仔细观察,还发现活门的其他工作表面有长条划痕和片状刮伤,如图4-53、图4-54所示。在排油门沟槽中有金属屑,如图4-55所示。在分油活门第一台阶边缘处出现压痕和摩擦损伤痕迹,并在尖边掉块处发现机械运动造成的裂纹,如图4-56所示。

图4-51　分油活门实物　(×1)

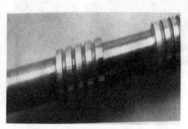

图4-52　排油活门实物　(×1)

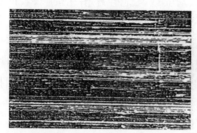

图4-53　活门表面划伤　(×70)

图4-54　表面片状刮伤　(×20)

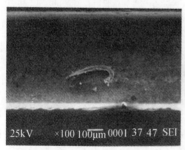

图4-55　沟槽中的金属屑

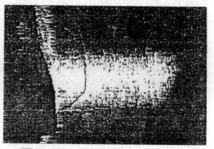

图4-56　活门锐边掉块　(×70)

简要分析:活门与衬套之间进入某些金属颗粒(磨屑),导致活门与衬套的相对运动受阻碍而摩擦,产生极大阻力,摩擦力随之增大,以致破坏了活门工作表面,在高速旋转工作状态下出现划伤、刮伤以致掉块、卡死。磨屑的来源主要是泵内清洁度不好所致。

结论:属磨粒磨损造成的活门卡死。

实例2　液压延迟器组件"点瘤"卡滞故障现象。

1983年8月,某涡喷发动机主燃油调节器在参加发动机150h国家预鉴定试车过程中,当活门手柄从慢车(或额定)推至最大状态时,发动机n_1转速达不到预先调定的要求。分解检查后发现液压延迟器齿杆(1Cr13 CN 化)和齿套(3Cr13)间有"点瘤",造成齿杆与齿套之间运动不灵活,起不到应有的调节作用。图4-57为齿杆上油孔附近的突起物形貌。图4-58为突起物处的金相高倍照片。

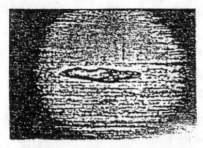 

图4-57　表面"点瘤"　(×30)　　　图4-58　突起物高倍　(×45)

原因分析:齿条套筒与齿杆间隙较小(0.008～0.010mm),在往复运动中,由于液压分布不均、外来物嵌入等原因,造成摩擦力增大。在选就的两种相近材料组成的摩擦副中,将出现局部阻力过大,以致发生材料转移,造成焊合(咬死)。

结论:粘着磨损造成的卡死。

3. 活门类零件的主要失效模式及预防

活门类零件的失效主要是卡死,也叫"卡滞"。从引起的原因上主要分为两种:一种是表面划伤;另一种是粘着磨损,有时同一故障中两种原因可同时存在,共同起作用。不管是划伤还是粘着,在分析方法上都要特别注重形貌的痕迹分析,它对获取活门类零件失效过程的信息,从而判断失效的原因将是很重要的。

1) 划伤

划伤是磨粒磨损的后果,它是由作用在摩擦副表面上的微粒所引起的局部损伤。造成划伤一般有两种情况:一种是活门轴与衬套间的表面摩擦造成的,即在配合面的微小接触点上载荷增大,使较硬的微观突起物的尖锐织构在滑动过程中对较软机体造成犁削和撕裂;另一种情况是高硬度颗粒(如燃油中的杂质、残留的研磨膏,金属屑以及附件磨合中产生的磨屑等)进入活门杆与衬套间隙内而造成的。这时往往能发现外来颗粒,在配合表面上可以清楚地看到沿滑动方向的划伤。这种划伤在低倍下观察时,一端呈锥形,也有两端都是平头,整个划伤呈矩形。划伤一般由多条组成,条与条之间近似平行。值得指出的是,如果硬颗粒较大,对活门产生的挤压、犁削、滚压、摩擦等作用正好作用于活门尖边附近,则可能造成活门的裂纹和脆性掉块(机加粗加工如在活门工作面造成力痕及啃刀现象,也会造成裂纹及掉块)。划伤对活门类零件来说是非常有害的。它会使活门组件卡滞力增大,使其运动不灵活,严重时还会发展为粘着磨损。

2) 粘着磨损,亦叫"咬死""焊合""抱轴"等

粘着磨损是机械磨损的一种,它的特征是活门组件配合表面上有划伤、剥落和块状材料转移的特征。它的形成机理可以这样认为:一对摩擦副的滑动表面上有

不均匀变形,摩擦面之间存在尺寸大于润滑薄膜最小厚度的固体污染颗粒,两者均会在相对滑动的摩擦面间形成瞬时紧密接触区(或点)。这些接触区(或点)由于油膜表面相继破坏,压力和摩擦系数都很高,产生局部摩擦高温和高压(整个零件的温度并不高),以致两个配合表面上的微观突起焊在一起。这些极小区域内的焊接发生以后,滑动力将金属表面的材料撕下。结果在一个机件的表面上形成微小凹坑,而另一个机件表面上形成微小突起(材料转移),从而使两个表面真实接触面积增大,一直增大到粘接点推力无法将其剪断时,卡死(抱轴)现象就发生了。图4-59为某涡喷发动机中主燃油泵分油活门粘着后切开的实物照片,图4-60为1991年某涡喷发动机中定压差活门在外场卡滞后表面剥落的实物照片。图4-61为1977年多次出现的排油活门因泵内金属屑造成卡死的实物照片。排油活门中间明显有金属屑嵌粘其中。在整个调节器内的诸多活门中,排油活门配合间隙最小,仅有0.005~0.008mm,细长比小(仅0.085),而且活门头尾重量不平衡,如同一个悬臂梁,长时间处于静止工作状态,一旦进入污染物,很容易聚集而造成活门卡滞,造成重大故障,应特别予以注意。设计上曾采取了加大推力等措施,可有效防止在地面工作时造成的轻微卡死现象,但高空使用仍应引起重视。

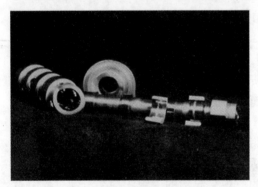

图4-59　分油活门卡滞实物　(×1)

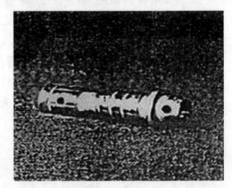

图4-60　压差活门卡滞实物　(×1)

图4-61　排油活门粘有金属屑实物　(×1)

粘着磨损是燃油泵中机械零件中最危险的磨损失效形式之一,对活门类零件受其威胁最大。粘着按其表面金属发生的主要原因及特征分为第一类胶合和第二类胶合。第一类胶合主要是发生在较软金属一方,以塑性变形为主要原因而引起。其特点是摩擦副滑动速度不高(2.5mm/h),表面温度较低(约100℃)。摩擦表面有不氧化的金属磨屑(在某些条件如载荷较大时也可能伴有氧化磨屑),金属表层一般不发生相变和成分变化,但表层发生严重的塑性变形,甚至产生严重的织耕现象,表面应力状态有较大的变化,如前面实例2中的液压延迟的杆"点瘤";第二类胶合是在滑动速度和压力增加的情况下发生的,这种磨损形式与表面摩擦温度有密切关系,其明显标志是摩擦高温引起的相变白亮层——摩擦马氏体。1988年工厂某发动机主燃油泵的分油活门内厂试车连续6次卡死即为第二类胶合为主的粘着失效。同类故障在外场也发生过。

分油活门组件在燃油泵转速调节器中是工况最复杂、功能最重要的一个关键活门,它不仅像泵中其他活门一样承受轴向弹簧力的反复轴向滑移运动,而且还要同时随离心力高速工作的旋转(大约3600~4250n/min)运动。此外,分油活门具有的精度高、间隙小、多台阶、锐边等结构特点以及偏隙效应、柔性调节、煤油边界润滑、非遮蔽式工作等工况特征,造成该活门组件在燃油泵转速调节器中抗污染性能的先天不足。而燃油泵中来自燃油介质和泵内各零件加工以及工作过程中不断产生的污染物是难以绝对避免的。所以,要使分油活门组件承担高速旋转的控油、放大和调节作用,其抗污染物阻滞的能力就成为了它的关键所在。在工厂生产中曾多次出现胶合卡死。

造成粘着磨损致使活门卡滞的原因很多,大致有:

(1)系统清洁度不好,如间隙中进入高硬度杂质,划伤表面使其产生干摩擦。

(2)组件的加工、选配不好(如轴与套筒轴度不好,则会使组件的接触产生不均匀性)。

(3)结构的先天不足。

(4)材料的选择及冶金质量不佳。

(5)燃油润滑性丧失(如油料中分解出胶状物等)。

(6)受力状况超过要求等。

应从粘着磨损的失效机理出发采取对策。

3)脆性断裂

这种失效一般少见。只在因某种原因造成活门过载时才发生。工厂曾发现某附件在厂内经试验后,分解发现出口活门组件断裂。其断裂部位在活门的颈部,如图4-62所示。经检查分析,材料的组织、硬度等均正常,也未发现明显的表面加工缺陷。仔细检查断口,其宏观形貌如图4-63所示。可以看出,断裂由活门上的孔口处起源,单方向扩展。断口大部分面积已被摩擦损伤,说明断裂后断口两断面之间发生了相互摩擦。断口与轴线约为90°,在扫描电镜对整个断口进行观察,其瞬时断裂区面积较大,微观形貌均为韧窝状花样及摩擦磨损特征,如图4-64所示。

图4-62 出口活门断裂实物

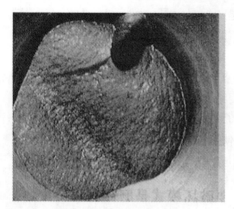

图4-63 断口宏观形貌

图4-64 断口微观形貌

试验分析,活门的断口特征显示韧窝断裂形貌。从断口的扩展方向可以判断该活门在受到一个弯曲载荷的作用下发生快速断裂。经分析试验情况,认为活门在工作过程中受到了一个单向弯曲应力作用,在孔口位置产生疲劳裂纹,导致活门运动时过载,在较小的轴颈截面处发生早期疲劳脆断。

4. 防止活门卡滞的措施

基于活门组件发生卡滞的不良后果,燃油泵生产企业对此十分重视。预防的办法常着手于以下几个方面:

(1) 组件的结构改进:主要考虑受力均衡,便于加工以及排污能力、润滑性。

(2) 选材得当。一般在设计滑动轴承(即活门)时,对材料的选择有严密的要求,其中"良好的抗胶合性"以及"对润滑油有较好的亲和力"就是针对"抱轴"现象而提出的。前面举的液压延迟器组件产生"点瘤"(或称"积瘤"),一个重要原因就是杆的材料(1Cr13)与齿套材料(3Cr13)配合抗胶合性不好所致。后改为1Cr13/NCu合金后,故障再未发生。有实证研究表明,对一些承受接触应力不大的活门采用奥氏体热强钢4Cr14Ni14W2Mo经氮化处理,由于其材料无磁性和氮化层有耐磨作用,其工作是可靠的。但对于分油油门组件这类既有滑动又有高速旋转,且间隙小、接触应力又较大的运动副,则要采用9Cr18材料。由于经热处理后,其

144

材料整个基体都得到强化,成为马氏体+(一次或二次)碳化物+适量残余奥氏体的组织。从摩擦学的角度讲,这样的组织更有利于摩擦副工作。所以它远比采用4Cr14Ni14W2Mo材料氮化能避免"外硬里软"的弊端而较大地提高"燃油泵转速调节器的零件的抗污染能力"。另外,针对承受高负荷工作的摩擦副,提高材料的表面硬度是很重要的一条措施,应设法使材料具有较强的抗热负荷能力,即摩擦热使其表面瞬时温度升高的时候,表面硬度不下降或下降很少。

(3)材料的冶金质量。从材质上讲,要尽量选用夹杂少、无发纹的合金钢。生产中曾出现分油活门用料9Cr18碳化物颗粒大,呈尖角、裸露表面给卡滞造成一定影响的实例。另外,对热处理质量的控制,如苏联有关资料指出,适量的残余奥氏体含量会对高速滑动的活门卡滞起一定的防治作用。

(4)严格有效地控制清洁度,防止外来颗粒进入间隙之中。如加强燃油污染度的监测与控制,加强工序间的清洗,改进研磨工艺等易造成污染的加工工艺和检验方法等。这里特别强调,泵类的清洁度是至关重要的,一定要提高认识,要有系统的观点和系统综合治理的措施。

(5)正确运用表面涂覆与强化新工艺。粘着磨损直接发生在零件的表面,如能根据不同的基体材料和状况,通过开展深入有效的摩擦磨损试验,选择合宜的表面涂覆层(如电解渗S、涂覆DJ823尼肤龙等),或表面强化(离子喷涂、共渗等),将对减少粘着、防止咬死起到有效作用。

4.3.8 壳体类零件的失效与分析

1. 壳体类零件的功用和主要技术要求

燃油泵调节器壳体是燃油控制系统附件中结构复杂的关重件、长线件、核心件之一,它是附件中承接和组合各种管路、活门、衬套等功能零部件的重要载体,并在高转速、大流量和重载荷下工作。随着主机性能要求的越来越高,壳体的结构也越来越复杂。要求要结构合理、重量轻、耐温、耐压强度高,而且外形结构要美观实用。设计壳体时要特别注意细节,既要功能达标、体积小、重量轻,还要实现可靠性、耐抗性、维修性、通用性、系列化、组合化以及工艺性美化。壳体各个结构要素的三维布局要合理,这是基础。要确定好壳体的设计基准,并要做到统一、协调。要模拟发动机的安装情况确定外廓尺寸,各活门孔、油路孔、线槽及管线布局和要走向合理、便于制造、维修与操作。同时,对壳体密封面结构的设计与加工要能确保良好的密封性。壳体的可靠性对整个附件的正常工作和寿命至关重要。

燃油控制附件中的壳体多用铸造铝合金重力铸造成形并经正确的热处理强化后使用。随着附件产品的更新迭代,也有使用不锈钢、钛合金材料制造的。这里主要以用铸造铝合金Zl-101(HB 962—70)材料经重力铸造方法成形的燃油泵调节器壳体为例,讨论其失效与预防。

2. 壳体失效实例及其简要分析

从生产实践的统计来看,引起壳体失效的常见形式主要有:衬套松动、壳体裂纹、疲劳断裂、变形、腐蚀。下面结合实例作简要分析。

实例1 壳体中衬套松动、掉出。

1976年,工厂生产的某复杂燃油泵调节器附件在运转、试车中曾出现压入油泵壳体的衬套松动、掉出的重大失效事故。燃油泵调节器壳体衬套中装有承受大流量、高速旋转、精密控制的活门等精密调节元器件。一旦衬套松动、掉出,调节元器件位置发生变化,必将使控制系统失灵,这对飞行安全将造成致命的危害。该故障给工厂生产造成极大影响,同时引起相关部门的高度重视。

随着航空制造业迅猛发展,对飞机发动机中油泵壳体的性能要求也越来越高,为了尽可能减轻飞机发动机的重量,通常选质量较轻的铸造铝合金 Zl-101 (HB 962—2001)作壳体,而在有性能要求处选择耐磨性好的铜合金以及9Cr18、4Cr14Ni14W2Mo 等不锈钢材料作衬套。然后把两者通过温差压入法(热胀配合法和冷缩配合法的合称)结合在一起(工艺上称为压套),并满足钢衬套压入铝合金壳体后技术条件要求的包紧度。这种方法是利用铝合金与衬套材料膨胀系数不同的原理:其工艺过程是将衬套置于-180℃的低温液氮中冷却,使衬套外径尺寸收缩。同时将铝壳体置于烘箱中175±5℃温度下保温3h,使圆孔内径尺寸膨胀。通过如此的温度变化,使包容件内孔直径变大、被包容件外径减小,形成瞬间装配间隙,立即将被包容件压入包容件形成固定联接。待回温后,两者便紧配合联接在了一起。工艺文件规定,根据各种活门衬套尺寸和形状的不同,衬套与铝壳体圆孔内径尺寸的选配组合都有不同的紧度要求,这是设计根据力学原理确定下来的;在工艺过程中是通过压套前的孔轴紧度选配,使活门衬套的外径尺寸比铝壳体圆孔内径尺寸大一定的尺寸,来保证壳体与衬套的组合紧度,从而保证其工作可靠性。因此,由于铝壳体压套这种过程的复杂性,必然带来其加工工艺的特殊性。

经对故障现象的初步分析认为,出现燃油泵调节器壳体中衬套松动、掉出现象的原因,与铝壳体对衬套的包紧力有关。而包紧力则与铝合金壳体经热处理后组织与尺寸的变化有关。

有关针对铸造铝合金热处理时效温度不同所产生的硬度变化、对包紧力的影响以及材料成分因素等的试验分析结果表明:为了保证工艺制造的某些要求和获得良好的力学性能,在全部满足工艺文件和技术条件指标的同时,铝壳体的硬度必须符合毛坯制造工艺规程规定。铝壳体浇注成形后,经535℃淬火和165±5℃加热时效,硬度应在77~110HB范围内。在机加压套组合时,将铝壳体置于烘箱中175±5℃温度下保温3h,使圆孔内径尺寸胀大。这个温度显然超出了壳体原来的时效温度165±5℃。这种工艺对于处于HB 963—70 T5 处理状态的 ZL101 合金来说,壳体材料在满足圆孔内径尺寸胀大的同时,由于加热温度的升高会使部分壳体经压套后的硬度低于HB77的工艺要求。这种现象的产生往往与ZL101 合金在

时效中 Mg_2Si 相的析出、集聚、长大以及组成该炉批铝合金的化学成分含量、热处理条件密切相关。

分析认为,这种冷热加工温度的不一致性,会造成铝合金壳体硬度、组织及性能的变化。而这种硬度、组织及性能的变化,都有可能使铝壳体圆孔内径尺寸产生变化。这种变化的量值如果超出了某种限度,对于已经按照规定配合紧度间隙压完活门衬套的铝壳体来说,出现配合紧度超出工艺要求,进而出现松动、掉出的现象成为可能。尽管在机械加工压套工艺规程中规定了压入衬套后壳体要再在加热130℃的条件下用 88.2 ~ 1176N 的拉力进行拔套检验,但这必定不同于在发动机工作条件下的工况。如果故障发生在外场,后果将不堪设想。

分析结论:壳体中衬套松动、掉出主要原因与冷热加工温度的不一致性造成的配合紧度超出工艺要求有关。

改进措施:对毛坯热处理工艺进行适当更改,使之与压套工艺良好衔接,在粗加工结束后和进入精加工之前,分别增加稳定化处理工序,以消除应力、稳定组织,并严格保证工艺要求的硬度指标。

值得强调的是,衬套松动故障除了上述原因之外,还往往与壳体应力消除不彻底有关。在生产中常常出现铝壳体在加工中出现变形、尺寸不稳定,严重时也会发生衬套松动等故障。其原因多与壳体零件存在残余应力有关。所以,对铸造铝壳体消除应力问题已经引起广泛关注。实际生产中,特别是新产品研制中,一些壳体由于试制数量少、周期短,往往采用棒料、块料代替铸造毛坯直接制作壳体,由于铝合金的应力消除是一个很缓慢的过程,如不采取措施,随着时间的推移,由应力释放造成的尺寸变化、变形问题尤其突出。

对于消除铝合金残余应力通常的方法是热时效和自然时效。自然时效周期很长,往往影响生产进度。而热时效则由于航空用铝合金材料对温度非常敏感,时效温度的提高,必然明显降低强度指标,使 $MgZn_2$ 等强化相析出过多,产生过时效现象。因此,淬火后时效处理通常在较低温度(小于 200 ~ 250℃)下进行,因而影响了应力消除效果(仅为 10% ~ 35%)。对于燃油调节器中的各类壳体大都是复杂的异形件,生产中往往应从产品结构、热处理工艺、加工、生产周期等方面采取措施。也可以采用振动快速消除应力的方法。生产实践证明,在粗加工和精加工各工序之间合理安排适当的低温消除应力处理是行之有效的方法。

压套,在燃油附件制造中是一道关键的工序过程,在实际生产中,往往也会出现衬套压不到底、包紧力不够、脱套等问题,影响合格率。压套工序工道繁多,影响零件压套工序合格率的因素很多,技术参数和工艺过程要求严格。应从多方面、多环节进行过程控制,特别是对其压套工艺过程要进行分析计算,根据不同的零件组合情况确定合适的紧度要求、确定好过盈选配间隙和压套时壳体衬套在冰冻后产生的瞬间收缩量,改进压入方法、严格按正确的温度范围操作,严格检验和过程监控,以确保压套质量,从而保证使用的可靠性。

案例 2 壳体腐蚀。

1979 年,工厂库存壳体毛坯表面出现白斑附着物(俗称长白毛),实物照片如图 4 - 65 所示,金相组织如图 4 - 66 所示。明显可见,在共晶体及强化相析出的晶粒边界,从壳体表面向内出现一定宽度的粗大黑色晶界,浸入深度为 0.78mm。

(a)   (b)

图 4 - 65　铸铝壳体"长白毛"外观
(a)实物外观;(b)实物局部外观。

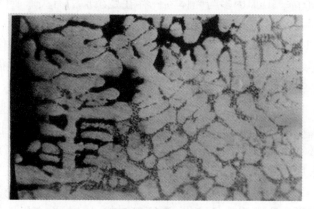

图 4 - 66　故障件纵剖面组织　(×100)

2002 年,工厂生产中发现 ZL101(T5)制造的调节器壳体外表面有"白霜"状物质,且在未经阳极化处理的抛光表面丧失了金属亮色,呈现出黑灰色。经查该批壳体由于存放时间较长,在清洗油污时采用"741"清洗剂进行过 20 ~ 80℃ 5h 的超声波清洗。

以上案例经试验室分析及模拟试验,认为其共同的特点是铸铝壳体或长期存放,或接触过有机介质,使铸铝壳体在具有含有 Cl、S、Ca 等的污染工业气氛环境中,发生了电化学腐蚀和化学溶解过程。其表面已有的氧化膜受到了腐蚀,生成了含有 CO_2、SO_2、HCl、NO_2 及尘埃粒子等杂质的腐蚀物(湿气吸附膜)。并浸蚀到表

148

面下的合金基体晶界上产生沿晶腐蚀倾向,使零件力学性能劣化,失去使用可靠性。图 4-67 为被腐蚀壳体零件经 X 射线微区分析仪对基体黑色晶界区域分析,证明其含有 Cl、S、Ca 等污染工业元素的图像。

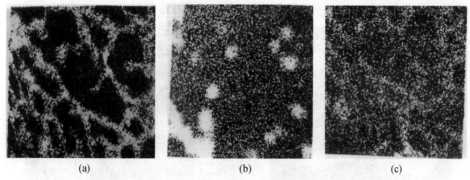

(a)   (b)   (c)

图 4-67   被腐蚀壳体含有 Cl、S、Ca 等污染工业元素的图像
(试样扫描面积 200μm×200μm,放大倍数 350×,高压 20kV)
(a) Ca 射线图像;(b) S 射线图像;(c) Cl 射线图像。

结论:环境腐蚀。

类似案例在 2005 年也偶然发生过。其原因是为了清洗壳体组件的研磨膏残留,工序中采用了氯仿($CHCl_3$)浸泡。正常情况下,氯仿浸泡溶液显中性,没有腐蚀性。但试验证明,如果对氯仿浸泡槽液维护不当,特别是有光线照射时,氯仿会发生化学反应,生成光气($COCl_2$)和具有腐蚀作用的盐酸,从而造成壳体腐蚀。

改进措施:一般情况下,铸造铝合金由于在空气中很容易生成一层厚 50~100Å 的氧化膜,对化学腐蚀的扩展过程有阻碍作用,从而使铝合金具有一定的相对耐蚀性。但是,对于能形成钝化膜的金属,其耐蚀性主要与该膜的性质有关:包括膜的强度、可塑性、与基体的结合力、膜的厚度、膜生成后的冷却速度以及膜生成前金属表面的粗糙度等。而铝合金的氧化膜具有酸、碱二性氧化物的性质。通常认为,铝合金在普通大气、氧化剂和没有活性离子(如 Cl^- 等)的溶液中是耐蚀的,而在污染的工业气氛或海水中则是不耐蚀的。所以,对具有重要功能零件的铝壳体在生产过程中的各个环节,均要注意采取有效地防腐蚀措施。例如保持环境干燥、洁净,避免与工业污染气氛接触等。

案例 3   裂纹、破断。

2004 年,工厂在对某两型附件 $ZL101(T_5)$ 材料壳体制造中进行高压强度试验(压力 14.7~15.7MPa)时,壳体中央部位(高压腔)产生爆裂,如图 4-68 所示。观察断口断面色泽均匀,呈灰白色。未见夹杂、偏析等缺陷。断面显人字形花样特征。扫描断口为韧窝+解理形貌,如图 4-69 所示,属于快速断裂。经对故障壳体进行金相、硬度、化学成分等检测均符合技术要求。分析认为其爆裂的主要原因是该壳体截面尺寸(壁厚)存在较大差异,薄壁处承载能力不足,导致爆裂。后改善了模具结构,完善了壳体尺寸,并加强了铸造质量控制,问题得以解决。类似的故障还曾出现在某调节器壳体在厂内二装故检时。三个螺栓定位孔之一的孔壁最薄处,在安装摆锤活门时出现孔壁裂纹。查其原因是因为在安装螺栓时尺寸选配过盈量偏大以及孔内气体无法排出,造成壳体螺栓孔处膨胀,使之受力过大拉裂。

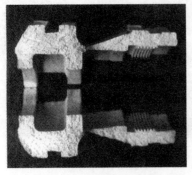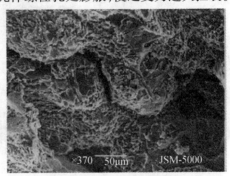

图4-68 爆裂壳体实物　　　　　图4-69 断口微观扫描形貌

分析结论:壳体薄壁处超载,造成爆裂。

还有一类裂纹是因为铸造过程控制不好,由于氧化夹杂和疏松以及操作问题引起的。1981年工厂曾在车间冲洗和装配时分别发现油泵壳体和调节器壳体出现裂纹。经分析,油泵壳体升压限制器结合面边缘的裂纹属氧化夹杂和疏松导致,而调节器壳体放气活门处的裂纹则属于工人在浇注后零件还没有完全冷却就脱模而造成的撕裂,如图4-70和图4-71所示。壳体出现裂纹在使用中容易造成燃油泄漏等事故,属于危险性故障,切不可掉以轻心。

油泵和调节器的壳体由于体积大,型面复杂,加之裂纹出现在铸造表面上一般不易被发现,很容易造成质量隐患。对于这类故障,应从壳体结构、铸造工艺、加工选配以及检测控制等多方面引起重视。这类故障一旦在服役使用中出现,均属危险性故障,必将造成严重后果。

图4-70 主泵壳体裂纹　　　　　图4-71 调节器壳体裂纹

案例4 疲劳断裂。

2006年,某附件在参加外场自由飞和挂飞振动试验后发现 ZL105 – T$_7$ 铝壳体上安装孔耳部断裂。其断口呈倒三角形▽,断裂起源于▽形的下尖角处及右侧边缘,呈线源特征。断面可见明显的疲劳弧线。疲劳扩展区约占整个断面的3/5,在断面的约1/2处有明显的间隔线。瞬断区面积较小,说明应力较小。宏观断口如图4-72所示。扫描观察,断口源区未见材质缺陷,但源区边缘表面有较深的加工痕迹及棱边,如图4-73所示。进一步扫描观察,疲劳扩展区有明显的疲劳条带,如图4-74所示,瞬断区呈现解理花样,如图4-75所示。这符合疲劳断口的特征。

分析认为壳体安装孔耳根部位的加工痕迹成为疲劳源,该处应力集中,在壳体振动条件下受到交变载荷,造成疲劳断裂。

图4-72 宏观断口

图4-73 扫描断口形貌 (×23)

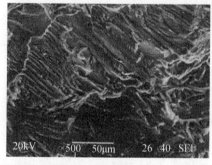

图4-74 断口扩展区疲劳条带 (×500)

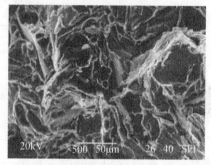

图4-75 断口瞬断区解理花样 (×500)

分析结论:由加工刀痕处造成应力集中,在振动条件下出现疲劳断裂。

改进措施:应完善加工工艺,消除应力集中,提高疲劳抗力。应特别指出的是,燃油泵调节器中的各类壳体,由于结构复杂,功能要求高等原因,铸造中影响铸件质量的因素很多。要特别注意铸造缺陷的控制和冶金质量的可靠,这是提高抗疲劳性能的最基础的措施。特别是新型附件中要求高强度、减重、"三防"的壳体,尤其重要。

壳体是复杂铸件,长期以来生产合格率也是直接困惑工厂生产的问题之一。应探索和践行先进的铸造技术,全面提高工艺水平和过程控制。对于常出现的问题,如铸造冶金质量、轴承销与油泵壳体配合处磨损等,组织技术攻关。

4.3.9 支承滚针组件的失效与分析

支承滚针组件是燃油控制附件加力泵转速传感器中的一个关重件。它一端感受离心飞重的换算离心力,另一端感受弹簧的压紧力。滚针受轴向压力高达11kg,两端分别支撑在飞重球窝和摆锤球窝之中,是一组受力复杂的运动副。其可靠性对加力泵的性能是致命的。图4-76为支承滚针组件示意图。支承滚针组件在生产和使用中容易出现的故障主要有磨损和脱焊。

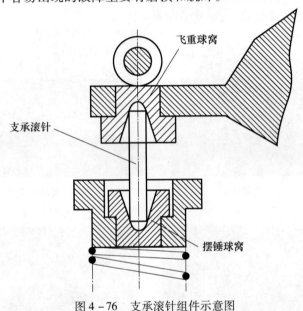

图4-76 支承滚针组件示意图

案例1 滚针磨损。

2010年,某型飞机出现喷口不转换故障,查找原因发现燃油加力泵转速传感器支承滚针磨损变短。同时发现另一台泵也发生同类故障。滚针磨损量高达0.5mm。经查,该二台泵均经过二次大修,且都更换过滚针和摆锤,但配重没有更换。该组件中滚针材料为高碳马氏体不锈钢9Cr18Mo4,硬度58~62HRC,球窝材料为高温不锈钢Cr14Mo4,硬度59~63HRC。二者硬度相当,都具有好的耐磨性。

简要分析:经查材料硬度、组织均未见异常。但滚针及球窝表面均有金属粘着的剥落特征,分别见图4-77和图4-78。分析认为大修时未更换的配重球窝经使用一段时间后,其表面出现摩擦造成的麻点、凹坑以及表面硬化层,其表面光度一致性受到破坏。当它再与更换的滚针一起工作到又一个寿命周期后,因磨合面配合间隙、局部应力分布异常等均有可能加剧滚针的非正常磨损并破坏组件工作的稳定性。

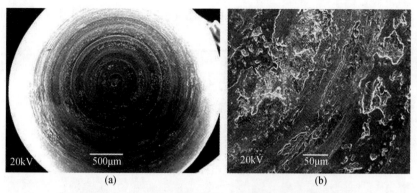

图4-77　滚针端面低倍(a)和高倍(b)形貌

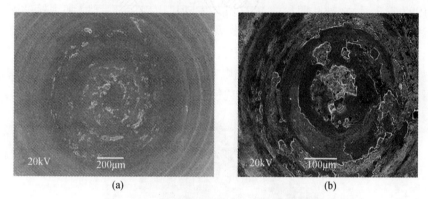

图4-78　球窝表面低倍(a)和高倍(b)形貌

结论:粘着磨损。

预防措施:这一故障虽然发生在寿命周期以后,但暴露出的滚针磨损问题应引起重视。应注意组件中各摩擦副零件加工的精度、光度及装配质量。同时,应有针对性地研究配对材料的磨损摩擦特性和规律,寻求更好的配对材料或表面状态,确保其质量可靠性。

案例2　支撑组件球窝粘着磨损。

2012年3月在某部一台发动机最大转速调整钉调整无效,该发动机配装某型主燃油泵,工作时间为129h20min,最大转速为98%。但正、反方向拧动转速调整钉,其转速均无反应,发动机迫使停车。返厂排故检查发现,该泵N_1转速传感器、液压延迟器及活塞、杠杆等部件均未见异常,但分油活门衬套内有黑色磨损物。支撑杆组件的两个支座球窝分别有异常磨损现象。其中一端的R_3球窝中磨损面镀铟层以磨掉,磨损量为0.8mm。高倍观察,该磨损面形貌为碾压、剥落、麻坑及环形犁沟特征,属典型的金属粘着磨损。球窝的磨损造成分油活门移动量的异常变化,从而导致发动机最大转速调整量异常变化的故障。经进一步分析认为,该故障是主燃油泵有多余物造成了支座球窝的镀铟层划伤,失去润滑作用,使磨损加剧,造成支座球窝与支撑杆球头的粘着磨损。图 4 - 79 为支撑杆组件球窝磨损故障实物。

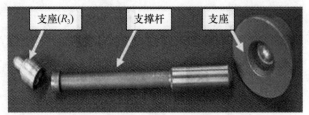

图 4 - 79　支撑杆组件球窝磨损故障实物

案例 3　配重组件的脱焊。

1997 年 3 月,在部队服役的 WP7 某型发动机出现尾部喷油(加力输油圈喷出白色油雾)故障,影响几十架飞机停飞待查,贻误军务。经外场排故人员检查分析,认定为喷嘴挡板焊接处虚脱所致。图 4 - 80 为故障件实物。

喷嘴挡板组件由硬质合金 YG6 喷嘴和座子(12CrNi3A 氰化处理)采用紫铜丝高频钎焊而成。其高频钎焊装置及工艺过程如图 4 - 81 所示。

图 4 - 80　故障件实物

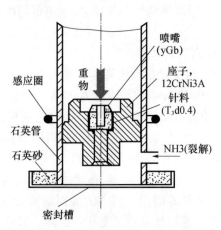

图 4 - 81　高频钎焊装置及过程

154

简要分析:经对故障件进行形貌观察,故障件的喷嘴完整脱出,喷嘴的柱面上大部分未粘铜,有磨削痕迹,见图4-82。故障件脱开后,座子的表面铜层完好,无拉断特征,外表面有溶铸气孔,如图4-83所示。对未使用的喷嘴挡板组件人为压脱,压脱后喷嘴的柱面与故障件脱出的喷嘴柱面相类似,仅有局部面积大小之差异而已。进一步对喷嘴柱面做微观分析,喷嘴表面原始状态下,晶粒轮廓清楚,表面显微状态由许多平面交汇而成,并存在许多小空隙,这种毛细吸附作用明显有利于焊料的粘结。而喷嘴经过无心磨加工后,表面由于机械破碎力的作用而使晶粒变得细小,并存在磨粒及研磨膏的污染,会降低焊接质量,分别如图4-84、图4-85所示。

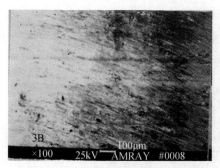

图4-82　喷嘴柱面磨痕形貌

图4-83　座子表面熔铸形貌

图4-84　喷嘴原始表面

图4-85　喷嘴磨削表面

按5M1E绘制特征——因素图并采用故障树分析法,对影响钎焊质量的因素逐个试验。找到造成喷嘴挡板组件焊接面脱出的主要原因,是喷嘴表面的磨削状态和表面污染,影响了焊料与喷嘴表面的焊接性能。

改进措施:

(1)临焊接前增加一道表面吹砂和喷嘴表面真空脱附处理工序,以改善焊料与喷嘴表面的焊接性能;

(2)细化焊接工艺资料,严格控制高频钎焊工艺过程的各个环节。

4.3.10 温包组件的失效与分析

温度传感器是涡轮发动机上重要的传感器件。它将发动机的进气空气温度信号转换为液压信号,并通过主/加力燃油泵调节器、喷口调节器自动地调节发动机的供油和喷口面积,以满足发动机在全包线范围内的正常工作。温度传感器中的重要传感部件是温包组件。它主要由感温器、膜片组件等组成,实物如图 4-86 所示(N 为焊缝)。温包组件内密封有一定压力的氦气,其压力值随周围温度的变化而变化,并造成膜片的位移,进而推动指令活门进行供油、液压动作上的调节。温包组件内的氦气一旦有泄漏情况发生,则温包的感温调控功能就会失效。故对其密封性有着非常严格的要求。

图 4-86 温包组件实物

温包组件由于结构的原因,制造难度主要是焊接的可靠性,它的主要失效形式是泄漏。

故障现象:自 2010 年外场质量反馈的问题是泄漏,共有 22 台组件返厂。其特点是组件在工作一段时间后出现报故。经返厂复查,组件性能比出厂时偏低,零件气密性试验出现泄漏。

简要分析:经对返厂件数据统计和反复查找泄漏点等试验分析认为,温包组件在静态下的密封性可以达到技术要求。但工作(动态,包括振动、高低温等条件)一段时间后,出现微泄露,其主要原因是三道焊缝中被焊的螺旋管和毛细管表面机械清理有可能存在微小区域清理不彻底,造成组件火焰钎焊时焊缝内部存在微小焊接缺陷。但用 X 射线检查不易发现。组件投入使用一段时间后,焊缝内的微小缺陷变为了穿透性缺陷,最终导致焊缝致密性变差,组件长期工作可靠性下降,出现泄漏。

采取措施:

由于温包组件的泄漏失效主要原因是制造质量隐患。改进措施主要应围绕提高焊缝的焊接可靠性采取工艺和检查措施:如对采用火焰钎焊的母材(1Cr18Ni9Ti),增加被焊螺旋管和毛细管表面的清洗和镀镍处理,用以改善间隙均匀性和母材表面流动性;在焊接后及时增加真空去应力处理,对螺旋管的加工尽量减少成形、组装和焊接热应力并尽可能保证尺寸以及采用无应力装配等,以减小组装和焊接应力,提高使用稳定性;细化焊接工艺并避免毛细管在槽内窜动等。在检测方面,在生产的不同阶段采用 X 射线探伤、氦质谱检漏、渗透检验等无损检测方法进行密封性能筛选试验和控制;对出厂前的产品采取模拟外场实际工况条件加大了振动、高低温试验考核等;不断提高检漏的准确性,以确保组件在外场工作的可靠性。实践证明,采取了以上措施后,温包组件工作可靠性大大提高。

4.3.11 封严装置类零组件的失效与分析

1. 密封装置的功能及其结构分类

防止工作介质从泵内泄漏出来或者防止外界杂质或空气侵入到泵内部的装置或措施称为密封。被密封的介质一般为液体、气体或粉尘。机械密封由于具有抗震动、工作可靠、摩擦功率损失小、泄漏量小、端面均匀磨损、可自动补偿等优点,因而在航空燃油(液压)泵乃至整个工程机械的传动轴密封类摩擦副(如油泵轴尾动密静环用密封圈等)中获得非常广泛的应用,是一种重要的基础性零件。密封装置的基本功能是利用材料的良好弹性和结构特点,在工作时产生变形和弹性恢复,从而起到隔断油路或气路,造成前后二边的不同压力,起到限速、限压等调节作用。在机械装置中,密封按其结构形式主要分为两类:一类为静密封;另一类为动密封。静密封是指两个相对静止的零件的接合面之间的密封,如法兰接合面间的密封,阀门的阀座、阀体以及各种机器的机壳接合面间的密封等。包括垫密封、密封胶密封和直接接触密封;通常有垫片密封、O 形圈密封、螺纹密封等型式。其中,中低工作压力的密封用材质较软宽度较宽的非金属垫密封,工作压力较高的密封采用材质较硬宽度较窄的金属垫片。动密封是指两个相对运动的零件的接合面之间的密封,如阀门的阀杆、泵的螺旋杆、旋转轴或往复杆与机体之间的密封等。动密封分为旋转密封和往复密封。按其与相对运动件接触与否又分为接触式密封和非接触式密封;按所处的接触位置又可分为圆周密封和端面密封(又称机械密封)。动密封主要有填料密封、油封密封、迷宫密封、螺旋密封、动力密封和机械密封等形式。在燃油泵调节器中的密封结构类零件除金属密封外,最常用的有胶圈、皮碗和石墨环等。石墨环由于其较好的润滑性,常用于高转速件的密封。

对密封件的基本要求是密封性好、安全可靠、寿命长,并力求结构紧凑,系统简单,制造维修方便,成本低廉。大多密封件属易损件,应保证互换性,实现标准化、系列化。燃油泵附件作为航空发动机的精密复杂的控制系统,需要密封的部位很多,密封的形式也多种多样。密封的可靠性是保证燃油泵类产品工作可靠性的重要环节。特别是随着尖端航空发动机的发展使燃油控制系统产品的工作环境更加苛刻,表现在被密封流体的温度、工作压力、介质的腐蚀性、振动的强度和频率范围都有大幅度的提高,这就使得对密封的技术和质量要求更高。各种形式的密封件,都有其特点和使用范围,设计密封时应先进行认真地分析比较。对密封件的失效与预防也要特别关注。

2. 典型密封装置的失效案例

生产实践证明,泵类密封主要失效形式是泄漏。一旦出现密封件磨损和密封不好,会造成泄漏,严重时会直接影响到产品发生压力下降、掉转、卡死等故障。严重时会较大地影响油泵性能而导致空中停车等重大故障。因此,如何使有关封严组件能够有效地解决"漏"油故障,成为油泵行业中需要长期关注和解决的致命问题之一。由于密封的类别不同,失效的原因各具特点,但阻止或减小泄漏,达到密封的目的是关键,解决措施主要是根据不同的密封形式和工况特点,设法消除或减小密封面之间的间隙。这种间隙包括密封面之间的间隙和密封装置本身内部的间隙。

下面是几个密封失效的典型案例:

1) 主泵轴尾金属封严装置漏油故障

某型涡喷发动机在内、外场发生多起主燃油泵金属封严装置漏油故障。经对1997—2002 年间某厂修理的发动机进行统计,该发动机金属封严装置漏油内场发生故障率高达60%,外场故障发生率为3%。该故障可能导致燃油消耗率增大,严重时会引起发动机局部着火,危及飞行安全。

某型涡喷发动机主泵金属封严装置的结构如图 4 - 87 所示。在该结构中,封严衬套内装密封圈与转子尾杆紧度配合,封严圈与封严衬套的平面贴合,封严盖的内球面与封严圈的外球面贴合,即有三个密封环带;封严衬套上有 2 个凹槽,卡在转子尾杆上的凸台上。当油泵工作时,转子旋转,带动封严衬套旋转;受弹簧力的作用,封严衬套具有轴向补偿能力,使各相对运动的表面贴合紧密。

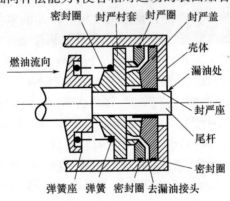

图 4 - 87　主泵轴尾密封结构示意图

上述轴尾旋转轴的机械密封是依靠动、静环两个相对滑动的摩擦副偶件紧密贴合而实现动密封的。这种端面密封方式在油泵中的旋转轴动密封中大量采用(约有90%以上)。显而易见,传动轴动密静环的工况是比较复杂、比较苛刻的。

除了机械加工的基本要求(平面度、粗糙度等)之外,要求端面耐磨、均匀磨损、自动补偿以及寿命指标等。表现在生产、试验和使用中,动静环摩擦副的二个重要指标——泄漏率和密封寿命往往不理想。如装配试验中,一次合格率低,须反复排故;外场漏油故障多、质量不稳定等时有发生。其出现最多的失效为磨损。图4-88为密封环(盖、环、套筒)磨损实物。为了减少磨损、提高耐腐蚀性,在封严圈表面镀了一层具有润滑减摩作用的铅铟扩散镀层。铅铟扩散镀层有很好的延展性,当受力后,会自然延展,并在摩擦界面形成摩擦微球,从而降低摩擦系数,起到减摩的作用;而若镀层失效,则会导致摩擦面磨损、贴合度降低、密封性变差。

图4-88　金属密封环磨损实物

经多次分析,该型涡喷发动机发生多起主燃油泵金属封严装置漏油故障的原因,主要是密封结构中密封件的制造质量共同影响造成的。其中包括研磨对零件平面度的影响、镀铅铟工艺的控制、主泵装配工艺的质量等。

曾采取以下措施改进措施,故障得以减少或排除:

(1)金属封严圈组合研磨的检测。包括对研磨平台平面度、研磨磨粒、研磨工夹具以及对产品型面(平面度、封严圈与封严盖球面的贴合度等)检测方法的改进与控制等。

(2)镀铅铟工艺的控制。包括采用平行阳极和阴极保护方法改善镀层的均匀性、电镀槽液的动态监测和科学管理以及电镀铅铟过程工步的改进与控制等,确保镀层均匀、可靠。

(3)主泵装配工艺的控制。主要对封严弹簧装配高度的调整,使其具有适当的弹簧压缩量及弹簧弹力,以便使密封装置在工作时能形成稳定润滑油膜。同时采用力矩扳手来精确保证螺钉装配拧紧力的大小及均匀度,保证其密封性可靠。

值得指出的是,长期以来,机械行业、特别是液压、燃油泵行业产品的动密封部件漏油问题未能很好的解决,成为行业头疼的、引起高度关注的质量"瓶颈"。在航空、航天行业中,液压、燃油泵由于除上述工艺过程的措施之外,设计和选材也至关重要。密封材料选用不当、质量差、不耐磨等,致使产品可靠性不好、寿命低、试验或工作中漏油超标等问题,严重时导致产品返修率高和延误主机配套任务完成或等级事故。密封件摩擦副材料的正确配对与工况条件、工作介质、结构尺寸、形位公差、材料成分、显微组织等诸多因素密切相关,特别要注意密封动、静环材料的正确选择,它直接决定密封寿命和泄漏率。设计结构也要不断积累正反经验,力求不断改进和优化。

2)橡胶皮碗失效实例

故障现象:1989年工厂在检查经磨合运转3.5h以后的某加力泵时,发现橡胶皮碗两件出现横向裂纹,裂纹长约1～2mm,该二件皮碗系5480混炼胶制造,生产于1987年6月,仍在保管期内。

简要分析:采用断口分析法观察,皮碗的裂纹处于封严唇受力严重部位,由外表向里发展,如图4-89所示。皮碗的横断面中有4条内部裂纹,如图4-90所示。其他部位切片也发现有类似的分层、气泡的缺陷。分析认为5480混炼胶硬度高,工艺性差,在返炼过程中易形成气泡,在以后工艺中捏合不足,致使毛坯存在气泡和分层等缺陷,在硫化过程中未能全部排除,以致残留在皮碗的内部。在经受往复弯曲的过程中,封严唇部位受力最为严重,造成裂纹。

图4-89 皮碗裂纹 (×25)

图4-90 皮碗横断面 (×10)

结论:由皮碗内部缺陷产生的裂纹。

活塞皮碗类零件,一般由橡胶材料制成,在燃油泵装置中起动态密封作用。其形式有O形,也有唇形或其他形状。如液压系统伺服机构动筒活塞头和杠杆之间采用的圆截面O形圈密封,如油泵的旋转轴采用的唇形皮碗(油封)密封件等。在燃油泵中,活塞皮碗类易出现的故障是皮碗制造(返炼)中内部存在气泡、分层,模压时分模面错位,造成分模棱角等缺陷,在服役工作应力作用下产生挤压破坏,造成泄漏。对故障件分析,常常可以看到密封圈的一部分被迫挤入很窄的间隙中,使密封圈上形成凸起,然后被挤伤,严重时会出现密封圈分层剥离现象;合成橡胶圈在高温下对挤压作用较敏感,在使用一段时间后会产生屈服变形,造成密封早期失效。

3）氟硅橡胶密封圈断裂案例

故障现象:2012 年某泵在外场使用中出现漏油。分解后,发现泵内一密封圈断裂。该密封圈随泵于 2006 年出厂。密封圈材料为 FS6265 氟硅橡胶。断裂密封圈实物外观形貌见图 4-91。呈红色,局部发生断裂,断口形貌粗糙,有絮片状脱落。取出前,可见断裂下来的部分(掉块)位置发生移动;故障胶圈从泵中取出后的形貌如图 4-92 所示。除表面局部粘有胶状物外,未见明显老化、加工缺陷及机械损伤。

图 4-91　故障件实物

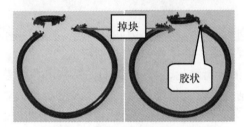

图 4-92　密封圈取出后外观形貌

实验分析:密封圈及其掉块上的断口边缘形貌分别见图 4-93。其断口侧面边缘可见磨损、挤压形貌及多个 45°方向的小裂纹。

图 4-93　掉块断口边缘磨损、开裂形貌

161

观察密封圈断口形貌见图4-94。断口呈45°斜断面,断裂起源于表面,多点源特征。源区未见明显缺陷,断口边缘磨损严重,断面上可见阶梯型条纹状形貌,见图4-95。进一步对密封圈上取样做成分分析和红外及差示扫描量热分析,结果表明密封圈所用材料为氟硅橡胶,玻璃化转变温度满足材料相关技术要求,说明密封圈断裂与材质无关。由密封圈在扭转剪切力作用下产生的多个45°裂纹相连形成的断口特征可以推断,密封圈为疲劳断裂。

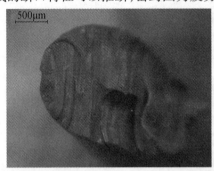

图4-94　断口形貌

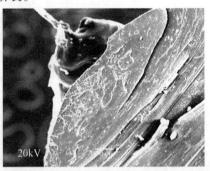

图4-95　断面形貌

结论:该密封圈断裂为疲劳断裂。引起疲劳断裂的原因是密封圈在安装槽内发生了转动,工作过程中受到的循环扭转剪切作用。

根据密封圈断口的分析结论,对该密封圈的结构和整个装配试验过程进行分析,发现如果装配时结合面没有将密封圈完全压入密封槽内就可能导致密封圈压伤并在试验工作时因油液传递的循环载荷作用产生疲劳断裂。

活塞皮碗类零件,一般由橡胶材料制成,在燃油泵装置中起动态密封作用。其形式有O形,也有唇形或其他形状。如液压系统伺服机构动筒活塞头和杠杆之间采用的圆截面O形圈密封,油泵的旋转轴采用的唇形皮碗(油封)密封件等。在燃油泵生产实践中发现,皮碗类密封件易出现的泄漏故障原因:一是密封件的表面严重磨损;二是皮碗制造质量。表面严重磨损造成泄漏,其表现为密封件密封表面出现划伤、偏磨、磨损痕迹、磨损的粉状胶粒、沿轴向有凹凸不平的划痕、沿周向有深度不同的沟槽以及唇口外翻、呈"喇叭形"轴向沟槽状磨损等。严重时还会出现扭结变形、局部翻转、沿圆周面塑性变形不均、局部出现不规则凹槽和凸起等。密封件出现这种情况与装配质量有关。装配前应检查密封件表面质量,密封件不允许有飞边、毛刺、裂痕、切边、气孔、疏松等缺陷。其几何尺寸和精度及被密封间隙处的沟槽质量、几何精度、表面粗糙度等应符合规范要求。装配过程应严格按照工艺方法并对装配过程每个环节进行有效监控,装配后应严格检查密封件不得有扭曲、划伤、偏心、装反等情况。二是皮碗制造质量。主要是要严格控制胶料在(返炼)中内部存在气泡、分层,模压时分模面错位,造成分模棱角等缺陷。这些缺陷在服役工作应力作用下产生挤压破坏,造成泄漏。有的橡胶皮碗会出现"出汗"现象,

162

这实际是材料本身的添加剂析出物,呈现出微粒,严重时也会出现掉块、裂纹等。这种现象实际上也是一种老化现象,往往在服役中或到寿后出现。对故障件分析,常常可以看到密封圈的一部分被迫挤入很窄的间隙中,使密封圈上形成凸起,然后被挤伤,严重时会出现密封圈分层剥离现象;合成橡胶圈在高温下对挤压作用较敏感,在使用一段时间后会产生屈服变形,造成密封早期失效。密封件一旦发生机械损伤和挤压破坏,其密封会呈现持续泄漏状态。

在燃油泵中还有一种起静态防泄漏作用的密封垫、密封圈类,如用氟橡胶石棉板制作的垫圈、氟塑料制作的密封圈等。这类密封是指两个零部件相对静止间隙的密封,也叫固定密封。常采用各种截面形状的密封件,如圆形、矩形、蕾形、V形的密封圈和垫片等;生产使用中常见的失效是密封圈漏油,是一种影响因素较多的复杂问题。除了被密封的金属相关件制造质量、表面质量、材质质量、装配等原因外,往往由于垫片、胶圈等非金属件本身内部存在缺陷或在长期高温、高压、氧化性油介质中工作而老化所致。密封件材料发生老化,会出现表面粗糙、弹性、强度以及溶胀性能降低,密封件会发粘、变硬、变脆、表色,严重时还会出现龟裂。图4-96为因材料老化在使用中发生的密封圈断裂实物。特别注意要加强对密封胶圈本身质量的管控,使用前应加强皮碗与骨架结合力的检查。还要加强密封件储存保管以及环境条件因素控制(如避免阳光直照、受热、受潮、不得与溶剂油、润滑脂及其可使其引起变质的材料相接触,控制存放温度,注意保管期等),要熟悉胶圈的生产工艺过程和材料的性能特点,不断改进密封工艺,改善垫圈材料的耐老化性等。

图4-96 密封圈断裂

对于燃油泵调节器中有些结构复杂,尺寸较大,很难用橡胶密封件进行密封的部位,则需采用密封剂涂覆在接口的缝内和表面,经室温硫化形成粘附在接口间的弹性胶膜来达到密封的目的。也有采用膏状密封剂涂覆到接触的结构表面或间隙内,借助优异的粘结力和抗变形能力确保结构密封的。还有一种螺旋密封,是在旋转的轴上或者在轴的包容套上加工出螺旋槽,轴和套之间充有密封介质。轴的旋转使螺旋槽产生类似于泵的输送作用,从而阻止密封液的泄漏。其密封能力的大小与螺旋角度、螺距、齿宽、齿高、齿的作用长度以及轴与套之间的间隙大小有关。对于这类密封,生产实践中造成较大失效的实例不多,但也应加以关注,注意收集和对症研究。

3. 提高密封装置可靠性的主要措施

用正确的密封装置实现机械密封在不断前进。但是要利用它实现完全不泄漏不太容易,但是达到微小的,令人完全可以接受的泄漏量却是完全可能的。密封装

置泄漏,其失效模式和机理也比较复杂,必须找到密封失效的确切原因采取的可靠性的预防改进措施。一般有以下几个方面:

(1)设计选型,要根据被密封对象的结构特点以及燃油泵输送介质、温度、压力和腐蚀性等因素决定其结构和选材。

要根据密封副的工况,包括对密封腔内的压力的测算正确确定所能承受的压力限度,防止密封腔内的压力超过了机械密封所能承受的压力而产生泄漏;还要合理确定工作温度不能超过其规定值。在有冷却管路的设计中,往往由于冷却介质的流量不足而使冷却效果降低;在没有冷却管路的设计中,密封腔内经常由于窝存空气而造成机械密封处于干摩擦状态。这两种情况都会使机械密封的运动密封副工作温度过高而加快磨损,导致密封失效。

(2)材料质量的控制:材料的质量包括内部质量、性能、表面质量等。

如果机械密封的材质与所输送的介质不相匹配,在工作时,密封元件则容易被腐蚀、溶解或磨损,因而失去密封能力。所以根据输送介质的性质而选择机械密封的材质是保证其密封功能和正常寿命的先决条件。在燃油控制系统附件中,高分子材料构件如丁腈橡胶薄膜、氟醚胶薄膜、氟塑料活塞皮碗、氟塑料密封圈等,由于其特殊的功能,其应用越来越广泛,要注意对高分子材料密封件失效的研究。根据所受载荷和环境条件,高分子材料失效的类型主要分为两类:一类是密封件材料存在微观的凹凸不平、裂缝、折皱、内部组织或厚度不均匀或由于材料本身在加工、储存和使用过程中容易受各种环境因素作用而性能下降(老化)等都会影响密封效果。图4-97为有分层的胶圈。图4-98为使用中被磨损的胶圈。引起老化的外界条件包括热老化、光老化、辐射老化、氧化老化以及生物降解等。另一类是制件在使用中长期受机械力和环境的作用而丧失规定功能,这一类习惯上称之为机械失效。机械失效包括直接加载下的断裂、疲劳断裂、蠕变、环境应力开裂以及磨损磨耗等。图4-99为非金属材料典型的疲劳断口和疲劳条带形貌。高分子密封材料预防的办法是加强漏油部位的检查,分析相关零部件的结构与质量,找出影响泄露的关键因素、加强漏油统计分析与监测。另外。密封圈使用时间太久后老化变质,弹性降低也会引起失效。引起老化的外界条件包括热老化、光老化、辐射老化、氧化老化以及生物降解等,应注意对密封圈环境因素的控制。

(3)加工和装配质量。由于高分子材料本身加工的特殊性,在加工中要注意防止划伤、变形等加工缺陷的产生。密封圈在装配过程中很容易受到损伤而导致密封失效。装配时密封圈如果受到轴肩、轴端、螺纹的棱边划伤或零件存在毛刺及多余物,都将破坏密封圈的完整性,使密封圈的密封功能丧失,甚至导致开裂和破断。密封圈在装配时如果在圆周方向受到不均匀的摩擦力,也会沿周向发生扭曲变形而使密封圈损伤及密封失效。图4-100为装配方法不正确造成螺纹尖边割伤的密封圈。装配时要采用正确的方法,防止窜动和装配不到位等。对泵密封的冲洗状况要严加控制。在输送易结晶或有细小颗粒的介质时,必须采用有一定压力和一定流量的冲洗液进行冲洗。如果冲洗不符合规定，其结晶体或者微粒会加速密封副的磨损，以及影响密封副磨损后的自动补偿而发生泄漏。图4-101为泵内清洁度不好，残留多余物嵌入割伤的密封圈。

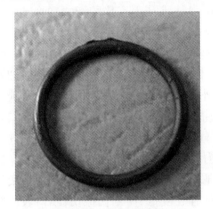

图4-97　分层的胶圈

图4-98　胶圈磨损

图4-99　典型疲劳断口(左)和疲劳条带(右)形貌

图4-100　螺纹尖边割伤密封圈

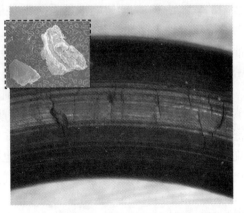

图4-101　多余物嵌入割伤密封圈

（4）加强试验与分析，不断采用新技术和新材料。密封装置如果不注意使用条件，就会发生泄漏。这是因为密封副是随着泵的服役使用在动态变化的。所以，要随时收集失效案例，从失效中找经验、找成功。随着科学技术的发展，新的密封形式和密封材料不断出现，其必然对泵的密封技术产生直接的影响和推动。长寿命、零泄漏的泵类产品会在越来越多的场合得到推广和应用。

关于对非金属材料构件的失效分析方法，目前还在不断的探讨和发展之中。但应用较多且有一定效果的方法还是金相断口分析法。除了切面宏观仔细观察（可初步判断出裂缝及裂纹的扩展方向）外，还可采用在橡胶切片表面喷碳或喷金，使之达到放电效应的效果，然后再在扫描电镜或电子探针下观察微观断口。非金属件断口往往能比较明显的看到缺陷（分层、气泡、空洞等）。同时由于其在工作中受到油液的压力、相关金属件的约束力、运动中的摩擦力、扭矩以及自身的弹性应变等，其断口也往往能找到包括疲劳源（可为多个）、疲劳扩展条带等疲劳特征，如图 4-99 所示。但由于非金属材料具有硬度低、易划伤擦伤、断口表面容易吸附灰尘、对有机溶剂敏感等特点，制样分析时应特别注意对失效件试样的保护。采用低倍观察断口试样表面结构的粗糙度、裂纹起始和扩展以及断裂区的宏观特征，可以选择不同的光源材料，以期收到好的效果。光学显微镜观察时要多采用暗场成像效果较好。采用透射电镜时可以对断口采用复形薄膜技术进行处理。要注意运用正确的分析思路和方法，宏观观测与微观检测紧密结合，以确定其失效模式和原因，制订有效的方法和改进措施。

4.3.12 油滤装置的失效与分析

1. 油滤装置的功用和结构特点

燃油附件中燃油含有各种杂质、灰尘、脏物及液压元件工作时由于磨损产生的金属末等。这些进入液压系统中，都会引起液压元件的活门卡死或节流小孔，节流活门的缝隙堵塞，从而影响液压系统正常工作。燃油中的机械杂质还会使相对滑动的液压元件表面油膜破坏而得不到有效的润滑，从而出现磨损等故障。为了保证液压系统正常工作和提高液压元件的寿命，在燃油进入油泵之前和进入一些精密偶件之前都必须对燃油进行相应合理的过滤。

过滤装置通常有油滤、层板节流器、油嘴等。这类零件在航空发动机燃油泵调节器中起调节流量和过滤燃油的作用，是改善系统清洁度，保证燃油泵调节器中精密组件正常工作的重要零件。在油泵工作中，需要过滤的燃油不仅有正流，也有反流，且压力也越来越大，因而对过滤装置也提出了更高的要求。过滤装置结构为网式结构，并不断向小型化和过滤精度越来越高的趋势发展。滤网的过滤精度不同，由网孔规格予以保证。油滤网丝为铜丝、不锈钢丝等材料编织成金属网通过软钎焊与骨架焊接而成。这些过滤装置一旦出现故障，会导致过滤作用丧失；如果被堵塞，则会造成过分节流淤塞，限制燃油量流通，引起主燃油泵调节器半程加速时间变长;或加力燃油泵出口油压上升、时间变长等故障,造成严重后果。

2. 油滤装置的典型失效

燃油泵的网状式进口油滤,其故障大致有以下几种:进口油滤网断丝、脱落、掉块。滤网实物如图4-102所示。

1)断丝、脱落、掉块

这种故障发生在使用一段时间后,往往在翻修中会被发现。它首先出现的是滤网的断丝,然后继续发展到产生局部脱落,最后发展为滤网掉块。一旦出现这种故障,滤网则不能起到过滤作用,会直接影响系统中精密偶件的工作,出现活门卡死等严重故障。

图4-102 滤网实物

出现这种故障的原因大多与燃油腐蚀有关。燃油中如果存在一定的水分或其他腐蚀性成分,就会致使网丝受到腐蚀,逐渐发展而成断丝故障,它与其他片式网状油滤相类似,只是片式网状没有进口油滤的故障那么显著,一般不会发展到掉块现象。也有的断丝是与丝网的编制质量或加工过程(剪切、卷曲、镀镍、焊接等)有关的,应加强丝网的质量检查和加工过程控制。出现这种故障,一般不能修复,必须更换新油滤。

2)进口油滤骨架变形、脱焊

进口油滤骨架一般是用铜板材钎焊焊接而成。在使用过程中会出现骨架变形、脱焊等故障。这种故障,可能是由于骨架刚度较小而引起变形,以致逐渐发展为脱焊;也可能与焊接质量有关。以下是某厂曾经发生在外场工作过程中层板上的焊缝发生开裂失效的故障。其故障实物见图4-103和图4-104。

图4-103 焊缝开裂的层板

图4-104 焊缝处钎料状态

简要分析:试验发现失效层板的焊缝中存在较多的空隙,能谱测定结果表明残留钎料中存在Cu、Na、Ca、Al等杂质元素,这些空隙和杂质的存在会显著降低焊接强度。从焊缝残留的痕迹还发现钎接部位有局部的浸润性不良特征。

分析结论:该层板焊缝开裂主要原因为钎接强度不足导致了钎料剥落和脱焊。

对于中心层板油滤的可靠性,主要是焊缝的质量控制。对于钎焊工艺来讲,如果控制不当易形成钎焊缺陷。影响钎接强度的主要因素有接头间隙不合适、钎焊前表面清理不充分、钎料的流布性不好、钎料和钎剂选择不适宜、钎接时加热温度不够、操作不当等。应对钎焊过程和质量进行严格控制。

骨架变形往往是由于骨架刚度较小而引起。采用不锈钢、钛合金代替传统的铜板材制造,强度大有改观。但不锈钢、钛合金骨架焊接性较差,不能直接焊接,需要在其上面镀镍。骨架变形严重时也会发展为脱焊,应予以控制。油滤一旦出现脱焊就会失去使用价值,应于报废和更换。

3) 进口油滤腐蚀

进口油滤使用以后,比较普遍地存在不同程度的腐蚀。首先表现为表面颜色发暗,无金属光泽,局部发黑等现象;然后逐渐发展为点状腐蚀,最后发展成为局部的片状锈蚀。有试验证明,黄铜丝油滤网丝,在生产中暴露于空气中一般不会使滤网产生腐蚀,但使用中它是长期浸泡在燃油中的,由此推断,腐蚀的来源,仍然与燃油质量有关。生产实践中曾经在外场使用中出现过中心油滤粘附有大量棕黑色附着物的情况,经分析为油污染造成的腐蚀故障。

关于丝网腐蚀故障,传统的做法,都是停止使用,更换新品。

4.3.13　电子元器件的失效与预防

电子元器件是指能够执行预定功能而不可再拆装的电路基本元件,如电容器、电感器、继电器、连接器、滤波器、开关、晶体器件、半导体器件、纤维光学器件等。电子元器件是电子产品的基础部件。尽管,目前应用于航空发动机燃油控制附件中的电子元器件还不是太多,但随着控制系统由机械－液压式向电子模拟式和电子数字式的迭代发展,电子和电控元器件的广泛应用必然是大势所趋,会越来越广泛。电子元器件的失效就是指其丧失(或部分丧失)预定功能或者参数超出技术指标要求范围的现象,例如开路、短路、参数飘移、功能失效等。

案例:2011 年 11 月,某部队在起飞过程中,出现某型飞机发动机加力接不通故障。外场更换了喷口加力调节器的压力信号器,装回原发动机后,地面开车检查故障排除。经大量工作,原因分析认为,该号发动机出现的加力接不通故障,经更换压力信号器后故障排除,足以说明故障原因为压力信号器未给发动机综合电子调节器信号,导致了加接不通的故障。因压力信号器引起的发动机加力接不通故障已发生多起,进一步深入试验分析,确认故障原因是因为触点电烧蚀造成。该故障说明,电子元器件的可靠性对航空产品的重要性。

开展电子元器件的失效分析工作必须了解和掌握电子元器件的材料、结构特点、制造工艺以及性能等,还需要相应的能反映元器件功能和特点的测试和分析设备。燃油控制系统装置制造厂所采用的电子元器件往往都是由专业电子元器件生产厂提供的。应加强使用方(用户)和供应方(制造厂)的技术协调和质量保证体系融合。一旦出现废次品、早期失效、试验失效或现场失效等故障问题,要即时信息沟通和联合分析,确定失效的模式、机理和确切原因,并采取有效措施予以解决。通常,电子元器件的早期失效多是由于工艺缺陷、原材料缺陷、筛选不充分等造成的;随机失效大多是由于整机开关时的浪涌电流、静电放电、过电损伤引起的;而机械失效(磨损、疲劳、断裂等)则主要是由于电子元器件在时间、温度、应力等环境作用下的自然老化。应该加强电子元器件从设计、材料、制造工艺、使用以及环境等各个环节的质量控制。尤其值得指出的是,电气元器件在航空发动机燃油控制系统上的使用越来越多、功能越来越重要,加之电子元器件本身也在随着微电子技术的进步不断向以集成电路为代表的小型化、模块化、智能化发展的新趋势,对电子元器件的失效分析难度也会越来越高,应引起足够的重视。

4.4　燃油控制附件失效的综合分析

关于系统的概念:所谓系统是指有若干相互作用和相互依赖的事物组合而成的具有某种特定功能的整体。我国科学家钱学森在1978年提出:我们把极其复杂的研究对象称为系统,即相互作用和相互依赖的若干组成部分合成的具有特定功能的有机整体,而且这个系统本身又是它从属的一个更大系统的组成部分。我国1987年10月出版的中国大百科全书·哲学卷关于系统一词的释意是:系统是由元素组成的有机整体。

上述关于系统的概念我们可以形象化比喻成:部分指的是树木,整体指的是森林,我们在研究问题的时候,要既见森林又见树木。只见树木不见森林,或只见森林不见树木的观点方法,统统不是系统的观点方法。结合航空燃油控制附件的失效与预防问题的研究,我们除了研究和注重典型的具体零件之外,还必须注意运用系统的观点和方法。这里特别提出运动副的摩擦磨损和泵的污染失效问题。因为它们涉及的是包括结构、功能各不相同的很多分系统相互偶合和作用的整体系统。该系统输入与输出关系复杂,影响因素多,所出现的失效(故障)是动态交互作用的、时变的,多变量的,因此,研究和解决这类问题的方法也必须对泵的系统状态变化的时间历程做出量的分析评判。采用系统多维因素的综合、系统设计和研究对系统行为做出系统分析和控制的思路,采用全方位多角度系统治理和全局优化的措施予以解决。任何孤立、分散和静止地研究和处理一个一个零件中的摩擦学和污染问题是远远不够的,也往往难以收到预期的效果。

案例:2008年1月,某型发动机在大修后的试车过程中出现QT等转速异常故障,并伴有杂音(发动机工作时间299h,转子使用时间304h)。分解发现转子端面磨损较严重,磨痕呈圆环状分布,个别部位铅铟层脱落漏出铜基体,环形磨损带凹坑中有分油盘材料的磨屑,分油盘表面也有深度磨痕,9个柱塞也出现程度不同的磨痕,传动轴也有磨损。经一系列分析,认为转子和分油盘表面加工平面度、装配间隙和同轴度、镀层厚度,以及泵内清洁度等综合原因造成。

从这一案例说明,对于燃油控制系统附件来说,有很多故障是系统性的。诸如密封件泄漏故障、油门轴等精密偶件滞涩、转速摆动等性能,特别是摩擦磨损和清洁度的故障,都是影响因素颇多的失效。摩擦副的摩擦磨损,产品的抗污染性能并不是材料的固有特性,而是与系统有关并有相互作用的特性,应该采用系统方法来分析和解决。它们不仅需要考虑系统结构和工作变量等许多参数,而且还需要考虑到它们是随时在变化着的动态过程。燃油泵调节器在长期的生产和使用中,"卡"和"漏"成为油泵行业中需要长期关注和解决的致命问题之一,而这些问题的解决都必须从系统入手。所以,对燃油控制附件的失效分析与预防,除了着眼于具体零部件外,还应注重系统分析和综合治理。

4.4.1　运动副的摩擦磨损失效与分析

泵类产品是一个特殊产品。有资料指出:我国是一个泵制造和使用大国,但制造方面并非强国。根据使用单位调查数据显示,泵在使用过程中抗气蚀、腐蚀、冲刷等方面的性能指标相对较低。燃油泵调节器寿命的提高最重要的是摩擦副的研究与改进。笔者统计了某燃油控制附件厂在试验和外场使用中的 108 起故障,因摩擦磨损造成诸如柱塞磨损、剥落、活门卡滞、转子磨损、分油盘磨损、气蚀、弹簧弹减、运动偶件严重划伤或磨损、密封部位漏油、轴承剥落等甚至危及飞行安全等各种失效(故障)大约 49 起,占到 45.4%。从整个机械工业来看,世界一些著名研究机构及摩擦学家指出:导致机器失效的主要原因不是机器的损坏,而是机件在摩擦力作用下的磨损。机器和机构的损坏事故中,有 75% ~ 80% 是由于摩擦副的磨损而造成的。摩擦磨损不仅使机械产品的寿命下降,可靠性降低,而且大大浪费了能源、材料及人力。有关实证指出,液压机械和泵的摩擦学问题不断增加并日益突出。因而磨损已经成为了机械工业中最具有普遍性和最重要的问题之一。但对机械的磨损研究,至今仍处于定性与实验阶段,这充分证明了磨损过程的复杂性。

摩擦、磨损与润滑是相互联系的统一体,构成摩擦学的研究范畴。磨损与摩擦、润滑密切相关。摩擦是现象,磨损是摩擦的结果,润滑则是降低摩擦、减少磨损的重要措施。在一定的摩擦条件下,磨损过程分为三个阶段,即磨合阶段、稳定(正常)磨损阶段和剧烈磨损阶段;其中稳定磨损阶段的特征是磨损缓慢、磨损率稳定,是衡量摩擦副耐磨性最重要的可靠性指标。对机械产品来说,只要有相对运动,其接触面就不可避免地会产生摩擦磨损。我们的任务就是要研究磨损机理,通过必要的科学验证手段,找出产生磨损的主要因素,并针对不同的磨损破坏机理,采取延长稳定磨损阶段时间、减缓磨损、避免出现异常磨损的有效措施,以提高机械摩擦副长期工作的可靠性。

当今技术的发展,特别是诸如航空燃油泵(也包括液压泵)装备之类的机械将遇到愈来愈多的高温、高压、高速以及恶劣工况的挑战。由摩擦磨损造成的失效和

170

可靠性制约也在不断增长和日益突出。不掌握摩擦学技术及其应用,将会阻碍这种高技术的发展和摩擦磨损失效问题的解决。所以,把摩擦学视为一种至关重要的战略性技术予以重视和研究具有重要意义和迫切性。

1. 燃油控制系统附件的摩擦学失效影响分析

摩擦学是一门多学科交叉渗透的实用学科。其主要研究对象是相互作用的表面的摩擦、磨损和表面间的润滑。摩擦学属于技术基础科学,实用性强、现象复杂、影响因素多,涵括内容丰富、涉及知识面广。大量的研究说明,泵类的寿命很大程度上决定于其中的运动副的寿命。其失效机理主要是磨损和疲劳。一般统计数据为前者约占到56%,后者约占到21%。

为了更深入地剖析燃油控制系统泵的摩擦学失效影响,由涡喷系列发动机柱塞泵主泵的工作原理出发,我们可以把泵视为一个封闭的摩擦机械系统,如图4-105所示。泵的基本技术功能是将机械功转变为液压能。这种功能转换主要是通过做相对运动的摩擦副(该泵主要有10多对摩擦副)的有规律配合来实现。其系统功能图如图4-106所示。可靠性框图示于图4-107。可靠性框图中列出了泵的主要构成、影响可靠性因素以及主要的失效模式。表4-1列出航空发动机燃油控制附件中主要运动副的种类、失效模式以及迫切需要研究解决的问题。

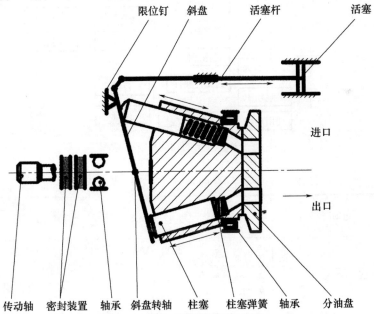

限位钉　斜盘　　活塞杆　　活塞

进口

出口

传动轴　密封装置　轴承　斜盘转轴　柱塞　柱塞弹簧　轴承　分油盘

输入:扭矩: M_x;转速: N;材料:3号喷气燃料;污染;

干扰:使用干扰、操作、维护;环境干扰、温度、振动、污染等;

输出:压力油p_y、Q_y流量,材料;油液磨损产物;热、噪声、振动等摩擦效应。

图4-105　柱塞主泵摩擦机械系统示意图

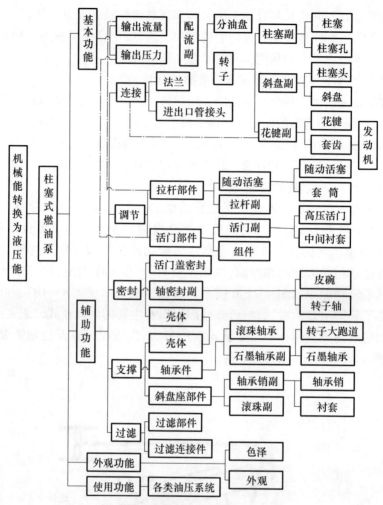

图 4-106 某泵的功能系统示意图

表 4-1 燃油控制附件主要运动副的种类、失效模式以及需要研究解决的问题

序号	运动副	工况	失效模式	需研究的问题	备注
1	花键啮合摩擦副	传动杆与转子尾杆花键啮合传动	磨损。曾因尾杆上的花键齿磨尽造成使无法供油	(1)材质配合的合理性; (2)"微动磨损"机理; (3)"花键表面抗磨损"课题研究	
2	柱塞与斜盘 Cr12MoV/GCr15	既有滚动又有点在平面上滑动,属复杂运动副	柱塞磨损/裂纹/剥落,轴承裂纹/剥落,跑道磨损等	(1)材质匹配的合理性; (2)大压力元件耐磨研究; (3)复杂形式摩擦模拟及寿命研究	

序号	运动副	工况	失效模式	需研究的问题	备注
3	柱塞与转子 Cr12MoV/ZQSb3.5-2.0	轴向和自身旋转运动，并伴有因转子旋转的牵连运动	磨损	(1)材质配合的合理性；(2)复杂运动副耐磨研究	
4	转子与分油盘 ZQSb3.5-2.0/W9Cr4V	二者之间的大面积接触的相对旋转运动。转子端面镀铟	偏磨、气蚀、掉铟层	(1)材质配合的合理性；(2)大面积接触的摩擦副耐磨研究；(3)润滑改进研究	
5	顶杆与支座 Cr12MoV/QSn7-02	球面高速转动和接触滑动。两支座镀铟	磨损，属性能支承杆，一旦磨损将严重影响工作性能	(1)材质配合的合理性；(2)杆、座形式耐磨研究；(3)减磨材料研究	
6	金属密封摩擦副	动、静态封严	磨损、漏油	(1)三个零件材质配合的合理性；(2)密封可靠性研究；(3)磨损模拟与机理研究	
7	配重（支座）与顶针摩擦副 Cr14Mo4/9Cr18MoV	配重组合由支座与支承滚针构成的摩擦副。球面间相对旋转运动	磨损。近年来外场出现故障较多	(1)材质配合的合理性；(2)磨损机理与预防研究	
8	滑动轴承摩擦副	滑动	磨损、剥落	(1)材质配合的合理性；(2)磨损机理与预防研究	
9	活门与衬套 9Cr18/9Cr18	轴向及少量往复移动	卡死	(1)材质配合的合理性；(2)磨损机理与预防研究	
10	传动轴与齿轮			(1)材质配合的合理性；(2)磨损机理与预防研究	
11	液压延迟器杆组件 Qal10-4-4/1Cr13	轴向往复运动	卡滞	(1)材质配合的合理性；(2)磨损机理与预防研究	
12	大流量齿轮泵直推轴承 ZQSb3.5-20/20Cr3WmoVA 表面渗碳 HRC61~65	转动与滑动	常出现偏磨，使 MoS_2 涂层出现不同程度磨损	(1)选材配合的合理性；(2)磨损机理与预防研究；(3)润滑涂层研究	
13	油针衬套与油门油针 4Cr14Ni14W2Mo/QAl10-4-4	轴向往复运动	磨损	(1)材料及工艺研究；(2)磨损机理与预防研究	

173

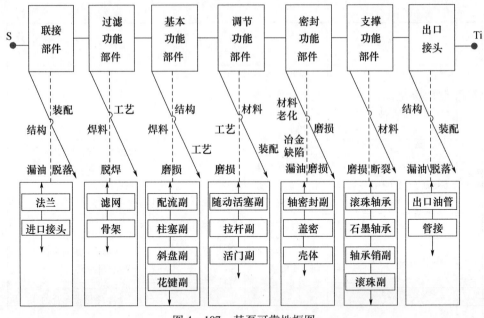

图 4 – 107　某泵可靠性框图

从燃油泵的摩擦系统图和可靠性框图可以看出:油泵是一种串联型式逻辑关系的一种机械装置。其中任何一个部件正常工作,则泵的系统才能正常工作。否则只要有一个零部件失效(故障),就必然引起整个泵的失效(故障)。在这些串联部件中,摩擦副是具有关键性影响的部件。这是因为:

(1)摩擦副对实现泵的功能转换起关键性作用。

(2)摩擦副的磨损是泵类装置失效(故障)和影响可靠性及寿命的主要模式和关键因素。排除偶然因素外,从某种意义上说,整个泵的可靠性和寿命主要决定于其中摩擦副的可靠性和寿命。

(3)磨损过程最为复杂,影响因素多,它是由泵的结构、材料、工艺、使用特点、生产类型及批次等所决定。其表现相貌特征和具体原因不同,具有多重性,但具有一定的统计性质和内在规律。

(4)泵类运动副的磨损失效是一种大多表现为耗损性失效,是一个由“量变”到“质变”的渐进过程。虽然没有一个明确的分界线将磨损状态划分为安全或不安全,但其对系统的影响却是不容忽视和致命的。

(5)航空燃油控制系统附件工作条件恶劣(载荷大、速度高、又有启动、停车、过载等动态过渡过程),有关运动副摩擦磨损的研究具有迫切性和重要意义。

2. 机械运动副摩擦磨损形式及失效类型

物体和物体紧密接触,来回移动,即当一个物体和另一个物体或上下或平行地紧密接触相对运动时,两个物体表面之间就会产生阻碍运动的效应,这就是摩擦。

按接触面的变化不同可分为滚动摩擦和滑动摩擦。由于出现摩擦,系统的运动学和动力学性质受到影响和干扰,使系统的一部分能量以热量形式发散和以噪声形式消失,同时,摩擦效应还会伴随着表面材料的逐渐消失,这就是磨损。磨损是摩擦效应的表现和结果。磨损与物体的表面状态、材料的成分、结构和力学性能、物体表面、表面之间以及环境的交互作用密切相关。

1)摩擦磨损形式

航空燃油控制系统附件中运动副的摩擦主要分为静摩擦、滑动摩擦和滚动摩擦。

(1)滚动摩擦。一物体在另一物体表面做无滑动的滚动或有滚动的趋势时,由于两物体在接触部分受压发生形变而产生的对滚动的阻碍作用,叫"滚动摩擦"。滚动摩擦的产生是由于物体和平面接触处的形变引起的。物体受重力作用而压入支撑面,同时本身也受压缩而变形,因而在向前滚动时,接触前方的支承面隆起,这使得支承面对物体的弹力作用点从最低点向前移动,使得弹力与重力不在一条直线上,从而形成一个阻碍滚动的力偶矩,这就是滚动摩擦。滚动摩擦的大小用力偶矩来量度,且与正压力成正比。比例系数 δ 叫做滚动摩擦系数,它在数值上相当于弹力对于滚动物体质心的力臂,因此它具有长度的量纲;它跟滚动物体和支承面的材料、硬度等因素有关,与半径无关。在一般情况下,滚动摩擦只有滑动摩擦阻力的 1/40 到 1/60。

机械轴承就是典型的滚动摩擦。轴承工作时必须保证有良好的润滑及散热条件。润滑油污染、润滑不当或油温过高,都会加速轴承内外圈跑道、滚珠和保持架的磨损,进而引起摩擦表面的内部疲劳、压伤。当污染颗粒大于油膜厚度时,则会大大加速疲劳破坏。

(2)滑动摩擦。物体沿另一物体表面滑动时产生的摩擦力称为滑动摩擦。滑动摩擦力的方向和物体相对运动方向相反(不能说成与物体运动方向相反),其大小只跟压力大小、接触面的粗糙程度相关。压力越大,滑动摩擦力越大;接触面越粗糙,滑动摩擦力越大。滑动摩擦力大小与物体运动的快慢无关,与物体间接触面积大小无关。

(3)滑动 + 滚动摩擦。这是一种复合运动形式,例如在轮齿啮合过程中,其运动形式既有滚动又有滑动。在这种运动中油膜厚度从流体动力型到边界润滑作周期性变化。

2)摩擦磨损的的失效形式

运动副工件在运转过程中,由于和齿轮、轴承、滑套或其他碎片相互接触,表面相对滑动,彼此不可避免地产生摩擦而造成磨损。在实际泵类产品的研制和生产使用中,暴露出很多摩擦副严重磨损和冶金质量问题,如柱塞表层剥落、分油盘、斜盘发生较严重磨损、长试中活门卡死、分油盘油路口气蚀、滑履副咬合、咬死至切削(俗称"剃头")、高载摩擦副的严重粘着磨损等。按其失效机理可分为粘着磨损、磨粒磨损、疲劳磨损、微动磨损及腐蚀磨损等。

（1）粘着磨损：粘着磨损的定义：又称咬合磨损，它是指运动副工件之间滑动摩擦时摩擦副接触面局部发生固相粘着，使材料从一个表面转移到另一表面的现象。这种磨损通常根据擦伤、划痕或咬合等表面痕迹特征来判定。表面被撕裂是粘着磨损特有的形貌，首先在接触表面产生固相焊合，随后在相对运动作用下再被撕开。同时由于粘着磨损产生过多的摩擦热，因而它通常伴随有金属组织的变化，如形成热剪切带或者使零件发生局部回火或再硬化。

按照二个摩擦表面接触时发生的粘着程度分为两种形式：氧化型磨损和金属型磨损。氧化型磨损又叫轻微磨损，由于磨损率低，它没有明显的粘着现象；金属型磨损又叫严重磨损，这种磨损在摩擦界面出现金属和金属接触，由于其磨损率高，通常磨损比较严重。按磨损三阶段来说，一般在磨损开始时或者磨合时的磨损多为金属型粘着磨损。在平衡磨损或稳态磨损时为氧化型磨损，磨损比较轻微。再经过长时间磨损后，磨损率急剧上升而导致机件磨损失效。显然，磨损的第一阶段愈短愈好，第二阶段愈长愈好。第二阶段愈长，零件的寿命愈长。

按照粘着结点的强度和破坏位置不同，粘着磨损又可细分为以下四种形式：

① 轻微粘着磨损：当粘结点的强度低于摩擦副两材料的强度时，剪切发生在界面上，此时虽然摩擦系数增大，但磨损却很小，材料转移也不显著。通常在金属表面有氧化膜、硫化膜或其他涂层时发生这种粘着磨损。

② 一般粘着磨损：当粘结点的强度高于摩擦副中较软材料的剪切强度时，破坏将发生在离结合面不远的软材料表层内，因而软材料转移到硬材料表面上。这种磨损的摩擦系数与轻微粘着磨损的差不多，但磨损程度加重。

③ 擦伤磨损：当粘结点的强度高于摩擦副材料的强度时，剪切破坏主要发生在软材料的表层内。转移在硬材料上的粘着物又使软材料表面出现划痕，所以擦伤主要发生在软材料表面。

④ 胶合磨损：如果粘结点的强度比摩擦副材料的剪切强度高得多，而且粘结点面积较大时，剪切破坏发生在摩擦副材料的基体内。此时，两表面出现严重磨损，甚至使摩擦副之间咬死而不能相对滑动。

在滑动摩擦面之间，由于形成局部焊合而导致表面大量的损伤称为拉伤。拉伤通常也被看做是粘着磨损的一种，是粘着磨损发展的结果和危险阶段。滑动是所有摩擦系统拉伤的基本条件。

粘着磨损失效的机制理论：在两个相对滑动的摩擦面之间常常有一些瞬时紧密接触的显微凸起点。特别是有外来颗粒时，当这些颗粒尺寸大于润滑薄膜最小厚度时，在摩擦滑动时，这些交互作用的接触点上的压力和摩擦系数都很高，并且产生大量的热。在低速低载时，这些热通过润滑剂很快散发到摩擦副界面周围的金属材料中去。在临界负载和高速时，根据摩擦副的状态、摩擦系数或者其他因素，升温速度将不同程度地增加。随着温度上升，使接触区域成为一个热的不稳定系统,直至发展到表面局部地区出现熔化、造成拉伤、焊合,粘着失效。粘着块质点在受到局部高温和应变硬化的作用下而被加工硬化,其硬度高于材料基体,因而会进一步发生磨粒磨损。

粘着磨损失效的诊断:对粘着磨损失效的诊断要注意痕迹分析。严重的粘着磨损零件表面常会出现一硬层,采用通常地浸蚀剂很难腐蚀,在光学显微镜观察时呈"白色",俗称"白层"或"非腐蚀层"。进一步分析研究证明,这一硬层为超晶粒组织,含有适量的残余奥氏体、马氏体和铁的碳化物。这一硬层的出现,可能是在摩擦时,界面产生瞬时闪燃高温(温度约700~1000℃)而导致奥氏体相变,由于快速冷却或者绝热剪切而形成的。在正常情况下,这一硬层是有利的,但发展下去是危险的。在活门类精密偶件发生粘着磨损是具有雪崩式突发性。

影响粘着磨损的因素:

① 摩擦表面的洁净程度:一般摩擦表面愈干净愈有可能促使粘着磨损的发生与发展。因此,应尽可能使摩擦面有吸附物质、氧化物和润滑剂。有的还可以根据摩擦副的工作情况,在润滑剂中添加适当的添加剂。

通常,表面容易形成保护性氧化物的材料,可以减少摩擦磨损。不锈钢和镍基合金,由于不容易形成厚的保护性氧化物,一般情况下耐粘着磨损能力就差一些。

② 摩擦表面的成分和组织:通常,一对摩擦副的材料应当是形成固溶体倾向最小的两种材料,最好是要求摩擦副表面易于形成金属间化合物的金属。因为金属间化合物具有良好的抗粘着磨损能力。如果不能满足上述要求,可在磨损表面覆盖铅、锡、银、铟等软金属或合金,可有效抵抗粘着磨损。

防止粘着磨损的措施:适当地选择摩擦副的配对材料(如选择异种金属);采用表面处理(如表面热处理、化学热处理和表面涂层等);限制摩擦表面的温度,控制压强及采用含有油性极压添加剂的润滑剂和润滑方法等,都可减轻粘着磨损。

案例:燃油调节器分油活门的粘着磨损。该活门由于间隙小、抗污染性差等原因,在运转中容易在工作台肩处发生粘着卡滞故障。活门也可看作是轴件的一类。轴件的粘着磨损是指轴件与配合件之间发生了固相粘着,使材料从一个表面转移到另一表面的现象。这种磨损通常根据擦伤、划痕或咬合等表面痕迹特征来判定。表面被撕裂是粘着磨损特有的形貌,同时由于粘着磨损产生过多的摩擦热,因而它通常伴随有金属组织的变化,如形成热剪切带或者使轴件发生局部回火或再硬化。图4-108是燃油泵中分油活门发生粘着磨损的焊合形貌,图4-109是转自于分油盘摩擦副发生粘着磨损时所看到的材料转移形貌。

另外,如准双曲面齿轮工作时齿轮齿面间相对滑动量大,会出现准双齿轮拉伤和粘着;涡轮蜗杆摩擦副采用钢和钢或对齿面进行表面处理往往仍难以取得好的效果而发生粘着;还有汽车发动机中的凸轮和挺杆由于结构及选材问题也难免发生拉伤和粘着。

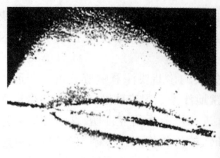

图 4 - 108　活门粘着形貌×100　　　图 4 - 109　转子粘着磨损的材料转移

（2）磨粒磨损。磨粒磨损由外界硬质颗粒或硬表面的微峰在摩擦副对偶表面相对运动过程中按照切削机制使表面产生磨削痕迹以及表面材料脱落的现象。其特征是在摩擦副对偶表面沿滑动方向有硬颗粒形成的划痕，从而使对偶件的尺寸减小或形状改变。在有些情况下也存在轴件因拉毛磨损产生磨粒磨损失效。拉毛磨损发生的条件是轴件与其他固定工件（如轴承等）之间相互直接接触或通过沉淀物接触。若沉淀物或固定件中含有硬质点，则可能会在轴件表面切下或拉下许多细条片。

磨粒磨损以应力的作用特点可分为：

① 低应力划伤式的磨料磨损。它的特点是磨料作用于零件表面的应力不超过磨料的压溃强度，材料表面被轻微划伤。生产中的犁铧及煤矿机械中的刮板输送机溜槽磨损情况就是属于这种类型。

② 高应力辗碎式的磨料磨损，其特点是磨料与零件表面接触处的最大压应力大于磨料的压溃强度。生产中球磨机衬板与磨球，破碎式滚筒的磨损便是属于这种类型。

③ 凿削式磨料磨损，其特点是磨料对材料表面有大的冲击力，从材料表面凿下较大颗料的磨屑，如挖掘机斗齿及颚式破碎机的齿板。

虽然零件或材料的耐磨性能不是材料的固有特性，它与许多因素有关，但是材料本身的硬度和磨粒的硬度是影响磨料磨损的两个最主要的因素。材料的耐磨性显然与磨粒的硬度、几何形状、物理性能有关。

磨粒磨损的机理：通常有微观切削磨损机理、多次塑变导致断裂的磨损机理和微观断裂磨损机理。

影响磨粒磨损的因素有：

① 磨粒的几何性质（硬度、大小及形状）、磨粒的力学性能（韧性、压碎强度等）以及磨粒的化学性质（耐热耐蚀等）。

② 外界载荷大小、滑动距离及滑动速度。

③ 材料自身的硬度及内部组织。

减少磨粒磨损的措施：利用磨粒磨损可以对机械零件进行加工成形或表面抛

178

光,使之获得规定的形状、尺寸和粗糙度,但另一方面,磨粒磨损会造成机件破坏失效,造成零部件的更换、修复、事故等损失。为了减少磨粒磨损失效,除了提高材料本身硬度可增加抗磨料磨损性能外,可以采用进行感应加热淬火、渗碳、氮化、表面喷镀与堆焊来提高耐磨性。

案例:分油活门的划伤。分油活门在工作中,有金属屑、研磨膏以及纤维物等污染颗粒进入摩擦面,引起活门表面划伤往往是磨粒磨损。轴承发生局部粘着磨损后,局部微小的范围内,这些粘着块质点通常受到局部高温和应变硬化的作用而被加工硬化,其硬度高于基体材料,会进一步引起轴承的磨粒磨损。

(3) 腐蚀磨损:腐蚀磨损是指摩擦副对偶表面在相对滑动过程中,表面材料与周围环境介质发生化学或电化学反应形成反应产物,并伴随机械作用而引起的材料损失现象。腐蚀磨损通常是一种轻微磨损,但在一定条件下也可能转变为严重磨损。

这种磨损往往是以化学腐蚀作用为主、并伴有机械磨损的损伤型式。一般来说,在腐蚀过程中腐蚀磨损是中等程度的。但是,由于有腐蚀作用,也可产生很严重的后果,特别是在高温或潮湿的环境中。腐蚀磨损的发生过程,在有些情况下是先产生化学反应,然后才因机械磨损的作用而使被腐蚀的物质脱离本体。但也有另外一些情况,是先产生机械磨损,生成磨损颗粒以后紧接着产生化学反应。大多情况是两种过程交互作用交替发生的。

腐蚀磨损的机理与分类如下:

① 氧化磨损:金属表面氧化物的形成也是金属的一种腐蚀。除金、铂等少数金属外,大多数金属表面都被氧化膜覆盖着。纯净金属瞬间即与空气中的氧起反应而生成单分子层的氧化膜,且膜的厚度逐渐增大,增长的速度随时间以指数规律减小。当形成的氧化膜被磨掉以后,又很快形成新的氧化膜。可见氧化磨损是由氧化和机械磨损两个作用相继进行的过程。同时应指出的是,一般情况下氧化膜能使金属表面免于粘着,氧化磨损一般要比粘着磨损缓慢,因而可以说氧化磨损能起到保护摩擦副的作用。

② 特殊介质腐蚀磨损:在摩擦副与酸、碱、盐等特殊介质发生化学腐蚀的情况下而产生的磨损,称为殊殊介质腐蚀磨损。其磨损机理与氧化磨损相似,但磨损率较大,磨损痕迹较深。金属表面也可能与某些特殊介质起作用而生成耐磨性较好的保护膜。

腐蚀磨损的特点:摩擦面上呈现均匀分布的腐蚀麻坑,工作面上有沿滑动方向并伴有磨蚀痕迹。这种腐蚀痕迹和腐蚀产物与摩擦磨损过程以及环境介质有关。进入润滑剂中的活性成分、加有极压添加剂形成的活泼腐蚀剂、工艺过程中残留于工作面上的不利介质等,与接触材料发生化学和电化学反应生产腐蚀产物,在摩擦副的摩擦或冲刷作用下而使蚀斑被磨蚀或冲掉,会形成不同形态的磨损。

影响腐蚀磨损的主要因素如下:

① 固体摩擦面材料的性质,主要指材料的耐浸蚀性。主要指固体摩擦面和环境介质发生反应形成什么类型的表面薄膜,这种薄膜能否不受或减少环境介质的影响。

② 环境的组成。环境组成物及其活性对固体摩擦面的腐蚀程度有着重要影响。要特别注意润滑剂中水以及过量添加剂都会因引起摩擦界面的腐蚀磨损。

③ 温度。摩擦界面温度越高,环境组成物越容易和表面发生反应,形成反应产物,加速腐蚀磨损进程。

减少腐蚀磨损的措施:为了防止和减轻腐蚀磨损,可从表面处理工艺、润滑材料及添加剂的选择等方面采取措施。

案例:发动机缸套衬的磨损。发动机缸套衬和活塞组成一对摩擦副。在磨损的初期,由于各种滤清器排出了外来颗粒进入摩擦副,往往会发生磨粒磨损。但在该对摩擦副的磨损机制中,缸套内变化的工作温度以及气氛的成分是主要影响因素。汽油燃烧物如含有硫,就可能形成 SO_2 或 SO_3。在有水分的情况下就可能形成硫酸而凝聚在缸套衬的内表面,起着腐蚀作用,造成腐蚀磨损。由于交替工作,腐蚀产物 Fe_2O_3 有被磨去变成磨粒,又产生磨粒磨损。

(4) 微动磨损。微动磨损是指两个承载的相互接触表面间由于周期性微小振幅的不断往复切向振动产生"滑移"而导致的磨损形式。发生微动磨损会使零件松动、功率损失和产生噪声,严重时会使机械装置失效。

值得指出的是,微动磨损是粘着磨损、腐蚀磨损、磨粒磨损以及疲劳、磨损复合并存的磨损形式,但起主要作用的是接触表面间粘着处因微幅相对振动而引起的剪切以及其后的氧化过程,因此,有人将其称为微动腐蚀磨损。

微动磨损的机制:微动磨损的初期损伤是两个摩擦面之间实际接触点上产生粘着和焊合,导致材料被拔起并凸出于原来的表面。磨损的这个阶段的严重性和范围取决于金属的活性和环境的腐蚀性。凸起的材料由于被磨平,使表面变得光滑,被磨平的材料因分层而被磨去,形成氧化物所覆盖的金属片状磨粒。这些松散的磨粒进一步被磨成细粉而成为圆柱形或球形。磨损的分层现象,是由于次表面空洞粗化或表面疲劳而产生的次表面裂纹扩展的结果。在接触区磨屑不断地被压实,使得剪切力穿过界面,导致分层不断地进行。磨损过程中的加工硬化或加工软化对表层材料的疲劳性能都起着不好的作用。这就是微动磨损的机制。

微动磨损过程的特点:

微动磨损过程有以下三个特点:①"滑移"仅发生在相互接触部分,且"滑移"的幅值很小(约为 2 ~ 20μm),相互切向运动不规则,具有往复磨损的特征。②两个摩擦面始终相互紧密接触,磨屑总是被裹夹在接触面之间。摩擦面和环境的接触受到了限制。但当振幅增大时就会失去这个特征。③由于循环应力作用在摩擦面上,所以形成了疲劳裂纹核心。

如果这种微动磨损在产生的过程中两个表面层的化学反应起主要作用,则这样的微动磨损被称为微动腐蚀磨损。

微动磨损形成的磨屑主要是金属氧化物。当磨屑裹夹在摩擦面之间，在相对往复切向振动时，由于局部接触压强上升也可能导致咬死或焊合，所以除了正常的微动磨损外，要注意防止咬合和焊合的出现。

对微动磨损的诊断：

产生淡红棕色粉末通常是钢质轴件微动磨损的典型特征，将这些微粉粉末去除后可出现许多小麻坑。仔细观察，除其具有一般摩擦磨损的特征外，由于其磨屑夹在摩擦面之间，应注意观察磨屑的性质。一般在钢的表面，从接触面磨去的磨屑是淡红色的，主要是非磁性六方晶系 α - Fe_2O_3 和少量的金属铁；铝合金对磨时，其磨屑是黑色的，含金属铝约为 23%，用电子衍射分析确定片状磨屑为立方 γ - 氧化铝；钛合金磨屑具有很高的取向性，其组成为立方 TiO；钢和聚合物对磨时，磨屑主要是 α - Fe_2O_3，成片状，磨粒大小和负载、频率和滑动时间无关，但和聚合物种类有关；相互摩擦的银表面出现微动磨损时，可观察到球形磨粒。在氩气气氛下，温度在室温和 500℃ 之间，钢表面之间微动磨损也会形成球形磨粒。

发生微动磨损的主要部位是花键等与轴件压配合以及热压配合零件和夹紧连接件等固定处。微动磨损的发展一般导致微动疲劳，最终导致轴件失效。微动疲劳是微动磨损、氧化剂腐蚀、交变应力三者综合作用的过程。微动疲劳的寿命由疲劳裂纹萌生寿命和裂纹扩展寿命之和组成。微动疲劳萌生于微动磨损所造成的表面损伤的边界处。如皿状浅坑的边缘处或萌生于微动磨损形成的深坑边缘。如果没有微动磨损存在，轴件承受的交变载荷难以使疲劳裂纹萌生。微动疲劳断口的宏观和微观形貌与纯机械疲劳断口基本一致。整个断口宏观上可以分为疲劳源区、扩展区和瞬断区，但瞬断区面积相对较小，扩展区微观上可见疲劳条带。微动疲劳损伤最为明显的特征是在断口的侧表面，即微动磨损面上有大量的微动裂纹、表面金属掉块、不均匀的磨损擦伤等，其色泽发生明显改变且出现腐蚀坑。由于微动所萌生的裂纹大多集中于微动区的边缘，大多与表面呈 45°，因而断口常呈杯锥状。微动损伤也常常看到层状山丘的塑性变形，同时也常常看到由于碾压形成的微裂纹。

影响微动疲劳寿命的主要因素是微动磨损过程中配合表面之间的法向夹紧压应力、相对运动幅度、摩擦力、内应力、周围介质以及相匹配的材料。微动疲劳寿命一般随夹紧压应力到一定值后而达到最大，再增加夹紧压应力对微动疲劳寿命影响不大。

影响微动磨损的因素如下：

① 力学因素。主要指循环数、滑动振幅的大小、法向载荷的大小和频率。一般随着循环次数增加，磨屑量增加；在给定的循环次数条件下，材料的磨损体积和滑动振幅大小成正比，也和负载大小近似成线性关系。

② 环境因素。包括周围介质、气氛、温度。试验证明,空气中的湿气可以降低磨损量,这是由于铁的氢氧化物比脱水氧化物要软些;在形成微动磨损磨屑的过程中,涉及材料的力学性能和化学活性,所以温度的变化对微动磨损产生重大影响。

③ 材料因素。主要指硬度和组织成分。当一对摩擦副的材料成分和力学性能相同时,在微动磨损初期,粘着在形成磨屑方面起着重要作用。提高材料的硬度或强度,可减少粘着。材料的内应力以及材料相匹配的特性也会对其造成影响。

减少微动磨损的措施如下:

① 设计:尽可能减少微动接触面积和减少接触区附近的应力集中。如用螺栓和连接法兰盘可改为一个整体结构或者用焊接的方法来固定等;又如轮与轴的组装,应尽量使轮座的直径比轴的大而且具有大的圆角半径,或者在结合部位附近开应力松弛槽等。

② 表面覆盖:采用电解沉积、火焰喷涂、等离子喷涂等金属覆盖的方法,也可采用钢表面磷化、铝合金和钛合金的阳极处理、涂覆二硫化钼等非金属覆盖方法。还可以采用渗碳、氮化、渗金属(硼、铬、钒等)以及离子镀膜等措施。

③ 润滑:在大多数情况下,摩擦面是压配合、热压配合或者用螺栓或铆接去连接或固紧,所以采用液体润滑剂是困难的,可采用固体润滑剂。实践证明,二硫化钼覆层在微动磨损初期能起到减摩作用,但后来二硫化钼覆层被磨去就会失去对摩擦表面的保护作用。

④ 表面加工硬化:表面喷丸处理和表面滚压处理是表面加工硬化的有效方法,它可以增加表面硬度,同时还可以使表面处于压应力状态。这对减少微动磨损是有利的。

⑤ 材料选择:通常硬度高的材料具有良好的耐微动磨损性能,但是其微动疲劳性能较差。微动疲劳性能和缺口敏感性关系密切。通常,铸造的、退火的或回火的组织具有较高的断裂韧性,缺口敏感性较低,而加工硬化或沉淀硬化的组织,断裂韧性较低,缺口敏感性较高,在选材时要合理兼顾。

案例:在机械装置中很多链接零部件,例如轴衬套和轮座的结合面部位、挠性齿形或花键型联轴器、法兰盘的螺钉联接和铆接部位、轴瓦与轴瓦孔、轴与轮毂孔的配合面、各种紧固件的联接处、活塞与汽缸、滑阀与阀体以及各种传动机构等,设计时其接触面往往是相对静止的,但在工作中,由于环境的振动或配合组件受到交变应力等工况,在接触面上常常发生微动磨损故障。

(5) 冲蚀和气蚀。定义:冲蚀有咬蚀的含义。但一般是指由外部机械力作用下使表面材料被破坏和磨去的现象。这里所讲的外部力,通常是由于固体向固体表面或液体向固体表面或气体向固体表面不断地进行动态撞击而产生的。气蚀是由于液体中气泡破裂形成振动波而引起固体表面局部变形和被磨去的现象。气蚀常发生在零件与液体接触的固体表面,这主要是由于液体流动方式或者固体表面的振动使液体内部出现压强的变化而引起的。

冲蚀和气蚀的机制：大量的研究认为，冲蚀过程中存在着脆性和延性两种不同的机制。脆性冲蚀是指如玻璃这样的脆性材料，其在断裂时几乎没有变形。当它被颗粒撞击产生的应力超过材料的弹性极限时就会形成一个环形裂纹，并从表面内向表面外张开成喇叭形。进一步撞击，这些环形裂纹相互作用形成碎片而被磨去。延性冲蚀与脆性行为相反，它相当于一种与切削相似的作用把延性材料从表面削去的过程，所以也被叫做切削磨损。当颗粒撞击延性材料时，与角度关系很大。当撞击角度为90°时，冲蚀很小，而撞击角度为20°时，冲蚀最大。还有另外一种延性冲蚀表现为挤压和碎化，即颗粒撞击时，延性材料被挤压损伤痕迹的边缘形成了"唇"，这个"唇"易受到后来硬颗粒的撞击，并在撞击过程中不断被破碎而磨去。与切削冲蚀不同的是这里起主要作用的是靶材的被挤压和颗粒变成更小的碎片。气蚀过程是当流动液体中某特定位置，如果该处压强下降以至低于液体的蒸汽压，就可能导致气泡形核并长大到一稳定尺寸，并随液体流动。当这些气泡达到高压区时，因压力超过气泡压溃强度而使气泡变得不稳定以致破裂溃灭，同时引起压强的剧烈变化，并呈对称性地向周围液体发出振动波，瞬间产生极大的冲击力和高温。如果气泡是紧靠着固体，气泡的破裂非对称地形成向固体表面喷射液流。由含有一连串截流气泡的液体向固体表面撞击时，气泡在撞击固体表面时发生破裂，同时产生很大的振动波并作用在固体表面。气泡的形成和压溃的反复作用，使固体表面局部变形和磨损。

气蚀和冲蚀磨损的特点：气蚀的磨损破坏一般发生在油路的交替变化的高压区孔口附件的金属表面。气蚀往往使固体表面粗糙化，很像浸蚀剂在材料表面引起的浸蚀效应。宏观形貌会看到零件表面产生的麻点、小凹坑，并扩展成海绵状空穴等疲劳破坏特征，严重时会将壁厚击穿。冲蚀是外力使小颗粒以高速落到金属表面时，会产生很高的应力，往往一次冲击就能造成塑性变形或破坏。如果应力较小而反复作用，则会造成点蚀特征。气蚀磨损和冲蚀磨损都称为侵蚀磨损。它们都可以看成疲劳磨损的派生形式，所以在特点上有相似之处。因为就本质上来说，都是由于机械力造成的表面疲劳破坏，但液体的化学和电化学作用加速了它们的破坏速度。

影响气蚀的因素：现在有关研究表明，影响气蚀的因素主要金属的纤维组织。材料晶粒尺寸大小会影响其抗气蚀性能。实验说明很多情况下，气蚀诱发变形和冲蚀往往主要发生在晶界上，所以，晶粒尺寸较小时，耐气蚀性能会明显提高。合金固溶强化也是提高耐气蚀磨损的有效方法。对于沉淀硬化合金，复相合金由于有弥散的第二相在基体中可以固定位错或阻止其运动，限制了合金的变形，所以也具有较好的耐气蚀磨损性能。

案例：气蚀是一种常见的磨损形式。例如燃油泵调节器在运转中，往往在分油盘、转子油孔、阀门、喷嘴、叶轮等过流部分的局部区域处，因为某种原因使抽送液体的绝对压力降低到当时温度下的液体汽化压力时,液体便在该处汽化形成气泡。当含有大量气泡的油液向前经泵内的高压区时,气泡周围的高压液体致使气泡急剧凝结破裂,瞬间产生很强烈的冲击应力和冲击频率,从而打击燃油泵关键过流部件并产生破坏作用,还会伴有噪声和振动,并导致泵的性能下降,不能正常工作。

图 4-110 和图 4-111 为某型燃油泵在运转后分解发现的转子和分油盘油孔处出现的气蚀磨损。经分析,出现这种故障的原因是有异物堵在进口油滤上,使燃油流过油滤的阻力大大增加,造成了分油盘吸油窗口的油压达不到规定值。柱塞在低压腔吸油时腔内压力变低,会使溶解在燃油中的空气或油汽混合液低于液体饱和蒸汽压而发生汽化形成气泡。这种气泡或混合液由于柱塞随转子的转动而被带到分油盘的高压窗,在高压油的作用下迅速被压缩变小以致破裂溃灭,与此同时产生冲击和振动的"水锤现象",从而造成气蚀破坏。

图 4-110 产生气蚀的转子　　　图 4-111 被气蚀破坏的分油盘

(6) 表面接触疲劳磨损。表面接触疲劳磨损的定义:摩擦副两对偶表面作滚动或滚滑复合运动时,由于较高的交变接触应力的作用,在摩擦副工作表面或表层内部形成裂纹并扩展,使表面材料疲劳断裂而形成点蚀或剥落的现象,称为表面接触疲劳磨损(或接触疲劳磨损)。

滚动接触疲劳失效机制如下:

滚动接触疲劳失效就是滚动元件出现滚动接触疲劳裂纹源,裂纹源的扩展以至表面出现麻点和脱落,最后导致大面积损伤和滚动机构失效。由于受到滚动元件表面粗糙度、金属的组织和性能、润滑条件以及其他环境因素等的影响,裂纹可能起源于表面,然后向材料内部扩展,也可能起源于表层内部,从内部向表面扩展。通常认为,当滚动元件表面粗糙度、材料性质、润滑条件等都能满足要求时,失效可能是在次表层由于循环应力诱发形成裂纹源并逐渐扩展所引起。反之,当滚动元件表面粗糙度、材料性质、润滑条件等不能满足要求时,失效的裂纹可能是在表层产生。

影响表面接触疲劳磨损有以下因素:

影响疲劳损伤的因素有接触应力、材料特性和接触表面的理化、冶金特性,包括润滑油表面的油膜,以及轴件表面硬化层的特性等。

① 负载和几何形状。控制滚动元件寿命的主要因素是负载,试验资料表明,一般疲劳寿命和负载的次方成反比关系。滚动接触区的几何形状随润滑剂的剪切率和黏度而变化。

② 材料性能。

a. 表面粗糙度的影响:滚动接触疲劳是表面承载,所以表面状态对接触疲劳过程的影响比普通疲劳失效的影响要大。实验证明,表面加工应尽量光洁,避免刀痕式磨痕。精磨的滚柱比车削的寿命高11%,抛光的滚柱比车削的寿命高22%,随着表面粗糙度的降低,其接触疲劳寿命也随着提高;表面越粗糙,越容易出现麻点。但也要指出,获得粗糙度的方法对滚动接触疲劳寿命也有重要影响。例如,用刮研方法来提高表面尺寸精确度将大大降低疲劳强度。轻度腐蚀或者电解抛光表面由于去除了加工硬化表层而有损于材料的疲劳强度。

b. 材料硬度的影响:硬度可以近似地确定滚动接触疲劳的强度。为了获得最高的寿命,滚道和滚动元件的硬度应介于最佳硬度值范围,或者两者具有相近的硬度,或者滚动元件的硬度比滚道的硬度高10%。试验发现滚珠轴承钢的硬度为58~64HRC,疲劳强度稳定,而当硬度超过64HRC,则疲劳强度不会再有改善。

当接触表面之间硬度相近时,如果表层存在残余压应力,则材料的滚动接触疲劳寿命将有所提高。生产中采用喷丸硬化使表面产生残余压应力,采用渗碳和渗氮等表面强化工艺以提高硬度,采用软氮化、中温硫氮共渗等表面化学热处理以向表面引进压应力等方法,都可提高滚动元件的承载能力和寿命。

c. 热处理和组织的影响:通常,晶粒度均匀、细小,碳化物成球状均匀分布有利于提高滚动接触疲劳寿命。用渗碳钢制作的轴承和齿轮,通过控制渗碳的碳含量和热处理工艺得到一些板条状马氏体,可以使滚动接触疲劳寿命有所提高;滚动轴承钢在淬火后要充分回火,合理控制组织中的残余奥氏体含量(一般认为在15%左右),可以提高滚动接触疲劳寿命。

d. 非金属夹杂的影响:非金属夹杂破坏了金属的连续性。应尽量限制非金属夹杂物的含量,严格控制基体组织和碳化物的均匀性。夹杂的类型和性质取决于不同的冶炼工艺。实验证明,夹杂的类型和性质比夹杂物的数量和大小更加重要,比如金属中存在着的不变形脆性非金属夹杂会显著促使裂纹的形成。

e. 残余气体含量的影响:钢中含有残余氧、氢、氮等气体,都会使接触疲劳寿命下降。采用真空重熔可以达到控制钢中残余气体含量的作用,而采用电渣重熔却不能达到这个要求。

f. 材料的相互配合:由于轴承承受不均匀的应力,还受到润滑、温度和其他环境因素的综合影响,滚动机构中某一元件可能出现早期失效。这时采用简单的更换一个由更好材料制造的元件,其结果却不一定是良好的。所以,在滚动接触过程中,相互滚动动的元件所用材料的配合是一个重要因素,实践中应予以注意。

③ 润滑对滚动解除疲劳的影响。

主要包括润滑剂黏度、润滑剂中加入添加剂的影响,要注意选用合适的润滑剂。

④ 环境的影响。

具有腐蚀作用的环境因素对疲劳往往起有害作用。滚动接触疲劳是一种表面现象,在滚动接触疲劳过程中,受应力材料的表面和体积的比率较大,而且仅在表层受力,所以环境因素促使滚动元件出现麻点比促使普通疲劳失效作用更大。润滑剂中含有水分会使润滑油膜厚度减小,而且还会加速疲劳裂纹的扩展而导致滚动元件的完全断裂。通常,滚动接触疲劳失效是穿晶破坏,但是采用了水污染的润滑剂则会出现沿晶断裂。

⑤ 温度的影响。

在高温和低温条件下都会影响滚动机构元件的接触疲劳寿命。温度上升,润滑剂黏度下降,润滑油膜厚度减少,滚动接触疲劳寿命下降。滚珠轴承钢当温度超过160℃时,其疲劳强度也会降低。

滚动接触疲劳失效特征如下:

由于滚动接触,表层材料会出现一些重要的变化,所以其主要失效特征反映在表层组织的变化。这些变化如下:

① 硬度有变化。

② 表面产生塑性变形迹象。

③ 表层材料金相组织发生变化:如瞬时高温使碳化物溶入奥氏体而减少,或无碳化物,或由于塑性变形及外部挤压干扰作用使次表面出现长条状碳化物;或者由于循环应力引起弹性滞后或应变诱发相变发热而在金相组织中局部区域出现回火马氏体或比原来组织稍软的屈氏体。还会出现白硬层,即白色腐蚀区域。

④ 滚动元件表面变得光滑起来:周期性地从现场使用的机器中采用铁粉记录仪对润滑剂所受污染进行图像分析,是监测其是否出现麻点、脱落等初期失效和防止滚动机构发生完全破坏的简便而行之有效的方法。

不论是点接触还是线接触,最大压应力都发生在零件的接触表面上,最大切应力则发生在表层内部离表面一定深度处。滚动接触时,在循环切应力影响下滚动元件产生变形,在滚动中导致材料在接触的前沿堆积,从而容易从表层形成麻点状凹坑和裂纹,并扩展而使材料剥落,造成疲劳磨损。若伴有滑动接触,破坏的位置逐渐移近表面。

一般认为,疲劳裂纹的萌生是塑性变形的结果,但这种塑性变形仅仅出现在亚微观范围内。这种塑性变形有可能对滚动元件的运行性能几乎没有什么影响,但是这种塑性变形却会对引起表面疲劳是很明显和重要的。在滚动元件中产生塑性变形主要是由于材料表面或表层的不完整性。通常材料不可能完全均匀,零件表面也不是完全平滑,材料有表面缺陷、夹杂物、孔隙、微裂纹和硬质点等原因,疲劳破坏的位置往往有所改变,裂纹有时从表面开始,有时从表层内开始。与表面连通的疲劳裂纹还会受到润滑油的楔入作用,使其加速扩展。

案例:具有润滑的滚动、滑动元件,如滚动轴承滚珠、齿轮和凸轮、钢轨与轮箍等,在滚动、滑动接触过程中,由于循环交变接触应力的作用,使表层材料产生麻点、裂纹等疲劳剥落失效。图4-112为某燃油泵中的斜盘轴承在交付长期试车100h时出现的滚动接触疲劳失效照片。途中可清晰地看到斜盘轴承中滚珠由于存在表面缺陷在受到接触高应力坐下发生的疲劳剥落。

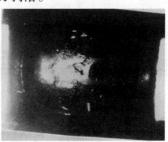

图4-112 失效斜盘轴承实物(左)和钢球表面的疲劳剥落

以上是磨损失效的主要类型。在航空燃油控制系统附件及工程用泵类机械装置中,摩擦磨损由于影响因素多等原因,在实际工况下其失效模式大都是几种磨损机理的复合,往往具有一种模式为主、多种模式交叉的多重性。这主要是由摩擦副的结构、材料、工艺、使用特点、生产类型及批次等所决定,实践中要仔细分析,以确定哪种为主要认真对磨损表面进行机理分析。例如,油门的划伤往往是以磨粒磨损为主,但有污染物存在时将很快发展为粘着磨损。又如转子材料较软,一般不会对分油盘造成磨损,但由于油液污染中的硬颗粒在软基体上嵌镶,反过来也会对硬件分油盘形成微切削,加剧运动副的磨损失效。

3. 摩擦磨损失效分析在提高燃油控制系统可靠性的应用

根据可靠性工程理论可知,液压泵的可靠性决定于泵本身的固有可靠性和使用中的使用可靠性。两者具体受图4-113各因素影响。

泵的固有可靠性应由生产制造厂保证,而使用可靠性则靠用户来实施。按其影响因素,具体应用如下:

1) 运用摩擦学对泵的可靠性进行预测与计算

确定泵的可靠性指标是研究燃油泵系统可靠性的基础。摩擦副的寿命长短,在强度设计的同时就应该考虑,而不是等到零部件设计制造之后,再进行试验确定。应用摩擦学进行产品设计时,应该对各种机械零件,按其工况进行磨损量计算,做出产品的整体寿命预测。泵的可靠性指标主要是可靠度 $R(t)$、失效率 $\lambda(t)$ 以及平均无故障工作时间 MTBF 等。目前采取的方法:一是进行可靠性试验获得精确的可靠性指标,即选取足够多的泵,在符合实际使用工况的条件下进行全寿命的台架试验;另一种方法则是根据长试及使用中的故障统计资料,运用可靠性数学处理来测算泵的可靠性指标。但这些方法都有其局限性,前者费钱费时,后者测算精度依赖于样本数以及故障分析的准确性、记录的正确性等。因此,寻找用少量样本、短时间获得高置信度可靠性指标的方法具有迫切性。只有确定了泵的可靠性,才能从设计、工艺、材料入手,有针对性地加以改进,减少故障率,提高可靠性和延长寿命。

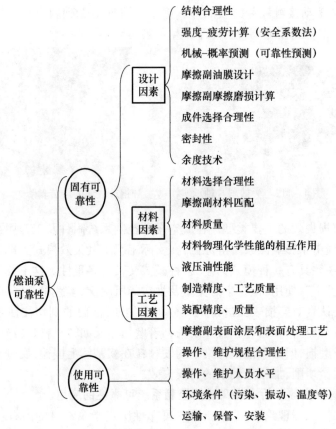

图 4-113　可靠性主要影响因素示意图

目前,机械结构的常规强度设计法,由于存在着强度的随机性、安全系数不易取得最佳值以及不能预测可靠度等问题,所以将逐渐被新发展的机械-概率预测所充实。机械-概率预测是基于材料强度的随机性和统计性质,通过应力的概率密度函数及强度概率密度函数来预测结构可靠度。在此基础上,运用摩擦副的摩擦学设计方法(油膜计算、摩擦磨损计算)和可靠性-磨损设计理论及实践,可以对根本性地提高泵的可靠性和寿命发挥重要作用,并日益受到重视。

在实际生产中,目前国内外对于寿命预测工作,已经推导出一些定量计算公式。但是由于影响因素多、工况复杂多变,理论与实践尚有相当距离。很多时候仍采用实验室台架试验和工业应用试验相结合的方法,通过失效分析,得到磨损的形

188

式和机理,摸索摩擦磨损规律。再根据摩擦学知识作改进设计,并将有关资料以数据库形式存入计算机,不断积累,达到合理确定燃油泵的磨合时间和使用寿命,以及预测寿命的目的。例如,根据用户要求,需要对某型泵把寿命从400h提高到1000h。为了探讨该泵的全寿命到底是多少,首先要了解哪些环节薄弱是决定寿命的易坏易磨损件,然后再对症加以改进或更换,这样就可以大大地延长泵的使用寿命。基于这种考虑,可以在技术条件要求的转速、工作压力、流量等工况条件下,在试验台上进行试验。在试验器的管路中加取油样的放油开关(泵的出口附近)。按合理的时间坐标选取油样,在磨合阶段油样取得较密,转入正常磨损状态取样间隔可适当放大。采用油液污染颗粒自动计数仪分析,得到污染度数据并作出变化曲线。然后再采用铁谱技术、光谱技术及金相形貌分析等,可以定性和定量地得出该泵的失效过程和变化趋势:即泵在磨损全过程(磨合、正常磨损、稳定磨损和严重磨损四个阶段)的变化趋势和特点。再集中科学手段对泵的运行和主要元件(齿轮副、滚针、壳体、调整垫、弹簧等)的工作进行状态监控和故障诊断,然后运用技术统计分析的方法,找出规律并制定出失效标准。通过这一试验得出了泵的首翻期(第一寿命阶段)和第二返修期(稳定摩擦范围内),从而得到泵使用到严重磨损及更换主要的摩擦副仍可延长工作寿命的技术依据。这种方法对做好产品的可靠性设计和可靠性增长显然很有帮助。

2)应用摩擦学知识,提高产品质量可靠性

摩擦学是一门多学科交叉渗透的实用技术科学,充分应用摩擦学的知识,研究和掌握泵类摩擦磨损的规律,用以提高产品的质量可靠性,已经引起广泛重视,并不断取得显著成果和效益。

(1)开展摩擦学设计。综合采用现代的各种设计方法,可以显著提高工业产品的质量。与摩擦学设计有关的有如下一些因素。

① 选择合适的表面粗糙度。从摩擦学角度出发,任何表面都是有呈随机分布的微凸起状态。在工作时相互作用的两表面间的实际接触面积,仅仅是理论接触面积的很小部分。在载荷作用下,实际接触着的微凸体上承受的压力很高,会使其产生塑性变形,甚至产生粘着。表面相对运动时,这些微凸体的互嵌移动、弹性变形接点的弹性滞后损耗、粘着接点的撕裂等,就引起两表面间的摩擦和磨损。由于表面形貌、表面特征、表面间介质和工况不同,摩擦力大小、磨损破坏的形式也不一样,诸如粘着磨损、接触疲劳磨损、磨料磨损、腐蚀磨损和微动磨损等。因此,设计人员对表面粗糙度的设计,实际上就是对摩擦副表面形貌的设计,它直接关系到摩擦副的性能。通常,一对表面粗糙度值小的表面接触时,实际接触面积就大,介质润滑油容易形成一定的油膜厚度,并将两表面分离,从而达到减少摩擦磨损的目的。因此在设计时,可以采用研磨、刮研、珩磨、超精磨加工等合适的加工方法,人为地构成各种所需的特殊表面形貌,达到减少磨损和传动噪声,提高质量可靠性的目的。

② 正确选择摩擦副的材料和硬度。实践表明,用完全相同的材料、热处理和硬度的表面,与几种不同的材料、热处理和硬度表面做试验时,会发现其摩擦学特性差异。当工况变化后,又会产生新的差异。因此,摩擦学认为材料、热处理和硬度应该选择最佳的匹配。

应特别强调,材料表面层和亚表面层的特性尤为重要,要大力推广表面强化技术应用。选择材料时,除了对材料的强度、硬度有所要求外,还应该考虑材料的耐磨性。研究表明,金属材料晶粒越细越耐磨。六方密排晶体结构比面心立方晶体(FCC)和体心立方(BCC)更为耐磨。因为滑移最小,所以表面塑性变形能力低,因而耐磨。此外,还必须强调的是,应该很好地考虑摩擦副配对材料的匹配性能。匹配性能主要取决于材料冶金的相容性。同种材料,例如钢对钢,相容性好,磨损率就大,故不宜做配对材料。反之,相容性差的两种材料作为摩擦副就显得摩擦小、磨损少。材料的匹配性能还决定于磨损机理。例如,凡属磨粒磨损机理的,摩擦偶件耐磨性取决于材料的硬度,即越硬越耐磨;而属于粘着磨损机理的则不然,硬度高不一定耐磨。

对于材料的选择,在有条件时,应开展专题摩擦磨损试验,并根据大量的试验结果,编成数据库或手册,这对设计选材是很有用的。

③ 润滑。两表面间介质,亦即润滑剂,我国目前仍是一个薄弱环节。主要问题是品种少,质量不稳定。对于泵类产品,在许多情况下,只要改变润滑剂就可提高效率,保持精度,延长寿命,使产品质量明显提高。润滑剂的关键在于添加剂。近年来,我国引进和研究出不少带有添加剂的润滑剂。设计人员应当收集信息,积累数据,以便于合理选用。

润滑理论是摩擦学的重要研究内容,在滑动轴承的设计中得到广泛应用。随着高速、重载、精密的工业产品的开发,对一些基础件,如活门、齿轮、轴承、凸轮、密封件都应该进行润滑的理论计算,否则是无法保证质量的。

(2)制造过程中的摩擦学应用。机械零件的切削加工过程中,包含大量地摩擦、磨损和润滑问题。其中最经济、最有效的摩擦学措施是选择适宜的冷却液和提高刀具的使用寿命。采用冷却效果好的冷却液,可以减少变形,消除裂纹,达到尺寸稳定、提高、延长使用寿命,取得显著的经济效益。除此之外,提高机床的精度、寿命和工作可靠性,也可稳定产品的质量。为此可应用摩擦学知识,使机床的齿轮、轴承处于良好的工作状态,减少导轨的磨损和及时消除爬行现象。

产品在制造中的质量,与机床保持长期的运动精度和稳定性密切相关。齿轮、轴承和轴传递旋转运动,丝杆、导轨等传递移动。由于摩擦和磨损,会造成间隙过大、冲击振动、粘-滑爬行等,使机床处于不良工作状态,以致过早丧失精度,使产品的几何精度、表面粗糙度超差。一些从国外引进的精密机床中,往往规定了润滑剂的牌号和厂家,任意更改会导致机床损坏。尤其是高速精密机床,如无心磨床,其轴承处的润滑十分重要,否则主轴的几何中心无法保证,甚至产生油膜振荡,无法进行切削加工。导轨爬行在机床作精细走刀时也经常产生,严重影响加工质量。应用摩擦学知识,合理地选择润滑剂、添加剂、油的黏度、密封形式与结构、表面处理技术等,可使机床工况良好,从而保证了被加工工件的质量。

(3)产品使用中的摩擦学应用。使用不当会使优质产品在短期内损坏。任何工业产品在最初使用时,应该在空载或轻载下进行跑合,使表面微凸体个别突出部分在跑合期磨平,从而有更多的微凸体进行接触,方能承受较大载荷。另外也是对表面材料进行磨合"锻炼",提高其疲劳强度。将新购载重汽车立即投入使用,造成早期损坏就是一个使用错误的例子。

环境不符合工业产品所要求的条件,会降低寿命。摩擦副介质中有腐蚀剂和磨料侵入会发生腐蚀磨损和磨料磨损。环境中的水、酸和硬微粒会加剧磨损。

在燃油泵产品使用质量中反映出的漏油、噪声大、效率低、早期损坏和寿命低,可用摩擦学进行分析。显然漏油的原因在于密封件。运用摩擦学的知识从材料、结构、配合面的粗糙度、选择、储藏、装配对密封件进行了大量研究,取得了很多成果,应该引起注意。噪声产生的原因之一是也摩擦。摩擦力做功会使产品的效率降低。例如,泵中柱塞的早期擦伤、齿轮的早期磨损等,都会使效率降低,甚至出现早期损坏。至于寿命,也应用摩擦学知识,要对摩擦副做系统分析,用现在的各种摩擦学措施进行综合研究,予以对症解决。

3)开展摩擦副试验,推进新工艺、新技术、新材料的应用和更新

摩擦副的可靠性是制约产品可靠性及寿命的重要因素。而摩擦副的可靠性受运动件的速度、载荷、表面粗糙度、表面温度、材料性质、摩擦类性质(粘着、磨粒、疲劳、化学等)、摩擦副结构(覆盖系数、单件结构、对称性)、润滑方式、表面涂层及处理层等因素影响。但归根到底仍然是个摩擦副的磨损问题,这是燃油泵急待解决的关键。磨损的危害性不仅造成摩擦副间隙增大,引起振动、噪声、冲击、疲劳及泄漏,使效率降低、性能下降、寿命缩短,更严重的是可能非常突然地、雪崩式地引起运动零件的咬死,导致灾难性失效事故。因而,开展和加强摩擦副的可靠性研究十分迫切。

摩擦副可靠性受多种因素影响,实际上是一个很复杂的课题,应作好以下方面的工作。

(1)探索磨损规律。如前所述,泵内摩擦副按运动类型以滑动、滚动为主,按磨损机理以磨粒、粘着、疲劳磨损为主。除粘着磨损发展迅速外,其他磨损机理都需要一定时间的扩展并达到临界破坏值。由于磨损过程的复杂性,大量试验指出,有关磨损规律的以下诸论点可供参考并具有实用性:

① 系统性原则:材料的磨损特性不是材料固有性能,而是与使用条件和实际工况密切相关的摩擦学系统的性能。解决磨损问题必须考虑整个系统的性能以及各组元的相互间影响。

② 正梯度原则:也称抗剪强度梯度法则。其基本要点是要使摩擦面沿垂直于

滑动平面上的强度呈正梯度，即 $d\sigma_x/dz > 0$（其中，σ_x 为滑动平面内的破坏应力，z 为垂直于滑动平面的坐标），这样才能保证磨损处于外部表面的、正常的摩擦磨损范围。否则，磨损损坏将发生在较深处，从而加速引起失效。根据正梯度原则在滑动表面涂覆一层抗剪强度低的软复层（如固体润滑剂、液体油膜、硬表面的硫化、磷化等），能起到显著抗磨的效果。该原则可作为滑动磨损研究和表面处理的基础。

③ 磨损的突变性。一般认为摩擦副的耐久性与磨损量由 p. v 值决定，但当高于临界载荷，特别是没有润滑剂时磨损率可能有 100～1000 倍的增加。磨损与摩擦力不成正比。对某些配对材料摩擦系数变化 3～4 倍，则磨损量的变化可达到 100000 倍之多。

④ 磨损对偶性：是指摩擦副配对材料的考虑原则。一般较大的摩擦面应该更硬更光滑并加以润滑。增加小部件的硬度只有在其不超过大部件表面硬度的程度上才有意义，而大部件表面硬度的增加是在表面粗糙度改善的条件下才有效果。

⑤ 磨损的温度特性：随着摩擦副温度的升高，引起材料显微组织、物理、化学性能的变化，会使磨损急剧变化，粘着、咬合迅速发生，从而很快导致失效。特别是对高载荷摩擦副，摩擦温度的影响问题尤为突出。诸多试验证明，固定配对材料摩擦副的咬合（"烧盘"）基本上处于某一固定的温度下。

⑥ 磨损的综合性。

a. 考虑材料的耐磨性时应与材料的韧性综合考虑，防止摩擦副断裂。

b. 评价耐磨性不能单纯依赖提高硬度，应有硬度与组织的正确配合。摩擦学认为提高耐磨性，要根据磨损的机理来选择材料、热处理和硬度的最佳匹配。

c. 改进摩擦副耐磨性要从设计、材料、工艺入手，相互配合，综合规划。

⑦ 表面复层设计要点。摩擦副以粘着磨损为主时，其表面应采用低抗剪强度的表面层（正梯度原则）；以磨粒磨损为主时则要用非常硬的复层；多种磨损过程则需用多层复层，即第一层为抗剪强度低的表层（防止配对零件粘着），第二层应具有承受最大接触应力的、足够韧性的中间硬层，其机械强度应逐渐增大，呈正梯度。在硬的中间层下强度应逐渐降低直至基体材料的最低值。

（2）建立燃油泵的可靠性数据智库：确定现有泵的可靠性指标是当务之急。但仅仅依靠专门的可靠性试验来确定，远远不够。应在积极开展加速寿命试验的同时，结合生产、试验等工作，广泛收集和积累各种泵（包括泵的部件、元器件）的多种试验（如磨合、检验、抽检长试、型号鉴定等）、使用数据、故障信息等，在统一失效（故障）判据的基础上，归纳、整理各类数据并应用可靠性数学手段测算各类泵的可靠性指标。在实际生产中，很多实验虽然做了，但缺乏对各种试验的故障做更深入地分析，结论有时不够确切、各项试验数据记录不全或分散，因而，没有形成有效地分析判据和完整的数据库。这种情况应予以纠正。

（3）开展针对泵类运动副的摩擦磨损试验。建立专门的摩擦磨损实验室，结合泵类运动副的结构、材料、工艺、工况等情况开展试验，这是为提高设计、工艺、材料技术改进的基础和依据。在这里,不仅要关注试验硬件的建设和试验方法的研究与扩展,更要关注整体试验方案的统筹规划和科学定制。整体方案要能体现试验的总体意图,特别是要尽可能的模拟工况条件,具备可用作改进材料、工艺、结构的模拟试验条件和各维度的内容。要特别注意对磨损机理的研究和磨损规律的总结。不进行磨损机理的分析研究就不能准确地判定磨损起因、发展及失效过程,就不易制订摩擦副失效标准,也就不能有针对性的提出改进措施。要重视对磨损规律的总结,很多时候,通过试样的试验室磨损试验往往会得出与常规资料相反的结论,要注意认真分析。很多时候,这种特殊的结论或规律,主要是由于工况条件不同所造成的磨损机制不同所致,而这些特殊的规律恰恰对于结构异常复杂的燃油调节装置更具启发性和更为需要。

实验室的试样磨损试验,为初步预选最佳配对材料及表面处理工艺和研究磨损机理提供了省钱、省时的手段。有资料介绍,国际国内发表的磨损试验结果大约50%是用试验室的磨损试验取得的,而只有17%是用实际零件完成的。这说明试验室磨损试验的广泛性及重要性。诚然,实验室磨损试验不能代替台架试验及现场工业使用试验,但它是不可或缺的重要补充。试验室的磨损试验对提供摩擦副代用材料的摩擦、磨损性能数据,选择摩擦副的热处理(或表面处理)工艺方法,预选摩擦副最佳配对材料以及发展磨合技术及磨损监测技术更能发挥很大的作用。

(4) 积极研究和推广减摩材料和表面工艺。同泵的固有可靠性一样,摩擦副的固有可靠性也是受设计结构、材料、工艺三因素的影响。近年来,摩擦副材料选配、表面工程工艺、抗磨损加工、抗磨损油膜设计、密封防漏等先进技术和设备,获得了迅速发展。实践经验已经证明,对主要摩擦副的材料和工艺上的改进,就能显著地提高泵的可靠性和寿命。在燃油泵的发展历程中,很多诸如柱塞副、转子副、活门组件等结构、加工、材料的不断改进以及先进的表面涂层、镀层、润滑剂的成功应用,就充分体现了这一点。

对于泵的摩擦磨损研究,可以再次重申以下结论:

① 除偶然因素外,磨损是燃油泵装置失效(故障)的主要原因;

② 系统研究燃油泵的摩擦学问题并围绕摩擦磨损开展燃油泵元件与系统的可靠性工程是提高其寿命和可靠性的根本出路;

③ 提高摩擦副可靠性与寿命的措施在于从设计、材料、工艺入手,开展摩擦学试验和研究,包括摩擦磨损失效的机理分析,全面开发和推广应用摩擦副抗磨设计、失效概率预测预防、摩擦磨损计算以及新型减磨耐磨材料和表面涂层、表面处理工艺和其他新技术。

4.4.2 环境污染的失效与分析

环境污染主要是指燃油泵系统的污染。它一般包括燃油本身的性能状况和泵内污染物的影响两个方面,习惯也被叫做燃油系统的清洁度。

油料在飞机发动机中的作用,就如同血液供人生存一样重要。血质好坏危及人体的存亡,油料使用性能的好坏,直接影响着飞机发动机的使用可靠性。现代飞机的动力装置主要是燃气涡轮发动机。燃油泵调节器本身所用的燃油也为喷气燃油,人们习惯称为航空煤油(主要为 RP – 2、RP – 3)。在燃油泵中,燃油既是系统的工作介质又是运动部件的润滑剂。它直接参与泵内精密偶件间负荷与速度的传递,并影响零件表面的失效与寿命。因此,燃油是油泵最活跃和最关键的因素之一。

据美国1965—1969 年发生的 184 起严重飞行事故和2452 次一般事故中,事故原因与油料性能有关的占36%。在 33%的二等飞行事故中,有一半是由于燃油污染造成的的发动机故障。在我国飞机故障中,飞机液压系统故障占30% ~43%,而在液压系统故障中,与油料有直接关系的故障占75% ~85%。我国军用机1951—1979 发生的一、二等事故中,事故原因与油料有关的占17. 8%。航空发动机燃油控制系统附件是以逻辑关系和复杂精密偶件为主构成的一个系统。污染对系统的工作性能和可靠度影响极大。据工厂对燃油控制系统内厂试验和外场使用中发生的 108 起较大故障的统计,因清洁度不好造成诸如柱塞卡死、活门卡滞、油滤堵塞、运动偶件严重划伤或磨损、密封部位漏油、转速摆动、加力接不通、启动不成功甚至危及飞行安全等各种失效(故障)大约38 起,占到35. 2%。因此,分析燃油控制系统附件污染原因、认识其危害性,制定污染物监测标准,采取有效的预防措施,就显得十分必要。

1. 由系统清洁度问题造成失效(故障)的典型案例

案例1 1992 年7 月,某主泵在参加发动机试车时发现冷悬挂不成功。将该故障主泵返回生产厂在试验器上进行排油活门接通检查,发现活门已经卡住。经进一步分析,排油活门卡在开放位置,导致主泵供油不够。卡住的原因是活门内有大量铝屑和脏物。

案例2 1994 年3 月,成都某飞机制造厂一架飞机启动不成功。将主泵返回工厂检查,发现排油活门被一较大金属块卡死。金属块约 1mm 大小,同时还发现中心油滤有细小金属屑。进一步对卡死活门的金属块分析,发现其表面经过了阳极化,证明是油泵壳体管路未冲洗干净的毛刺所致。它在油泵工作中造成了排油活门卡死,从而使发动机启动不成功。

案例3 1998 年2 月,空军某师团有 4 架飞机出现加力接不通故障,影响极大。在空某师技术部组织下,相关厂、所现场排故。分解检查加力泵中心油滤、加力开关层板节流器和随动活塞层板节流器,发现滤网上附有黑色颗粒、黑色金属粉末、细长纤维物、铝合金粉末及铝屑等杂物。经清洗油滤和层板节流器后,加力接不通的故障随即被排除。说明此次加力接不通故障的主要原因是加力泵中心油滤、加力开关层板节流器和随动活塞层板节流器附有污染物,导致加力泵供油失调,不能正常进入加力状态所致。

案例4　2006年2月,东北某飞机制造厂一架飞机在启动时右发N1转速上不去,发动机启动不起来。赴现场对主燃油泵进行检查,发现排油活门有卡滞现象。更换新泵后,将问题泵返回工厂做进一步检查。故障主泵返厂上试验器检查性能,活门手柄在慢车位置、转速1940r/min时,开关前压力为0.5MPa,副油路压力为0.4MPa,超出现行技术条件要求。在试验器上检查排油活门,发现活门卡滞。进一步分析,发现排油活门台阶上有较多的轴向磨痕,沟槽中存在固体颗粒。再经理化实验分析证实,活门卡死的主要原因是活门和衬套间存在有金属屑等固体污染颗粒。活门在工作时,这些固体颗粒破坏了间隙油膜的平衡,并损伤活门表面,进而使摩擦副粗糙度增加,对活门运动产生阻碍,导致卡滞失效。

航空燃油控制附件除了要满足发动机各项设计、使用性能参数之外,还有一个重要的指标就是清洁度。这对燃油附件的工作可靠性是很致命的。它将直接影响到发动机的工作性能和飞机的飞行安全。燃油清洁度,指的是燃油中含水分、杂质(有的也称机械杂质,包括灰尘、铁锈、纤维、漆皮等)的多少。燃油中所含水分、杂质越多,清洁度越低。我国目前对航空发动机燃油控制系统清洁度问题越来越重视。工厂曾形象地把残存在附件中的研磨膏、金属屑、纤维物称作"三害",并在与污染作斗争中总结出了越来越多、越来越有效的清洁度措施。但还远远不够,因清洁度问题造成的失效(故障)还在时有发生,而且呈多发趋势。实践反复证明,由于燃油控制系统装置结构、制造和性能要求的特殊性,系统清洁度问题具有事故多、危害大、难控制等特点,是一个如影随形的困惑。随着航空发动机的飞速发展,燃油与控制系统抗污染可靠性问题日益突出,系统的研究和解决其污染问题,不仅是使用部门提出的有现实意义的紧迫任务,也是一项具有深远的社会效益和经济效益的重大课题。

2. 航空发动机燃油系统的污染物

1) 污染物的种类

航空发动机燃油系统的污染物有固态、液态、气态和化学污染物。

(1) 固态污染物。固态污染物是最危险的一种污染物。这种污染物除燃油本身存在的机械杂质外,主要产生于生产、运输、维修过程中。一般包括金属毛刺、飞边、焊渣、尘埃、沙粒、研磨膏颗粒、氧化皮、橡胶颗粒、油垢、镀(涂)层剥落物以及油液衍生化合沉淀物以及高温时生成的碳化粒子等。它们有的来自零部件装配前清洗不彻底,有的因为执行机构未装防尘装置或空气过滤器,更多的是由于构件工作过程中,在运动副表面摩擦产生的诱发颗粒。燃油控制系统附件壳体上的孔路复杂,纵横交错,而且还有许多盲孔和工艺孔。经精密机械加工后,虽然要对其进行氯仿浸泡、超声波清洗、大流量加温加压冲洗、油气脉冲和油气交替清洗以及单孔冲洗等,但一些微小金属屑、固体颗粒、飞边毛刺和研磨膏等杂物仍不可避免地积存在壳体的深孔、盲孔和小沟槽内。当附件装配完毕投入工作以后,污染物就会进入系统而造成系统污染,从而对系统中的零、部件产生破坏作用。

（2）液态污染物。最常见的液态污染物是水。水的污染方式是"溶解于油，生成细菌和结冰"。当油液中水分含量超过 5×10^{-4}，则会有相当含量的分离状态水呈乳状并加速油质恶化。水的污染不仅使元件表面锈蚀，而且会在一定温度下聚合成碳氢化合物。这种胶状物附在零件表面上起腻塞作用，影响系统性能。燃油中的胶质物与水发生混合作用产生黏性，并与燃油一起形成胶状薄膜，沉积在过滤器或其他元件上；附件中铜、铅材料也会对胶质物的生成起催化作用。液态污染物最主要来自燃油在运输、贮存以及燃油本身含有的水分等。

（3）气态污染物。空气是常见的气态污染物。通常，油液中含有 5% ~ 13% 的空气。当油温升高或压力降低时，在分离压的作用下，气体从油液中游离出来，产生气穴，造成操作失真、系统响应灵敏度降低、甚至造成气蚀破坏。在气蚀过程中伴随着化学腐蚀和电解作用，都会加速金属的腐蚀和疲劳破坏。此外，空气进入系统内，在一定压力下能促成油液某些成分衍生成化学沉淀物。

（4）化学污染物。燃油中存在大量微生物（诸如厌氧细胞、喜氧细胞、病菌、海藻等），分布在油水界面及附近的燃油层内。燃油中的水分、矿物质（金属、尘埃、锈蚀物、盐分等）是上述各微生物生存、繁衍的条件。这些微生物小到 $0.5\mu m$，大到 $10\mu m$，不仅污染燃油，而且牢固地附着在元件表面上，发生阻腻、堵塞，还会还原成硫酸盐，形成碳化氢和氧化物，乃至分泌出酸，使金属腐蚀。燃油中的硫和硫化物都具有很强的腐蚀性。青铜、锌和镉在硫酸作用下形成复杂的不溶解化合物，这种黏性胶状物附着在元件表面上会使元件腐蚀。

2）污染物的来源

根据燃油泵的生产特点，燃油的污染物主要来源于与以下几个渠道：

（1）燃油本身在生产和运输、储存中存在的潜在污染物；

（2）泵内各运动副在运动摩擦过程中产生的磨损颗粒；

（3）零部件加工过程或装配过程中残留于部件内的污染物（如金属飞边、毛刺、橡胶切边、研磨膏等）在工作过程中被燃油冲刷出来；

（4）在某些封严不良处侵入了空气或水分，造成燃油污染；

（5）泵内某些元器件表面皱层发生剥落；

（6）泵在高温工作状态会生成胶质和沉淀物，使燃油污染；

（7）泵内油孔、阀门、喷嘴等零件在某些过流局部区域发生气蚀破坏，产生剥离的金属颗粒，使燃油污染。

控制污染物应注意污染物源头的治理，采取切实措施，保证其清洁度。

3. 污染物对燃油控制系统附件的有害效应

油液污染破坏了燃油控制系统附件的工作条件，不仅对飞机和发动机的安全可靠工作构成严重威胁，而且因油料污染造成直接和间接的经济损失也相当可观。美国尼森公司生产的柱塞泵如在规定使用条件下工作，寿命可达 800 ~ 1000h，如果在污染条件下工作，寿命仅为 120 ~ 140h。

1）污染物对燃油系统造成的危害类型

主要有加速磨损与疲劳破坏、化学腐蚀、油液变质及机械阻塞与卡滞。

（1）加速磨损与疲劳破坏。其主要由固态污染物引起。固体颗粒嵌入运动表面，使运动表面产生压痕、划伤、沟槽，使材料产生错位和滑移。与颗粒接触的运动表面附近产生高应力区，因而加快了缺陷的生成和扩展，并导致加速疲劳。如果运动表面上被牢固地嵌入坚硬颗粒，则在运动过程中就会发生类同切削过程一样的连续破坏作用，剥离金属表面。这种磨损，对工作表面的损伤更加严重，使泄漏加大，效率降低，流量和压力脉动增大，油温升高。油液中溶解的各种气体、油料中易挥发成分、溶剂及水，在流动过程中产生压降，达到气体分离或液体饱和蒸汽压时，发生汽化，分离的气泡在高压区破灭，产生气蚀过程。气蚀过程发生在元件表面，对表面产生应力循环，造成疲劳破坏。

（2）化学腐蚀。因元件表面和油液中的各种化学元素的化学反应而产生的磨损都称化学腐蚀，包括电化学腐蚀、液流电势反应及对表面的直接化学浸蚀。对元件表面极易引起化学反应的物质有空气、氯化碳氢化合物溶液及耐压添加剂等。化学腐蚀污染以两种方式出现：一是元件表面反应生成物溶于油液中，被油液带走；二是元件表面生成硬壳，使运动副间隙变小或变大，引起流量变化和静摩擦变化。当硬壳剥落时，硬壳颗粒将导致元件表面加速磨损。

（3）油料变质。剪切力和热负荷作用可使油料变质。悬浮于油液中的固体颗粒对油料变质起催化剂作用；气蚀是促使油料变质的另一个重要因素。变质后的油料将丧失某些重要特性（如润滑性），从而加速元件的磨损，产生大量炭素颗粒和胶状物质，造成运动元件表面粘着、堵塞或卡滞。

（4）机械阻塞与卡滞。固体颗粒、胶状物、沉积物、化学纤维等尘埃等粘着、覆盖、堵塞或卡滞在元件表面或间隙内，从而引起运动阻滞，油滤和节流孔堵塞，活门运动摩擦力加大，甚至卡滞活门，折断转动或滑动部件，造成机构失控、失效，致使发动机超温、超转、喘振和停车，甚至破坏整台发动机卡死或折断。这种机械故障常常是突发的、致命的。

2）污染物对燃油控制系统附件中主要零部件的有害效应

燃油控制系统附件有许多诸如油泵转子、柱塞、分油盘、活门偶件等关键精密零部件组成。这些零部件由于其本身的结构特点和工作要求，对污染物很敏感，非常小的污染物就会引起其工作异常，以致引起燃油控制系统附件出现工作失效（故障）。

（1）污染物对油泵转子、柱塞和分油盘的有害效应。油泵转子、柱塞和分油盘最常见的失效模式是磨损和气蚀。如果燃油被污染，一些微小的硬颗粒使转子和分油盘或转子柱塞孔和柱塞的工作表面磨损，增大其配合间隙，将降低燃油泵的供油效率；如果燃油中含有空气，当进口油压突变时，空气泡破裂会释放出大量能量，冲蚀转子、柱塞或分油盘的分油孔口，使其出现大小不一的坑洞或麻点。严重时造成相邻的柱塞孔连通或分油盘孔口变大,使供油效率降低或失调,甚至引发油泵不打油等失效(故障)。据生产故障记载,WP系列发动机主燃油泵曾几次发生柱塞磨损、卷边、卡死导致发动机启动困难、慢车转速下降、自动停车等故障,严重时曾发生某发动机内燃油泵第四柱塞磨损,造成发动机剧烈振动,推力下降而坠毁的重大事故。

(2)污染物对活门偶件的有害效应。据某生产厂对外场故障案例统计,因清洁度造成的故障中,其中大多发生在分油活门、排油活门等精密活门偶件上。如我国从1976—1980年五年对某事故统计,因燃油系统有关活门紧涩、卡滞引起的故障占燃油总故障的50%以上,在某油泵生产厂家也曾出现过二次卡死9个活门的实例。

分油活门偶件是燃油泵调节器的关键部件,它在工作时既高速旋转又往复直线滑动。其工作间隙仅为0.01~0.014mm,对硬颗粒非常敏感。最常见的失效模式是粘着磨损。如果燃油被污染,硬质污染物就会逐渐嵌入分油活门的动态间隙之中,使活门偶件运动紧涩、阻滞,甚至硬而韧的污染物会使活门偶件的工作表面在微凸峰处产生塑性变形,造成诸如部分表面上的润滑油膜、氧化膜被挤破,从而使偶件的金属相互接触,强烈摩擦而发热,最后出现焊合、粘着效应以致雪崩式咬合卡死、系统工作失效。

排油活门偶件的工作间隙极小(0.005~0.008mm),且细长比大,对污染物特别敏感。最常见的失效模式是紧涩和卡滞。由于通往排油活门偶件的循环油路孔最长,燃油未经过油滤,污染物很容易淤塞和沉积在偶件的动态间隙之中,引起静摩擦,增加了作动力,导致活门偶件运动紧涩,甚至卡滞而使系统发生失效(故障)。

(3)污染物对层板节流器、油滤、油嘴的有害效应。层板节流器、油滤、油嘴主要对燃油控制系统附件中的燃油起节流和过滤的作用。如果燃油太脏,经过长时间工作循环,污染物就会包住层板和油滤、或粘附在油嘴孔上,导致燃油过分节流或淤积。这些沉积物使油滤、喷嘴性能变差,限制燃油的流通,使供油量下降,引起主燃油泵调节器半程加速时间变长、加力燃油泵调节器油压上升时间变长等故障。

(4)污染物对运动活塞的有害效应。燃油控制系统附件中的运动活塞主要用来调节供油量和转速,精度要求高,对污染物特别亲和。硬质污染物会划伤活塞衬套或嵌入活塞的橡胶皮碗中;软质污染物会淤塞在活塞与衬套的间隙中,造成活塞摩擦力增大或泄漏,从而引起附件燃油量上升缓慢或供油量降低等失效(故障)。

(5)污染物对橡胶件的有害效应。油液污染(包括固态污染物、气态污染物、液态污染物等)物的存在,将导致油液的响应性能、润滑性、防锈性以及抗油腻沉积性能等下降。严重时导致密封件发生磨料磨损、腐蚀磨损以及引起非金属材料老化、龟裂、膨胀变形等。所以,使用过程中必须及时检查油液的污染度、合理地确定换油周期、确保液压油的使用性能。

198

（6）污染物对系统中燃油的有害效应。燃油既是航空发动机燃油控制系统附件的工作介质，也是附件中运动副的润滑介质。如果燃油被机械杂质和水分污染，则水分会使燃油系统金属元件锈蚀剥落，机械杂质会加速油液的氧化，使之生成油水乳液而削弱油液的润滑能力，改变油液黏度、增大油液的酸性，从而加速金属元件的磨蚀等。其结果会造成严重的失效后果。

4. 加强燃油系统污染控制，全面提高泵的清洁度

据美国统计，美国空军中 11% 的事故是由于油内乳化水在油滤上结冰造成的。各主要燃油机件约有 30% 故障是由于机械内部油路被污染杂质堵塞造成。近年来，世界各国对航空燃油的污染问题都十分重视，研究和探讨用各种方法为航空燃油去污和保证系统的清洁度。对于燃油控制系统来说，除了诸如对机场油库和飞机燃油系统均采用多种洁净措施的外部环境之外，提高燃油泵装置系统清洁度主要应从以下几方面入手：

1) 确定燃油的污染容限标准

燃油中必然存在污染物，且较难控制。前面统计了 38 起因清洁度不好造成的故障中，绝大部分都是生产、装配过程中执行工艺不严格，或工艺方法不完善造成的。为了确保系统或部件的正常功能和可靠性，并达到给定的返修寿命，应根据附件的使用要求确定燃油的污染容限。有了限定系统的污染容限，就可以对燃油的提炼、运输、储存、使用等环节实施污染控制。在这方面，我国较之国外发达国家起步较晚。现在，我国发动机燃油系统元件的污染度容限控制标准已经相继制订。例如："飞机液压系统用油污染度分级"（GJB 420A—1996）、"航空工作液固体污染度分级"（GJB 380.3A—2004）、"航空工作液污染测试"（GJB 380.3A—2004）、"航空发动机燃油系统附件污染度要求"（GJB 7078—2010）等，对污染物、污染量及其控制作出明确规定。这些标准都为控制燃油的清洁度提供了定量的技术依据，应严格执行。

2) 控制好燃油本身的品质

燃油的品质包括化学成分、黏度、密度、馏分、润滑性、腐蚀性饱和蒸汽压以及特别方法等。苏联对燃油泵的寿命规定直接与燃油种类有关。采用不同燃油则寿命相差几倍之多。为了满足和保证燃油附件中大量精密配合偶件对工作介质极高的清洁度要求，航空燃油必须具有较好的燃烧性、低温性、热安定性、较高的清洁度、无腐蚀、适当的润滑性等。这里特别指出，如果煤油的热氧化安全性与清洁度不好，就会引起燃油系统内各类活门的卡滞和卡死。所谓热氧化安全性是指煤油在高温下变质，产生沉积物的倾向。该沉积物有一大部分是由煤油在高温情况下生成的胶质物，它不仅与油本身的成分有关，油泵运动件的磨屑中所含的 Al、Cu、Fe 等元素也对胶质的生成起一定催化作用。

关于燃油品质主要应关注以下几点：

（1）水分的影响。燃油由于其本身的化学成分决定它有一定的溶水性，其溶

解度不仅取决于溶族成员,还随温度的升高和空气湿度的增加而增大。当温度降低时,溶解水会从燃油中析出,凝聚成大小不等的水珠,以悬浮或游离态存在于燃油中或沉降于容器底部。燃油中的水分不仅腐蚀金属容器和机件,降低燃油的润滑性,增大机械磨损,还会加速燃油的氧化变质、滋生细菌、降低燃油的使用性能;在冬季低温下会产生水霜,堵塞油路,影响正常供油,甚至使供油中断,造成严重事故。

(2)机械杂质的影响。燃油中的机械杂质主要来源于燃油提炼、运输、储存等设备的腐蚀产物和灰尘。其主要组成铜、锡、镉、钠、钙、镁等。

燃油中的元素硫对铜和铜合金具有很高的腐蚀性。如果燃油中还含有硫醇时其腐蚀作用会加剧。硫化氢能引起锌、铁、铜、铝等金属腐蚀,生成这些金属的硫化物。所以,一般燃油中对元素硫和硫化氢的含量都要严格控制。青铜、锌和镉在硫醇的作用下会形成复杂的化合物,这些化合物不溶解于燃油,而会以黏性的胶状物沉积在油滤和附件上。

试验还表明,石油成分中还含有钒。混入燃油中的钒能被氧化,起着氧载体的作用。它能使燃油系统中的金属,甚至耐热合金也发生强烈腐蚀。如果燃油中含有微量氧化钠或硫酸钠,更会大大加快铁和铁合金的钒腐蚀。

(3)燃油中的不稳定烃类杂质。燃油中的不稳定烃类杂质在温度、氧、光和金属的催化作用影响下容易发生氧化,形成胶状物。胶状物是燃油中沉淀物的主要来源之一。如果,胶状物和燃油中含有的游离水结合产生黏性,就会形成胶状薄膜沉积在油滤上堵塞油滤。实践证明,灰尘中的许多金属,特别是铜和铅,对燃油的氧化和形成胶状物起着催化作用。组成燃油和润滑油的烃类,其本身的化学性质是中性的,不会引起金属的腐蚀。但是,燃油在使用条件下总含有一定数量的酸、碱、硫化物和过氧化物等。这些物质大大加剧了燃油对金属的腐蚀。在某些条件下燃油中还含有环烷酸和环烷皂,这些烃类杂质虽然酸性较弱,但它能和燃油系统中的导管及有镀镉层的附件起反应,生成不可溶沉积物堵塞油滤和附件,易使油滤堵塞。

(4)添加剂对燃油的影响。为了某种性能的需要,燃油中会加入适当的添加剂。但有些添加剂会有副作用。例如,在燃油中加入防水添加剂,当其长时间同锌或铅表面接触时,会"中毒",出现溶解状态的烃氧基金属或氢氧化锌,使燃油变得浑浊,这种浑浊是危险的。烃氧基金属和氢氧化锌是这种浑浊的原因,它们像两性化合物一样在水介质中水解,并生成碱式盐或酸式盐。由于燃料中常常含有若干游离水,如果直接使用这种已被锌或铅"毒化"的添加剂,则会使系统发生故障。

(5)燃油的黏度。成功的润滑取决于摩擦表面能否吸收燃油的边界润滑剂以形成保护膜。当喷气燃油黏度降低时,会影响液动薄膜的保持。现代航空发动机的高速高温会降低喷气燃料的黏度,从而降低对于边界润滑剂的吸收能力。其结果是机械磨损加剧,燃油中的金属磨损物增加,应予以关注。

（6）燃油沉积与污染随工况的变化而变化。燃油中的污染不仅在于燃油本身的品质和稳定性，更重要的是它会在使用中发生动态变化。喷气燃油的污染，不但与外界因素有关，而且同其组分相互作用时的各种化学反应有关。例如，燃油温度或热表面温度会显著加速燃油污染物的沉积；提高流速（流量）会使沉积增大，燃油的稳定性变差；金属的表面状况和涂层也会尤为明显的影响燃油的性质。若干试验证明：铍、铜、铅、锰等金属在温度高于某一值以后，对燃油的热稳定性起着有害作用，其中对铜影响最大。所以，对燃油污染的控制不能只局限于燃油本身，还要着眼于使用工况，全面系统地采取有效措施。

对燃油品质的控制主要在承制厂。使用单位主要依赖于各个使用环节的质量控制。实践检验发现，未经过滤、净化沉淀的新油前期污染度往往会超过规定要求。新油的污染主要来自炼制、分装、运输和储存过程中逐渐形成。而且，新油在长期储存过程中，油液的颗粒污染物有聚结成团的趋势。所以，新油购进以后或加注前，应重视对主要理化指标（包括清洁度）进行检测，对不符合要求的新油应进行过滤、净化。

3）开展抗污染设计

从设计入手，提高燃油控制系统的抗污染能力具有重要意义。燃油中必然存在污染物，且较难控制。为了获取污染容限，燃油系统设计必须充分考虑其抗污染能力。故燃油控制系统设计要考虑可能长期连续使用带污染物的燃油，或短期使用高度污染物的燃油，要采用高效的燃油与控制系统抗污染技术。从方案确立、选型到零部件设计过程中，都要把抗污染指标放到主要位置，以期提高可靠性和使用寿命。燃油系统的抗污染设计是燃油系统设计的重要组成部分，包括系统抗污染设计和部件抗污染设计。系统和部件相辅相成，共同提高结构的抗污染能力。

（1）系统抗污染设计。随着航空发动机技术的发展，目前已经在三代机上实施的用全权限数字控制技术逐渐代替全机械式燃油调节器，用齿轮泵、离心泵取代抗污染能力较差的柱塞式结构，其目的之一就是要设法有效地提高附件的抗污染能力和工作可靠性。在进行产品的系统方案设计时，要根据系统的工作参数和环境条件，采取相应的抗污染设计措施。按燃油系统的工作流路，抗污染设计应包括如下内容：

① 在燃油低压区（如发动机增压泵入口处），应尽可能提供较高的入口压力，较低的入口油温，较大流通面积及较少转弯的入口管路，以有效防止因气塞或气蚀造成燃油污染。

② 在满足系统总体要求前提下，尽量选择那些在原理和结构上抗污染能力强的部件，以提高系统的污染容限。在那些对污染十分敏感的部位，除了采取相应的污染控制措施外，还应在设计中考虑余度设计，以提高工作可靠性。

③ 针对系统的污染容限，合理、恰当地选择和配备过滤器。大量试验数据表明，提高过滤精度对系统的使用寿命有重要意义。但是，对大流量、高压系统和主

流路采用精细过滤不仅不必要,而且在设计参数的实现和结构安排上也十分困难。设计者大多在主流路上采用过滤度较低的主油滤,而在伺服油路、控制油路前加装过滤度极高的最后油滤。

有关对比试验表明,经过滤网孔直径 $0.8\mu m$ 过滤的燃油与经过 $5\mu m$ 和 $15\mu m$ 过滤的燃油相比,其元件磨损率可降低 74% 和 92% 。发动机燃油过滤系统大多由主油滤、专用油滤和回油滤组成。发动机主燃系统和加力燃油系统的入口都装有大尺寸的低压油滤,对来自燃油系统的燃油进行过滤,主要拦截注入油箱内的燃油污染物以及燃油流经油箱、输油管路及输油泵、防火开关、流量计,特别是燃、滑油散热器时产生的污染物。对于诱发污染物较多的主泵和加力泵来说,在燃油调节器的抗污染能力较差时,泵后需加装高压油滤。采用燃油滤装在有超净过滤要求的执行作动机构入口(如柱塞泵随动活塞入口、冷心泵入口节流阀作动活塞腔、电液伺服阀作动腔、计量油活门等)部位。上述部位大多是精密偶件,其抗污染能力弱,对污染极为敏感。根据具体情况,其过滤度一般控制在 $10 \sim 20\mu m$,精细的可控制在 $5 \sim 10\mu m$。回油滤装在回油路上,对控制燃油附件工作时自身生成污染物有重要意义。

④ 有效地控制系统、特别是容易产生过热区的部件温升,以防止高温时燃油中的烃类物质生成胶状物或形成积碳的可能性。

(2)零部件抗污染设计。燃油附件系统对燃油污染的敏感度取决于附件各零部件的工况条件和零部件本身的设计技术及工艺条件。

① 材料工艺选择。零部件的材料选用对系统抗污染非常重要。设计时要根据零部件的结构及工况特点、使用要求和失效机理,把结构设计与材料工艺设计有机的结合起来。一般来说,选材应考虑具有以下特点:

a. 良好的抗磨、减磨特性。在污染颗粒相同的情况下,污染物磨蚀特性的强弱是决定燃油附件寿命长短的主要因素。从摩擦磨损的角度看,精密偶件在旋转和运动的过程中,必然会形成磨粒造成污染。不同的材料会有不同的磨损特性,选用减磨耐磨材料可以防止或补偿由污染物造成的磨损。要优化选材,通过优化选材来提高系统的抗污染能力和工作可靠性。试验表明,如果污染颗粒的硬度大大超过元件表面硬度,则磨损率会变得很高。如二氧化硅一类的坚硬颗粒对元件工作表面,特别是那些容易嵌入硬颗粒的摩擦副表面,必须选择硬化处理,使其具有很高的抗污染耐磨性。对于活门、齿轮等经受运动摩擦的元件工作面,要选用高温时能保持足够硬度和强抗磨性的材料,以把本身磨损造成的燃油污染降至最低,并对外来污染具有高的抗污染能力。对油料污染敏感的摩擦副不仅要进行强化处理,还要尽量采用 MoS_2、改性尼龙等具有减磨特性的润滑涂(镀)层。实践证明,对材料性能的选择要以磨损机理为重要因素。例如,凡属磨粒磨损机理的,摩擦偶件耐磨蚀取决于材料的硬度,即越硬越耐磨;而属于粘着磨损机理的则不然,硬度高不一定耐磨。氮化齿轮一般比渗碳硬化齿轮抗磨损能力强。

b. 注意非金属件与油液的相容性。橡胶密封件的选用要与油液具有良好的相容性。如果所用的密封件与油液的相容性差,将加速胶料变质、密封件膨胀、老化以及产生不沉性油泥等,加速密封件的磨损,造成密封失效。

c. 良好的化学稳定性。在元件基体选材和表面处理上,必须注意防止可能产生因化学作用引起的腐蚀破坏。异化金属在使用中不应相互接触。对钢及钢合金、铝及富铝合金、富镁合金、铜及铜基合金、钛及富钛合金都应采取相应的保护措施。橡胶、塑料一类封严材料应具有良好的耐油性,在规定的温度范围内不发生气泡、起皱和其他变质现象。聚四氟乙烯和硬金属 O 形圈作密封元件,其使用寿命较高。

d. 对污染物有良好的包容性。在污染条件下,污染颗粒通过挤压充填作用,嵌入元件基体内,基体材料表现出对污染物具有"包容"作用。例如,铜锡合金一类软金属或空隙结构粉末冶金等。镍铜合金可以表现出较好的抗滑动摩擦和抗污染能力。

e. 良好的耐汽蚀破坏能力。有关资料表明,元件的汽蚀破坏具有广泛性。几乎所有燃油附件都存在程度不同的汽蚀破坏。在流速较高的部位尤为明显。镍基合金、钛合金以及硬化钢都有很高的抗汽蚀破坏能力。

② 结构设计细节。

a. 摩擦副不宜采用易亲和金属。一对摩擦副的两种材料如果形成固溶体的倾向大,则容易发生粘着磨损。

b. 摩擦副工作表面采用高硬度设计和高精度工艺加工。

c. 尺寸间隙的选择必须在性能、寿命(磨损速率)间折中。尺寸间隙一旦进入与尺寸相近的污染颗粒,到严重划伤、压痕至卡死的概率非常高,所以应选用适当过滤度的过滤器。

d. 出于性能考虑,对那些要求配合间隙很小的部位(伺服控制活门和调节活门等),可采用旋转式结构。旋转结构的运动副,会产生某种动力油膜效应。它不仅摩擦力和滞后力小,能提高系统精度,而且对间隙中的颗粒具有剪切作用,能提高运动副的抗污染能力和工作可靠性。

e. 尽量避免旋转型摩擦副在干摩擦状态下工作,必须保证边界润滑条件良好。

f. 当燃油流速较高时,元件形状应尽量避免尖角、凸起,原因是其对冲蚀破坏更为敏感。

g. 接触面积较大的摩擦副,运动表面应留有纳污槽(或孔)。

h. 避免采用易堵塞的小孔结构,如小节流喷嘴等,应选用有利于抗污染的窗口结构。尽量采取活动式衬套和可拆式铆堵结构以取代固定衬套和铆堵结构,用以改善对油路的冲洗和有效防止盲孔的污染物积聚。

i. 在满足结构要求前提下,燃油附件壳体内尽量不采用狭长、转折的内部流道。这种流道不仅加工、清洗、检验困难,也容易形成流动死区,堆滞污染物,堵塞流道。壳体上内流路应短、近、直,有良好的可达性。

j. 流体液压式机构远比机械传动式机构对污染物敏感。最好选用复杂的机械传动系统来替代相对简单的液压作动机构,这对提高抗污染能力行之有效。

4) 加强生产过程中的污染控制

虽然燃油在出厂和使用部门接收时都要经过严格检查,然而在储存和使用过程中遇到的问题却往往使燃油的清洁度问题突显。为了限定系统的污染容限,必须对燃油的提炼、运输、储存、使用等环节实施污染控制,应尽量采取各种有效措施防止污染,提高清洁度标准。

(1) 加强对燃油质量的管理和定期检测。机载燃油的污染控制由于受时空限制,加上工作条件苛刻,技术难度较大。发动机燃油系统污染控制的意义在于对进入发动机界面的燃油实施污染控制。不能因燃油流经燃油系统时产生自身污染和环境污染而超出污染容限。过滤系统对保持规定污染度有极其重要意义。总之,要合理和综合地利用一切防止燃油污染和降低污染度的措施,确保产品所需的洁净度。

装运燃油的油罐通气孔上应安装空气滤清和安全装置,在油车罐口和其他油料容器口加防尘罩(套),防止空气中的水分、杂质混入油料;对输油管道、油罐、油车、过滤器和油箱应及时清洗、检查,防止因设备本身不清洁而污染油料;注意储油容器的密封在收发作业时防止雨、雪、冰霜和灰尘等杂质的侵入,影响燃油的清洁度;在油料使用前,要对准备加注的燃油进行定期严格的沉淀和过滤,除掉燃油中的颗粒较大的水分和杂质,并按加油规定操作,定期地排放加油设备中的沉积物。对油罐内壁必须经常涂防腐层并及时清洗,即使报废污染严重的容器,定期检查油水分离器和油滤滤芯。加注到飞机油箱内的燃油污染标准各国均有明确规定。使用中,要按规定对燃油的污染度进行合理及时的检测。特别要采用新技术,加强对喷气燃料中水分和杂质的检测。肉眼能观察到的杂质和游离水,一般容易清除,但肉眼无法观察到的微小杂质和悬浮水,则必须借助仪器,用科学的方法和手段进行检测。

要加强对产品出厂性能试验台的污染控制。燃油附件组装后,出厂前一般都要在试验台上进行性能试验。试验过程中,系统油液进一步对被试组件进行冲刷,也可以说是对组件的最后一次清洗。如果试验台油液不清洁,经试验后本来已经清洗干净的元件再次遭到污染,甚至在试验过程中就可能造成被试元件的严重污染磨损或故障。因此,试验台的污染控制与保证产品的出厂清洁度和性能有着重要意义。试验台的清洁度主要是根据被试元件的清洁度要求来确定的。试验台的清洁度一般应比被试元件清洁度高出 1~2 级,但最低不得低于被试元件的清洁度。目前,试验台油液污染严重的状况普遍存在,这是原件达不到出厂清洁度指标和造成元件早期损坏和故障的主要原因。为保证元件性能和出厂清洁度,除了在整个工艺过程中采取有效的清洗净化措施外,还必须对试验台采取严格的污染控制措施,并对试验台过滤系统的性能要定期考核和评定。

(2) 加强对工艺加工方法的严格控制。采用清洁加工方法,在整个工艺流程中都必须加强对污染物来源和产生途径的严格控制。

① 采用先进制造技术,减少污染环节。要围绕提高清洁度,不断完善工艺规范,特别要注意对加工方法,到冲洗、装配、试验、检测各个环节,加以控制。例如,在工艺规范中,曾经对精密活门等偶件型孔的工艺要求是"保持锐边",没有做出可操作性的定量要求,加工和检验中随意性大。后来细化了工艺规范,制定了"机械加工零件棱边及质量控制"定量要求规范,对毛刺的控制收到很好的效果。又例如,采用数控加工技术提高零件制造精度(装、卡、定位次数减少)的同时,也大大的缩短了零件的转工、运输、检测的周期,减少了因周转造成的零件污染,对提高零件自身的清洁度大有裨益。有关试验证明,对精密偶件实行以珩代研、以磨代研可以减少研磨膏对系统的污染。还有不断探索和改进清洗方法、采用"少无毛刺加工"工艺、先进的去毛刺技术等。

② 清洗工艺的严格控制与不断改进。机械零件在加工、储存、运输等过程中,常常会产生各种污染物,如金属屑、油污、灰尘、纤维、碳化物等。这些微粒如果残留在零件中,必然造成污染影响产品的清洁度。必须对其进行清(冲)洗。污染控制是一个系统工程,在元件生产过程中,增加治脏环节,提高元件的清洁度,对提高产品和系统的可靠性具有关键的意义。目前,元件出厂的清洁度已经成为产品质量控制中一项重要指标。对于燃油控制器其结构复杂,在加工中清洗工序繁多,且不易控制,必须按照其特点,不断总结和改进。

在燃油燃油附件加工中,常用的清(冲)洗技术主要包括:手工清洗、涮洗、(喷)淋洗、超声波清洗、单孔冲洗、大流量冲洗等。各种清(冲)洗方法的特点及适用范围如表4-2所列。

表4-2　各种清(冲)洗方法的特点及适用范围

清(冲)洗方法	特点	适用范围	备注
手工清洗	利用各种清洗工具在清洗介质(如清洗液、汽油、煤油等)中对零件表面进行清理(洗)的方法	各种机械零件	
涮洗	在清洗介质中按一定规律将零件左右、上下、前后翻动	壳体类零件	
(喷)淋洗	将一定压力的清洗介质喷射到零件表面进行清洗的方法	油封前后、装配前的零件清洗	
超声波清洗	利用高频振动及冲击对零件表面进行清理(洗)的方法	各种机械零件及油污表面	
单孔冲洗	在一定压力及温度作用下对零件孔进行冲洗的方法	细长孔类零件	
大流量冲洗	在一定压力及温度作用下对零件所有孔系进行冲洗的方法。该工艺又分为油气脉冲和油气交替二种方法	壳体类零件	

表 4-2 的方法在油泵生产中被广泛应用,要根据不同零部件的结构特点、加工流程、设备功能、工序安排以及各个方法本身的特点正确运用。要建立符合生产实际的清洗单元。要注意运用新技术和新设备,不断改进生产过程中的清洗方法,并要不断总结经验教训,达到严格把控元部件和系统清洗质量,控制污染度的效果。

例如:对油泵的壳体零件采用大流量冲洗,一般在工艺中也是不断演变改进的。早期的壳体大流量冲洗工艺大量使用的有油气脉冲和油气交替二种方法。实践证明,油气脉冲主要用于壳体研磨衬套孔前对机械加工所产生和残留的金属屑的去除、以保证壳体研磨衬套孔前的清洁度。而油气交替冲洗,主要用于壳体压套研磨后对机械研磨加工所用的研磨膏的去除。特别是将油液加温到 60~80℃,并适当增大气压的高温高压时,尤其可较好地去除壳体的内腔的研磨膏。随着泵的性能对清洁度要求越来越严,有资料指出,燃油附件的壳体冲洗改在程控大流量冲洗机上进行。更多的是对壳体采用油气交替方法,并使油温和气压有所提高、调整油、气冲洗时间的设置,可以取得更好的效果。又如超声波清洗,只要正确选用合适的设备和冲洗工艺,包括工艺参数(如超声波频率、功率密度、清洗时间等)、被清洗件放置方法、清洗液的选择及其配方等,就能对零件在精加工过程中的清洗、装配前的清洗、几何形状复杂(多孔、深孔、弯孔、盲孔、微孔)的孔类零件的清洗以及污垢粘附较牢的中小型零件的清洗等比较严格的场合。取得较好的清洗效果。

③ 提高去毛刺工艺技术,严格控制毛刺对燃油系统的污染。

a. 关于毛刺的定义:毛刺是指工件已加工部位周围所形成的大小不等、形状各异的刺状物、余屑或飞边。零件不同,对毛刺的定义与要求也不同。机械零件在加工中产生毛刺是不可避免的,一般产品允许有一定高度的毛刺存在;燃油调节器中有大量的精密衬套活门偶件、各类异型件和复杂结构的各类壳体件等。这些零件形状复杂,加工中不可避免地在某些零件的死角、细长孔、交叉孔和内小孔、盲孔或引导孔、螺纹孔牙面/螺纹孔、交叉通道、零件 R 处都会出现。这些毛刺通常根据加工方法和出现的部位不同,呈现卷曲状、翻转的松散状、堆积的碎片和污染物以及边缘破裂、不规则区域等。

零件毛刺的存在对于燃油泵类装备的正常工作有着致命的危害性。毛刺的存在会影响零件的质量、精度,导致产品使用性能、寿命、安全、外观等。它对后续的加工、尺寸检查、产品装配、渗漏测试都会产生不利影响,特别会影响与其他零组件的正确组合装配。毛刺一旦脱落,会使产品失效。对于油路通道及精密活门类零件,毛刺会导致孔的位置或角度错位产生节流而不能工作。所以,从零组件加工、去毛刺到清洗、检测,都要求对有无毛刺进行严格把控。必须采用多种有效方法去除和控制毛刺,要把毛刺贯穿产品生产的全过程,确保零件符合技术文件规定和使用可靠性。

燃油控制系统零件毛刺的有害效应是致命的。特别是对于结构和工况特殊的零件,很多毛刺是尤其不能接受的。在这类零件类型主要有:各种螺纹件;各种精密的衬套、活门件;各类异型件;各类壳体件等。它们在加工中出现的毛刺按所处位置有孔内毛刺、螺纹毛刺和外形毛刺几种。从材料分有:金属毛刺次和非金属毛刺。实践中有如表4-3所列的不能接受的典型毛刺。

表4-3　不能接受的典型毛刺

零件类别	毛刺形态描述	示　图		备注
螺纹孔牙面/螺纹孔	A—螺纹的设计外形	A		螺纹孔牙面/螺纹孔应无碎屑、毛刺及大的不连续表面。碎屑及脱落的毛刺可能会使整个系统性能下降或完全损坏,而螺纹表面存在大的不连续缺陷会使配合偶件或复杂组合件受到损坏
	B—在螺纹牙侧存在部分被隐藏的、翻转的松散毛刺	B	不可接受	
	C—在牙顶有高出基体材料的卷曲型毛刺	C	不可接受	
	D—在螺纹牙型的暴露位置存在与B相似的状况	D	不可接受	

零件类别	毛刺形态描述	示　图		备注
螺纹孔牙面/螺纹孔	螺纹因毛刺未去除干净而凸出所产生的间隙		不被接受	螺纹孔牙面/螺纹孔应无碎屑、毛刺及大的不连续表面。碎屑及脱落的毛刺可能会使整个系统性能下降或完全损坏,而螺纹表面存在大的不连续缺陷会使配合偶件或复杂组合件受到损坏
	螺纹盲孔—堆积在螺纹孔内的碎片、碎屑和污染物和毛刺,损坏孔内牙扣		不可接受	
	交叉通道有毛刺,去毛刺过程中导致孔的位置或角度错位产生的节流		不可接受	毛刺一旦脱落,会使产品失效,毛刺对后续的加工、尺寸检查、产品装配、渗漏测试都会产生不利影响,并损坏其他零件。所以,要求零件各部位要符合图纸倒圆要求并应无毛刺
	交叉孔或孔边缘处有毛刺		不可接受	

零件类别	毛刺形态描述	示　图		备注
螺纹孔牙面/螺纹孔	细长孔、斜孔有毛刺		不可接受	毛刺一旦脱落，会使产品失效，毛刺对后续的加工、尺寸检查、产品装配、渗漏测试都会产生不利影响，并损坏其他零件。所以，要求零件各部位要符合图纸倒圆要求并应无毛刺
	由于去毛刺造成的通道边缘破裂、不规则区域	X	不能超过工艺规定	
	零件 R 处毛刺未清理干净			

毛刺产生的原因一般有：切削刀刃变钝，间隙过大；刀刃迟钝，或安装不当；刀具磨损或安装不当；切割操作不当；操作不规范；工艺不明确或不合理等。应从加工工艺和去除方法等方面予以控制。

b. 去毛刺技术与技能。所谓去毛刺，就是清除工件已加工部位周围所形成的大小不等、形状各异的刺状物或飞边。对燃油控制系统零件而言，由于某些零件的死角、细长孔、交叉孔和内小孔毛刺难以去除，常常导致因毛刺造成的失效屡有发生，成为生产单位一个永恒的主题。

毛刺问题是困扰燃油控制系统附件制造企业的一个必须关注的问题，是影响产品质量和使用寿命的重要因素。近几年来，根据企业外场质量事故的调查和反馈，"三伤"和漏油事故大多与毛刺存在有着直接或间接的关系。而去毛刺工艺技术又是一项综合和复杂的课题，无论从去毛刺机理、其毛刺检测方法和标准，还是去毛刺的工艺手段，都是当今燃油控制系统附件制造企业的一个难题，必须很好研究和总结。

当前,去毛刺方法基本上还是沿用传统的手工和机械去毛刺方法。手工去毛刺主要依靠人工使用钢锉、刮刀、砂纸,磨头进行刮削、打磨等手段去除零件表面的毛刺,以满足表面粗糙度的要求。但是该方法一般仅仅针对便于观察、可到达性较好的位置。其特点是方便、快速且直观;但是对于较为复杂位置(如:交叉孔,细长孔、斜孔、盲孔)的毛刺,其劳动强度将增大,去毛刺也不容易进行。机械去毛刺法就是利用台钻、简易气动毛刺机、研磨机、抛光轮等设备进行工作。这种方法虽然成为人工的辅助,但是对于去除交叉孔、深长孔里的毛刺,容易造成细微毛刺外翻,肉眼不易发现而导致毛刺依然存在的现象。很多时候,要根据零件毛刺的具体情况、特点和图纸要求,采取手工和机械相结合的方法,把不同规格和长度的去毛刺小工具配备在自动气动气压毛刺机上,可以在去除交叉孔,细长孔、斜孔、螺纹孔、盲孔等的毛刺收到很好的效果。目前,去毛刺工艺技术逐渐由手工转化为依靠先进工具、设备来进行成为一种发展趋势。要在生产实践中不断总结和积累经验,提高去毛刺的技术和技能。图4-114为常用的一些去毛刺工具。

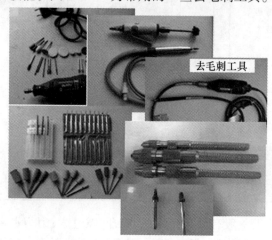

图4-114　常用去毛刺工具

由于航空产品的高精度和高标准要求,目前,国内外在去毛刺技术上不断改进和提升,去毛刺方法改进成为大势所趋。目前去毛刺的方法大致有采用物理能、化学能和电能等。使用较多、效果较好的有电动(气动)工具去毛刺法、电化学去毛刺法、磨粒流去毛刺法、超声波去毛刺、磁力去毛刺法、高压脉冲水射流法、振动去毛刺、激光去毛刺、振动研磨去毛刺等。不同的方法适用于不同的毛刺情况,应通过实验予以推广应用。随着工艺技术的发展,现在的最新成果和发展趋势是采用"少无毛刺加工"工艺值得关注。如零件端面倒角法、切削终端部挡板法、多件加工法、附件加工法等,可以通过试验逐步运用和推广。

燃油泵附件由于结构复杂、油路孔多等,毛刺出现的位置也比较特殊和复杂。

这类毛刺去除困难,但危害性大,尤其要采用合适的方法予以解决。例如,调节器壳体毛刺常常会出现在壳体压入衬套内壁型腔的四周,或出现在深长孔内与油路交叉相贯的位置。由于铝壳体内的衬套为钢制结构,而交叉处的毛刺也会由于深长孔的原因,采用常规的去毛刺刀具无法用力,这就造成了这些位置的毛刺往往很难去除而留下隐患。又比如,调节器中半定压差活门衬套、超转活门衬套胶圈处的毛刺,正好处于衬套孔方槽或交叉孔处的位置,衬套压入壳体后,使得毛刺刀具伸到槽边或交叉孔处却难以用力以及衬套材料硬等原因,无法用传统方法去除干净,而这些残留的毛刺在装配时产生割胶圈现象,直接影响生产的正常进行。经过工人与技术人员的反复试验攻关,根据工件情况、自制或选用合适的工具,采用干法和湿法相结合、手工和机械相结合的方法,收到很好的效果。

在长期的生产实践中,去除泵类零部件的毛刺,摸索出很多有益方法和技能,值得借鉴。主要有以下一些方法:

（a）对于肉眼可见到的毛刺,可以采用传统的手工去毛刺方法。

（b）对于壳体内衬套槽边等特殊位置的毛刺。可以采用毛刺抛光机夹持不织布研磨轮结合使用,对各槽边来回做轴向或径向打磨的方法进行抛光处理,以彻底去除毛刺。

（c）对于槽边转角或死角处残余尖边可以采用小型气动毛刺机予以剔除。

（d）采用直叉式、分叉式去毛刺工具,可将抛光纸或砂布很好地固定在去毛刺工具上,能利用抛光纸或砂布伴随工具的自如旋转、进出,有效地对内孔进行抛光处理。

（e）采用不同规格和长度的去毛刺小工具配备在自动气动气压毛刺机,除尖边要求外,能对去过毛刺的位置进行抛光处理达到图纸要求的粗糙度和光滑度,也能有效地去除交叉孔,细长孔、斜孔、螺纹孔、盲孔的毛刺。

（f）采用电化学去毛刺法,能对金属材料制成的零件自动地、有选择地完成去毛刺作业。可用于不同金属材质的泵体、阀体等零件难于去除的内部毛刺。

（g）超声波去毛刺主要针对一些微观的细微毛刺效果较好。

（h）铸造铝合金壳体中残留的沙粒具有更大的危害性。特别要注意对壳体型腔部分死角的壳芯清理。可按壳体的结构、条件和要求不同,具体采用手动清砂、机械清砂、水力清砂、化学清理等方法去除。并采用孔探仪、内窥镜等对型腔进行直接观测,或通过后续冲洗等手段对其进行间接判定的检测方法予以严格控制。

c. 去毛刺的检测方法。对零件毛刺去除情况的检查一般采用目视或10倍放大镜。也有采用触摸法、挂丝法、定量法、拍照法及使用有放大功能的仪器等方法,要根据被检查对象的具体情况而定。保持零件清洁是检查毛刺最基本的前提。要注意灰尘或其他污染物会混淆检查结果,使检查中毛刺被漏检。为此要合理安排检查的工序。为了保证检查的准确性,要合理选择检查的角度。通常,从单一方向检查零件上的毛刺很容易产生漏检。应从不同的方向和各种角度进行检测。对检查时照明的合适选择与检测角度相似,要在与被检零件表面或边缘成30°~60°的区域内进行照明。应采用冷光源,所用照明的强度、型号、颜色和角度主要由零件的尺寸、形状、材料和具体细节决定。应根据零件备件部位采用小型放大镜、双目显微镜、内窥镜和其他合适的辅助检验设备。

④ 环境控制与设备管理。

除了在工艺过程有效控制之外,厂房环境、设备的定期校验也不可忽视。产品的组装应在清洁室里进行,清洁室周围应全部采用密闭安装的窗户和门,其结构材料应容易清洗,不易沾灰尘,并配有清洁空气的供应系统。如果墙壁采用耐腐蚀材料(如不锈钢),则表面不能涂漆。在清洁区工作的人员应穿无口袋、纽扣、徽章等物品的工作服、戴工作帽。

试验台的清洁度主要是根据被试元件的清洁度要求来确定的。试验台的清洁度一般应比被试元件清洁度高出1~2级,但最低不得低于被试元件的清洁度。航空燃油系统试验台的清洁度不得低于 NAS6-7 级。

试验台油液污染造成出厂产品早期损坏和故障的原因之一。为保证元件性能和出厂清洁度,除了在整个工艺过程中采取有效的清洗净化措施外,必须对试验台采取严格的污染控制措施。要按规定对试验台过滤系统的性能进行定期检查和评定,严格控制来自环境及设备对系统的污染。

这些在有关标准中都有明确的规定,一定要严格落实。

(3)加强对清洁度的检测与控制。目前,发动机燃油系统元件的污染度指标已经相继制订。根据有关污染度容限控制标准,对燃油控制系统装置清洁度的检测是控制污染度、保证飞行安全可靠的有效途径。长期以来,燃油泵生产单位对油液的污染监测还不很得力,甚至比较落后,比如油泵内的油液污染的检测主要靠目视,所谓"三次见零"的定性控制技术和方法,这种方法主要靠人工分辨油液的清洁度,很难从根本上得到控制,应该采用先进、实用、方便的设备和技术,给予有效的控制。

零件或产品的清洁度水平往往可以通过其工作介质的清洁度加以反映。应通过提高清洁度检测水平来加强对污染度的控制。随着人们认识水平和传感器制造技术水平的不断提高,清洁度检测采用液体颗粒度技术已日臻成熟。20 世纪 80年代后,我国在欧美标准的基础上制定了行业标准,并在液压行业中广泛实施。液体颗粒度检测技术已逐步实现了从定性到定量转化的过程,判定方法更准确、科学和真实,应在生产全过程中实施。

清洁度控制是燃油系统产品永恒的主题。综观各国技术发展水平,提高航空发动机燃油附件清洁度的控制仍有巨大的发展和改善的空间。我们应追踪先进发达国家控制技术的发展,认真总结由于污染造成的失效案例,并从中总结规律,认真汲取经验教训,用系统的观点和方法,全面有效地控制污染度,不断提高系统抗污染能力,切实提高燃油控制系统产品的工作可靠性。

第5章 燃油控制系统附件的 质量保证与可靠性增长

　　机械产品出现失效(故障)是必然的,特别是作为发动机"心脏"的燃油控制系统附件更是难免。随着高新技术的发展,航空发动机在高速度、大功率、长寿命和可靠性方面取得长足进步。这些成绩的取得是在一系列复杂技术问题得到解决之后实现的。长期以来,我国航空发动机燃油控制系统在解决各类失效(故障)中,多次发挥全行业的优势,集中力量,分工合作,共同攻关,积累了许多宝贵的经验,较好地解决了发生在场内外的各类失效(故障),在提高燃油控制系统附件质量和可靠性方面收到良好的效果,并积累了正反经验和教训。

　　航空发动机燃油泵控制系统装置产业是集"技术密集、人才密集、资金密集"于一体的高技术产业。我们的任务就是要进一步认识做好失效预防和可靠性增长的重要性,掌握燃油控制系统附件发生失效(故障)的规律,沉淀经验,汲取和运用先进的科学进步途径,对薄弱环节进行可靠性研究和实践,并采取有效措施,固本强基,壮筋续骨,根治"心脏病",全力做好质量保证与可靠性增长,以不断提高燃油控制系统附件的质量和可靠性,保证飞行安全可靠。

　　从航空发动机燃油控制附件大量失效案例分析中,显而易见,造成这些故障的主要原因:一是航空发动机是大型复杂的热力高速旋转机械,处于高转速、高负荷(应力)和高温的环境下工作,发动机本身工况与外场使用条件都十分复杂,使发动机在寿命周期内很容易出现故障。因此对其"心脏"装置的可靠性要求很高。二是我国航空发动机经历了仿制、改型和自行设计的各阶段。在早期设计只注重产品性能要求,不规定可靠性、维修性、耐久性和全寿命期费用要求。三是由于国内可靠性基础薄弱,长期以来在设计、研制和试验考核环节中,对产品可靠性难以进行较深入的工作,加之可靠性研究投入不足,试验验证不充分,难免遗留一些可靠性隐患,使产品性能退化,直接影响到产品的可靠性,产品实际的可靠性水平远低于设计。总结经验教训,不仅要关心燃油控制附件的技术性能,而且还要关心它的可靠性,坚持性能、可靠性、维修性、保障性并重。由于高新技术的不断应用,在装备寿命周期(全寿命)过程中,更要不断深化认识和转变观念、逐步改进和完善。特别是改革开放以来,随着国力的不断增强,航空发动机工业遇到了打造升级版、跻身和赶超国际先进行列的大好形势下,为提高可靠性提供了良好的机遇和条件。我们必须从设计、工艺制造、材料、过程控制以及装配、使用等环节全面地进行有效控制,针对产品存在的薄弱环节或隐患,采取有效措施,全面提高产品的可靠性,并保证性能、可靠性、维修性和全寿命期费用的权衡发展。

5.1 概　　述

燃油控制系统附件在航空飞行器中具有特殊的重要地位和特殊功用，其质量保证和可靠性直接关系到航空事业的发展和国防安全。必须树立牢固的"用户"思维和质量意识，在企业生产链、价值链的各个环节中都要"以用户为中心"去考虑问题。采用以机械装置失效分析和可靠性的科学技术和方法，结合企业关于燃油控制系统附件产品在制造、试验、使用中等出现的失效案例，全方位多角度的采取质量保证和可靠性增长的有效措施，满足产品质量和可靠性增长要求。

5.1.1　可靠性增长的意义

可靠性是产品质量的重要指标。可靠性是指产品在规定的条件下和规定的时间区间内完成规定功能的能力。也就是说，它是用时间尺度来描述的质量，是一个产品到了用户手里，随着时间的推移，能否稳定保持原有功能的问题。可靠度是产品在规定的条件下和规定的时间区间内完成规定功能的概率。而失效则是指产品终止规定功能的能力。可靠度是失效率的倒数，即产品的可靠度越高，意味着寿命长、维修费用低、其失效率也就越低；反之就意味着寿命短、维修费用高、失效率也越高。可见，可靠性与失效是从推与拉、正与反两个方面促进产品质量的提升，满足用户要求的重要途径。可靠性是由产品无故障性、耐久性、维修性和保障性等综合组成的一个系统概念，是武器装备重要的战术技术指标。可靠性工程包括可靠性技术和可靠性管理两个方面，通过先进的技术和科学的管理，可以实现高可靠性的目标。可靠性工作的目的，是提高武器装备的战备完好性和任务成功性，减少维修人力和保障费用。

从我国航空武器装备现代化要求的全局出发，要做好可靠性工作，必须提高认识，转变观念，从顶层抓起，真正有效地注重发动机的可靠性工程；必须尽快地把以产品性能为中心的设计观念，转变为性能与可靠性、维修性、保障性并重设计理念；把事后故障处理为主的被动式管理，转变为全过程控制为主的主动式管理；为了达到预定的可靠性指标，就必须有计划有步骤地有效开展和推进实施可靠性增长管理工作。要有效开展失效分析与预防工作，使正面牵引与反面推进环环紧扣。对产品全寿命和生产全过程暴露出装备的可靠性薄弱环节和质量问题，运用全面质量管理和失效分析与可靠性增长的科学方法，采用新技术、新材料、新工艺，优化设计，科研先行，提高产品的质量，有针对性地改进和提高产品可靠性以达到预期水平，使得故障率大幅降低，提高装备在用户中的认同度，更好地打造用户满意的优质产品，实现跨越式发展。

5.1.2 燃油控制附件可靠性增长的一般规律

燃油控制附件的可靠性增长分析很大程度上要依赖于附件试验的故障数据。在实际研制过程中,附件是被逐步试制出来,并通过交付给主机进行试车来暴露故障,然后通过外场排除故障、内场改进设计来消除同类故障。设计改进的成果会被后继研制的附件产品所沿用,特别是对技术状态总体相同的附件产品。

在 GB/T 15174—94《可靠性增长大纲》中,通常采取实验室或现场试验来激发并暴露产品的薄弱环节,以便改进系统、设备、元器件或类似产品的可靠性。若出现失效,就要进行诊断、修理或更换,然后继续进行试验;同时进行分析并找出其失效的根本原因,并对设计或可靠性增长发展过程中的结果进行适当的更改,从而促使产品的可靠性逐步增长。

燃油控制附件和其他的武器装备一样,其性能在设计定型时,能充分显示其可靠性水平并基本固化,但此时并不能达到成熟期的可靠性指标要求。在装备寿命周期的早期阶段,由于存在着初期设计、制造等方面的缺陷,使得装备的可靠性比较低;再加上型号产品出现大量研制与生产并行交叉的情况下,从装备交付部队后使用信息的反馈看,在设计定型后和批产前的产品,常常出现可靠性设计和工艺规范不够成熟,未进行充分的可靠性增长对策研究的情况,使产品存在一些先天不足,暴露出的可靠性问题也较多。一些可靠性薄弱的环节也被带入批量产品中,在交付部队使用后,这些问题就被充分暴露。还有小批量生产产品的性能和可靠性也有待不断提高和完善。这些情况说明,如何对产品进行可靠性设计与增长成为迫切的问题。产品的设计定型,仅仅是可靠性增长过程中的一个关键控制点,还必须继续进行有计划的可靠性持续增长,以实现成熟期的最终目标。在进入批生产阶段,继续进行可靠性增长,燃油附件的可靠性将会有阶跃式提升。

可靠性增长是新型装备的普遍规律,它已被国外总结为可靠性增长锯齿曲线规律,如图 5 - 1 所示。

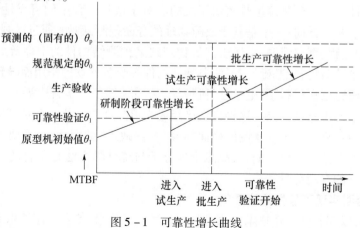

图 5 - 1 可靠性增长曲线

实施可靠性增长要有计划分阶段进行。在方案阶段，应根据与主机厂签订的技术协议要求，科学合理地分配和预计可靠性增长目标，利用研制经验和结合实际研制能力制定可靠性增长计划，准备好所需的资源；工程研制阶段是实施可靠性增长的最重要的阶段，应根据大量的试验和故障信息，对增长进行严格的控制；产品定型后的生产、外场使用阶段是可靠性增长的持续阶段，应进一步跟踪、收集信息。

5.1.3　可靠性增长技术的发展概述

可靠性增长技术，也同失效分析一样，随着科学技术的飞速发展，越来越先进。

1. 运用可靠性增长分析技术

对零部件或产品进行可靠性评定是研究产品可靠性的基础工作。采用恰当的可靠性增长分析方法，对有限的试验数据进行分析，得到合理的可靠性增长评估结果。这是研究可靠性增长试验的关键，应做进一步研究和应用。

2. 推行加速可靠性增长试验

伴随社会经济和科学技术的发展，产品更新换代的周期在缩短，减少试验时间已经势在必行。高加速寿命试验（HALT）属于激发试验，可用于产品的设计阶段，目的是快速暴露产品的设计缺陷，以便及时改进设计。目前还停留在定性分析阶段。因此，研究 HALT 的定量解析问题是关键。如果应用正确的可靠性增长模型，并实施加速试验，则可以把 HALT 与可靠性增长试验结合起来，有助于推进可靠性增长技术的发展。

3. 开展全寿命期的可靠性增长预测

可靠性增长过程应该从研制阶段开展并贯穿到全寿命期内。研究全寿命期的可靠性增长，有益于排除一切不可靠因素和故障隐患，从根本上提高和保证产品可靠性。其关键在于从研制阶段开始必须跟踪、收集、挖掘各类相关的可靠性数据信息，利用数据挖掘和信息融合技术，开展全寿命期的可靠性增长分析与预测。

4. 采用故障解析与可靠性统计相结合的方法解决预测问题

可靠性增长与预测理论是密切相关的。对于增长过程中的可靠性预测问题，目前形成了两个方向：一个是基于故障物理的寿命预测，例如，通过微观裂纹扩展、磨损、腐蚀过程、真空泄漏、电压击穿等物理缺陷预测结构件的寿命等。这方面的研究主要是针对材料、基础元器件、典型结构件等受各种物理作用而导致故障的过程。此类研究已在材料学、电子学、机械学、物理学等多个学科中展开。另一个是基于统计学的可靠性预测。这种方法已经成为可靠性统计的一个别开生面的重要研究方向与补充。但统计预测同样面临着"数据缺乏"的困扰，也需要引入数据挖掘和信息融合技术。可以断言，故障物理分析与统计学方法相结合的寿命预测研究具有深远的发展前景。

5. 全面实现可靠性的信息化

当前，以互联网搭建技术、大数据技术、微电子技术、信息传输技术等为代表的信息化产业飞速发展,引起机械行业高度关注,也为航空发动机燃油控制的可靠性增长带来新的机遇。新一代燃油控制附件可靠性的发展将以信息化为龙头,积极推行可靠性的智能化和网络化。要通过应用人工智能和信息网络技术改进可靠性的设计分析、试验与评价和管理活动,保证各种可靠性和可靠性增长活动在任务、环境等变化产生的复杂状态下能够快速和准确完成规定功能。

5.2　燃油控制附件质量保证与可靠性增长的主要措施

"质量是企业的生命"是企业界的金玉良言,是无数企业在长期的生产经营实践中的经验总结。"以质量求生存,以质量求发展,以质量求效益",已成为当今社会经济活动的主题,并形成刚性共识。产品质量说到底就是产品的使用价值,它包括产品的内在质量、外观质量和服务质量三个方面。产品的内在质量就是产品性能的可靠性,这是产品外观质量的基础,是产品立足的根本,在产品质量中占居首要地位。航空发动机燃油控制系统装置是一个设计机、电、液、信息技术等多学科多技术的高新技术和复杂系统,其制造过程涉及到机械制造、装配试验、热表处理、锻铸冲焊、非金属、弹性元件的制造、检测等多个学科和专业。新一代燃油控制附件的可靠性水平要求更高。要引入可靠性的先进理念,进一步利用各种先进技术,在成熟掌握三代机燃油控制系统装置的制造和管理技术的基础上,围绕全面提高产品可靠性,采取有效措施,实现可靠性增长的目的。

要提高产品的可靠性,必须在产品的研制、生产和使用中自始至终贯彻可靠性工程的理念。可靠性工程,就是以保证和提高产品可靠性为目标,在给定资源条件约束下,在全寿命周期过程中,最大限度地纠正与控制各种偶然故障件并能够与根除各种必然故障的工程技术。由此可见,可靠性工程设计包括产品从设计、试制、试验、定型生产、储存、使用直到寿命终止的全过程。实现产品可靠性增长是一项全方位的系统工程。要建立可靠性工程管理体系,从有效运行质量保证体系、采用新技术、新材料、新工艺,优化设计,科研先行等方面全面实施,力求收到实效。

5.2.1　加强燃油控制系统装置的基础理论研究和固有可靠性研究

大量事实说明,要提高燃油控制系统装置的可靠性,不仅要在原有的基础上,进行改进改型或可靠性增长,更必须从可靠性技术和提高固有可靠性管理入手,技术上坚持"科研先行",管理上实施"并行工程",力求跨越式发展,加强基础理论研究和可靠性试验,才能不断提高可靠性。

1. 燃油控制系统装置的基础理论研究

首先,要着眼于世界上最先进的航空发动机技术发展状况,研究燃油控制系统装置。包括失效机理研究,结构的机械失效概率预测、摩擦副的油膜设计、摩擦磨损计算、新型减摩材料应用、表面涂层与表面处理技术研究应用、新型润滑材料、密封材料防漏技术研究应用等。其次,要着眼于先进的设计思想,采用发动机和燃油控制系统装置一体化设计与制造技术,在满足发动机要求的基础上,开展燃油泵 – 调节器的单元件设计。尽量采用新技术、新材料、新工艺,进行机械、液压、冶金、化工、电子和材料等多学科的基础理论研究成果。在适用性地选择原材料、元器件、零组件的基础上,再进行优化匹配和可靠性试验,最终确定燃油泵 – 调节器的固有可靠性指标。

2. 可靠性试验方法的研究

包括适合于燃油控制系统装置的可靠性试验方法、关键零件及专用功能部件和摩擦副的可靠性试验方法、降低费用缩短时间的加速试验方法,以及用可靠性鉴定试验改进现行定期试验、制定可靠性试验标准、测定燃油控制系统装置的可靠度指标等。还可在此基础上,开展提高使用可靠性的研究:包括燃油泵 – 调节器系统的可靠性管理、污染控制、磨合技术、使用中的检测机理、故障诊断技术等。并设法建立可靠性数据中心:包括收集、存储、检索有关燃油泵 – 调节器元件及系统的各项可靠性数据与信息,泵的失效与维修数据、材料的断裂、磨损、腐蚀失效数据,摩擦副的摩擦学数据等,并注意把信息孤岛连接起来,使核心技术不断向高端扩展。

5.2.2 建立运行有效的质量保证体系

有效运行的全面质量管理体系,涉及生产研制中组织机构、过程控制、综合治理、防错、服务保证、日常培训、技术和管理等诸方面。

1. 建立健全质量管理组织机构

设立专门的质量组织机构,明确了质量管理部门的职责,配置质量管理部门所需的资源,建立健全过程质量检验制度,并设置过程质量控制点等。

2. 建立健全质量检验制度

制定质量检验验收程序,明确从原材料进厂到产品出厂,都要实行层层把关,做好原始记录,实行质量追踪制。

3. 树立质量管理部门的权威

质量管理部门,在最高管理者或管理者代表的直接领导下,以确保任何部门和人员都不能干预质量管理工作,按规定的时间间隔进行有关质量管理知识和岗位技能的培训、考核,并按规定持证上岗,以确保质量检验人员在生产过程中发挥以下三种职能:

一是保证的职能,也就是把关的职能。通过对原材料、半成品的检验、鉴别、分选,剔除不合格品,并决定该产品或该批产品是否接收。保证不合格的原材料不投产,不合格的半成品不转入下道工序,不合格的产品不出厂。

二是预防的职能。质量检验部门将质量信息和统计数据,及时向管理者、顾客或上级有关部门报告,为提高质量、加强管理提供必要的质量信息,以便对发现的质量问题,及时找出原因并排除,预防或减少不合格品的产生。

三是指导的职能。检验人员不但要负责检验,还指导生产工人熟练岗位操作,并严格执行工艺规程,确保生产过程中的产品质量。

4. 实施有效地过程质量监督与控制

(1)设置质量控制点。质量管理点(控制点)的含义是生产制造现场在一定时期、一定的条件下,对需要重点控制的质量特性、关键部位、薄弱环节以及主要因素等,采取的特殊管理措施和办法。其目的是实行强化管理,保证规定的质量要求。

(2)运用先进科学的质量监控方法。特别强调深化统计分析技术的应用,推进用数据说话的精细化质量管理。要建立以数据驱动管理的常态化机制,促进实物质量与管理质量水平的不断提升,为实施批产精品工程奠定基础。

(3)开展形式多样的群众性质量促进活动。关于过程质量控制,在生产实践中,创造出了很多群众性的质量监控活动形式,值得推广。例如以"顾客至上"的管理理念和"三敲"(大事敲钟、小事敲锣、无事敲木鱼)、"三老四严"(当老实人,说老实话,办老实事,严格、严明、严肃、严密)为内容的传统教育;以质量问题"双五归零"(技术归零——做到"定位准确、机理清楚、问题复现、措施有效、举一反三",管理归零——做到"过程清楚、责任明确、措施落实、严肃处理、完善规章")、"五不放过"(坚持原因不查清不放过、责任不明确不放过、措施不落实不放过、验证不充分不放过、教育不到位不放过)为原则的质量处理程序;还有适时进行的以工厂当前质量态势,有针对性地开展过程控制、产业链审核、清洁度治理、服务保障、专题标准宣贯与培训、精益六西格玛管理、质量合理化建议、质量信箱、质量举报、质量隐患排查、质量防错、优秀质量案例等活动。在企业形成浓厚的质量文化氛围,全员全面推进质量工作。

5. 做好产品售后服务保障工作

(1)建立外场质量服务保障团队。为用户提供满意的产品是企业生存的根本。外场质量服务保障团队要秉承用户至上的服务理念,由熟悉产品、精通业务、能吃苦耐劳的精湛人员组成。要及时和实时关注用户需求,把握用户需求变化要从细微的用户需求入手,贴近用户心理。要对各型产品容易出现的故障问题有科学细致的预判、预防和预案。要针对各型产品制订典型故障判断及排除方法手册。手册内容应详细,具有操作性。排除方法应按照故障名称、现象、判断、排除或处理顺序进行叙述。对部队使用中暴露的技术质量问题,要反应敏感、行动迅速。排故过程应及时、快速、措施得力、解决彻底、有始有终。每次排故后都应及时总结经验教训,不断试错,不断反省,在持续迭代中不断改进。要建立排故档案,举一反三,不断提高排故质量,让用户满意。要注意厂内外的信息沟通与技术协调,将外场获得的产品在服役使用中发生失效与故障的信息及时反馈给生产单位。通过排故和失效分析,把产品的质量改进和薄弱环节技术突破变为提高产品可靠性工作的巨大牵引力。

（2）搞好质量危机管控。基于出现质量问题是客观存在的现实，要建立质量危机管控机制。质量危机管理，应从预测与预警、应对与控制、恢复与提升三个阶段组成部分分别进行。预测与预警主要包括：设立危机管理机构、形成强大有效的范围及力量（包括资金、体质、人员、技术等）、强化质量危机意识、将危机预防纳入日常工作、加强员工危机培训、建立危机预警系统、对危机事件源以及征兆进行检测、在危机来临时发出警报、进行危机管理的模拟训练、建立质量管理体系对生产经营全过程进行严格控制、堵塞漏洞等；质量危机应对与控制包括：快速启动质量危机应急、处理机制、信息发布与沟通、制订危机处理对策、责任承担、制订与实施召回赔偿措施等；质量恢复与提升包括迅速恢复正常运转、调查危机发生原因、分析危机处理过程中相关决策与措施、客观评价危机处理过程的工作、工作改进、建立危机档案，做好声誉恢复和形象重塑，将压力转换为动力并不断创新技术与管理等。

5.2.3　进行可靠性增长管理

1. 制定增长计划

实施可靠性增长计划，要在充分掌握和分析产品全寿命过程中的失效事件、有针对性地进行薄弱环节预测、控制与提升等的基础上，制定有针对性的可靠性增长计划。通过试验—分析—改进—试验，使产品的可靠性水平逐步提高，最终达到预期的目标。

2. 建立信息收集系统

实施可靠性增长，还需要充分收集相关的产品故障信息，包括产品的设计信息和试验、调试、使用过程中的故障信息。因此，需要依托 FRACAS，同时通过可靠性管理、质量管理等手段进行故障信息收集。在实际运用中，要特别注意两个方面的信息：一是国外信息，要时刻瞄准国外同行业发展的新趋势、新结构、新技术，为我所用；二是外场信息，这是不断获得产品在服役使用中发生失效与故障的直接窗口，从而通过失效分析获得质量改进和可靠性增长的巨大推动力。

3. 实施可靠性改进

可靠性增长是在燃油控制附件的寿命期内，通过逐步纠正和改进设计、制造中的缺点，来达到提高可靠性的目的。原则上讲，只要对产品故障或零件缺陷（失效）采取有效的设计、工艺、管理改进措施，均可使产品的可靠性得到增长。我国燃油泵控制系统长期以改进改型为主，对系统及单元器件特性和可靠性的基础研究有待深入，对关键前沿技术和基础的深入研究和应用还比较薄弱，创新与研发能力亟待加强。实施可靠性的总体目标是要在总结已往成熟经验的基础上，大力开展第三代、第四代等先进燃油泵控制系统附件的关键技术研究，提升控制系统附件的总体设计、试验、制造及材料技术水平，为附件的研制和发展提供技术支撑。

1）依赖设计改进实施可靠性增长

产品的可靠性很大程度上决定于设计。设计阶段，应在详细地了解产品的工作情况、环境和使用条件的基础上,利用可靠性设计分析技术(如建模仿真技术、强度分析、预计、FMEA、FTA 等),再加上良好的信息库支持,把信息技术与发动机及燃油控制系统的关键设计技术的高度融合,可以发现设计中的隐患或薄弱环节,进行设计预测和改进,提高产品的可靠性。这种方法花费最少,收效很大。

设计改进可以包括设计方法的改进和产品薄弱环节的针对性改进。不断完善新的设计方法包括:可靠性设计技术、有限元设计,一体化设计、模块式单元件设计、余度设计等。针对产品薄弱环节的设计改进包括:提高零组件的抗疲劳性能、防止或减少摩擦磨损提高耐磨性、防止泄露等而采取的结构、制造、材料、特种工艺等措施。

2)依赖试验实施可靠性增长

在航空发动机燃油控制系统新研产品过程中,必须辅以充分、全面的各项试验验证考核工作,才能实现对产品可靠性、适应性、合理性的验证。通过各类寿命模拟考核、环境模拟考核及特种试验考核,为系统发现和消除结构设计、材料选择、工艺方法上的薄弱环节和缺陷,是实现产品的失效预防和薄弱点排查工作,验证和提高产品固有可靠性水平的有效途径。在试验验证中,由于模拟了产品的实际工作环境和工作条件,因此暴露出的故障和薄弱环节将更可信,更具有借鉴和分析性,所获得的评估结论相比于计算、分析、仿真也更加真实。要充分发挥产品试验在失效分析和可靠性增长中的作用。

产品试验的内容包括:批生产的例行试验,新研制产品的鉴定定型试验,可靠性增长试验,利用性能、功能、环境等的试验,元件试验以及内场试验与外场使用等。

(1)采用可靠性研制试验。在产品研制阶段,为消除设计及工艺上的薄弱环节和缺陷所进行的试验。该试验的环境条件不受限制,可以是单应力环境,也可以是综合应力环境。其目的是剔除故障,而不强调评估结果。可靠性研制试验要在对所研制产品系统需求深刻剖析的基础上,严格按照型号规范技术要求,做到验证充分,实现完美可靠交付。

(2)推进可靠性增长试验。可靠性增长试验就是为暴露产品的薄弱环节,并证明改进措施能系统地发现和消除设计及工艺上的薄弱环节和缺陷,提高产品的固有可靠性水平而进行的一系列试验。要依据故障模式和机理,对故障进行分析与纠正,并以试验的方式验证纠正措施的有效性,以消除或减少故障再度出现。通过试验—分析—改进,从而使产品的固有可靠性得到增长。可靠性增长试验中由于模拟了实际使用环境,暴露出的故障更可信,使得评估结果更真实。

(3)其他试验。其他试验包括寿命试验、可靠性试验、防火试验、燃油结冰试验、污染试验、环境试验等。这些试验均可获得有用的故障信息,为改进设计提供依据。环境试验的目的是考核产品是否能耐受其寿命周期内将遇到的极端环境条件。在实验过程中收集故障信息,为可靠性增长提供信息。

产品实施可靠性增长最可靠的数据来源,就是产品使用过程中的数据信息,向外场服务人员调查产品在使用过程中的故障信息和可靠性薄弱环节,建立故障信息数据库,通过收集和正确运用这种数据信息,实现可靠性增长。

要严格试验过程的控制。要按程序严格审查和会签试验大纲,严格按照试验大纲的规定进行试验。试验中应完整记录试验过程和故障及处理情况。数据采集和处理要科学规范。应依据 GJB 899A—2009《可靠性鉴定和验收试验》等国军标的规定,进行可靠性试验数据处理。可靠性统计不得进行故障加权。采用科研试验数据或其他定型产品试验数据,应明确数据采用的前提条件,不得采用与本装备定型技术状态或试验条件不一致的数据。试验结果要明确责任故障和非责任故障的判据,其可靠性应经专题评审。要增加试验评估的科学性。应将试验放在装备定型、可靠性、维修性、保障性、安全性等评估报告中单独列章:说明试验的主要过程、试验方法、故障情况、数据处理情况和主要结论,并在研制总结中,全面、清晰地描述装备定型可靠性试验情况和结论等。

3) 依赖工艺过程控制实施可靠性增长

生产过程的质量控制是影响产品可靠性的主要因素。从研制过渡到生产的过程中,应运用工艺技术研究、过程 FMEA 以及与生产有关的技术,对生产过程进行不断改进,并加强质量控制以实现可靠性增长。

加工工艺对典型零组件的可靠性影响,大体可以分为工艺设计不合理和工艺不稳定等。生产过程的控制和工艺改进可以从多方面进行。要通过对关键工序、特殊过程等进行"三定"、过程确认等手段以及对重点工序细化工步要求、增加防错措施等,对产品的制造质量进行有效的控制。要特别注意减少人为因素的影响,提高制造过程的稳定性。要针对加工过程中易出现的质量问题,建立"放错档案",进行工艺防错改进。对生产中容易出现的"瓶颈"问题进行工艺攻关,推广应用工艺成熟度评估、抗疲劳加工、先进冲洗技术、毛刺去除、防错装配等,使全过程受控。要针对燃油控制系统装置多品种、小批量的传统生产方式,通过试验实行成组技术和精益生产。要积极推进数字化制造技术,建立数字化、结构化工艺体系,提升产品加工效率和质量;引入柔性制造技术,形成数字化的零部件优异制造中心,有效提升制造能力和管理水平;要结合生产实际,不断克服存在的生产计划组织复杂、生产准备工作量大、总生产周期长,限制新技术的应用以及难以保证产品加工质量的弊端,为计算机辅助设计(CAD)、计算机辅助工艺过程设计(CAPP)、计算机辅助制造(CAM)和柔性制造系统(FMS)等提供技术基础,有效地提高生产效率和提高零件加工的质量一致性。要打破传统方式,建立装配——试车——服务一体化平台,提高敏捷化保证能力。

除采用上述控制方法外,应加强对工艺可靠性的专题研究,将产品制造的工艺过程当做"产品"来对待。按照对加工过程的生产准备、冷热加工、运输转工、清洗等各个环节进行系统的风险分析评价、工艺能力评价、生产效率和质量稳定性评价。围绕影响产品质量和对加工工艺过程起主要作用的 5M1E 中人、机、料、法、环、测六个因素进行分析,形成系统的工艺可靠性评价体系和方法。通过对体系进行系统的评价,对不同层级的工艺系统(工序工艺系统、过程工艺系统、生产单位工艺系统、企业工艺系统)按照各自有效的规范流程进行运转。全面提高工艺制造技术和可靠性,确保稳定和高质量的制造。

工艺过程包机械加工(含装配试验)和热加工。在实践中要特别强调加强冷热工艺的协调。热加工是一种特殊工艺过程。随着企业质量意识的增强,从制造出产品为主要目的转变为以质量取胜,热加工的地位要从协作、不被重视向被十分重视转变。正如一个人生活,原来只注重温饱而现在要追求有品质一样,热加工的内在质量被提到议事日程上。对热加工过程的控制要特别注意内涵和细节,防止和避免"内科病"造成隐患。

上述工艺过程控制措施,在生产实践中都取得了很好的效果。这些成果和进步足以证明,依赖工艺过程控制对可靠性增长的至关重要性,应不断总结和发扬光大。

4)依赖使用过程控制实施可靠性增长

通过产品在外场使用,发现问题,进行改进来提高可靠性。在产品试生产、初期使用阶段、利用"使用过程控制"实施可靠性增长亦是必要的。利用使用中发现的设计缺陷,采取纠正措施,进行局部的设计更改来实现可靠性增长。目前广泛采用的外场使用可靠性增长大致有三类方法:

(1)自然增长。利用外场使用中获得的数据,提出工程更改意见,制订改进计划进行改进。自然增长技术是一种被动的、无计划的方法,其增长周期较长。

(2)通过可靠性改进计划实现可靠性增长。根据产品在外场使用和使用试验中发现的可靠性问题,专门制订可靠性改进计划,包括改进设计及工艺,提高整个产品的可靠性。由于采用了专门的改进计划,这种增长比自然增长速度快,可在较短时间内达到所要求的可靠性水平。

(3)通过使用试验实现可靠性增长。使用试验是在使用环境下进行的,目的是确定整个系统是否达到了规定的要求,并对发现的故障进行设计更改来实现可靠性增长。

产品在使用过程中的各种数据信息,是产品实施可靠性增长最可靠的数据来源。对外场服务人员调查产品在使用过程中的故障和可靠性薄弱环节的信息,要建立故障信息数据库和信息网络。通过进行信息反馈,收集分析和正确运用这些数据信息,是改进设计和控制故障、实现可靠性增长的重要途径。实践中,针对发动机排故措施,有针对性地进行关键零组件强度核实和零组件、静、动强度计算与实验工作,进行共振特性及共振相干特性分析,对摩擦副进行试验改进,对现役机零组件单元体的寿命确定,进行有限寿命和损伤容限设计以及采用监控与故障诊断技术等,都取得了长足的效果。这些成果和进步,都有力地诠释了依赖使用过程控制实施可靠性增长的重要性。

5）材料和外购件的控制

产品可靠性的高低,很大程度上首先决定于原材料。据统计,我国第二代燃油泵－调节器的可靠性不高,有 40% 的原因是使用的原材料性能,不能满足发动机的使用要求所致。应加强对现有材料应用体系的梳理和总结,并针对产品在制造和使用中出现的问题,采取有效措施。要编制适合燃油控制装置的"材料应用体系",为选择和用好原材料提供技术依据。要积极做好材料适用性研究和可靠性试验,充分发挥材料在提高可靠性方面的基础保障作用。

外购件在产品可靠性中处于比较特殊的重要地位。应围绕质量可靠性加强长期合作和沟通,建立完善的质量保证体系和技术合作机制,聚力积智,共同提高外购件的可靠性。

5.3　开展试验研究,推动新工艺新材料新技术的应用

5.3.1　应用新技术、新工艺和新材料对实现可靠性增长的意义

航空发动机燃油控制系统装置是一个涉及机、电、液、信息技术等多学科多技术的高新技术和复杂系统,其制造过程涉及到机械制造、装配试验、热表处理、锻铸冲焊、非金属、弹性元件的制造、检测等专业。经过多年的发展,我国在燃油控制系统装置的设计制造技术上沉淀了很好的经验。但是,在燃油控制系统附件研制和生产工作中,一方面由于受功能、结构、重量、环境条件等的限制条件,采用常规的技术、材料和工艺,可能无法提高其固有的质量特性,即可靠性,只有通过新技术、新工艺和新材料推广应用和技术创新,方可完全实现可靠性增长的最终目标。另一方面要减少因零组件加工、装配、试验等不当,导致后续产品或部件功能失效的概率,应用先进的新工艺和新材料,加强对工艺过程的控制,提高加工、装配和试验工艺过程的可靠性是必然的途径。

我国发动机已进入第三代、第四代自主研发阶段。为了适应新的发展需要,必须紧紧瞄准国际先进水平,跟踪技术前沿,围绕第三、四代的设计,制造技术及管理模式,有针对性开展试验研究,推动新工艺新材料新技术的应用,实现由原先简易化"适应性研究"向现在的系统化"自主研发"转变、全面提升发动机燃油控制系统全寿命周期的设计、工艺、材料、试验和服务全过程的技术水平,不断提高产品的可靠性。西方国家正在利用最新的技术占领下一轮技术革命的制高点。如 GE 公司的工业互联网,IBM 的智慧地球,德国更是在国家层面推出了工业 4.0 宏伟计划。近年来移动互联网、物联网、云计算、大数据、3D 打印、新能源等新技术突飞猛进,这些新技术综合在一起为制造业的技术革命奠定了基础,使之向更高的效率、更低的能耗、可以接受的成本、满足用户的个性需求、让产品服务更人性化的方向发展。

在国内外产业变革的大背景下,对于发动机控制系统这样一个多学科复杂系统,必须用系统工程方法论,从顶层规划做起实现全局最优。应用新技术、新工艺和新材料,就要不断汲取最佳工业实践成果,这是大势所趋。

大量事实证明,运用新工艺、新材料、新技术是降低企业经营成本、改进管理模式,提高竞争力的必由之路。现代化企业在遵循科学发展观的同时,企业内部多种资源的调动和优化将对实现快速和可持续发展起到积极的作用。任何一种资源如果存在缺失和不足,都将对企业的经营成本和效益产生不良影响,甚至造成经济损失。因此,要降低企业经营成本,提高经济效益就必须纳入新的技术资源来打破原有的体系平衡。所以,原来众多貌似合理的传统观念和技术手段在新材料、新技术的背景下就变得不再合理了。只有推进技术创新,不断培育新的增长点,才能不断增加企业的活力。

因此,为了适应航空发动机燃油控制系统装置的可靠性,必须在实践中以技术创新为核心,坚持创新驱动战略,充分利用信息化技术平台,在科研型号研制和生产中,以产品研发特别是预研产品的技术需求为牵引,消化和吸纳国际同行业先进技术,从引起失效致因的薄弱环节入手,有针对性地对相关问题进行研究和探索,不断开展新工艺、新技术和新材料的试验和应用。同时,通过开展新工艺、新技术和新材料的实验和应用,锻炼队伍,培养企业在产品发展中核心能力,增强企业竞争力。现代科技水平的发展,产生了许多新技术、新工艺和新材料,为设计者/制造者提供了比以前更多的选择余地和应用空间,必须跟踪前沿,大力推行。

在实施方法上,可以采用自主攻关研发和同高校、科研院所合作等方式,加强对新技术、新工艺、新材料的工程化应用研究,提高工艺技术能力的储备。在选题和实施过程中,要注意跟踪国外技术发展动向,学会"利用别人的肩膀来提升自己",同时要注意收集产品在制造和使用中的失效(故障)信息,特别是外场使用的信息,组织专门团队,认真分析研究,举一反三。新技术、新工艺、新材料的研究贵在工程应用。要有计划的扎实推进,抓紧抓实选题、立项、论证、试验、使用、鉴定等各个环节,善始善终,在工程化上取得成效。

5.3.2 应用新技术、新工艺、新材料和新的管理理念助推可靠性增长

1. 应用新的设计技术

在燃油控制附件的可靠性设计中,运用新技术是实现可靠性增长的重要手段。

随着 CAD 技术和 IPPD 的广泛应用,可靠性设计在全面实现标准化和 CAD 化的基础上,进一步发展到多学科的综合化和自动化。新的可靠性增长分析与设计技术主要体现在:深入开展有限元分析技术、积极应用基于典型零组件失效模式最佳预防措施的放错设计、积极推行试验设计和健壮设计技术、在安全关键的系统中广泛采用容错和重构技术等。还要特别注意运用和推广计算机建模与仿真技术。

现代航空发动机的燃油控制系统是具有结构复杂、元部件繁多、各子系统交互作用等特点的复杂机械液压系统。建立描述其特有属性的数学模型是研究其功能、性能的有效方式。由于我国航空技术发展较晚,目前燃油控制系统沿袭的是这样的技术过程:在对国外成熟的控制系统的工作原理定性、定量分析的基础上,从测绘仿制到产品模仿,通过设计者对知识经验和国外同类设计经验的借鉴,用真实的元部件构成一个个关联的子系统,然后将所用的子系统集成起来构成完整的燃油控制系统,最后在该系统上进行试验,研究结构参数对系统性能的影响。用这样的一个研制技术过程和方法,往往在进行设计和参数调节时,需要花费大量的人力、物力和时间,而且比较困难,成功的把握很小。随着计算机仿真技术的发展,在工程系统的设计中使用计算机对实际系统的仿真成为可能。先进的设计是在计算机上进行动态特性数字仿真试验,研究实际物理系统的各种工作状况,确定最佳参数匹配。这样使得系统和液压元件的设计缺陷在物理成型前就得到了处理,极大地缩短了设计周期、降低了设计成本。在实际工作中,还可以通过仿真分析来解决出现的各种试验故障,提出合理可行的排故方案,减少试验次数。在航空发动机燃油控制系统的设计、开发和改进过程中运用计算机数字仿真技术中,正在由二维辅助设计逐步向三维设计软件的数字化发展。要注意应用先进的建模软件,突破全三维关联设计技术,根据附件中具体零部件的不同特点,建立三维模型库并不断予以丰富和发展,不断总结提高,以提高设计效率,改进产品的性能指标和可靠性。

要按照燃油泵－调节器的设计准则,对系统和单元件实行可靠性结构设计,以提高产品的综合性能和固有可靠性。采用新结构对系统和元器件、零组件进行一体化设计与制造,应用计算机技术、进行模块化设计、余度设计,计算机仿真等。一体化设计是运用数理规划论和优化理论,在设计之初吸收制造、材料、供应、质量、用户等方面的工程人员参与,全盘考虑性能、可靠性、维修性等各方面的问题;采用大型机算机程序法和微型机程序法,使目标函数值达到产品最优化的一种平衡设计方法。发达国家的飞机与发动机采用了一体化设计与制造,取得显著成效,在军用飞机方面发展很快,我们应该急起直追。

2. 应用新的试验技术

现代航空发动机特别强调在设计与开发输出评审时要考虑产品可靠性、维修性、测试性、保障性、安全性和环境适应性的"六性"要求。航空武器装备的试验不单单是对产品的设计定型和批生产进行考核把关,也不再单单是传统的简单的鉴定试验和例行试验,而是重在帮助改进设计和掌握产品特性、耐应力极限的环境适应性调查试验。因此,未来的燃油控制系统附件要求具有更高的可靠性和寿命,它一方面要求依赖科学技术的进步,运用新的试验技术(如试验数字化技术)来提高试验效率、降低试验成本和风险;另一方面要求实验验证在接近真实的使用环境和条件下进行,试验重点将为综合环境条件下的试验技术。

产品试验的三种形式:虚拟试验、模拟试验、实物试验。现代军工产品试验验证技术变革的具体途径:从传统的"实物试验验证—改进实物—再试验",以实物试验验证为主的模式向"试验建模—虚拟试验验证—改进模型—实物验证"的"虚实结合"、"反馈迭代"的模式转变。应特别强调"虚拟验证"在装备全寿命周期内的广泛应用。要重视试验设备和试验方法的革新改进。充分体现试验技术的前瞻性、集成性、支撑性、扩展性和应用性,要注意建立高置信度的产品试验仿真模型,使试验真正成为产品可靠性增长的强大支撑。图 5-2 为传统试验模式和综合试验(虚实结合)模式的示意图。

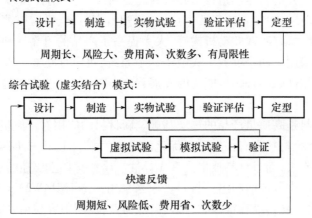

图 5-2 传统试验模式和综合试验(虚实结合)模式的示意图

应用新的试验技术,一方面要追踪科学技术前沿,运用新的试验技术提高试验效率、降低试验成本和风险;另一方面要求试验验证在接近真实的使用环境和条件下进行,发展重点为综合环境条件下的试验技术。目前。要结合实际,突破和推行系统半物理试验技术、电-液转换装置试验技术、燃油系统高空试验技术、老化试验技术、加速等效寿命试验技术、磨损试验技术、数字化仿真试验技术、综合环境下可靠性试验技术等。要在对零部件或产品进行可靠性评定的基础上,运用先进的可靠性增长分析方法,通过发动机试验全过程信息化管理,校核分析设计指标,对有限的试验数据进行分析,使试验结果真实可靠。要利用数据挖掘和信息融合技术,开展全寿命期的可靠性增长分析和预测。并把故障物理的寿命预测与基于统计学的可靠性预测相结合,从根本上提高和保证产品可靠性。

3. 应用新工艺和新材料

新工艺、新材料对发动机燃油控制系统产品,同飞机、发动机一样起着关键性的作用。据资料统计,提高先进航空发动机的推重比及其可靠性,70%以上的贡献来自于材料及其相关的制备技术。不解决工艺和材料方面的"瓶颈"制约,航空发展,动力先行就成为空谈。大量事实说明,在产品的可靠性工程中,材料和工艺是其中最基础、最重要的因素之一，这已经成为我国航空工业人士的共识。

针对性的运用和推广新工艺、新技术和新材料，是提高产品可靠性的基础。主要可以从两个方面进行：一是以产品研发特别是预研产品的技术需求为牵引，有针对性地对相关问题进行研究和探索；二是以公司工艺技术发展规划为指导，分专业进行有深度的技术引进。随着科技的发展进步，先进制造技术、先进的设备、先进工艺方法不断涌现并趋于成熟。大力推广新技术、新工艺，将大大地提高产品的可靠性。

新型的第三代、第四代发动机燃油泵调节器可靠性远远高于原先的第二代产品。其中尤其重要的就是制造技术和材料的更新改进。现行的燃调装置中采用了一些新材料和新结构：如氟塑料活塞皮碗、氟塑料密封圈、氟醚胶薄膜、二维凸轮、三维凸轮、双摆动活门、双差动机构等，大大提高了产品的可靠性和使用寿命。第四代调节器还采用了四余度数字式电子调节系统，可靠性更高。要紧紧瞄准未来燃调附件高可靠性、长寿命、智能化的发展趋势，围绕产品迭代中的新工艺和新材料开展应用研究。

先进的材料是高质量产品的物质基础。新材料的应用对于航空工业有着至关重要的作用，传统材料也有很多可以优化的地方。材料上不去，阀类、泵类乃至整个发动机也上不去，而且材料技术具有先导性。诠释材料重要性的一个典型例子，是燃油泵调节器中分油活门组件材料。原来采用 4Cr14Ni14W2Mo，由于先天性相互亲合力大，对硬质污染物很敏感，抗污染能力差，使用中容易粘着磨损；随着附件工况的改变，改为 9Cr18 后，不但抗亲合力强，而且抗污染能力强，耐磨性取得明显改善。新材料与旧材料之间的区别在于其物理结构、化学性能以及相应特性的改进能够满足和提高其使用可靠性。要根据航空发动机燃油控制装置零部件的结构、工作环境与受力状态，科学判断材料能否满足实际服役条件、材料性能评价指标是否合理、材料在服役环境中的适应性、结构设计是否合理、结构设计裕度以及对缺陷与损伤的包容性以及构件制造的工艺性等，这是决定其能否安全可靠使用的关键。新材料应用应从以下几个方面入手，取得突破：围绕减重研制和应用新材料，例如应用高强度铝合金、钛合金等轻质材料、复合材料等；围绕"三防"要求，研制和应用长寿命耐腐蚀材料和表面涂（镀）层等；围绕生产使用中出现的薄弱环节进行材料改进，例如抗疲劳材料、耐摩擦磨损材料、润滑剂材料、密封材料等；特别要扩大功能材料的应用，如弹性合金、膨胀合金等敏感合金，形状记忆合金、纳米材料、粉末冶金、电磁合金等智能材料以及其他特殊功能材料。要统筹规范材料应用的全流程活动，做好材料研究、检测评价、研发应用、试验验证、工程使用、优化改进等工作，不断推进材料应用技术，为产品研发和可靠性增长服务。

4. 以信息化为支撑，建设高效运行的研发技术体系

进入 21 世纪以来，随着信息技术的高速发展和深入应用，人类迈入了信息时代。要走"以信息化带动工业化，以工业化促进信息化""发展现代产业体系，大力推进信息化与工业化融合"的新型工业化道路的主导思想和新科学发展理念。今天,被誉为现代工业"皇冠上的明珠"的航空发动机,在信息浪潮的推动下,正在建立全新的发展模式和生产方式。目前正在大力助推的以信息、流程和系统集成为基础的发动机研发技术体系建设模式创新,改变传统研发过程,顺应信息技术革命,开创数字化研发模式,已在践行中彰显了其显著的成果和广阔的前景。为提高发动机燃油控制系统产品的可靠性提供了平台和保障。

无数事实证明,以信息化为支撑,建设高效运行的研发技术体系,是产品从最初仿制、改进改型过渡到自主研发设计的必由之路和大趋势,是提高研发质量和产品可靠性的新型高效的技术和管理模式。大量失效资料数据表明,航空发动机故障率中,控制系统和附件约占50%。它们发生于生产、工艺、设计、材料、试验、使用、二次配套件以及管理等各个方面。究其原因,很大程度上与对研发过程中缺乏经验有效传承、没有清晰流程、没有统一标准规范等传统粗放管理有关。随着航空发动机更新迭代的加快和技战术性能的不断提高以及人力资源成本的升高,必须走出传统的管理困境,引进和践行更有效地可持续优化的科学管理,以大幅度提升研发效率和质量可靠性。要全面梳理并解决航空发动机全生命周期业务活动中存在的技术问题,深层次、多角度探索并掌握航空发动机的客观研制规律,实现知识经验的显性化、体系化和有效传承,打造基于先进研发模式的自主创新能力,支撑航空发动机的长远发展。

研发技术体系建设强调所有的技术工作都有相应的流程,每个流程都有规范。流程就是研发工作全过程必须的路径顺序和环节内容,是由涵盖应用于生命周期的设计、测试、制造、运行等环节构成通达重点区域的节点和网络。其内容包括技术流程、项目流程、协议流程和组织使能流程。要克服以往传统的研发中往往重技术和功能性能、轻中间过程带来规范的实践积累、影响研发效率和质量的不良后果,把严谨复杂的研发过程规范化、标准化、简单化。形成以用户需求的产品可靠性为导向,以流程为主线,以信息系统为平台,以工具包为手段,以可视化为载体的先进科学的研发体系。

当今,信息技术正以其先进性和广泛的渗透性促使传统产业的更新和改造。我们要面对新的发展形势,掌握信息化知识与技术,把握提升方向,推进"两化"深度融合,以创新研制模式为目标,统一流程、标准和平台,探索实践设计制造协同新技术,并以此应用引领整体发展。同时,要结合实际,知难而进,围绕切实提高发动机燃油控制系统产品的持续可靠性,以先进网络技术为支撑,引入"大数据管理"的思路,规划数据中心,启动研发体系基础数据管理系统和科技知识库建设,通过数据集中管理、知识共建、成果共享,不断总结,持续推进,有效地支撑和推进发动机研制过程知识和产品迭代。

5. 不断应用失效分析新理论和新技术,提高可靠性

任何一次失效,都可看成是产品在使用条件下所做的一次最真实、最可靠的科学试验,都是对产品设计、制造、试验、使用过程最终和最有效的检验。每一次成功的失效分析都为提高产品可靠性提供了最直接的途径和最有效的技术支撑。随着现代科学技术突飞猛进的发展,失效分析的理论、方法和手段也在不断发展。特别是诸如失效分析学科理论的建立与完善、由失效分析实践中发展起来的很多相关特征与规律的总结、计算机信息技术和专家智能系统在失效分析中的应用、很多新的分析仪器、手段和方法的创新发展、还有由大量生产实践的沃土中产生和沉淀的失效分析经验等,所有这些,都为产品可靠性、安全性的提高提供了有力的保障。

我们在讨论发动机燃油控制系统可靠性增长时,尤其要重视失效分析与预防在产品全寿命周期中的地位和作用,不断总结经验教训,为"加快构建适应履行使命要求的装备体系,为实现强军梦提供强大物质技术支撑",为航空工业的发展和腾飞贡献力量。

第6章 燃油控制系统附件的典型失效分析报告选录

多年来,承担燃油控制系统研制和生产任务的科技人员,在研究失效过程、保证产品可靠性的实践中积累了大量的经验。他们用自己的汗水和智慧,运用失效分析的理论和方法,通过燃油控制系统各种型号装备的研制、生产实践,在为航空发动机提供快速、有效的服务中,在提炼、概括、总结失效事件规律的基础上,通过理论化的形态加以体现,从而形成较为系统的失效分析报告和论文。这些报告和论文不仅条理清楚、分析深刻、有理有据,而且在解决实际问题中产生了效果,提供了有益启示和启发,具有一定的示范作用。

为使广大技术人员能够快速掌握失效分析的基本方法和程序,并且应用于工程实践,从大量失效分析报告和论文中提炼出19例典型案例。虽数量有限,但其内容却涵括燃油调节系统生产全过程及全生命周期中发生的故障事件,其原因覆盖了设计、制造、材料、试验、使用各个方面。这些宝贵的失效分析材料,凝结着科技人员的智慧和心血。航空产品的失效事件本身多为小概率事件,从这些失效事件的分析中提炼出的经验就更加值得珍惜。相信这些典型报告无疑对燃油控制系统的研制、生产、使用中的失效分析,都是极有价值的技术参考指南。因篇幅有限,还有很多失效分析报告未能列入,有些遗珠之憾。

一份好的失效分析报告,本身就是一份有价值的科研成果和技术资料。它的作用不仅体现在当时案件发生时对案件处理中的推动解决作用,也体现在后来工程实践中的前事不忘后事之师的镜鉴参考和指导作用,而且这种作用会随着时间的推移历久弥新,越发光辉灿烂。

由于航空发动机燃油控制系统装备的复杂性和失效分析的难度较大,对本书及其所收集的案例分析可能会有不同看法,这是很正常的。诚望同行读者在争鸣中给与探讨和斧正,以推动失效分析技术的不断发展与完善,为提高产品的可靠性水平聚力积智,贡献力量!

6.1 燃油泵调节器分油活门卡滞分析

在航空燃油泵调节器中,活门起着供油、控油、断油、限压、限速以及调节等重要作用。这类构件是由活门轴和活门衬套构成的一种精密阀门组件,其工况复杂,工作中受到的影响因素较多,尤其是分油活门,由于其特殊的功能,一旦失效更具危险性质。因此,对这类构件失效案例的收集和分析研究,不断引起行家们的关注。

下面针对我国某发动机主燃油泵调节器中分油活门在厂内交付试车中连续出现多次卡滞失效的案例,进行试验与分析研究,并提出预防与改进的措施。

1. 分油活门的工作原理及工况简述

图 6 - 1 为某航空发动机中柱塞式燃油泵及转速调节器的结构组成及工作原理简图。

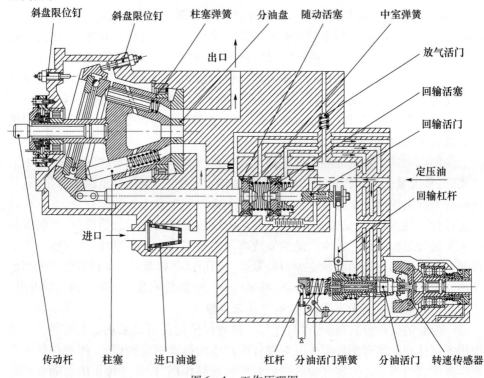

图 6 - 1 工作原理图

左部是由转子、柱塞、柱塞弹簧、斜盘、分油盘和随动活塞等基本元件组成的容积式柱塞油泵,主要完成给发动机供给一定压力的燃油;中间部分由随动活塞(左边)、回输活塞(右)和回输活门组成;右半部分由离心飞重、分油活门、调准弹簧、回输杠杆等组成的转速调节器(带柔性回输装置),发动机在工作状态改变时,能自动调节和改变供油量,以自动保持所需的各种工作状态。由工作原理图可以看出,当发动机工作时,经发动机的传动装置带动离心飞重、顶针和分油活门一起旋转。分油活门在旋转时同时受到右端离心飞重因旋转而产生的换算离心力(即离心力在轴线上的分力,该力通过顶针作用在分油活门扁头上)和左端调准弹簧的压力(调准弹簧力的大小可以通过飞行员推动油门手柄给定)。当发动机转速变化引起离心飞重的离心力变化,或者当改变操纵手柄而使调准弹簧力变化时,都将

232

引起分油活门的位移。从工作原理图中可知,分油活门控制着定压活门后定压油通往随动活塞前、后腔的油路,当分油活门左移或右移时,通往分油活门前后腔的油路压力随着改变,从而使两腔产生压差,在此压差作用下,又推动随动活塞和回输活塞左右移动使斜盘的角度得以改变,从而调节油泵的供油量,进而使发动机转速得以自动调节。当发动机在稳定状态下工作时,作用在分油活门上的换算离心力与调准弹簧力相等,分油活门处于中立位置,油泵斜盘角度保持一定,油泵供油量与发动机所需油量相等,转速保持一定。

分油活门与衬套之间有一定间隙(仅 0.010 ~ 0.014mm)。活门轴本身受离心飞重高速旋转(最高转速 4250n/min)的带动而旋转,这有利于克服燃油惯性,防止极化分子结成固结边界层,有利于把静摩擦变成动摩擦,使调节器的灵敏度得以有效保证。为保证活门工作时的刚度(特别是活门凸尖的强度)和尺寸稳定性,活门和衬套均选用 9Cr18 马氏体不锈钢制造,在硬度≥58HRC 状态下使用。由于活门本身特殊功用的要求,其结构为长径比大、截面层次多的阶梯形状。分油活门工作的宏观环境温度为0 ~ 125℃,工作介质为航空煤油(RP - 2),它既是工作介质又是润滑介质。从以上明显可见,分油活门这种特殊的性能要求、工作环境和结构特点决定了分油活门组件抗污染性能差、工作条件恶劣、负荷沉重的外界条件,也决定了该活门必须具有较高的强度、抗疲劳、耐磨、抗污染以及严格的精度、加工光度、选配公差等自身特点。要求严格控制其制造质量,确保工作中运动灵活、工作可靠、寿命期内无故障。

2. 分油活门卡滞失效的概况

1988 年我厂生产的某发动机主燃油泵调节器(RZB - 2)在工厂交付试车中,连续六次发生卡滞失效事故。工厂为此组织大量人力进行试验、分析,排故达 17 月之久,给生产造成重大影响。表6 - 1 为 6 次卡滞的统计情况。

表6 - 1　RZB - 2 分油活门厂内试车中卡滞情况统计表

序号	泵号	长试开车时间	出现卡滞时间	卡滞时的试车阶段与状态	累计工作时间	备注
1	881011	1 月 1 日 8:00	1 月 9 日 7:55	第 5 阶段第 7 状态	22h35min	
2	881011	1 月 21 日 16:55	1 月 22 日 23:19	第 6 阶段第 6 状态	27h15min	
3	881043	3 月 2 日 11:10	3 月 3 日 7:49	第 4 阶段结束	20h00min	
4	881057	4 月 22 日 17:50	4 月 27 日 19:30	第 18 阶段第 2 状态	85h15min	
5	881077	8 月 11 日 8:30	8 月 12 日 5:15	第 4 阶段结束	20h00min	
6	881087	11 月 16 日 11:00	11 月 20 日 2:35	第 16 阶段第 9 状态	79h55min	

6 次卡滞的位置均发生在活门轴扁头一端的支承凸台靠近控油边缘处,成一约0.8 ~ 1.54mm 宽的环带。6 次卡滞在分油活门上留下粘结带的位置,如图 6 - 2 所示。图 6 - 3 为第一次卡滞后分解的实物照片(其余 5 次卡滞实物与此相同)。

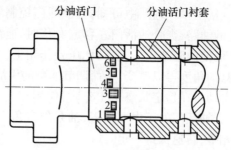

图 6-2　6 次卡滞位置示意图

图 6-3　卡滞实物照片　（×1）

从连续 6 次卡滞情况作概率失效统计分析,可以看出,其失效有如下规律性:

(1) 6 次都发生在活门靠扁头端的支承凸肩上。

(2) 6 次卡滞后都有粘接现象,且粘结带都比较窄(最大 1.5mm)。呈左右界线清晰的环带分布,止转失效后试验器的传动小轴皆因扭转力矩过大而断裂,粘结后需很大的力才能使其活门与衬套撕开。

(3) 大部分都出现在试车初期阶段(大部为 20~30h,仅两次为 70~80h)。

(4) 大部分都出现在试车高温变化阶段或高温状态之后。

(5) 6 次卡滞全部发生在厂内,而厂外未出现过。

(6) 粘接痕迹皆靠近控油台边缘一端。

(7) 全部发生在 RZB-2 泵交付试车试泵上,而工厂按长试纲要所进行的批生产泵(RZB-21)在多次工艺及交付长试中没有出现过。

3. 试验与分析

构件在摩擦工况下,活门组件属一对精密的运动偶件,其常见的失效方式是摩损失效。根据以往的经验,对摩擦失效件的分析更注意采用失效分析方法中的表面痕迹分析、摩擦摩损数学计算以及模拟试验等摩擦学分析技术。为此我们做了

234

以下分析工作。

1）现场调查与宏观观察

现场调查与宏观观察,除前面叙述的规律性特点外,尚有以下情况:

（1）卡滞环带（活门及衬套）的形貌经进一步观察,环带呈犁沟、撕裂、粘结。金属堆积以及由于挤压造成的摩擦表面开裂、鱼鳞状剥落等形貌特征,如图6-4所示。

（2）故障件的卡滞环带边界清晰、无异常,有的故障件在活门卡滞边界外发现有明显的划伤和擦伤痕迹,如图6-5所示。

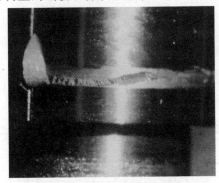 

图6-4　卡滞带形貌 （×10）　　　　图6-5　划伤与擦伤 （×70）

（3）经查故障件所用原材料符合技术条件的要求。但有个别故障件金相组织中发现有碳化物聚集,颗粒较大并有表面裸露现象,如图6-6所示。分析认为,从摩擦学角度看,这种组织是不利的。

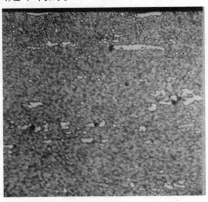

图6-6　金相组织 （×500）

（4）经检查HRC和热处理过程未发现异常。

（5）经对故障件和正常件的剩磁检查,虽都有不同程度的剩磁,但未发现与故障有相应直接关系。

（6）经查机械加工全过程,采用机械研磨加工的分油活门虽在粗糙度上与苏制样件及采用研磨加工的表面数值相差无几,但表面纹路较粗糙,加工痕迹较深,如表6-2所列。但经多次试验分析,也不足以说明其与故障有直接的联系。

表6-2 分油活门加工表面比较表

类别\样件	最终加工方法	表面粗糙度	表面应力/MPa	表面形貌(×680)	备注
苏制样件			-588	纹理浅,有多重方向性 	
批生产件(ZB-21)	研磨		-960.4	纹理较浅,有一定方向性 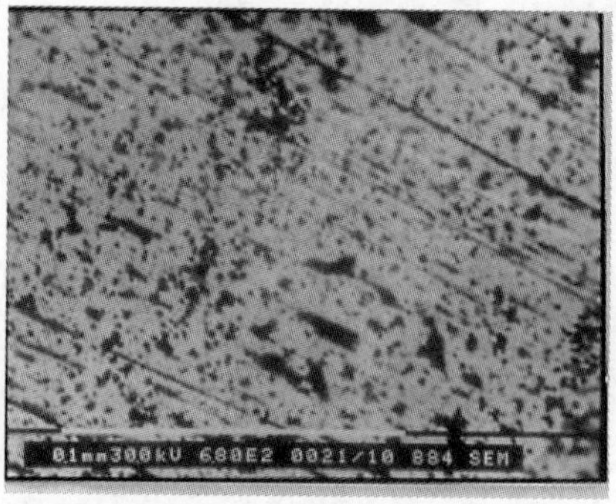	
新品件(RZB-2)	配磨		-480.2	纹理深而宽,方向性明显 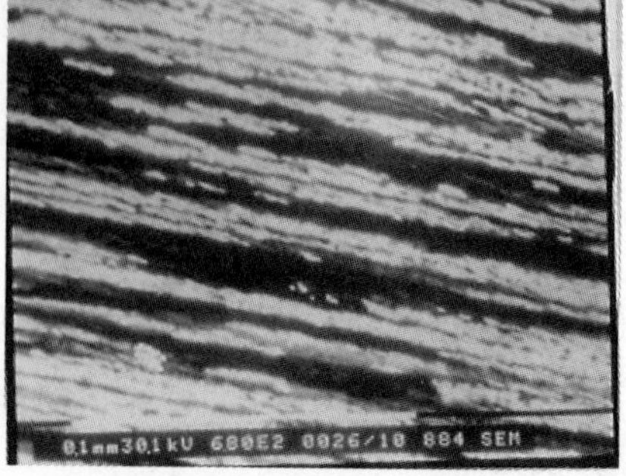	

236

（7）经对生产全过程清洁度的控制从资料复查到实物检查、对燃油泵调节器各部件的加工方法,冲洗、浸泡等工序及油箱、管路及试验设备等有关清洁度问题进行多次复查、分析,仍有不完善、不周到之处。如在几次验证试车中,虽多次冲洗,但经运转后仍在低压腔中冲出较多金属屑等污物,图6-7、图6-8为从故障泵油滤中发现的脏物(铁屑、铜屑及胶质等)和纤维物。但在充分采取清洁度措施(特别是第三次卡死后)仍出现卡死故障,说明该故障还有清洁度之外的影响因素。

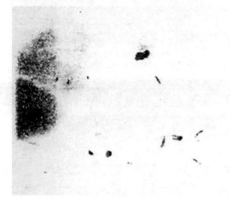 

图6-7　脏物形貌　（×3）　　　　　图6-8　纤维物　（×3）

（8）油料分析。经对试车用煤油多次入厂化验、定期化验和对比试验,其水分、机械杂质含量、水溶性酸碱值、运动黏度、密度等常规项目皆符合技术资料要求,对卡滞故障泵转子腔内的油液取样与试车前的油样用颗粒分析仪进行固体颗粒度测量,其数值偏高。

（9）经查试车试验器所有部件、元件、仪表完好正常,6次卡死时试验器传动小轴断裂是分油活门卡死后造成扭距过大产生的,与故障无关。

（10）对长试纲要的分析认为,现行长试纲要在该泵测绘时参照RZB-21自行编制的,由于二型泵分油活门结构的明显差异,应该有所不同。现行长试纲要,附件的油门杆长时间放在加力支点上,使分油活门长时间靠在极右位置高速旋转,且在高温状态中频繁变换,这与RZB-2在外场绝大部分时间处于均衡位置工作极为不符,并大大恶化了分油活门的工作条件。这是可能造成分油活门粘着卡死的重要外部条件。

2）金相及扫描分析

活门与衬套的粘接区有明显的焊接现象,即活门与衬套在此环带区金属材料互相转移,如图6-9对卡滞痕迹的环形带作扫描电镜放大观察,有明显犁沟、撕裂和粘接特征,如图6-10所示。在焊合区作金相高倍检查,焊合区两侧(从零件表面开始)其金相组织分为三层,其表面为白亮带组织,显微硬度较高,在白亮带组织下为皮下黑色组织,其显微硬度较低(约400HV),其次为材料的基体组织如图6-11所示。有的被卡死的故障活门(如油泵No.881011)上还发现由表面穿过焊合区向内扩展的长约 0.6mm 的裂纹,如图 6 – 12 所示。

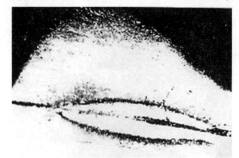 

图 6 – 9 焊接形貌 (×60) 　　　图 6 – 10 环带扫描形貌 (×815)

图 6 – 11 焊接区金相组织 (×100) 　　图 6 – 12 焊接区裂纹 (×100)

在故障活门放大检查中,发现离磨损沟槽较近处的活门表面有加工(研磨、抛光)留下的沿圆周方向分布的痕迹,如图 6 – 13 所示。在 881077 号泵故障活门的第二、三控油凸台和与之相应的衬套内孔,还发现有较明显的擦伤和划伤,如图 6 – 14所示。该划伤由多条组成,条与条之间近似平行,大致均沿活门圆周方向(即旋转方向),也有沿活门轴向移动方向分布的痕迹,分析认为这是磨粒在活门工作时留下的磨损痕迹。

 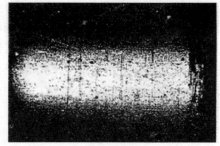

图 6 – 13 划伤与加工痕迹 (×70) 　　图 6 – 14 擦伤形貌 (×30)

在焊合区扫描电镜能谱元素成分分析,除大部分为材料基体成分外,还有 Cl、K、Cu、Zn、Si 等,这是活门系统进入外来杂质的佐证。

3) 设计结构分析

(1) 故障发生在×××-2 上,但×××-2 是在原××-21 基础上发展起

238

来的系列产品,而××-21经多年试验均未发生如此故障,所以有必要从设计结构上对×××-2与××-21分油活门结构进行抗污染对比分析,见图6-15。

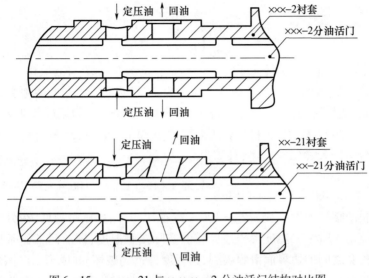

定压油　↑回油　　　　×××-2衬套
　　　　　　　　　　　×××-2分油活门

定压油　回油

定压油　↑回油　　　　××-21衬套
　　　　　　　　　　　××-21分油活门

定压油　回油

图6-15　××-21与×××-2分油活门结构对比图

图中上部表示×××-2结构,下部为×××-21的结构,由图可以看出:

① 当分油活门左移,定压油通过左凸台流入到回油孔,×××-2的回油孔为直孔,ZB-21的回油孔为斜孔。斜孔产生的阻力小,油液容易流通,对活门旋转产生的热量容易带走;而直孔阻力要大,斜孔油液流通稍差,对活门旋转产生的热量带走能力稍差。

② 直孔式×××-2活门在拐弯处容易形成旋涡区(即口袋),使污染物容易积存。在均衡位置时,口袋长度 $BC = 2.17mm$,而××-21斜孔结构时仅为0.134mm,即××-21的旋涡区小。

③ 在活门高速旋转时污染物在离心力的作用下,甩向衬套内壁附近,直孔易积聚起来;而斜孔时,污染物容易甩到斜孔中,随燃油流走。

上述结构分析可见,×××-2分油活门结构不利于排污和散热,××-21分油活门结构利于排污和散热,这就造成在同等条件下该产品容易产生粘着磨损故障的可能性。

4）分油活门摩擦温升计算

从形貌观察及分析,分油活门连续6次卡死无疑是一个摩擦副的粘着失效案例。粘着磨损的机理是在法向载荷作用下,有切向运动时,接触表面的表面膜(吸附膜和氧化膜)被破坏造成新生表面直接接触时产生表面焊接。如果法向载荷和滑动速度较大,则摩擦表面温度升高、油膜破裂、表面金属软化或熔化、接触点产生粘着。而分油活门正是在重载荷的条件下工作的。卡死的过程是活门与衬套之间首先发生边界摩擦,当在接触点产生局部高温,达到了边界膜的临界温度就会使边界膜破裂,产生

239

崾干摩擦,表面温度急剧升高,达到基体熔点以上,从而发生大面积的粘着磨损。

根据分油活门的实际工作情况,可定量计算活门与衬套间接触点的温度。

按公式

$$t = \frac{Ffv}{4rj}\left(\frac{1}{R_1 + R_2}\right) + t \qquad (6-1)$$

式中:F 为法向载荷(N)按最大侧向力取 4.9N;f 为摩擦系数,查表取 0.1;v 为相对滑动速度(m/s)按 3800n/min 转速时取为 1.988m/s;J 为热功当量换算系数,取 4.186(焦耳/卡);r 为实际接触半径,计算得 2.895×10^{-3}(mm);t 为流过分油活门的燃油温度,取 15~120℃;R_1、R_2 为材料导热系数,查表得 $1/(R_1 + R_2) = 4.55$。

将各数值带入式(6-1)中,计算得

$$t = \frac{4.9 \times 0.1 \times 1.988}{4 \times 2.895 \times 10^{-3} \times 4.186} \times 4.55 + (15 \sim 120) = 106.4 \sim 211.4℃$$

边界膜的临界温度一般为 $t_{cr} = 100℃$ 左右,由上计算显而易见,在分油活门所受法向载荷稍大时临界温度大于边界膜的实际接触温度,即活门工作条件足以使得活门与衬套之间的边界润滑膜破裂,边界摩擦遭到破坏,并成为干摩擦。

进一步分析计算,在活门实际工作情况下,一旦发生干摩擦,活门与衬套间接触点能产生的温度值。

干摩擦是指表面直接接触时的摩擦,此时摩擦表面的真实接触部分处于很大单位压力作用下表面凸峰态。干摩擦的过程就是克服这种显微表面状态的过程。干摩擦时,固体表面动能转变为热,保留在金属表层。假设该热量是由真实接触部分的微小面积摩擦而产生,则表面接触部分的温度可按下式计算:

$$T = \frac{W \cdot f \cdot g \cdot v}{4.24 \cdot L \cdot J} \cdot \frac{1}{R_1 + R_2} + t_{cr} \qquad (6-2)$$

式中:W 为法向载荷取 4.9N;F 为摩擦系数取 0.15;g 为重力加速度取 9.81m/s;v 为相对滑动速度取 1.988m/s;$1/(R_1 + R_2)$ 为材料导热系数为 4.55;J 为热功当量换算系数为 4.186;t_{cr} 为活门临界温度取 100℃;L 为滑动距离可由式 $4L2 = A_r$(实际接触面积)计算得 2.55×10^{-3}(cm)。

将各数值带入式(6-2)中,计算得

$$T = \frac{0.15 \times 4.9 \times 9.81 \times 1.988}{4.24 \times 4.186 \times 2.55 \times 10^{-3}} \times 4.55 + 100 = 1541℃$$

由此可见,这个温度足以使活门与衬套发生胶合,产生粘着磨损而卡死。

5)模拟试验

为了验证分析结论的正确性,并为排故提供依据,进行了以下模拟试验。

(1)干摩擦与加污染物的元件试验。为了证明分油活门卡死是由于配合件间边界膜破坏引起干摩擦,从而导致粘着止转的分析,有意在给元件试验器上模拟工作状态的分油活门组件断油,取消润滑剂介质,尽可能加大分油活门所受的侧向力,运转不到 1h,分油活门即发生卡死,其实物如图 6-16,为验证污染物对卡死的影响,有意在元件试验时,给燃油中加入研磨膏、铁屑等污染物,经 1h 左右的运转,同样发生了被试分油活门卡死的现象,其实物如图 6-17 所示。

图 6-16　干摩擦卡死实物　（×1）　　　　图 6-17　由脏物卡死实物　（×2）

　　上述两类试验造成的卡死皆与 6 次长试故障件卡死部位和形态相近,都是在活门第二支承台阶形成较窄环带,环带处都有金属堆积、拉扯、犁沟、开裂、剥落、碾压等粘着形貌特征,所不同的是干摩擦卡死件环带附近有更明显的擦伤痕迹和轻微烧伤色,脏物卡死件粘着环带附近有较明显的擦伤与划伤。切片检查金相组织都与故障件一样,表面都有粘着状突起特征,内部组织都有白色亮带和皮下黑色组织。

　　以上试验说明,分油活门卡死确是粘着磨损所致。

　　（2）整台油泵的模拟验证试验。为了进一步查找失效原因,工厂在附件试验器上进行了多次累计上千小时的验证试验。试验模拟了与造成粘着磨损有关的可能出现的不同恶劣条件,其试验结果虽然没有能够查找出导致卡死的确切因素,但也足以说明,粘着磨损失效属于配合件摩擦系统的特性。它具有故障现象随机性大、影响因素多的特点,它是各种外界条件材料本身的机械、物理和化学等特性的综合表现。应在分析原因和制订措施时采用系统分析的方法来分析处理摩擦学失效问题。

4. 分析与结论

　　分油活门与衬套是一对受高负载和高速滑动的配合摩擦件,一般易出现的卡滞故障为两种类型:一是表面粘着;二是表面划伤。前者属粘着磨损,后者属磨粒磨损。

　　粘着磨损属于机械磨损的一种。机械磨损从机理上分为粘着磨损、磨粒磨损、表面疲劳磨损和摩擦化学磨损四种。粘着磨损的表面特征是金属颗粒的剥落和粘结;磨粒磨损是有划伤;表面疲劳磨损是有裂纹和点蚀;摩擦化学磨损是有化学反应产生的膜和微粒。上述四种各具特点,但在实际发生时,常以一种模式为主,多种模式互相影响与转化。

　　从上述对磨损表面宏观形貌与金相分析所获得的信息,分油活门与衬套卡死

的表面特征反映出以下特点:

（1）有明显的焊合形貌,活门与衬套材料发生了互相转移。

（2）焊合区域有划伤、擦伤、压坑、拉毛、碾压、烧伤、金属堆积及撕裂、犁沟等特点。

（3）焊合区有外来物的成分,即金属磨屑等。

（4）表面显微硬度增高。

（5）表面粗糙度比原来急剧增高。

（6）显微组织变化,呈现表面"白层"和皮下黑色组织区的不同可浸蚀性特点。

（7）卡滞条带边界清晰、宽度较窄,大多出现在新工作时(新泵磨合期)或连续操纵使摩擦生热的试车状态下,其发生过程迅速,呈"雪崩式"发展。

（8）卡死部位处于活门工作状态受法向负载最大处。

上述特点和信息与粘着磨损的表征相吻合,故可认为分油活门的卡滞故障属粘着磨损所致。

结构分析说明该分油活门组件排污染物的能力较之原批生产泵(××-21)有着固有的弱点,且现有长试纲要规定的长试工况使分油活门长时间靠在极右位置工作,从而大大恶化了分油活门的工作条件,这就给粘着磨损的发生提供了可能。加入污染脏物、取消润滑剂并有意加大法向载荷的元件模拟试验,重现了故障件的特征,充分佐证了这一分析。

根据摩擦学公式所进行的定性数字计算与分析,说明分油活门发生卡滞是由于边界膜破坏造成干摩擦,使界面摩擦温度升高,从而发生焊接的故障机理和过程,这与粘着磨损发生的机理相一致。

从上述分析,可得出如下结论:

（1）分油活门卡死属粘着磨损。

（2）引起粘着磨损的原因是多方面的,除改变试车条件、加强系统清洁度控制外,还应从改善润滑、加强工艺控制等多方面采取措施。

5. 预防措施

对预防分油活门卡死所采用的措施,应紧紧围绕提高抗粘着磨损能力为出发点。粘着磨损的发生和发展过程为:边界膜破坏—干摩擦—生热—焊接。所以我们在制订预防措施时,其一要设法提高分油活门与衬套这对配合件间边界膜的抗破裂能力,比如设法改善润滑条件,在润滑油中加入添加剂以增加润滑剂中极性分子的极性,从而提高润滑剂的油性;增加边界膜的层数、浓度及降低临界温度等;其二是设法提高活门与衬套之间的抗干摩擦的能力,比如在活门表面涂覆可使摩擦系数降低的金属(或非金属)涂层、选用不同材料配对、设法减小法向负载、降低滑动速度、选择适当的表面加工光度和纹理等。

从工程化角度考虑,结合工厂生产实际,可从工况条件、设计结构、环境条件、材料及工艺过程采取如下措施:

（1）改善试车纲要,其原则是在能够满足外场发动机试车、使用要求的前提下,根据×××-2的结构特点,科学合理地编制长试大纲,以改变分油活门长试中长时间处于加力支点和高温变换过度频繁的不合理状态。

（2）从系统的观点做好油泵生产全过程的清洁度控制。其中包括改善有关部件的加工方法,多次大流量及高压冲洗、油气交替冲洗、刷洗、超声波冲洗、电解去毛刺和对油箱、管路、试验器定期清洗以及加强清洁度检查、加强剩磁控制、提高过滤精度等。

（3）完善设计结构,如将衬套直孔改斜孔,有利于排污等。

（4）严格活门的冷、热加工质量控制,确保热处理质量和加工的精度、光度等。

（5）改善材料的冶金质量,主要指对已选就的9Cr18材料,控制材料中碳化物颗粒的形态与分布。

（6）探讨材料表面涂覆和改性、强化的新工艺。

（7）探讨摩擦配对副选材的合理性,进一步开展试验,以取得推广成果。

（8）探讨改善和控制油料品质的新途径。

根据以上设想,工厂分门别类采取了几十条具体措施,分别纳入工艺予以实施。从1988年至今,故障再未出现,同时出厂油泵的可靠性大大提高,充分说明这次故障分析结论正确,采取措施收到了实效。

6.2 某型发动机喷口异常摆动分析

1. 故障现象

配装我厂某喷口加力调节器的某型发动机在外场6000m高空飞行出现在慢车与中间状态之间喷口摆动故障。故障状态发动机尾喷口、油门杆、N_{2r}转速曲线见图6-18,部分飞参数据见表6-3。

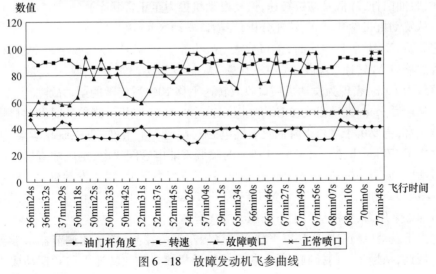

图6-18　故障发动机飞参曲线

表 6-3 发动机喷口摆动状态飞参数据

序号	时间	油门杆角度 PLA/(°)	N_{2r}/%	发动机喷口(D8)	飞行高度/m
1	36min24s	46.8	92.5	50.9	6000
2	36min28s	37.2	87.3	60.4	6000
3	36min32s	39.4	89.5	59.5	6000
4	37min09s	39.5	89.2	60.2	6000
5	52min37s	35	86.2	86.5	5400
6	52min41s	33.7	84.8	79.3	5400
7	67min20s	36.9	88.1	95.8	600
8	67min27s	37.6	88.6	59.5	600
9	67min56s	30.7	84.8	95.7	600
10	68min08s	45	92.1	51.7	着陆下降
11	68min10s	43	91.7	62.1	着陆下降
12	70min	40	90.5	51	着陆
13	74min	40	72	51	地面滑行
14	77min48s	40	72	51	停车

2. 飞参数据判读

从发动机飞参数据判读:喷口摆动对应相关参数范围, $N_{2r} = 83\%$ ~ 93%, $PLA = 28° ~ 47°$, $D_8 = 50.9 ~ 96$, 从飞参数据分析, 发动机喷口摆动时, 发动机工作在慢车与中间状态之间未进入闭环状态, 喷口在机械小喷口与机械大喷口之间摆动, 且当喷口摆动出现后, 飞行员不断通过油门杆进行修正, 以匹配左右发推力(当喷口放大, 推力下降时, 推油门杆增大发动机转速, 增加发动机推力; 当喷口收小时, 收油门杆, 降低发动机转速, 恢复发动机推力至正常状态)。

从发动机飞参数据 N_{2r} 转速分析, 在喷口摆动区间, 喷口收放转速与 N_{2r} 依然有一定联系, N_{2r} 约等于84%时, 喷口放大; N_{2r} 约等于92%时, 喷口收小, 与发动机正常收放喷口 N_{2r} 转速(N_{2r} 收 = (79 ± 2)%, N_{2r} 放 > 74%, 3% < N_{2r} 收 - N_{2r} 放 < 7%)差值约为10%, 表现为发动机喷口收放转速平移10%后伴随的摆动故障。

从最后9min发动机飞参参数分析, 飞行第68min飞机下降着陆时发动机喷口调节正常, 主要由于飞机下降满足着陆电磁阀接通3个条件(飞机放起落架、飞行速度大于170km/h、 N_{2np} < (75 ± 1)%)时喷调着陆电磁阀通电, 定压油直接作用于挡板活门, 关闭挡板活门, 发动机收小喷口, 发动机着陆后, 由于发动机慢车转速小于74%, 发动机直接处于放大喷口状态。该现象也说明喷调分油活门、挡板活门、喷口油源泵压力、分油活门上下腔压力等无异常。

由于发动机喷口在闭环以下状态仅受慢车活门控制(落压比调节器未参与工作), 因此, 从慢车活门控制失效分析造成发动机喷口收放转速平移和摆动成为定位故障的关键。

3. 故障机理分析

1）慢车活门控制原理

该发动机尾喷口采取液压机械装置实现无级可调,分别通过慢车活门和落压比调节器实现开、闭环调节。

（1）喷口控制规律。

① 推油门杆,N_{2r}上升,$N_{2r} < 79\% \pm 2\%$时,发动机为小喷口;$N_{2r} = 79\% \pm 2\%$时,发动机收小喷口;$PLA \geqslant 58° \pm 2°$,发动机喷口进入闭环调节,慢车活门退出工作($N_{2r} \geqslant 95\%$)。

② 收油门杆,$PLA \geqslant 58° \pm 2°$时($N_{2r} \geqslant 95\%$),发动机喷口处于闭环调节状态,慢车活门不工作;$PLA < 56°$时,发动机喷口处于慢车活门控制状态,落压比调节器退出工作;$N_{2r} < 74\%$时,发动机放大喷口。

（2）喷口控制装置。

① 推油门杆,N_{2r}上升,当$N_{2r} < 79\% \pm 2\%$时,作用于慢车活门上腔的与N_{2r}成比例的主泵指令油压力小于下端弹簧及低压油作用力,慢车活门处于上极位,定压油通过慢车活门通往挡板活门的油路被切断,分油活门上腔油嘴后定压油处于放油状态,上腔油压较低,分油活门下腔弹簧与低压油作用力大于上腔作用力,分油活门处于上极位,使喷口油源泵来油与喷口作动筒有杆腔沟通,低压油与喷口作动筒无杆腔沟通,有杆腔进油,无杆腔回油,发动机喷口处于大喷口。

② 随着N_{2r}转速增加,与N_{2r}转速成比例的指令油压力增加,当$N_{2r} = 79\% \pm 2\%$时,慢车活门上腔指令油压克服下腔弹簧和低压油作用力,慢车活门下移,慢车活门上的油路孔沟通定压来油和挡板活门油路,定压油作用于挡板活门使挡板活门关闭,分油活门上腔停止放油,压力上升,分油活门下移,发动机喷口收小。

③ 收油门杆,N_{2r}下降,随着N_{2r}转速下降,与N_{2r}转速成比例的指令油压力降低,当$N_{2r} = 79\% \pm 2\%$时,由于转换后的慢车活门沟通定压油与挡板活门油路的型孔小于未转换时的沟通型孔,转换后慢车活门下腔燃油经节流后压力小于未转换时下腔压力,因此,当N_{2r}降低时,由于下腔压力小于未转换时$N_{2r} = 79\% \pm 2\%$时对应的下腔压力,此时,上腔指令油压力仍然大于活门下腔作用力,活门不转换,发动机仍然处于大喷口;当N_{2r}下降至小于74%时,与N_{2r}转速成比例的指令油压力低于下腔作用力,慢车活门上移切断定压油通往挡板活门的油路,挡板活门在弹簧力作用下开启,分油活门上腔放油,压力降低,分油活门上移,发动机喷口放大为大喷口。

2）发动机喷口摆动故障模式

根据上述分析可知:造成发动机喷口收放转速往上平移的因素有两个:2#油嘴掉落失效;3#油嘴堵塞。造成闭环状态以下喷口摆动的因素有:喷口油源泵油压波动;主泵指令油压力波动,发动机喷口摆动故障模式见图6－19。

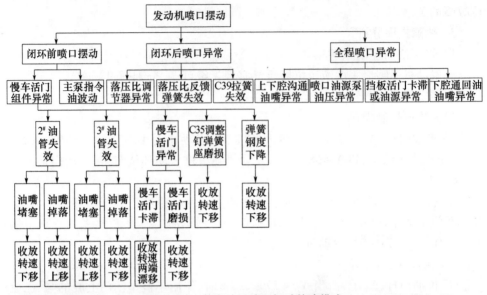

图 6 – 19 某发动机喷口摆动故障模式

4. 故障定位

根据喷调控制原理并结合飞参分析:慢车状态发动机喷口正常,可以排除喷口油源泵油压波动、主泵指令油压力波动、分油活门上下腔压力异常等 3 个因素。喷调 $3^{\#}$ 油嘴设计标准为 $\phi0.6 \sim \phi1.5$,出厂一般装配 $\phi1.5$,本台喷调装配 $\phi1.6$,堵塞可能性较低,反之,当 $3^{\#}$ 油嘴堵塞严重后,慢车状态喷口无法正常收小喷口,与本故障现象不符,因此予以排除。

当 $2^{\#}$ 油嘴掉落或松动时,喷口收放转速向上平移,发动机喷口异常收放时,N_{2r} 随着喷口变化,推力也相应变化,与 N_{2r} 成比例的指令油也随之变化,变化的指令油反作用于慢车活门进一步加剧喷口摆动。另外,飞行员为匹配左右发推力损失不断调整油门杆修正发动机转速,与 N_{2r} 转速成比例的指令油也不断变化,两者叠加,进一步使发动机喷口在收放转速上移至 83% $\sim$ 93% 后的范围内摆动,循环往复,直至发动机退出该转速区域范围。

分解检查该喷调发现 $2^{\#}$ 油嘴固定卡圈脱落,更换新件并装配合格,开车发动机工作一切正常,故障消失。

5. 结论

此次发动机发动机喷口异常摆动的故障是由于 $2^{\#}$ 油嘴固定卡圈脱落所致。

6.3 航空燃油泵柱塞弹簧断裂分析

燃油泵柱塞弹簧承受反复压缩应力,其功用是通过积蓄和释放能量,使柱塞紧靠斜盘轴承并做往复运动,达到调节油泵供油量的目的。

柱塞弹簧选用 50CrVA 钢丝绕制而成。其制造工艺流程:钢丝退火—车绕—盐浴炉淬火—电炉或碱槽回火—钳加工—除应力回火—振动试验—氧化—终检入库。

柱塞弹簧在制造、储存及试验、使用中常出现断裂失效现象。据统计,某型发动机燃油泵柱塞弹簧在外场服役中的断裂失效率约为 0.1%,某型中的断裂失效率约为 0.4%(含厂内试车)。由于柱塞弹簧折断会引起供油量失调、油门开关卡滞等危险后果,所以,了解柱塞弹簧的服役条件、研究其失效形式及影响因素,对采取有效的预防措施减少失效事件的发生是非常必要的。

发生柱塞弹簧断裂的诸多事例表明,在正常状态下,弹簧的疲劳裂纹大都从弹簧内圈侧表面开始,逐渐向沿着与簧杆本身轴线成 45°倾角的方向裂去,直至折断。图 6 - 20 为折断弹簧的实物照片。

图 6 - 20　断裂弹簧的实物　(×1.5)

1. 柱塞弹簧的服役条件

柱塞在燃油泵工作中的运动有随转子的"公转"和自身的"自转"两种形式。公转给柱塞弹簧以往复压缩,自转给柱塞弹簧以反复扭转。往复压缩在弹簧圆截面上产生剪切力与扭矩,反复扭转给簧杆以反复弯曲力矩。除此之外,还存在弹簧外侧与柱塞内壁的摩擦作用。

(1)当弹簧在燃油泵中因公转而受到反复压缩力时,在簧杆表面各点所受剪切力的大小和方向均不相同,其最大剪应力发生在簧杆横截面周边上靠近簧圈轴线最近的一点(即弹簧内圈侧表面处)。而在簧杆任意截面上,不管是由正应力引起的最大切应力还是由扭转引起的最大正应力,都发生在与簧杆轴线成 45°角的斜截面上。

(2)当柱塞弹簧在转子柱塞腔中随公转作惯性型自转时,它做反复扭转运动,于是簧杆本身将受到反复弯曲力矩的作用。假定引起弯曲力矩的外力与簧杆始终在同一平面内,则主要在簧杆内作用着正应力。经分析,该正应力比起柱塞弹簧公转时所受应力来要微小得多,对弹簧断裂影响不大。

(3)当柱塞弹簧受往复压缩时,可以把它看作一端固定、另一端受冲击载荷的弹性杆。在动态冲击振动中,柱塞弹簧第一工作圈变形量最大,所受应力亦最大,是整个弹簧的最"危险"区。我厂曾多次发现柱塞弹簧早期断裂发生在第一工作圈的事例,可能与此有关。

（4）由于柱塞弹簧与柱塞腔间隙、动态冲击振动以及弹簧受压时的弯扭等原因，使弹簧外侧表面与柱塞腔壁发生摩擦，造成弹簧外侧面的磨损。生产实践中曾出现过这种情况。其磨损面多出现在弹簧第6～12工作圈的外侧表面，最大有磨掉0.30mm的情况。这种偏磨使簧杆有效截面减小，应力增加，造成断裂。

上述分析说明，柱塞弹簧在燃油泵中的服役条件是苛刻的，应引起足够重视。

2. 柱塞弹簧断裂失效的常见形式

柱塞弹簧断裂失效有在服役过程中的正常疲劳断裂和由于表面缺陷引起的早期疲劳断裂两大类。前者比率很小，后者约占失效数的60%以上。

1）正常疲劳断裂

由于柱塞弹簧在高循环应力条件下工作、环境条件苛刻、选材安全系数低（经计算仅近似于临界值），经长期工作后则发生此类断裂。例如，外场到寿命的油泵分解后发现的柱塞弹簧断裂，厂内做振动疲劳试验后断裂的弹簧多属此类。

这类断裂，其宏观断口形貌符合典型疲劳断口特征。断裂从弹簧内圈侧表面开始，沿与簧杆轴线45°角方向扩展。断口明显可见放射状条纹（即所谓疲劳沟线），该区所占面积比例较大，呈正应力作用下的张开型脆断形貌。最后有小部分光亮细粒状瞬时破断唇口。

2）早期疲劳断裂

这类折断的宏观断口特征仍具有疲劳断口的特征。所不同的是断口中疲劳沟线不明显或所占面积比例不大，源区有其他缺陷存在，源区除大多在弹簧内侧表面处，也有其他不确定部位，瞬时破断区面积较大。

3）早期疲劳断裂的成因分析

柱塞弹簧早期疲劳断裂的成因大致有下面10种。

（1）钢丝本身存在冶金残留裂纹。在冶炼和轧坯时，由于夹渣或氧化皮去除不净等原因，经轧制或拔丝，在钢丝表面形成裂纹，弹簧绕制或热处理后暴露出来。图6-21为我厂发现成品弹簧内侧沿轴线分布的细长直条裂纹的纵向高倍照片。裂纹附近有明显的网络状氧化物。该裂纹造成应力集中，使弹簧发生早期疲劳断裂。

（2）钢丝拉裂。在拉制中因冷拉工艺不当而产生钢丝拉裂。金相观察，这种裂纹横向末端圆钝，裂纹中常留有热处理盐迹或锈迹，纵向大多沿夹杂物分布。具有拉裂缺陷的弹簧发蓝后常伴有白色印痕出现。图6-22为拉裂缺陷造成的早期疲劳断口示意图。

图6-21　纵向直条裂纹　（×100）

图6-22　疲劳断口示意图　（×15）

（3）钢丝磨削裂纹。钢丝经磨光后往往出现因磨制工艺不当造成的磨削裂纹。在弹簧上，这种裂纹表现为沿钢丝表面圆周分布，近似等距离，且垂直于钢丝轴线，如图6-23所示。横向金相高倍观察，裂纹较浅，底部秃钝，其周围往往看不到夹杂物和氧化脱碳现象。

图6-23　磨削裂纹　（×15）

（4）钢丝表面折叠。钢丝在拉、轧过程中，由于型孔不当、型孔磨损、轧件擦伤等原因，使再轧、拉时钢丝表面形成折叠。

它的特征是沿轧制方向与钢坯表面有一定倾斜角度，一般呈直线或锯齿状，深浅不一，内有氧化夹杂存在，见图6-24。

图6-24　钢丝折叠缺陷　（×150）

（5）钢丝表面夹渣、疏松、穴孔等缺陷。拉丝时表面残存的氧化皮及夹杂物卷入钢丝基体形成表面夹渣（有的分布在次表面）和疏松，脱落后造成孔穴。它同其他表面缺陷一样，起着分割基体、引起断裂的效应。图6-25为表面夹渣和孔穴缺陷引起早期疲劳断裂的宏观断口形貌。

（6）表面锈坑、蚀坑（麻点）。柱塞弹簧在生产中不可避免地要接触热表处理环境。当其遇到腐蚀介质（水汽、盐浴、电解液等）时，表面不光滑的部位，将受到化学或电化学的作用而形成锈坑、蚀坑。常有锈色斑，凹坑深浅不一。

（7）表面机械损伤。钢丝在包装、运输或弹簧在加工中都会出现机械损伤。该种伤痕形状不规则,无明显方向性。图 6－26 为由于机械损伤致断的实物断口。从图看出,当碰伤严重时,对高应力的柱塞弹簧而言,断口中几乎表现为全部静力脆断形貌,看不见疲劳瞬断唇口。

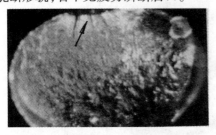

图 6－25　表面夹渣和孔穴缺陷引起早期
疲劳断裂的宏观断口形貌　（×35）

图 6－26　机械损伤致断的实物断口　（×35）

（8）钢丝表面脱碳。脱碳主要是由于原材料在冶炼、轧制或弹簧热处理中加热氧化造成的。它会明显降低钢的表面强度和疲劳强度极限,导致弹簧在使用中过早地发生断裂失效。由脱碳而造成断裂的断口形貌,同疲劳断口特征相似,只是疲劳扩展区面积较小而已。脱碳对柱塞弹簧的使用寿命影响很大,要严格予以控制。

（9）弹簧淬火裂纹。图 6－27 为油泵经 2h30min 运转后断裂的柱塞弹簧断口处的裂纹形貌。该裂纹与断口相连,细瘦而略带弯折,断口呈脆断的平直特征。该批弹簧硬度偏高。分析认为,造成裂纹的原因主要是淬火介质由油改为碱水所致,当然还与该批钢丝表面存在残留拉痕有关。图 6－28 是该批钢丝用水冷淬火重复出现的裂纹高倍照片。裂纹宽窄不均,似有折叉,刚直有力,与断裂弹簧上的裂纹相似。

图 6－27　柱塞弹簧断口处的
裂纹形貌　（×30）

图 6－28　钢丝用水冷淬火重复出现的
裂纹高倍照片　（×100）

（10）金相组织不正常。我们曾发现一批柱塞弹簧断裂,其断口较细腻、灰暗,未见明显的表面缺陷,疲劳裂纹始于弹簧内侧表面,如图 6－29 所示。进一步做电子断口分析,除出现穿晶疲劳条带外,还分布有韧性疲劳条带,说明基体较软,不均匀性较重,并发现断口过载区有碳化物粒子。这是奥氏体化不充分、碳化物溶解不良的标志。这批弹簧还伴有弹力不足或弹簧负荷不够的情形发生。

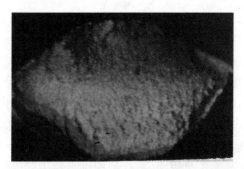

图 6 – 29　疲劳裂纹始于弹簧内侧表面　（×80）

3. 防止柱塞弹簧早期断裂的措施

前述可见,由表面缺陷造成的柱塞弹簧断裂,比率很高,影响程度较大。一段时间内,不仅折断次数多,而且生产合格率低到 30% 以下,主要原因就是弹簧的表面缺陷。

生产实践及理论分析都指出,柱塞弹簧的断裂多是从应力最大的地方开始的,而应力最大的地方均在弹簧簧杆表面或应力集中部位。从以下几方面采取措施,可防止其早期断裂失效。

1）提高钢丝及弹簧的冶金及表面质量,降低应力集中的有害效应

（1）原材料的订货应有专用技术条件（协议）保证,提高钢丝的冶金质量,提高钢丝的纯度和力学性能指标,降低钢丝表面缺陷的尺寸。

（2）加强生产过程的质量控制,努力减少表面缺陷的产生。高强度冷拉弹簧钢丝很容易产生划伤、损伤,热表处理过程中的盐浴、碱槽、电解液的腐蚀也常产生表面坑点。通过改进缠绕、热处理、清洗工艺,选用合理的电抛光规范、加强工序间的防锈以等措施,有较好的效果。

（3）加强对弹簧成品的表面检查。采用超声波表面探伤法代替传统的目视检查法,对检查表面凹坑、夹杂、脱碳、皮下缺陷等非常有效,对提高柱塞弹簧使用可靠性是很有作用的。

2）对弹簧表面进行喷丸处理

高强度弹簧钢丝对缺口的敏感系数一般很大,采用喷丸处理可以使钢的表层形成残余压应力,提高钢的疲劳强度极限,是强化效果很显著的一种工艺。可以使原本仅能支持 7×10^6 次振动的弹簧提高到 23×10^6 次,将应力循环次数扩大了两倍多。

6.4　关于柱塞弹簧在制造工艺过程中的表面腐蚀

用于航空燃油泵的柱塞弹簧选用 50CrVA 冷拉或磨光钢丝制成,是承载交变载荷的一种高应力弹簧。众所周知,表面缺陷会造成应力集中,导致早期疲劳断

裂。表面缺陷有很多类型。诸如冶金缺陷、机械损伤、表面腐蚀等。但根据我们工厂几年来试验攻关情况统计分析,在诸多表面缺陷中,由于腐蚀引起的占绝大多数。而腐蚀出现的部位、形貌特征,以及与工艺过程的关系又是多种多样的。所以,如何正确认识弹簧表面腐蚀的缺陷特征、寻求引起腐蚀缺陷的工艺因素,从而有效地防止表面缺陷的产生,提高柱塞弹簧的生产合格率及其制造的质量可靠性,就成为工厂生产中亟待解决的关键问题,也是本节重点探讨的宗旨所在。

1. 柱塞弹簧表面腐蚀的常见形态

在柱塞弹簧的工艺制造过程中,根据长期以来的认真观察、多种方法检查和反复试验,认为柱塞弹簧表面腐蚀大多属局部腐蚀(也称选择性腐蚀),根据其形态和出现的部位,一般有如下一些类型:

1) 点状腐蚀

腐蚀集中在弹簧表面的各个点上,面积很小,有一定深度。一般情况下,这种点状腐蚀主要分布在弹簧的内侧面,但也有分布在外侧面的,如图 6 – 30 所示。

2) 斑状腐蚀

这种腐蚀由于面积大小和形状的不同,一般有两种情况:

(1)“剥皮”样的斑状腐蚀:被腐蚀处犹如局部掉皮,深度较小,但占有较大面积。形状不一,在弹簧上的分布也无规律性,如图 6 – 31 所示。

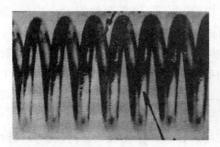 

图 6 – 30　点状腐蚀　　　　　　　　　图 6 – 31　斑状腐蚀

(2)圆点状的斑状腐蚀:密布在弹簧表面,近似圆形,直径约 0.5mm,深度不大,如图 6 – 32 所示。

(3)针眼状腐蚀:这种腐蚀如同小针眼,密布弹簧内圈与芯轴接触处,组成腐蚀螺旋线,如图 6 – 33 所示。

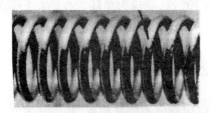 

图 6 – 32　圆点状的斑状腐蚀　　　　　图 6 – 33　针眼状腐蚀

（4）表面下腐蚀（也叫剥蚀）：此种腐蚀从表面开始，但主要向表面下横向扩展。在弹簧表面出现隆起小凸丘，犹如"皮肤病"形貌，如图6-34所示。

（5）陷坑腐蚀（或叫穴状腐蚀）：腐蚀集中在弹簧表面有限的面积上，破坏较重，呈较深的大坑点，中间常伴有氧化物残迹。弹簧折断常常以该缺陷作为断裂源，易产生早期疲劳剥落，如图6-35所示。

图6-34　表面下腐蚀

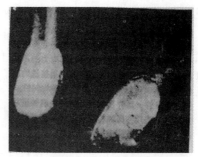

图6-35　陷坑腐蚀

2. 弹簧表面腐蚀与工艺过程的关系

柱塞弹簧的制造工艺过程：钢丝退火—缠绕—盐浴炉淬火—碱槽回火—钳加工—碱槽补充回火—十次压缩—电抛光—振动试验—磨端面—发蓝—检验。

为了寻找弹簧表面腐蚀的原因，我们反复进行了侦察性工艺试验。选用不同产地、不同状态的原材料按现行工艺进行加工，采用每道工序都用肉眼及超声波探伤相结合的方法检查其表面质量。然后进行数理统计分析。得出的规律是：弹簧在盐浴炉淬火、碱槽回火过程中清洗不干净，容易造成表面腐蚀；电抛光会使缺陷扩大；弹簧生产周期过长会造成表面腐蚀。

经进一步跟踪试验，发现上述所列的几种常见腐蚀形态一般在下列情况下出现：

（1）点状腐蚀大多出现在弹簧经缠绕带芯轴热处理后，由于带芯轴使内侧表面不易清洗干净，常残留有小黑点，经电抛光后点状腐蚀便清楚地显露出来。外侧面出现的不多，但也发现一些弹簧在生产中用不干净的零件盒周转时在弹簧外侧出现了不同状态的点状腐蚀。

（2）斑状腐蚀常常是冷拉钢丝表面本身就有。另外，在热处理后的弹簧表面也出现这种腐蚀。

（3）针眼状腐蚀是弹簧经热处理后，在内侧面与缠绕芯轴接触处出现一细条针眼状腐蚀螺旋线，经电抛光后则更明显。

（4）表面下腐蚀则是在钳加工时用铜棒所敲击的弹簧的支承面外表面处，再经热处理后放置一段时间发现的。

（5）陷坑腐蚀常常在钢丝检验或对生产周期过长的弹簧汇总检验时得以发现。

3. 对腐蚀缺陷形成机理的分析

金属腐蚀的一般理论指出,金属材料的腐蚀过程属一个电化学和化学溶解过程。引起原因其一是金属本身的热力学不稳定性,其中包括金属材料的化学成分和组织不均匀性;其二是接触的腐蚀介质的性质,其中 pH 值、成分的不均匀性浓度等。这两个条件一旦存在就有可能产生腐蚀破坏。这里着重结合上述几种腐蚀特征在生产工艺过程中出现的情况,对其形成机理提出如下看法。

(1)点状腐蚀:主要是化学作用而产生。当弹簧带芯轴在盐浴炉中加热时,在芯轴与弹簧内侧的交界处带盐较多,不容易清洗干净,致使油、盐等残留在内侧面,在热水中被分解成离子(特别是 Cl^-),从而产生化学腐蚀作用而形成小黑点。其化学方程式如下:

$$NaCl \xrightarrow{溶于水} Na^+ + Cl^-$$

$$3Cl^- + Fe^{3+} \longrightarrow FeCl_3$$

金属在热水作用下或在以后的工序中,接触空气或介质中的固体颗粒(C 或 C 的化合物)、金属屑或吸附的 SO_2、H_2O 等。特别是当弹簧本身沾有具有腐蚀活性的颗粒(如可离解的盐类 NaCl)等,就会使其腐蚀产物($FeCl_3$)由不溶性转为可溶性而溶去,从而产生腐蚀点。而且,这种腐蚀产物溶解所得的阴离子(Cl^-)又会破坏阳极的钝化。如此吸附、分解、化合的循环进行,使其腐蚀加速,而缺陷更趋明显。至于弹簧在外侧面产生点状腐蚀的原因是装弹簧的零件盒不干净所致,其机理同上。

(2)斑状腐蚀:主要是原材料在拉制、弹簧在热处理过程中的酸洗工序中由于电化学作用造成的。当钢丝或弹簧处在酸液中时,一方面表面的氧化膜起化学反应而使氧化皮被破坏;另一方面,由于 50CrVA 钢丝本身具有电化学不均匀性,此时便满足了形成腐蚀微电池的必要条件。在没有氧化膜的表面形成腐蚀微电池,使得电极电位低的铁基体失去电子被腐蚀。又由于原氧化膜在钢丝和弹簧表面分布的不均匀性,造成以上化学作用与电化学过程的不一致性,从而使其表面产生"剥皮"样斑点状腐蚀。"圆点"样斑状腐蚀其机理与点状腐蚀相同,只是由于被腐蚀处的腐蚀介质多少不一而使腐蚀的程度不一。

(3)针眼状腐蚀:我们曾从工艺的角度做了反复试验,结果发现缠绕时与芯轴接触不紧密的弹簧,带芯轴热处理后在内侧面与芯轴接触处出现一细条针眼状螺旋腐蚀线。分析认为,当弹簧经盐浴炉淬火时,在零件与芯轴接触处由于有毛细凝聚缝隙,使之成为水分凝聚中心,加之盐的被吸附残存,结果在这些部位形成电解液薄膜。另有弹簧本身内侧面与其余表面变形量不同而造成的应力不均匀等因素,从而在弹簧内侧面与芯轴接触不紧密处出现针眼状腐蚀螺旋线。

(4)表面下腐蚀:这主要是金属表面上保护膜宏观和微观的不完整所造成的。在这里应特别指出的是与用铜棒对弹簧外表面的敲击有关。弹簧被敲击时,一方面造成弹簧表面局部冷加工变形,引起金属内应力的不均匀性,使内应力高的地方成为阳极;另一方面给弹簧表面黏附上铜的微小颗粒。当弹簧在敲击后的回火、亚硝酸钠溶液防锈、电抛光等工序中接触腐蚀介质时,基体铁由于比铜的电极电位更负作为阳极受到迅速的腐蚀。这就使得有铜微粒处首先受到破坏,使氧化膜出现微孔突破口,并从该处产生较疏松的腐蚀产物,继而使腐蚀物下面的金属被腐蚀。又由于金属氧化膜下存在的应力不均匀(主要因素)、组织不均匀等因素,使这种腐蚀从表皮突破口开始向皮下横向扩展。在皮下形成的腐蚀产物因不断增加和松散,使表面出现隆起的小凸丘。

(5) 陷坑状腐蚀:它的形成机理主要是钢丝或弹簧有因其他原因(如机械损伤、裂口等)形成的凹坑暴露于表面。此处容易残留腐蚀介质,使基体受腐蚀而成为锈蚀凹坑。生产周期越长腐蚀越严重。该种腐蚀严重,所以危害尤甚。

在生产实践中,经用超声波检查验证,以上各类缺陷经电抛光后都有程度不同的扩大。这主要是由于有腐蚀缺陷的凹陷处底部残留有盐、碱等腐蚀介质。当电抛光溶液充满凹陷处时,化学溶解和电化学腐蚀同时在凹陷底部进行,使得凹坑的深度加快加深,且加深的量要大于其余表面在同样条件下抛光时所减小的尺寸,从而使电抛光后弹簧表面的缺陷扩大。

4. 表面腐蚀缺陷在弹簧服役中的有害效应

当弹簧表面存在缺陷时,它的有害效应就相当于在弹簧表面形成应力集中的缺口。它破坏材料的连续性。当它在弹簧服役中受到交变循环应力作用时,微裂纹以自己有利的方向扩展为宏观裂纹。特别是弹簧表面出现的腐蚀小坑,其底部应力最大。从应力对腐蚀速度的影响情况考虑,应力最大的底部尖角处是阳极区,因而该处在介质中的腐蚀加深。而该处腐蚀的加深反过来又造成应力在该处更集中,腐蚀又更容易在该处发展,如图 6 - 36 所示。

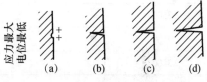

图 6 - 36　腐蚀加深造成应力集中

这种腐蚀与疲劳互相助长,恶性循环,从此不断缩小弹簧的有效截面积,使单位截面上受到的工作剪切应力不断增加,直到超过钢丝本身的拉伸强度时,即沿着其受应力最大的方向折断失效。图 6 - 37 为表面腐蚀缺陷造成弹簧折断的实物照片。

图 6 - 37　表面腐蚀缺陷造成弹簧折断的实物照片

5. 防止柱塞弹簧表面腐蚀的工艺措施

(1) 加强原材料的质量控制。与钢丝承制厂签订特殊技术协议,对钢丝表面提出质量控制要求,加强钢丝入厂复验的外观检查等。

（2）选用较好的缠绕方法,使弹簧与芯轴紧密结合。对缠绕心轴尺寸及表面状态进行控制,规定心轴使用周期。

（3）加强热处理后对零件的清洗工作。可以采用超声波清洗机进行。

（4）控制生产周期,每批零件从投产到交检入库不得超过一星期。

（5）采用真空热处理进行淬回火处理。可以避免弹簧受到熔盐腐蚀的作用。

6.5　滑油泵调节器供油异常故障原因分析

1. 概述

2010年11月,试飞院在开展某型号发动机科研试飞过程中,发生了燃气涡轮起动机工作异常,发动机启动失败的故障。正常情况下,燃气涡轮起动机启动工作10s内,其转速和排气温度应分别达到62000r/min±200r/min和700℃±50℃,而此次启动失败故障记录的燃气涡轮启动机转速为38263r/min、排气温度为423℃,均远远低于正常值。2010年12月,在附件厂对配装上述燃气涡轮起动机的燃滑油泵调节器进行了性能检查,发现产品的供油特性不合格(见表6-4)。

表6-4　燃滑油泵调节器返厂检查性能记录表

性能检测输入条件		规定供油量/(kg/h)	实测供油量/(kg/h)
输入转速/(r/min)	通入波纹管气压/kPa		
3500	40	42±0.6	45
3500	56	42±0.6	45
3500	62	44±0.8	45
3500	66	47±1	45
3500	103	56±1	45
7000	140	65±2	45
8400	170	70±2	45
9400	186	75±2	46
11890	245	89±2	47
14150	305	90±2	60
14800	355	90±2	63

根据技术要求,该型燃滑油泵调节器的工作寿命为1200次启动。经查,该台产品在外场一共工作了328次。对产品进行分解检查,发现产品上的波纹管真空端有裂纹,裂纹位于真空端从右向左数第7个波纹上,裂纹长度为2.42mm,如图6-38所示。

图 6 - 38　波纹管裂纹位置图

2. 产品工作原理介绍

在燃气涡轮启动机启动过程中,燃滑油泵调节器按照 $GT = f(P_2)$ 的函数关系提供计量燃油。在该产品中,燃气涡轮启动机启动过程所要求的供油关系 $GT = f(P_2)$ 由启动加速自动装置实现,该装置主要由波纹管组件(由波纹管真空端和 P_2 端组成)、弹簧、启动加速活门、杠杆、壳体、压差活门、齿轮泵、启动加速活门衬套、Ⅰ号调整钉、密封圈、移动块、Ⅱ号调整钉等组成。在燃气涡轮起动机启动工作过程中,附件机匣上的燃滑油泵调节器驱动轴带动齿轮泵工作,经齿轮泵增压的燃油经启动加速活门(图中由 A 进 B 出)计量后供往燃气涡轮起动机燃烧室。启动加速活门燃油进出口之间设有压差活门,保证在工作过程中启动加速活门前后燃油压力之差稳定,因此,GT 只与启动加速活门计量窗口的实际打开面积有关,即供油量 GT 与计量窗口的实际打开面积成正比。在启动加速自动装置中,计量活门的移动量(对应计量窗口面积)与燃气涡轮起动机压气机后的空气压力 P_2 相关,其实现过程为:来自燃气涡轮起动机压气机后的空气进入波纹管组件的 P_2 端,使 P_2 端波纹管轴向尺寸发生变化,带动杠杆绕杠杆旋转中心转动,而杠杆穿过启动加速活门上的两个平行圆柱销,杠杆的转动将带动启动加速活门上下移动,从而实现通过 P_2 对燃油计量面积的控制。图 6 - 39 是 P_2 与波纹管位移关系曲线,波纹管位移量与 P_2 压力成线性关系,即通过改变 P_2 可以改变计量窗口面积的大小,从而实现按 $GT = f(P_2)$ 的函数关系向燃气涡轮起动机供油。当波纹管真空端破损后,燃油进入真空端波纹管内,真空端长度变长,产生一个附加力作用在波纹管 P_2 腔上端,改变了波纹管组件原有的力平衡。产品工作过程中,P_2 气压产生的向上的推力要多克服一个真空端长度变长产生的附加力,才能带动杠杆转动,实现对启动加速活门计量窗口面积的控制。所以会出现启动加速特性前面几点流量基本不变,后面都偏小的故障(见表6-4)。

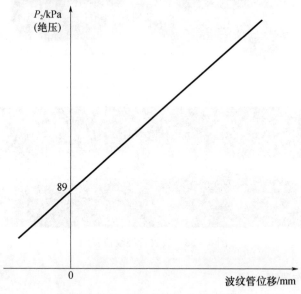

图6-39 P_2 与波纹管位移关系曲线

3. 波纹管真空端产生裂纹机理分析

(1)波纹管组件介绍。波纹管组件是由波纹管、支承、拉杆组合件、盘形件四种零组件通过缝焊和抽空封焊焊接组成(见图6-40)。其核心件为波纹管,波纹管的壁厚为0.08mm,外径为 $\phi20mm$,材料是精密合金3J1。支承、拉杆组件、盘形件等其余零件材料为不锈钢1Cr17Ni2。

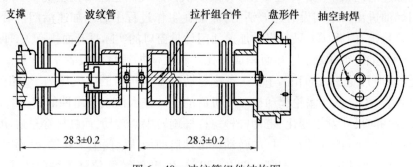

图6-40 波纹管组件结构图

该波纹管组合件是根据某产品测绘研制的,波纹管是按照样件产品和《测量用单层金属波纹管》设计研制的,根据该文件要求,波纹管表面应光滑、清洁,不应有裂纹、色泽不均、凹痕、凹陷、擦伤、外来物压伤等缺陷,在波纹管表面上的磨光处不允许大于波纹管表面总面积的25%。

（2）故障件外观检查情况。对故障件波纹管裂纹处运用蔡司光学显微镜进行低倍(50倍)观察，发现波纹管真空端一处波峰上有一条沿波峰周向延伸的裂纹（见图6-41）。裂纹较直，边缘平滑，裂纹周围伴有机械打磨痕迹，且打磨痕迹与裂纹开裂方向基本平行。运用KH-3000三维视频显微镜对故障件波纹管的裂纹处进行高倍(400倍)观察实验，看到裂纹较直，边缘平滑，裂纹的开裂是沿管体外壁的机械划痕起源，并向管体外壁上的周向机械划痕扩展延伸，见图6-41。在产品裂纹的对应处，看到裂纹是沿管体外壁的机械划痕起源，并沿管体外壁上的周向机械划痕扩展延伸的，该周向机械划痕，形成疲劳开裂源。

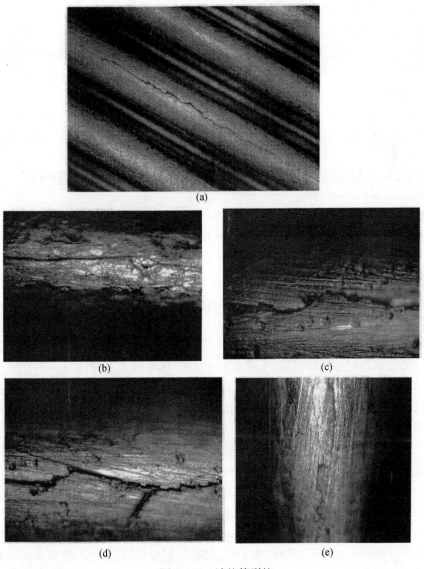

(a)

(b)　　　　(c)

(d)　　　　(e)

图6-41　波纹管裂纹

（3）故障原因。经追溯产品加工过程信息,产品配套波纹管在加工过程中,由于波纹管壁厚薄,限于生产加工条件,薄壁表面难以避免产生划伤、压坑等机械损伤缺陷。该产品对表面质量要求高,为保证产品表面质量的一致性要求,对波纹管表面存在的颜色不一致或轻微压坑、划痕等缺陷,按照ГОСТ 21482—72要求对波纹管轻微缺陷处利用粒度为600目的砂纸对其进行局部砂光处理,砂光面积不大于波纹管表面总面积的25%。

根据波纹管破裂故障机理可知,对波纹管表面进行砂光过程中,存在个别波纹管砂光用砂纸粒度较大或者砂光较重,可能造成波纹管表面产生较重的机械打磨沟痕,波峰上的周向机械划痕形成开裂源,造成波纹管疲劳开裂。

综合以上分析,导致波纹管裂纹的主要原因,是在生产过程中采用砂纸砂光波纹管表面时,由于选择砂纸的粒度较大,砂光过程中在波纹管表面形成机械划痕,造成波纹管工作过程中疲劳开裂导致波纹管失效。

4. 改进措施

为避免出现类似情况,取消在波纹管生产过程中用砂纸对波纹管表面进行抛光的工艺要求,对存在颜色不一致或轻微压坑、划痕等缺陷的波纹管一律报废处理。

6.6　某喷口控制装置应急回中功能失效原因分析

1. 问题的提出

2011年9月29日,某喷口控制装置在配装发动机进行矢量喷口应急回中试验时,2号作动筒主活塞杆始终处于最大伸出状态,不能回到应急回中位置,应急回中功能失效。2011年10月17日,将故障产品返承制厂,并在专用试验设备上对产品进行性能检查,模拟进行发动机矢量喷口应急回中试验,作动筒应急回中功能却表现正常,故障未复现。

2011年11月7日,再次将该台喷口控制装置配装到同一台发动机3号作动筒进行矢量喷口应急回中试验,配装该台产品的作动筒活塞杆应急回中功能仍不正常,故障情况与2011年9月29日该台产品出现的情况一致。此时,将喷口控制装置产品上的电插头拔下,即将电液伺服阀和二位三通电磁阀进行物理断电,作动筒活塞杆能够回到中立位置,发动机矢量喷口实现了正常的应急回中。在3号作动筒处换装同型号的另一台喷口控制装置进行矢量喷口应急回中试验,喷口控制装置应急回中功能正常。

2. 喷口控制装置的组成及工作原理

在某发动机上,使用了3个喷口控制作动筒,作动筒的编号分别为1号、2号和3号,每个作动筒分别与一台喷口控制装置组成一个控制模块,在发动机工作过程中数字控制器控制喷口控制模块工作,控制矢量喷口偏转角度,实现对发动机推力矢量的控制。

为了保证飞机飞行安全,要求在喷口控制装置失电,无法对矢量喷口偏转角度进行控制时,矢量喷口应能在喷口控制模块的作用下回到中立位置,即回到无任何偏转角度的位置。

喷口控制模块由作动筒和喷口控制装置组成,其中喷口控制装置(图6-42中虚线框以内部分)又由二位三通电磁阀、油滤、壳体、进口油滤、电液伺服阀等组成。二位三通电磁阀工作电压为27VDC,不通电时电磁阀B口与C口沟通(A口与C口关闭),通电时电磁阀A口与C口沟通(B口与C口关闭)。电液伺服阀有2个线圈,线圈可单独使用,也可以串联或并联使用。在该产品上,电液伺服阀线圈是单独使用的(两线圈互为备份),电液伺服阀额定工作电流为±40mA。电液伺服阀具有初始零偏,即在不通电的情况下内部分流活门不在中位,即控制窗口存在一个预开度δ(见图6-42中局部放大视图V所示)。在"燃油进口"处通入22MPa压力燃油,二位三通电磁阀和电液伺服阀都不通电的情况下(相当于喷口

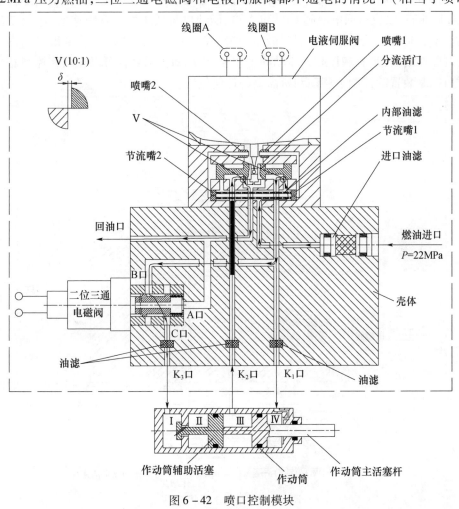

图6-42 喷口控制模块

控制装置失电),22MPa 压力燃油经进口油滤、电液伺服阀预开的控制窗口后,一路经油滤、K_1 口进入作动筒Ⅳ腔,另一路经二位三通电磁阀 B 口、C 口、油滤和 K_3 口进入作动筒 I 腔(图 6–42 中带箭头红色线所示);作动筒Ⅲ腔经 K_2 口、油滤、预开的控制窗口、回油口后与低压燃油系统沟通(图 6–42 中带箭头蓝色线所示)。作动筒辅助活塞、作动筒主活塞杆在高压燃油的作用下,辅助活塞向右移动、主活塞杆向左移动,直至辅助活塞右大端面与主塞左端活塞杆端面紧靠(图 6–42 中所示位置),此位置即为作动筒活塞杆中立位置。在发动机上,如果喷口控制模块 3 个作动筒活塞杆都同时处于这一位置,所对应的发动机矢量喷口的偏转角度即为零,也即发动机矢量喷口处于中位;如果需要发动机矢量喷口应急回中,而喷口控制模块 3 个作动筒中有任意 1 个或 2 个、甚至 3 个活塞杆无法回到中立位置,将导致发动机矢量喷口无法回到中位。

正常工作时,二位三通电磁阀保持通电,电磁阀 A 口、C 口连通,作动筒 I 腔经 K_3 口、油滤、二位三通电磁阀 C 口和 A 口、回油口与低压燃油系统连通,作动筒辅助活塞在Ⅲ腔油压的作用下回到最左位置(见图 6–43),此时作动筒相当于普通的两腔作动筒,Ⅲ腔和Ⅳ腔为作动筒工作腔,作动筒主活塞杆可以在数字控制器和喷口控制装置的控制下移动到所需要的任何位置。

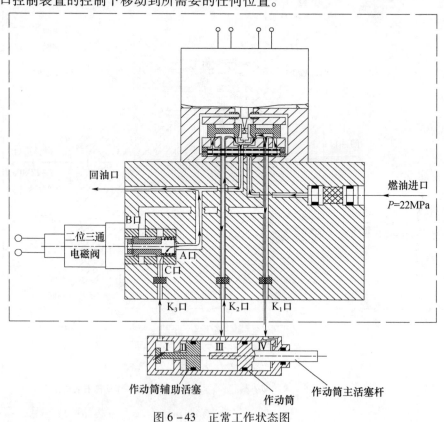

图 6–43 正常工作状态图

262

3. 故障原因分析和故障定位

前面已提到,在发动机台架上进行矢量喷口应急回中试验时,如果将数字控制器与连接喷口控制装置之间的电插座拔下(相当于二位三通电磁阀、电液伺服阀与数字控制器彻底断开),故障作动筒活塞杆在工作燃油压力的作用下是能够移动到图6-42所示的应急回中位置的,说明故障与数字控制器有一定的关联;故障喷口控制装置曾装在2号作动筒上进行过试验,也装在3号作动筒上进行了试验,故障现象相同,不同位置的作动筒使用数字控制器不同的控制通道,而其他相同型号的喷口控制装置装到2号、3号作动筒上没有出现故障,也说明故障现象与故障件有直接关系。

(1)理论上,在发动机台架上进行矢量喷口应急回中试验,是要模拟控制系统在失电的情况下产品功能是否正常。而在实际试验时,并没有拔掉供给数字控制器的220VAC电源,由数字控制器通过控制电缆向喷口控制装置上的二位三通电磁阀和电液伺服阀工作线圈提供"0"电压和"0"电流,但故障产品不能实现应急功能。当拔掉控制电缆,即将数字控制器与连接喷口控制装置之间的电插座拔下,产品应急功能是正常的。为了寻找两种方式之间的差异,按图6-44进行了试验。

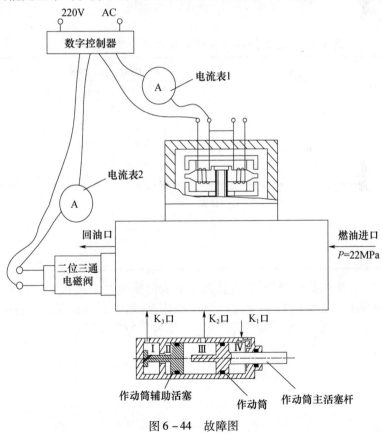

图6-44 故障图

263

结果为电流表 1 读数为 96mA;电流表 2 读数为 0mA。

（2）检查喷口控制装置。根据设计资料要求,在喷口控制装置上二位三通电磁阀控制线圈引出线分别与电插座上的 5、6 针脚相连;电液伺服阀 A 线圈蓝色引出线、白色引出线分别与电插座上的 2、9 针脚相连,B 线圈红色引出线、绿色引出线分别与电插座上的 10、11 针脚相连,见图 6-45。对电液伺服阀线圈电阻和各针脚之间的电阻进行检查,结果见表 6-5。

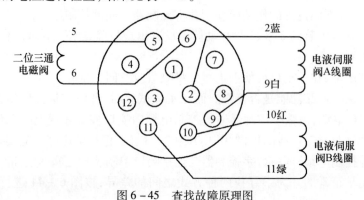

图 6-45　查找故障原理图

表 6-5　电液伺服阀线圈电阻和各针脚之间的电阻

电液伺服阀线圈	线圈与插座连接情况	线圈设计电阻/Ω	实测线圈电阻/Ω	各针脚间电阻	
				针脚	电阻/Ω
A	2针脚　　　　9针脚	50±5	50.5	2	50.8
				10	
				2	0.5
				11	
B	10针脚　　　　11针脚	50±5	50.7	9	50.6
				11	
				9	101.1
				10	

从表 6-5 中的数据分析,正常情况下电液伺服阀两个相互不导通的 A、B 线圈之间,出现了 2 针脚和 11 针脚之间短接的情况,如图 6-46 所示。将电液伺服

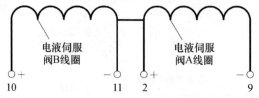

图 6-46　电液伺服阀针脚短接示意图

阀从故障产品上分解下来后发现电液伺服阀两个线圈的 4 根引出线绝缘层外表完好,没有任何破损,再次测量各引出线间电阻,结果同表 6－5,说明 2、11 号针脚之间的短接发生在电液伺服阀内部。

（3）电液伺服阀内部短接分析。将电液伺服阀返承制单位检查,发现电液伺服阀 A 线圈中蓝色导线（2 号针脚连接线）和 B 线圈中绿色导线（11 号针脚连接线）在根部存在短接现象,印证了上述分析中 2 和 11 针脚短接的推断。导致短接的原因是引线与线圈连接处绝缘保护不可靠。

（4）在数字控制器上调定电液伺服阀工作线圈控制电流为零,而实际输给电液伺服阀线圈的电流为 96mA 原因分析如下。

① 电液伺服阀驱动电流硬件处理原理。电液伺服阀的驱动电流在电子控制器内是用 FV711 集成芯片进行处理的,原理框图见图 6－47。图中 R1、R2 为线圈负载电阻、R3 和 R4 为接地电阻,U1、U2 为线圈给定电压,I1、I2 为线圈实际电流。

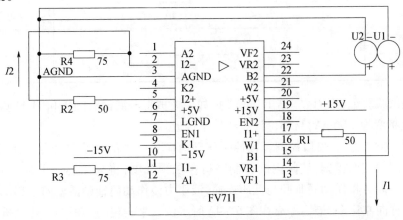

图 6－47　电液伺服阀驱动电流硬件处理原理框图

当 $I1-$ 和 $I2+$ 短接时,将形成新的电流回路,回路中器件有 1 个三极管,1 个二极管,1 个负载,1 个保护电阻,2 个并联的接地电阻。根据 $I =（U - U 三极管 - U 二极管）/（R 保护 + R 接地 + R 负载）$,其中 $U = -15V$,$U 三极管 = -1.0V$,$U 二极管 = -1.5V$,$R 保护 = 30\Omega$,$R 接地 = 75/2\Omega$,$R 负载 = 50\Omega$,代入公式得出: $I = -106.4mA$。

② 短路模拟试验。根据故障喷口控制装置电液伺服阀 A 线圈的 2 号针脚（正端）与 B 线圈的 11 号针脚（负端）短接故障,用两个 50Ω 的电阻模拟电液伺服阀线圈电阻,将电液伺服阀的一个线圈的正端与另一个线圈的负端短接,进行了电液伺服阀信号线短接故障的模拟。

试验时,测试 R1（电磁阀 B 线圈）、R2（电磁阀 A 线圈）两端电压,使 $I1$（B 通

265

道)和 $I2$(A 通道)的电流值满足所需的短路前电流值,如表 6 – 6 所列的第 1、2 列所示。回路电流可通过将 R1、R2 两端电压除以电阻值(50Ω)得出。在 $I1$ 和 $I2$ 电流取不同值时,用导线将 $I1$ – 端(B 通道)和 $I2$ + 端(A 通道)短接,或将 $I1$ – 端(B 通道)和 $I2$ + 端(A 通道)短接后与 AGND 短接,测试得到的 $I1$ 和 $I2$ 的电流值如表 6 –6所列。

表 6 – 6 电液伺服阀线圈短接试验数据

短接前电流		$I1$ – 和 $I2$ + 短接后电流		$I1$ –、$I2$ +、AGND 短接后电流	
$I1$ 电流(B 通道输出)/mA	$I2$ 电流(A 通道输出)/mA	$I1$ 电流/mA	$I2$ 电流/mA	$I1$ 电流/mA	$I2$ 电流/mA
20	20	– 100	15	96	0
40	40	– 44	– 26	96	0
0	40	– 112	10	– 96	0
40	0	96	0	96	0
0	0	– 96	0	– 96	0

经试验验证,当 $I1$、$I2$ 给出 0mA 时,如果模拟将电液伺服阀 2 和 11 针脚短接,$I1$ 电流将变为 – 96mA,与理论计算值基本接近。

③ 故障定位。喷口控制装置控制作动筒应急回中的功能是通过其上面的电液伺服阀的初始零偏,使阀内的控制窗口存在预开度,将高压燃油引到作动筒的 Ⅰ、Ⅳ 腔,同时将作动筒 Ⅲ 腔与低压连通,液压力使作动筒辅助活塞向右移动,作动筒活塞杆向左运动,最终停靠在图 6 – 42 所示位置来实现的。根据上述分析,因电液伺服阀内部两组物理绝缘线圈组之间出现短接,使得数字控制器电路在给出零电流控制指令时,给到电液伺服阀的电流仍有 – 96mA,改变了电液伺服阀的状态,造成了喷口控制装置应急回中功能失效。

4. 故障结论

喷口控制作动筒应急回中功能失效,是因为电液伺服阀内部两组本应物理绝缘的线圈组之间出现了短接,而产生短接地原因则是由于线圈组引出线与插座针脚焊接后绝缘保护不可靠,装配过程中出现了短接,使得数字控制器电路在给出零电流控制指令时,给到电液伺服阀的电流仍有 – 96mA,改变了电液伺服阀的状态,造成了喷口控制装置应急回中功能失效,矢量喷口不能回到规定位置。

在喷口控制装置承制单位开展排故时,使用的小闭环控制器与发动机试验时使用的数字控制器存在差异,导致该产品在第一次返厂检查时故障未复现。

总之,上述故障是一个典型的系统故障:如果电液伺服阀不存在内部短接,在使用中数字控制器电路给出零电流控制指令时,实际能够得到"0"电流,不会发生上述故障;如果不是数字控制器使用的芯片刚好在电液伺服阀存在上述内部短接时会产生"额外"的电流,上述故障也不会发生。

5. 措施

由于芯片本身的特性,数字控制器存在的上述问题无法解决。因此,为避免故障再次发生,采取了以下措施:

(1)要求电液伺服阀承制单位完善电液伺服阀内部接线控制要求,避免各引线在内部发生短接,同时在出厂前严格检查各引线间的电组,保证符合要求。

(2)将电液伺服阀装到喷口控制装置上后,需再次检查电插座各针脚之间电阻,并符合要求。

6.7 某型发动机接通加力时放喷口失效分析

1. 故障现象

2014年3月4日,某部73号飞机,夜航全加力状态起飞时,反映左发比右发加力火焰短。飞机着陆后查看飞行参数,发现全加力状态时喷口刻度值异常,全加力状态时喷口刻度为54.9,为最小加力状态喷口。座舱进行油门操作系统检查,发现油门杆处于全加力状态位置时,喷口加力调节器油门刻度值为79,没有达到喷口要求刻度值105~108范围内。该飞机左发动机配装喷口加力调节器编号:123021,总工作时间:212h58min。

根据故障现象,地面检查喷口加力调节器3M6电磁铁正常,检查主燃油泵调节器至喷口加力调节器油门盘连接钢索正常;更换发动机综合电子调节器;断开喷口加力调节器插座;地面三次开车,每次发动机可正常接通最小加力,喷口加力调节器油门盘刻度能正常上升至118°,但BbX[①]角及aφ[②]角随油门盘刻度升至78°后,不再上升(三次地面开车,目视观察到此处到78°后不再上升);接通小加力后,喷口刻度最大为54.9;测量喷口加力调节器内、外函油压为零;发动机停车后,所有油门角度能正常复位。

根据发动机地面开车情况,现场对喷口加力调节器BbX角及aφ角的灵活性进行检查。

停车后用手推喷口加力调节器BbX角及aφ角,无法推动。现场检查其他正常使用的喷口加力调节器BbX角及aφ角灵活性,用手可以轻易推动。

鉴于该情况,更换喷口加力调节器油器,发动机地面开车,故障排除。

---

① 加力控制输入角;

② 加力控制输出角。

2. 返厂所作工作

产品返厂后,制订了排故方案,检查结果如下:

(1)外观检查:除外场调整部位无保险,其余无异常;用手推故障产品 BbX 角及 aϕ 角,用很大力量能勉强推动。现场其他喷口加力调节器的 BbX 角及 aϕ 角,用手可轻易推动;

(2)该产品上试验器检查加力流量特性、反馈角、πT 性能无异常;分解检查 3M6 电磁铁密封圈无异常;

(3)对该故障产品叉形件的 BbX 角及 aϕ 角的连接处检查发现:叉形件(2162.00.012 –01F)与 BbX 角连接处存在异常(图 6 –48)。

图 6 –48   叉形件连接处对比

对该故障产品叉形件的 BbX 角及 aϕ 角的连杆安装检查发现与正常产品的安装位置进行对比,发现存在明显差异(图 6 –49)。

(4)该故障产品断开 BbX 角及 aϕ 角的连杆后,用手推 BbX 角及 aϕ 角均能轻松推动。再将此处复装合格,用手仍然无法轻易推 BbX 角及 aϕ 角,但紧涩程度有所缓解。

268

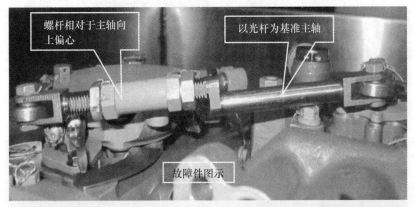

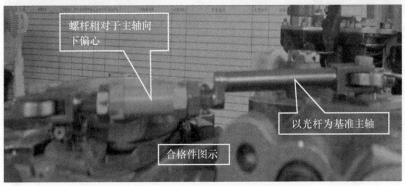

图 6 – 49　BbX 角及 aφ 角的连杆对比

（5）将故障产品的叉形件（2255.00.008F，批次号：J3M）分解下来，与正常件对比检查存在差异（见图 6 – 50），分解检查摇臂发现，摇臂与叉形件连接处、摇臂球面处均已发生较严重接触性磨损；长试后喷口加力调节器摇臂与叉形件连接处、摇臂球面光滑，无磨损痕迹（见图 6 – 51）。

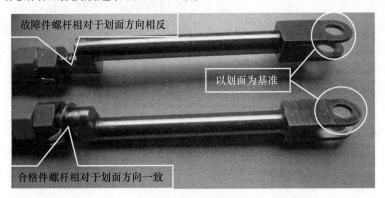

图 6 – 50　故障件叉形件与合格件叉形件对比

| 合格件无磨损痕迹 | 故障件球面磨损、有磨削物 |

图 6 – 51 摇臂球面对比

（6）经查阅产品设计图，故障产品叉形件（2255.00.008F，批次号：J3M）销子安装面加工位置与不符合设计图纸要求见图 6 – 52。

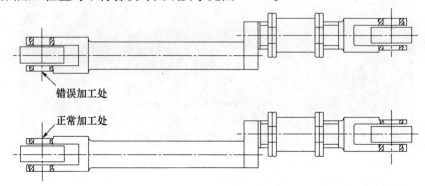

错误加工处

正常加工处

图 6 – 52 叉形件安装面对比

3. 故障原因

（1）机理分析。发动机接通加力时，为保证发动机工作稳定，首先喷口加力调节器最小加力电磁阀 3M6 通电，沟通定压油与最小加力顶杠下腔之间的油压，最小加力顶杠上移，阻止液压延迟器杆下移，确保其在最小加力位置，在此状态下喷口加力调节器油门盘角度 $\alpha_{РУД}$[①] 为 74°～79°，仅加力启动油路供油，发动机喷口大小由设定落压比控制，大小约 56。

当发动机最小加力接通后，最小加力电磁阀 3M6 断电，最小加力顶杠回位，此时液压延迟器滑块在油门盘的带动下（通过齿轮传动装置和摇臂与发动机油门操纵杆相连）继续向下移动，滑套遮蔽液压延迟器下腔通回油的油路孔，下腔压力增大至定压油（2.01～2.16MPa）压力，推动液压延迟器活塞向上移动，带动 BbX 角向上移动，$\alpha\phi$ 角通过叉形件与 BbX 角连接，也跟随上移，液压放大器活塞（通过齿

---

① 油门角度。

270

轮传动装置连接)由 αφ 角带动向下移动,遮蔽液压放大器下腔回油孔,推动液压放大器活塞上移,打开加力接通活门,燃油计量活门开始动作,内外涵按油门角度开始供油(内涵接通时,αруд 为 79°~81°;内涵全开时,αруд 为 91°~93°;外涵接通时,αруд 为 89°~91°;),随着内、外涵的供油,发动机尾喷口在落压比的控制下逐渐放大。当全加力接通时,发动机尾喷口放大到 88~95。

但该故障泵使用至 213h 时,由于叉形杆与 BbX 角及 αφ 角异常装配连接,叉形件与摇臂异常磨损,磨损物落入摇臂球面,造成球面磨损,使 BbX 角及 αφ 角运动阻力不断增大。在随油门盘刻度上升的过程中,随着转角的增大,液压延迟器产生的动力已经不足以克服磨削物卡滞及球面磨损后产生的摩擦阻力。转动角越大,BbX 角及 αφ 角所需转动力矩越大。在接通加力过程中,由于摩擦力及磨削物的卡滞,BbX 角及 αφ 角上升至 78° 后,无法再跟随油门盘刻度继续上升,只能将 BbX 角推动到 78° 位置(小加力角度),αφ 角也只能随动到 78° 位置,喷口刻度保持在 54.9。喷口加力调节器加力转换活门和加力燃油计量活门无法到达内外涵供油所需油门角度,内、外涵无燃油供到加力燃烧室,落压比不发生改变,喷口大小只能停止在小加力工作状态位置。因此,造成该架全加力状态起飞时,该飞机左发比右发接通后加力火焰短燃烧不充分(见图 6-53)。

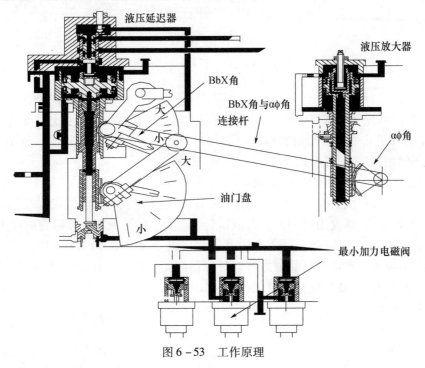

图 6-53　工作原理

(2) 故障产生原因。所有喷口加力调节器 BbX 角刻度盘及 αφ 角刻度盘对应于壳体安装面存在一定高度差。为此,设计为了消除该高度差,确保连接杆两端槽内连接件的圆形平面保持相互平行,从而保证与连接杆两端槽内表面的工作间隙,转动灵活,设计特意将与aφ角连接的叉形件有6mm(设计名义)高的突台,由于故障叉形件错误加工,将销子安装面加工到另一面上,导致装配者将故障叉形件(2255.00.008F,批次号:J3M)按正常工艺规程要求进行装配后,因故障叉形件销子安装面的错误加工,左端相对于右端偏置位置相反,装配后连接杆两端实际球心连线将相对于正常位置发生一定的偏角α,在叉形杆装配过程中,必须修正这个偏角,只能硬行装配连接,结果造成叉形件与BbX角及aφ角两个连接处和球头图平面与槽子的内表面之间的间隙全部消耗殆尽,连接件的所有相对转动部件都产生干涉,转动力矩增大(见图6-54)。

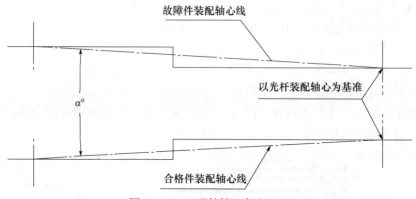

图 6-54 叉形件轴心角度对比

喷口加力调节器装配完毕,在厂内调试阶段及外场使用前期,由于球面仍处于光滑状态,液压延迟器产生的压力能够克服叉形件与摇臂异常连接产生的摩擦力(正常连接无此力),BbX角能够跟随油门盘上升,产品能够正常工作。随着产品在外场的使用,叉形件与摇臂连

接处由于α夹角的存在,运动方向与转动轴心方向不垂直,一直处于异常磨损状态。磨损产生的磨削物落入摇臂球面处,球面也一同开始磨损,摩擦阻力开始不断增大。当产品使用至213H时,液压延迟器产生的压力在摩擦阻力的作用下,只能将BbX角推动到78°位置(小加力角度),aφ角也只能随动到78°位置,喷口加力调节器加力转换活门和加力燃油计量活门无法进入工作,内、外涵无燃油供出,喷口加力调节器维持在小加力工作状态。

4. 结论

该次故障产生的主要原因是:叉形件错误加工,装配者忽略了销子安装面与另一端的位置关系,将故障叉形件硬行装配连接,装配后也未认真检查是否灵活,造成摇臂的加圆饼部位与叉型件的槽子内表面产生干涉、磨损,磨损物进入球头运动部位,最终造成球头磨损失效,加力喷口调节器失去调节功能。

6.8　喷口加力调节器反馈拉簧失效分析

1. 故障概述

（1）2011年3月29日至8月13日，连云港某部队先后出现5起发动机喷口摆动故障，更换某喷口加力调节器后，故障均排除，发动机继续使用。

（2）涉及该喷口加力调节器返厂，在性能检查时，发现落压比 πT 调节器启动的滞后特性与出厂值差异较大且不合格（该部位调整钉外场未调整过），分解检查该部位，观察到落压比调节器反馈弹簧从装配位置脱出，反馈拉簧 2176.01.141 - 1F1 发生断裂（见图6 - 55）。

图6 - 55　断裂拉簧

2. 故障件复查情况

1）设计资料复查情况

2002年8月公司与某所签订某加力喷口调节器研制技术协议，产品先后通过厂内鉴定试验、模拟试验、振动试验、发动机台架鉴定试车及试飞等全部考核，于2006年3月设计定型。2176.01.141 - 1F1 拉簧设计图纸是根据某图样翻版而来，从研制至今图样未做过更改。

2）工艺方法复查情况

2176.01.141 - 1F1 拉簧工艺规程是根据设计图纸编制的，该零件材料为50CrV，需进行淬回火，达到硬度 45 ~ 51HRC 的要求。其加工流程：缠绕（工装：14D6873/0153）—热处理—精加工（弯钩环）—回火（去应力）—加荷时效—十次拉伸—检校—氧化—二次加荷—汇总检验。工艺流程符合弹簧手册及航标有关规定，与公司其他弹簧工艺方法及路线一致，从研制至今工艺未做过更改。

3）拉簧生产过程复查情况

（1）原材料复查。2176.01.141 - 1F1 拉簧材料牌号为50CrV，江西新余钢厂生产，冷拉状态，规格为 φ1.1，材料标准为赣 Q/YB58—83，炉批号为 93 - 75，1996年5月购进该材料41.9kg，我厂检验编号为89K30，材料生产厂家属合格器材供货方，入厂时严格按照入厂复验项目表进行了化学成分检查和力学性能试验，检查结果满足技术资料要求。

（2）加工人员和各批次加工情况。2176.01.141 - 1F1 拉簧自生产以来，工人、检验人员未发生变动，人员均通过培训取得资质。装于 RT - 34（№063011、№073003）的拉簧批次为 3IS 批，2005年10月9日投产20件，2005年10月21日交检20件，合格19件，1件试验报废；装于 RT - 34（№083003、083006）的拉簧批次为 2KS 批，2007年9月6日投产30件，2007年9月23日交检30件，合格18件，报废12件，报废原因是圈间间隙大于工艺要求值。装于 RT - 34（№083013）的拉簧批次为1LS批。以上批次拉簧的原始记录、加工过程及其参数符合现行工艺规程。

4）断口分析

通过对 RT – 34（№073003、063011、083003）三台产品,三件断裂拉簧的断口进行分析,结论如下:

（1）拉簧断裂模式为疲劳断裂（见图6 – 56）。

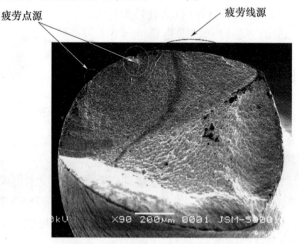

图6 – 56　拉簧断裂模式为疲劳断裂

（2）拉簧疲劳断裂与弯钩根部受力状态有关（见图6 – 57）。

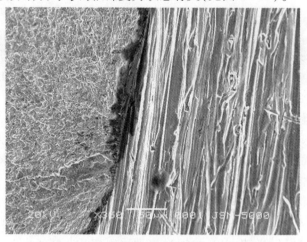

图6 – 57　拉簧疲劳断裂与弯钩根部受力状态

（3）拉簧的硬度、组织符合设计要求。

（4）拉簧断口瞬断区的拉长韧窝说明拉簧工作时弯钩根部还受到扭转载荷的作用。

274

拉簧断裂部位在拉簧一端弯钩的根部,断口大部分为平断口(图6-56),可见明显疲劳弧线,疲劳起源与拉簧钢丝表面,可见明显3处疲劳起源,一处为表面线源,两处为表面微小缺口点源,且以线源为主扩展。

5）拉伸弹簧的端部形状

主要是钩环,这些钩环均是由末端弹簧圈或钢丝弯折而成。所有用弯折加工构成的钩环,都会在钢丝的弯折处形成折皱,产生较大的应力集中而成为疲劳裂纹源,是钩环弯折过程中必然产生的。

6）拉簧的装配要求

RT-34的装配工艺规程是工艺根据设计图纸参考某修理指导编制而成,工艺规程中对拉簧2176.01.141-1F1的装配要求为:把拉簧与杆和支架的杆相连。

当拉簧 2176.01.141-1F1 在装配过程中,由于产品结构的限制(见图6-58),工艺未对拉簧装到两摇臂上有明确要求,会导致拉簧装到两摇臂后上下壳体合拢时产生扭曲或未装到位(合拢时看不到拉簧),拉簧在工作过程中就会受到除拉伸力之外的扭转载荷的作用。

拉簧装配扭曲和拉簧未装配到位,设计要求拉簧的两钩环相互角度为90°,且钩环相互角度偏差≤10°,就是保证拉簧装配后不产生扭曲处于自然拉伸状态,由于工艺未对拉簧装到两摇臂上有明确要求,同时在上下壳体合拢时拉簧有一个翻转的过程,如拉簧钩环的装配方向不正确,上下壳体合拢后拉簧就扭曲。

未装配到位也是由于工艺未对拉簧装到两摇臂上有明确要求,在上下壳体合拢拉簧的翻转过程中,将拉簧的工作圈挤入摇臂挂钩,使工作圈承担钩环作用(见图6-59),在实际工作中造成拉簧比正常工作状态多拉伸5左右。

图6-58 拉簧装配

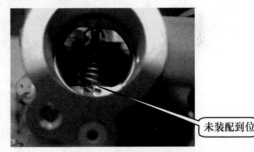

未装配到位

图6-59 未装配到位的拉簧

3. 机理分析

1）拉簧断裂机理分析

所有用弯折加工构成的钩环,都会在钢丝的弯折处形成折皱,产生较大的应力集中而成为疲劳裂纹源,此时如拉簧在工作过程再受到除拉伸力之外的异常扭转载荷或比设计状态大的拉伸量,必然会在弹簧的弯折处产生更大的应力集中,在工作过程中由钩环根部(应力集中处)产生疲劳裂纹,逐步扩展,最终断裂。

2）喷口摆动的形成

发动机喷口进入闭环控制后,喷口直径的调节由落压比调节器进行,落压比调节器的调节是靠薄膜感受涡轮后的燃气压力 P_4 和空气减压器减压后的气压力 $P_2' = f(P_2\Pi)$ 与控制弹簧力(78)、反馈弹簧力的(68)平衡(见图6-60),控制挡板活门(75),使喷口调节机构分流活门(67)移动,保证落压比调节器按要求的调节规律调节喷口截面面积。反馈弹簧的作用主要是保证分流活门(67)的移动先快后慢,保证喷口收放的快速和稳定。

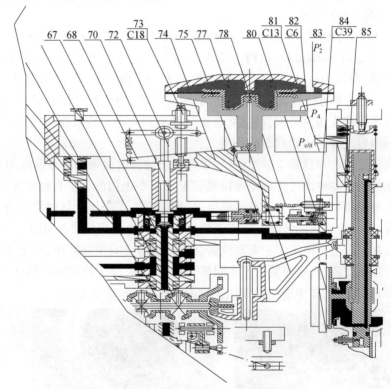

图6-60 喷口加力调节器落压比调节原理

当反馈弹簧断裂后,落压比调节器的力平衡遭到破坏,落压比调节器按上述调节规律进行调节时,会使喷口截面面积比规定值增大,同时失去反馈弹簧力后,分流活门在调节后期移动速度得不到减缓,引起落压比调节器调节出现超调,出现发动机喷口摆动。

在厂内试验时,由于试验器的控制规律(开环控制,P_4 压力直接通大气)与发动机的控制规律有差异,因此厂内无法进行故障复现,在上试验器录取性能时只能发现落压比 πT 调节器启动的滞后特性发生漂移不合格,不能检测到喷口摆动故障。

4. 试验验证

为验证故障机理及使用安全性,组织开展了以下试验:

276

1）正常装配可靠性试验

随机抽取原工艺加工（热处理后弯折钩环）的拉簧20件，模拟在发动机上工作状态设定振幅、频率，试验到1530h均未出现断裂，此时已到产品全寿命900h的1.5倍。试验证明：原工艺加工的拉簧可满足产品总寿命要求。

2）正常装配与异常装配对比试验

随机抽取原工艺加工（热处理后弯折钩环）的拉簧10件和改进工艺后加工（热处理前弯折钩环）的拉簧10件，分别采用正常装配和扭曲装配，在规定振幅、频率下模拟拉簧工作状态进行试验，原工艺加工的拉簧经过了104h后拉簧均未断裂，加大振幅、频率后，扭曲装配的拉簧（最短9.3h、最长156h）陆续断裂；改进工艺加工的拉簧经过了215h后拉簧均未断裂，加大振幅、频率后，扭曲装配的拉簧（最短8.8h、最长80h）陆续断裂，证明扭曲装配的拉簧工作可靠性比正常装配的可靠性低。

5. 结论

根据断裂拉簧的断口分析结论和拉簧的生产、装配过程复查及试验验证，拉簧钩环处断裂的原因是由于装配时拉簧需在盖子合拢前分别钩在摇臂和壳体支架上，合拢过程中拉簧随盖子与壳体相对位置的变化没有自由移动到正确的安装部位，产生非正常接触，导致拉簧在工作过程中除正常受力外，附加了非正常的扭转应力，加速拉簧疲劳裂纹的扩张，最后断裂失效，导致加力喷口调节失效。

6. 措施

明确装配合拢前拉簧钩入摇臂和壳体支架挂钩孔的方向，合拢时检查拉簧应处于正确的自由状态。

6.9 某型发动机慢车转速不稳定的分析

1. 故障现象及外场所做工作

2007年6月，某发动机厂外场处来电反映：在某部队有一架飞机装某型发动机工作时间39h，涉及我公司主燃油泵调节器RZB－2B1（№：04B13127）。该飞机启动后，从最大转速拉回慢车，几秒后慢车转速掉至24%，随后停车。经过发动机厂外场服务人员和部队机务共同调整了启动和慢车调整头，发动机启动前期快后期慢带杆至慢车时的转速为32%～33%仍然达不到要求，从最大转速拉回慢车，同样，几秒后慢车转速掉至24%，随后停车。

我公司立即派外场人员前往。到达部队后，我外场人员更换启动薄膜和慢车调整头以及检查启动调整头正常后，地面开车检查，故障仍然存在。

2. 厂内复查情况以及所做工作

该故障泵返厂后，确定排故检查方案，按以下步骤进行：

（1）故障泵直接上试验器检查。

（2）更换故障泵油泵部分更换为工艺泵的，上试验器检查见表6-7。

表6-7 各方案检查情况

序号	工作内容		技术条件规定		检查结果				
					故障泵直接检查	更换油泵部分	更换高空修正器	拔出慢车活门	取出金属块后
1	慢车供油量范围		$Q \geq 750$L/h		650	660	660	650	900
			$Q \leq 400$L/h		合格	合格	合格	合格	合格
2	付油道压力		2.15 ± 0.2MPa		2.05	2.19	2.1	2.16	2.15
3	调整"定压差"活门		$PT = 980 \pm 98$kPa		0.96	1.0	0.98	1.0	1.0
4	调整定压活门		$PT = 1.47 \pm 0.1$MPa		1.45	1.45	1.46	1.46	1.47
5	检查"定压差"活门工作稳定性		$PT = 980 \pm 98$kPa		0.96	0.96	0.97	0.97	0.98
6	调整"自始"转速位置时的供油量		$Q = 2500 \pm 250$L/h		2600	2600	2600	2600	2600
			$\alpha = 400 \pm 50$		41.5	40.5	41.5	41.5	41.5
7	调整"自始"转速		$n = 3400 \sim 60$r/min		3370	3359	3368	3367	3365
8	调整"最小"供油量		$Q = 250 \pm 15$L/h		130	165	150	150	260
9	检查 $n = 300$r/min 的供油量		$Q \geq 200$L/min		250	260	260	270	390
10	慢车供油量		600 ± 20		440	430	450	530	600
11	调整通过分布器活门的总供油量	活门前压力/MPa	供油量/(L/h)						
		1.47	实测		195	180	200		
		1.96	$440 \sim 500$		465	440	490		
		2.54	$735 \sim 785$		750	720	770		
		2.94	$1060 \sim 1140$		1060	1030	1080		
		4.90	$4000 \sim 4500$		4200	4130	4290		
		6.86	$6960 \sim 7600$		7000	6900	7100		
12	调整自启动器	转速/(r/min)	$P/[$kPa(mmHg)$]$	供油量/(L/h)					
		360	2.47(18.5)	100 ± 30	240	190	250	100	100
		650	4.93(37)	$240 + 40$	370	340	360	335	250
		830	9.81(73.6)	$430 + 40$	400	405	410	530	460
		1300	19.60(147)	$610 + 100 - 40$	440	430	450	600	670
		1620	29.46(221)	680 ± 20	470	480	470	650	680

（3）更换合格的高空修正器，上试验器检查见表6-7。

（4）将慢车活门直接拔出，上试验器检查见表6-7。

278

上述 4 种的检查方案,上试验器结果见表 6 – 7。

（5）简要分析。

① 从以上检查结果可以看出:该泵返厂后直接上试验器检查,慢车供油道压力和定压差活门压力及工作稳定性合格,"最小"供油量不合格,慢车供油量和启动特性不符合技术条件要求,证明外场反映情况属实故障存在。

② 该泵的"自始"转速位置供油量和分布器活门的供油量能满足技术要求,说明该发动机能够达到"自始"转速以上(外场地面试车发动机能达到最大转速),该故障对发动机启动和慢车有较大影响。

③ 为进一步验证故障产生部位,更换油泵部分以及高空修正器上试验器验证,更换前后检查 $n = 300r/min$ 的供油量不小于 $200L/min$ 均相同并符合技术要求,说明该泵的供油效率满足要求。但启动特性经多次调整,启动供油量依然不符合技术条件要求(前面两点大后三点小),依然故障存在。同时,说明故障产生的原因并不在油泵部分以及高空修正器组件。

④ 主泵的慢车活门没有安装时,通向油门开关后的油路畅通,供油量增大较多,慢车时最大供油量不能小于 $750L/h$。从该泵去掉慢车活门的试验看,慢车时最大供油量才 $650L/h$,虽然启动供油量比直接上试验器检查有所增加,但启动供油量依然不符合技术条件要求。同时,其慢车时储备供油量远小于技术条件要求,说明该次故障与慢车活门组件无关。

注:故障泵返厂后直接检查、更换油泵部分以及高空修正器后检查启动供油量曲线基本相同。这里只画出一条曲线做代表

⑤ 经过对上述试验数据(表 6 – 7)和作参数曲线(图 6 – 61)进行细致的分析,从设计特点来看,主泵启动器结构为挡板式结构;其启动性能正常的参数曲线较

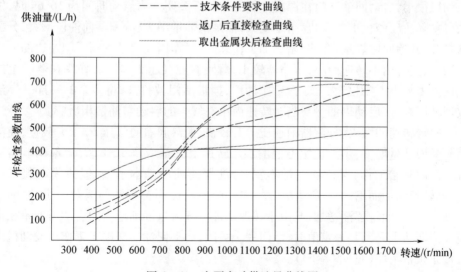

图 6 – 61　主泵启动供油量曲线图

279

陡,在发动机启动前期启动挡板活门开度较大,回油多,供油量小;由于发动机转速增大,P_2 压力逐渐升高,启动挡板活门随 P_2 压力升高而关闭。在慢车状态,启动挡板活门已关闭,无回油量,供油量增大。而该泵启动性能参数曲线斜率比正常情况下平缓的较多,增大转速时,启动供油量有少量增加;P_2 增加时,供油量基本没有变化,而慢车供油量只有 450L/h(技术要求 600 ± 20),说明启动器组件功能失效;由于外场人员更换启动薄膜和检查启动调整头正常,因此,可初步认为该泵的启动活门组件出现故障,造成该启动活门不能按正常的供油曲线进行供油量的调节。

(6)故障原因确定。我们可以确定该泵产生故障的原因位于该泵调节器的启动活门组件处,分解后发现,有一块金属块(见图 6-62)挡在启动喷嘴上。取出金属块后,重新装配合格,上试验器检查性能 3 次,均符合技术文件要求,具体参数见表 6-7。

(7)经过检测,金属屑材料为铝,长约 5mm,宽约 3.86mm,厚 0.24mm,其表面半圆的压痕,直径约为 $\phi4.8$,与该泵

图 6-62　金属屑

的启动挡板喷嘴直径大小相同,压痕弧长 4.58mm,压痕弧长的高度 1.14,金属屑挡住喷嘴的矩形部分的高度 2.35mm(见图 6-62)。

3. 机理分析

(1)发动机启动时,开始由于供油量急降活门工作,油泵供油量很小,分配器前油压很小,启动回油活门在调准弹簧力作用下关闭。当启动时间为 16.6s 时,供油量急降活门停止工作,斜盘角度变大,油泵供油量增大,分配器前油压增大,分配器打开,开始向燃烧室供油开始参加工作。同时,作用在启动喷嘴活门左边的油压力增大,这时由于转速尚小,压缩器较小,薄膜右腔气压 P_2 较小,作用在薄膜上的气压差力较小。"开门力"大于"关门力",挡板活门被打开,将多余的一部分煤油放回低压腔,使启动供油量与当时转速尚小空气少的启动需油量相适应。

随着转速的增大,分配器前油压上升较快,而薄膜右腔气压 P_2 上升较慢,使活门不断回油量增多,供油量缓慢地增加。转速上升至 $N_2 = 12\%$ 后,流量调节器的等差活门开始工作,保持供油量不变,分配器前油压基本不变,但薄膜右腔气压 P_2/随转速增加而增大,"关门力"大于"开门力",因而挡板活门逐渐关小,回油量逐渐减少,供油量逐渐增加,与由于转速增加空气流量逐渐增大的启动需油量相适应。当转速上升到某一定值时,活门完全关闭,启动回油活门停止工作。发动机进入慢车正常工作(见图 6-63)。

(2)金属屑挡在该泵启动喷嘴上的尺寸及面积如图 6-64 所示。

280

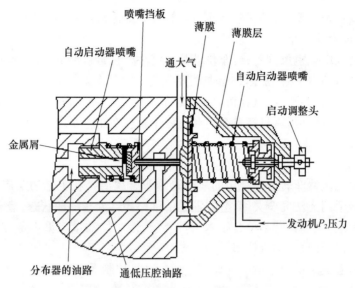

图 6 – 63　主泵自动启动器调整组件

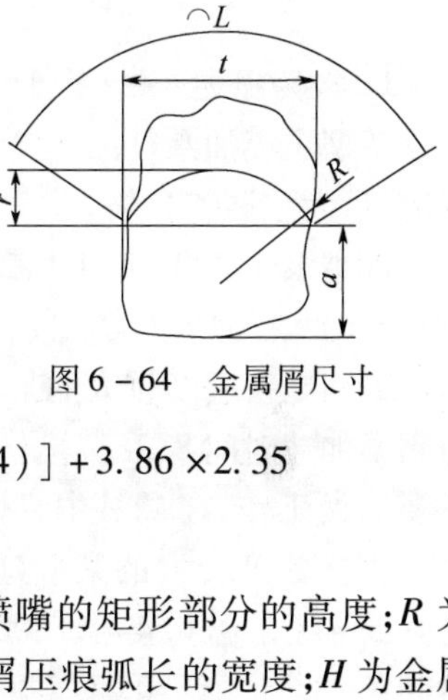

启动挡板喷嘴的面积为

$$S_1 = \pi r^2 = 3.1415926 \times 2.4 \times 2.4 \approx 18.1 mm^2$$

式中：r 为启动挡板喷嘴半径，该泵所装启动喷嘴直径 4.8mm；S_1 为启动挡板喷嘴的面积。

金属屑挡住喷嘴的面积约为

$$S_2 = \frac{1}{2}\left[R \times L - t(R - H)\right] + t \times a$$

图 6 – 64　金属屑尺寸

$$\approx \frac{1}{2} \times \left[2.4 \times 4.85 - 3.86 \times (2.4 - 1.14)\right] + 3.86 \times 2.35$$

$$= 12.46 mm^2$$

式中：S_2 为金属屑挡住喷嘴的面积；a 为金属屑挡住喷嘴的矩形部分的高度；R 为金属屑压痕弧长半径；L 为金属屑压痕弧长；t 为金属屑压痕弧长的宽度；H 为金属屑压痕弧长的高度。

由于该泵有一个大约 $5 \times 3.86 mm^2$ 的金属屑（见图 6 – 62）夹在启动喷嘴上，发动机启动前期启动挡板活门无法完全打开，放回低压腔煤油不足，使启动供油量比起正常情况要大一些，该泵返厂录取性能前期供油量较大。因此，发动机启动前期转速上升快些。

在正常情况下，发动机进入慢车后，由于 P_2 压力增大，使启动挡板喷嘴处于关闭状态。但是在该故障泵中，有金属屑在启动挡板喷嘴处，喷嘴无法完全关闭。经计算，可以得出启动挡板喷嘴在慢车时，始终大约有 $18.1 - 12.46 = 5.64 mm^2$ 的面积在回油，使发动机的慢车供油量始终小于正常供油量，因此，该发动机慢车转速无法达到技术条件要求,到了慢车时,慢车供油量也较小,因此,慢车转速相应较低,发动机很容易停车。

若发动机燃烧室条件差,慢车供油量始终小于正常供油量,慢车转速很容易掉至24%低于发动机最小稳定转速时,发动机将自动停车。

(3)金属屑来源。经过分析,从金属屑大小以及主泵结构来看,其不会由外部进入该泵内部,该金属屑只能是在生产过程中就存在于主泵内部,由于生产环节的失误,没有冲洗出来。

4. 结论

此次发动机慢车转速不稳定的故障是由于金属屑挡在主燃油泵启动喷嘴处,使启动挡板活门无法完全关闭,分布器前的油路始终处于放油状态,造成启动活门组件功能失效,供油特性不符合技术条件要求,慢车供油量严重不足,造成慢车转速不稳定,最后导致发动机停车。

这是一起典型的由于清洁度原因造成发动机控制系统失效的案例。

6.10 某型主燃油泵加速时间失效分析

1. 故障概述

某型主燃油泵产品在两次装机后均发生发动机半程加速时间大于技术要求的规定,且无法调整合格。

该主泵于2004年4月21日调试合格,调试中3次排故,故障均为延迟器高温加速时间大于规定(常温规定加速时间为5.5~7.5s,高温与常温比较增加不超过4s),采用更换紧度较大的某型延迟器胶圈和抛光延迟器活塞衬套排除故障,排故后高温加速时间8.2s(常温6.8s)。2005年3月,该泵装机使用5h52min后,返厂按要求做工作,在调试中又两次出现延迟器高温加速时间大于规定时间的故障,采用更换紧度较大的某型延迟器胶圈和延迟器活塞排除故障,排故后高温加速时间8.4s(常温6.4s)。2004年7月,在发动机台架又因85%~99%状态加速时间长(8.9s),该泵返厂排故。返厂后复试延迟器加速时间发现,高温加速时间11.4s(常温6.8s),高温加速时间大于规定。分解调节器转军品机加分厂复查排油活门间隙、排油活门衬套与壳体密封性。复查均合格,上试验器检查故障仍存在。

2. 初步分析

发动机半程加速时间长的故障产生原因有多种形式,但该台发动机半程加速时间长的故障特别。尽管采取了多种措施且耗时一年多,但一直未能排除故障,且故障现象在发动机和附件试验器上重复出现。经过一年多的排故工作,可基本判定故障原因出在主泵调节器壳体上。从上述情况和液压延迟器原理(见图6-65)来看:

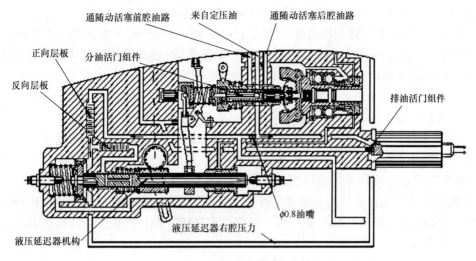

图 6-65　液压延迟器工作原理

（1）主燃油泵上某型延迟器胶圈和油泵部分、液压延迟器衬套与壳体密封性、延迟器杆与某型齿套间隙、延迟器衬套上四个胶圈槽与 $\phi10$ 孔同心度已经通过多次测量和更换，不是这次故障产生的主要原因。

（2）我们初步认为最有可能引起该故障的原因是油路有泄漏，致使压力不能达到规定要求。以下几条油路是我们重点检查的对象：定压油通过分油活门、$\phi0.8$ 油嘴到液压延迟器正向层板前油路、正向层板到液压延迟器右腔油路；液压延迟器右腔通过反向层板及液压延迟器衬套孔到低压腔油路；液压延迟器右腔到排油活门油路。

（3）对液压延迟器衬套、分油活门组件、$\phi0.8$ 油嘴及排油活门组件工作失效都可能是产生该故障的因素。

3. 确定查找方案

（1）检查主燃油泵某型产品均衡位置；

（2）该泵重新上试验器确定故障现象，并检查延迟器右腔压力、随动活塞前腔压力、$\phi0.8$ 油嘴后接头处压力；

（3）更换分油活门组件、$\phi0.8$ 油嘴进行试验；

（4）用两台调整合格的主泵进行对比试验；

（5）对该泵的调节器壳体上的油路进行密封性检查；

（6）由上一步的油路密封性检查结果对该泵的有关元件检查；

（7）以下出现的压力单位均 MPa，时间单位均为 s。

4. 查找原因

（1）在发动机上检查半程加速时间，是将油门杆快速的（1.5～2s）从转速 $N_1=85\%$ 推至最大，从转速 $N_1=85\%$ 开始计算时间，当转速 N_1 上升至99%为结束时间。该段时间应在技术条件规定 5.5~7.5s 的范围内。

① 在附件试验器上检查该型号主燃油泵的正向加速时间,是当 $n = 3950 + 200r/min$ 时油门开关手柄急剧地从"慢车"面积推至"加力"支点时,液压延迟器活塞正向协同工作时间应为 5.5~7s。协同工作时间:从油门开关手柄推动瞬间起到油门开关后燃油压力比推动油门开关手柄时的稳定压力增加 0.2~0.29MPa 时止。可以选择 50~100mL/min 的液压延迟器加速层板节流器来调整。

② 在附件试验器上检查该型号主燃油泵的返向加速时间,是当转速比自动工作开始转速实测值高 2000~25r/min 及油门开关手柄急剧地从"加力"支点推至"慢车"面积时,液压延迟器活塞返向协同工作时间应为 5~10s。协同工作时间:从油门开关手柄推动瞬间起到油门开关后燃油压力比推动油门开关手柄时的稳定压力下降 0.2~0.29MPa 时止。可以选择 200~350mL/min 的液压延迟器减速层板节流器来调整。

(2)以下检查均按照上述要求进行。

① 检查主燃油泵某型产品均衡位置(MPa)。

② 查卷宗:2006.3.15 装配,前腔 0.65;后腔 0.6;用 0.85 的塞尺。

③ 2006.5.15 复查:前腔 0.55;后腔 0.8;用 0.85 的塞尺。

④ 重新调整均衡位置:前腔 0.6;后腔 0.65;用 0.85 的塞尺,要求前腔后腔压差不大于 0.1MPa。

(3)将某型产品定压油压力调到工艺规程要求的最上限,原垫子 1 个,厚 1.5,定压油为 1.46MPa;现增加 1 个,厚 1.2,定压油为 1.57MPa。试验结果见下表。

常温　　$N = 3950r/min$　　正向加速性

起始	延迟器右腔压力	0.44	随动活塞前腔压力	1.66	通加力泵接头处压力	1.59	加速时间	7.5
结束	延迟器右腔压力	0.66	随动活塞前腔压力	1.05	通加力泵接头处压力	1.59		

常温　　$N = 3550r/min$　　反向加速性

起始	延迟器右腔压力	1.03	随动活塞前腔压力	0.33	通加力泵接头处压力	1.58	减速时间	11.4
结束	延迟器右腔压力	0.48	随动活塞前腔压力	1.2	通加力泵接头处压力	1.58		

高温(115~120℃)　　$N = 3950r/min$　　正向加速性

起始	延迟器右腔压力	0.41	随动活塞前腔压力	1.53	通加力泵接头处压力	1.47	加速时间	14
结束	延迟器右腔压力	0.60	随动活塞前腔压力	1.0	通加力泵接头处压力	1.47		

起始	延迟器右腔压力	0.75	随动活塞前腔压力	0.32	通加力泵接头处压力	1.5	减速时间	7.6
结束	延迟器右腔压力	0.48	随动活塞前腔压力	1.0	通加力泵接头处压力	1.5		

上述结果可得:该型号泵技术条件规定,正向常温加速时间为 5.5~7.5s,高温与常温比较增加不超过 4s。现正向常温加速时间为 7.5s,高温与常温比较增加 6.5s,不符合要求(包括更换液压延迟器层板到上限),故障现象依然存在,其余性能参数未见异常。

(4)将定压油压力调到工艺规程要求的最上限,取出通加力泵接头内 $\phi0.8$ 油嘴。试验结果见下表。

常温　　$N=3950$r/min　　正向加速性

起始	延迟器右腔压力	0.45	随动活塞前腔压力	1.67	通加力泵接头处压力	1.5	加速时间	6.4
结束	延迟器右腔压力	0.7	随动活塞前腔压力	1.1	通加力泵接头处压力	1.5		

高温(110~115℃)　　$N=3950$r/min　　正向加速性

起始	延迟器右腔压力	0.42	随动活塞前腔压力	1.54	通加力泵接头处压力	1.45	加速时间	11.5
结束	延迟器右腔压力	0.62	随动活塞前腔压力	0.9	通加力泵接头处压力	1.45		

高温(110~115℃)　　$N=3550$r/min　　反向加速性

起始	延迟器右腔压力	0.72	随动活塞前腔压力	0.35	通加力泵接头处压力	1.5	减速时间	6.4
结束	延迟器右腔压力	0.48	随动活塞前腔压力	1.1	通加力泵接头处压力	1.45		

上述结果可得:取出该泵通加力泵接头内 $\phi0.8$ 油嘴后,检查正向加速时间,现正向常温加速时间为 6.4s,高温与常温比较增加 5.1s,不符合技术条件要求,故障现象依然存在,其余性能参数未见异常,说明通加力泵接头内 $\phi0.8$ 油嘴不是产生该故障的因素。

(5)更换零组件。

① 更换温度补偿片:原 $\Delta H=0.24$,更换为 $\Delta H=0.27$;

② 更换分油活门弹簧:原弹簧弹力(N)82、53.5,压缩长度 27.4mm;现弹簧 弹力(N)84、54,压缩长度 27.3mm;

③ 更换分油活门,批次:2H128;

④ 重新调整均衡位置(MPa):前腔 0.6;后腔 0.65;

⑤ 上试验器检查如下:

a. 常温性能(见下表)。

$N = 3550\text{r/min}$　　反向加速性

起始	延迟器右腔压力	1.0	随动活塞前腔压力	0.25	通加力泵接头处压力	1.54	减速时间	9.8
结束	延迟器右腔压力	0.48	随动活塞前腔压力	1.0	通加力泵接头处压力	1.54		

$N = 3950\text{r/min}$　　正向加速性

起始	延迟器右腔压力	0.5	随动活塞前腔压力	1.6	通加力泵接头处压力	1.6	加速时间	6
结束	延迟器右腔压力	0.7	随动活塞前腔压力	1.0	通加力泵接头处压力	1.6		

b. 高温性能(见下表)。

$N = 3550\text{r/min}$　　反向加速性

起始	延迟器右腔压力	0.75	随动活塞前腔压力	0.3	通加力泵接头处压力	1.54	减速时间	8.6
结束	延迟器右腔压力	0.48	随动活塞前腔压力	1.0	通加力泵接头处压力	1.54		

$N = 3950\text{r/min}$　　正向加速性

起始	延迟器右腔压力	0.5	随动活塞前腔压力	1.48	通加力泵接头处压力	1.49	加速时间	10.4
结束	延迟器右腔压力	0.8	随动活塞前腔压力	0.95	通加力泵接头处压力	1.49		

上述结果可得:更换该泵内以上零组件后,检查正向加速时间,现正向常温加速时间为6s,高温与常温比较增加4.4s,不符合技术条件要求,故障现象依然存在,其余性能参数未见异常,说明更换的零组件不是产生该故障的因素。

(6) 用调整合格的主泵进行对比试验。

① 用某型产品一作试验,将 P 定调整为 1.56MPa。试验结果见下表。

常温　$N = 3950\text{r/min}$　　正向加速性

起始	延迟器右腔压力	0.45	随动活塞前腔压力	1.56	通加力泵接头处压力	1.59	加速时间	7.5
结束	延迟器右腔压力	0.68	随动活塞前腔压力	1.0	通加力泵接头处压力	1.59		

起始	延迟器右腔压力	1.5	随动活塞前腔压力	0.3	通加力泵接头处压力	1.58	加速时间	6.5
结束	延迟器右腔压力	0.62	随动活塞前腔压力	1.1	通加力泵接头处压力	1.58		

② 用某型产品二作试验,将 P 定调整为1.54MPa。

常温　　$N=3950r/min$　　正向加速性

起始	延迟器右腔压力	0.55	随动活塞前腔压力	1.12	通加力泵接头处压力	1.53	加速时间	4.7
结束	延迟器右腔压力	0.82	随动活塞前腔压力	0.7	通加力泵接头处压力	1.55		

常温　　$N=3550r/min$　　反向加速性

起始	延迟器右腔压力	1.44	随动活塞前腔压力	0.36	通加力泵接头处压力	1.48	加速时间	7.2
结束	延迟器右腔压力	0.6	随动活塞前腔压力	1.08	通加力泵接头处压力	1.48		

从上述两台不同型号合格泵的测量结果可知:正向加速性符合技术条件规定,液压延迟器投入工作后,常温时右腔压力均在1.4MPa以上;而故障泵正向加速性不符合技术条件规定,液压延迟器投入工作后,常温时右腔压力均在1.0MPa左右。这说明故障泵加速时间不合格是由于延迟器右腔压力低造成的。

(7) 在生产中又发现一台主泵某型产品高温加速时间长故障(该型号无减速结构),试验结果见下表。

常温　　$N=3950r/min$　　正向加速时间9.8s

起始	延迟器右腔压力	0.32	随动活塞前腔压力	1.53	通加力泵接头处压力	1.54	加速时间	17.6
结束	延迟器右腔压力	0.72	随动活塞前腔压力	0.8	通加力泵接头处压力	1.54		

常温　　$N=3550r/min$　　$\alpha=$ 加力

延迟器右腔压力	0.97	随动活塞前腔压力	0.3	通加力泵接头处压力	1.54

$N=3550r/min$　　$T=115\sim120℃$

延迟器右腔压力	0.64	随动活塞前腔压力	0.24	通加力泵接头处压力	1.49

此时检查正向加速时间在1min后也未见起始压力上升,无法确定加速时间。

该型号主泵出现正向加速时间不符合技术条件规定(要求7~10s)。该故障泵与某型产品故障泵现象相同,这说明加速时间不合格都是由于延迟器右腔压力低造成的。

(8) 检查调节器壳体油路的密封性。

① 在上述性能参数检测工作完成后,该故障泵大分解,将调节器壳体转承制分厂,对壳体有关油路进行密封性检查。

② 从 φ0.8 油嘴到液压延迟器正向层板前油路测量可得,该油路内压力均为1.45MPa 以上,与定压油压力相对应,说明该段油路未出现燃油泄漏,与该泵故障无关。

③ 正向层板到液压延迟器右腔油路、液压延迟器右腔通过反向层板到液压延迟器衬套油路均很短,约15~20mm 长,用孔探仪可以很清楚地看到,该两条油路没有缺陷,不是产生故障的因素。

④ 检查液压延迟器衬套与调节器壳体之间以及排油活门衬套与调节器壳体之间的密封性,均满足技术条件要求。

⑤ 将该泵的调节器壳体上机床,把液压延迟器衬套从其上强行压出(见图6-66),复查了重要尺寸,均在合格范围内。检查两 φ2 小孔油路(减速油路)的密封性。按现行工艺规程要求,将液压延迟器衬套装入试验夹具中,加压2.45 ± 0.1MPa,3min 后,检查密封性合格。

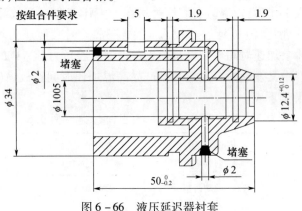

图 6-66　液压延迟器衬套

注:实际上该零件密封性可以不检查,因为在5.6 中的故障泵无减速结构,产生的故障现象相同,因此说明故障与减速油路无关,但是为了确定各种影响因素,还是做了密封性试验。

⑥ 检查液压延迟器右腔到排油活门油路密封性。

a. 该段油路是由 7 条相交的油路所构成,加工比较复杂,油路弯曲又多又长,调节器壳体组合完成后,已无法在现有的基础上检查密封性。

288

b. 利用堵塞将液压延迟器右腔通往排油活门油路的最前端堵死,排油活门衬套处用工艺膨胀排油活门进行密封,从液压延迟器右腔的测压堵头处加压1.0MPa,并放入油液中,在10min内未见气泡冒出,说明调节器壳体的该段油路密封性良好。

⑦ 鉴于以上工作未找到油压降低的因素,经过对以上试验结果的研究分析,认为排油活门组件是检查的重点。于是为了模拟实际,将液压延迟器右腔通往排油活门油路的最前端堵死,排油活门衬套处用原排油活门进行密封,从液压延迟器右腔的测压堵头处加压到0.2MPa,并放入油液中,立即有大量气泡从排油活门通往低压腔出口处冒出,说明排油活门组件有泄漏现象,是造成油压降低的主要原因。

(9) 复查排油活门组件间隙。为了进一步证明排油活门组件有泄漏现象,则必须复查该组件间隙是否在技术条件范围内。将调节器壳体、油活门组件(见图6-67、图6-68)送检,用气动量器进行测量。按设计规定排油活门组件之间的配合间隙为0.005~0.008。实测排油活门的尺寸为$\phi 5^{+0.012}_{+0.011}$,排油活门衬套的尺寸为$\phi 5^{+0.029}_{+0.027}$。

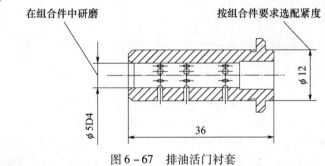

图 6-67　排油活门衬套

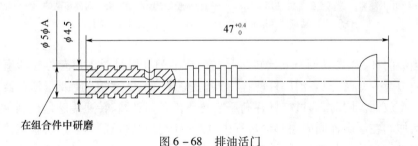

图 6-68　排油活门

上限间隙 = 0.029 - 0.011 = 0.018
下限间隙 = 0.027 - 0.012 = 0.015
现排油活门组件间隙 = 0.015 ~ 0.018

由此可得,该泵的排油活门组件间隙超出技术条件规定0.01,进一步说明液压延迟器右腔燃油压力的降低确实是由此而引起的。

5. 原因分析

1) 机理分析

当发动机需要加速时,将油门杆快速的(1.5~2s)从一个位置移到另一个位置时,发动机的正常加速(足够快,又不产生喘振和超温)由主泵里的升压限制器和液压延迟器来完成。

升压限制器用来调节从慢车转速和低于"自动调节开始转速"状态起的加速供油量。

液压延迟器用来调节从等于或大于"自动调节开始转速"状态起的加速供油量。当低压转子转速大于或等于自动调节开始转速($n_1 \geqslant 85\%$)起加速时,保证平稳的到达给定的工作状态,如图6-69所示。

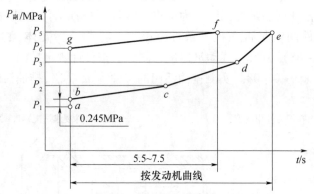

图6-69 发动机加速性曲线

P_1—"慢车"压力;P_2—从升压限制器低空转到高空所对应的压力;

P_3—升压限制器工作结束时所对应的压力;P_4—相当于自动调节开始时所对应的压力;

P_5—最大压力;P副—副油路压力;a—b—加速时起始油压急增;b—c—由升压限制器低空控制的油压变化;

c—d—由升压限制器高空控制的油压变化;d—e—由转速调节器回输层板节流器控制的油压变化;

g—f—从自动调节开始起加速时油压的变化(由液压延迟器控制)。

当油门杆在"自动调节开始转速"位置时,油门杆操纵滑动衬套停在活塞杆放油孔的边缘。此时,只要油门杆前移,衬套就立即盖住放油孔,使液压延迟器活塞右腔停止放油。同时,通过杠杆逐渐压紧转速传感器弹簧,转速传感器控制供油量逐渐增加。在活塞连同向左移动过程中,放油孔逐渐被打开,当通过层板节流器进入活塞腔的燃油量与放油孔(有减速机构的要通过减速层板节流器到放油孔)流出燃油量相等时,活塞停止工作,转速传感器也就将发动机调节到相应的转速。因此,只要油门杆在"自动调节开始转速"位置以上的各个工作状态时,油门杆和液压延迟器活塞的每一位置严格的对应着发动机相应的转速。

液压延迟器保证在"自动调节开始转速"位置推加速性时,控制转速增高的速度,其加速的时间(图6-69中的 gf 段)取决于层板节流器的流量。其流量越大,

290

加速时间越短。当加速时间超过规定时,可换上适当流量的层板节流器。

当该故障泵在发动机或试验器上,用油门杆推加速性时,衬套就盖住放油孔,使液压延迟器活塞右腔停止放油,压力增大;但是,因排油活门间隙超出技术条件规定,导致通过层板节流器进入液压延迟器右腔中的部分燃油通过排油活门间隙泄漏到低压腔中,此时加大正层板节流器的流量,燃油压力仍然降低,作用在液压延迟器皮碗上的燃油作用力减小,不能很好地克服弹簧力向左移动,致使液压延迟器杆移动速度减慢,因此发动机半程加速时间和主泵正向加速时间长,大于技术文件要求。

2)间隙分析

根据航空设计手册,圆环间隙漏油量可按下式计算:

$$Q = \frac{\pi d S^3}{12\mu l}\Delta P$$

式中:Q 为漏油量(m^3/s);d 为圆环平均直径(m);S 为圆环间隙(m);μ 为动力黏度(Pa·s);l 为间隙长度(m);ΔP 为两端压差(Pa)。

按设计规定排油活门组件之间的配合间隙为 0.005 ~ 0.008,则圆环间隙为 0.0025 ~ 0.004。按正常设计间隙 0.005 ~ 0.008 条件下,当压差为 0.98MPa 时,允许的漏油量应在 3 ~ 5mL/min 范围内。

现测量的排油活门组件间隙为 0.015 ~ 0.018。

由上述公式换算有下式:

$$\frac{Q_1}{Q_2} = \frac{S_1^3}{S_2^3}$$

式中:Q_1 为正常活门间隙平均漏油量(mL/min);Q_2 为故障件活门间隙平均漏油量(mL/min);S_1 为正常活门圆环平均间隙(m);S_2 为故障件活门圆环平均间隙(m)。

得

$$Q_2 = \frac{S_2^3 Q_1}{S_1^3} = \frac{0.0165^3}{0.0065^3} \times 4 = 65.4(\text{mL/min})$$

由此可以看出,正向层板流量为 50 ~ 100mL/min,而从排油活门渗漏出去的就已经达到了 65.4mL/min。常温情况下,可以更换上限或超规定流量的正向层板来补偿一部分排油活门漏油量,使常温下的加速时间合格。

在高温(120 ± 5℃)下试验,燃油的黏度下降了近 60%,漏油量急剧增加,正向层板流量已经远远不能补偿排油活门间隙渗漏出去的燃油,使液压延迟器右腔压力比起常温下进一步降低,高温加速时间变得更长。

6. 结论

通过以上的试验、研究分析,该起困扰我公司许久发动机半程加速时间和主泵正向加速时间长的故障,终于找到确切的原因,是由于排油活门选配出现差错,实际活门组件的配合间隙大于技术条件规定,造成泄露,导致液压延迟器左右腔压差不协调,最终造成高温加速时间过长,调节功能失效。这是一起典型的人为差错造成附件失效的案例。

6.11　某发动机进口导向叶片控制装置故障原因分析

1. 概述

2012年1月17日,在开展某进口导向叶片控制装置配装发动机试车过程中,由进口导向叶片控制装置驱动工作的导向叶片控制作动筒活塞杆始终处于缩进状态,导向叶片控制装置不能根据发动机工作状态需要,实时对发动机进口导向叶片的工作角度进行调节。2012年2月1日,该台产品返承制厂进行性能检查,故障复现。

将产品上原装电液伺服阀卸下,换上一台新电液伺服阀后在厂内进行试验,作动筒活塞杆伸缩控制正常,故障现象消失。

2. 产品组成及工作原理

某进口导向叶片控制装置由进口油滤、电液伺服阀、壳体等组成(见图6-70虚线框以内部分),电液伺服阀又由节流嘴1、内部油滤、分流活门、喷嘴1、力矩马

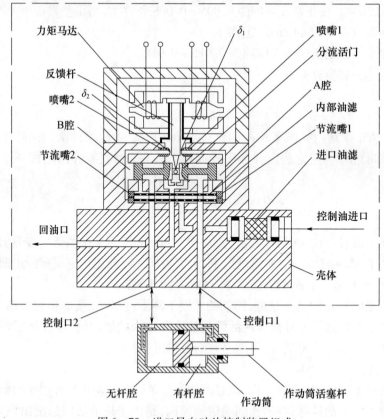

图6-70　进口导向叶片控制装置组成

达、反馈杆、喷嘴2、节流嘴2等组成。在发动机上,该产品的两个控制口(控制口1和控制口2)分别与发动机进口导向叶片作动筒的有杆腔和无杆腔相连,作动筒活塞杆伸出端与发动机进口导叶连杆机构相连。其功用是通过进口导向叶片控制装置控制作动筒活塞杆的伸出量,通过活塞杆的移动带动导叶连杆机构工作,实现对导叶角度的控制。其工作过程是:当需要作动筒活塞杆伸出(对应发动机进口导向叶片角度增大)时,向电液伺服阀线圈通正向控制电流,力矩马达带动反馈杆向右偏转,使反馈杆与喷嘴2之间的距离 δ_2 增大,反馈杆与喷嘴1之间的距离 δ_1 减小,B腔燃油压力降低,A腔燃油压力升高,分流活门在A、B腔燃油压力差的作用下向左移动,打开分流活门控制窗口,控制油经进口油滤、控制窗口进入作动筒无杆腔(图6-71中带箭头红色线所示),同时作动筒有杆腔燃油经过控制窗口从产品的回油口流出(图6-71中带箭头绿色线所示)。

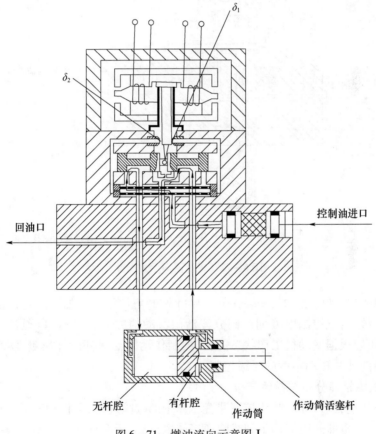

图6-71 燃油流向示意图Ⅰ

当需要作动筒活塞杆回缩(对应发动机进口导向叶片角度减小)时,向电液伺服阀线圈通负向控制电流,力矩马达带动反馈杆向左偏转,使反馈杆与喷嘴2之间的距离 δ_2 减小,反馈杆与喷嘴1之间的距离 δ_1 增大,B腔燃油压力升高,A腔燃油压力降低,分流活门在 A、B 腔燃油压力差的作用下向右移动,反向打开分流活门控制窗口,控制油经进口油滤、控制窗口进入作动筒有杆腔(图 6 – 72 中带箭头红色线所示),同时作动筒无杆腔燃油经过控制窗口从产品的回油口流出(图 6 – 72 中带箭头绿色线所示)。

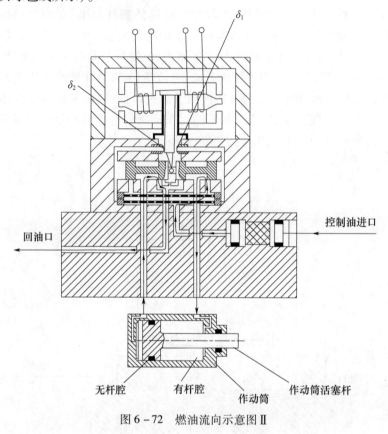

图 6 – 72 燃油流向示意图 Ⅱ

通过进口导叶控制器、安装在进口导叶处的角位移传感器和上述产品形成闭环控制系统,可以控制电液伺服阀分流活门移动的方向、控制窗口通油面积大小等,从而可以根据发动机工作状态需要,控制作动筒活塞杆的伸出量,实现对发动机进口导向叶片转动角度的无级控制。

3. 故障机理分析与故障定位

如前所述,进口导向叶片控制装置工作中的故障现象,是作动筒活塞杆始终处于缩进状态,也即向电液伺服阀线圈通正向电流后,活塞杆无法伸出。根据以上介绍,电液伺服阀是通过力矩马达工作,改变反馈杆和喷嘴 1、喷嘴 2 之间的距离 δ_1、δ_2,从而改变分流活门两端的 A 腔、B 腔的压力,并通过 A 腔、B 腔压力差来推动分流活门移动,实现控制油和回油油路的切换,达到控制作动筒活塞杆伸出或回缩的目的。由于产品结构相对简单,且换装新电液伺服阀后故障消失,初步认为原装电

294

液伺服阀功能丧失。

1）电液伺服阀性能复验和分解检查情况

为查找问题,将电液伺服阀返承制单位检查。

（1）将电液伺服阀装到测试工装上,向控制油进口通入压力为2MPa的燃油,回油口接油箱:向线圈通入额定正向电流,控制口2燃油流量为15mL/min,远小于1000mL/min的规定要求;向线圈通入额定负向电流,控制口1燃油流流量符合电液伺服阀技术要求。

（2）分解检查情况。

① 分解后检查力矩马达的工作气隙,如图6-73、图6-74所示,气隙正常,未发现多余物。

图6-73 左气隙

图6-74 右气隙

② 分解油滤、节流嘴组件,在25倍显微镜下检查。油滤内外表面正常,节流嘴2正常,无多余物;但在节流嘴1内发现多余物,如图6-75所示。将多余物取出后,外形如图6-76所示,大小约0.3mm×φ0.06mm。

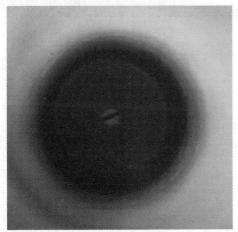
图6-75 节流嘴

图6-76 多余物

③ 对内部油滤进行气泡试验,以测试过滤网孔平均过滤度,结果为:压力水柱高度为190mm,符合不小于180mm的要求。

④ 将油滤、节流嘴清洗干净后,装回电液伺服阀。复试性能,所有性能满足指标要求。

⑤ 将节流嘴1内发现的多余物送北京航空失效分析中心检测,结果主要为Al合金、Cu合金和主要含Fe、Ni、Cr不锈钢合金。图6-77、图6-78所示为多余物低倍和放大形貌,图6-79为多余物能谱分析图。

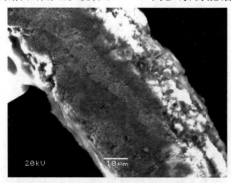

图6-77 多余物碎屑放大形貌形貌

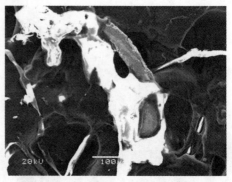

图6-78 节流嘴1孔内多余物低倍

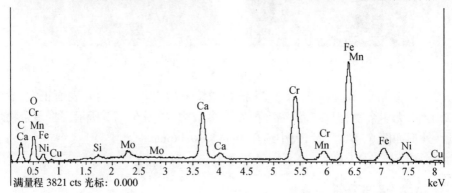

图6-79 为多余物能谱分析图

2) 污染物来源分析

多余物可能来自外部,也可能是电液伺服阀内部污染物。分解检查过程中,对内部油滤进行了气泡—水柱压力试验,以检查滤网是否含有较大的不合格网孔,测试结果为190mm水柱[①],满足不小于180mm水柱的要求,因此认为油滤网孔满足要求,且在25倍显微镜下检查油滤外表面,也未发现明显缺陷。而油滤网孔尺寸小于多余物尺寸,故判断多余物非系统外来物,即多余物不是在使用过程中进入产品内部的。

---

① 1mm水柱 = 9.806375Pa。

296

经查,电液伺服阀内部零件使用了两种材料,分别为 2C13 和 0Cr18Ni9,而从对多余物的能谱分析结果看,与 2C13 和 0Cr18Ni9 均不符,分析认为多余物不是产品本身脱落的,应是装调过程中带入的。

3）故障定位

从图 6 – 71 可以看出,即使向电液伺服阀线圈通入正电流,反馈杆与喷嘴 1 之间的距离减小(无法完全封死),但因节流嘴 1 堵塞,电液伺服阀 A 腔燃油压力也无法增高,A、B 腔压力差对活门产生的液压力不足以推动分流活门向左移动,造成本故障。

4. 纠正和预防措施

（1）完善电液伺服阀产品装调工艺规程,加强装调过程分解和重新装调的控制,分解和装调电液伺服阀内部零件需在超净工作间进行,分解用的工具也应清洗,以减少多余物进入的可能性。

（2）电液伺服阀性能试验时,增加低频(0.1Hz)、大信号(2 倍额定工作电流)工作考核(工作时间 2min),以防调试过程中油液中细小颗粒多余物偶然进入电液伺服阀内部油路后产生的潜在影响,以提高产品的可靠性。

5. 结论

某进口导向叶片控制装置故障是由电液伺服阀问题引起的,电液伺服阀故障是由其生产装配过程中对产品清洁度控制不严,多余物进入产品内部,并在使用过程中移动到节流嘴处堵塞节流嘴 1 造成的。通过本次故障再次说明,清洁度控制是航空发动机燃油控制系统附件产品生产中一个永恒的主题,决不能掉以轻心。

6.12　加力燃油泵供油失效故障原因分析

1. 概述

2010 年 4 月 18 日,在开展某型发动机加力燃油泵试验过程中,发生了供油失效故障。对加力燃油泵进行分解检查,发现产品进口活门轴活塞端的 M12 × 1 螺纹全部脱扣,锁紧螺母脱落(见图 6 – 80)。进口活门轴通低压小孔($d_3 = 0.7$mm 处)被堵。

图 6 – 80　加力燃油泵锁紧螺母

2. 产品组成及工作原理

图 6-81 为加力燃油泵局部结构图,发生螺纹脱扣的进口活门轴装在活塞组件上。该部分由油嘴 A、油嘴 B、油嘴 C、进口活门、活塞皮碗、活塞座、进口活门轴以及壳体等组成。其功用是控制通往加力燃油泵上离心叶轮油路的通断。具体的工作过程是:当需要加力燃油泵工作时,产品上的转换活门工作,将通低压的油路 A 关断(为便于描述,将该转换活门简化为一个开关,见图 6-82),控制油 P_{H4} 经油嘴 A、油嘴 B 和油嘴 C 进入 A 腔,活塞座和活塞皮碗组成的活塞在 P_{H4} 油压的作用下克服弹簧力向左移动,进口活门随之打开,来自发动机低压燃油泵的燃油经进口活门通向产品上的离心叶轮,离心叶轮将燃油增压输出(见图 6-82)。

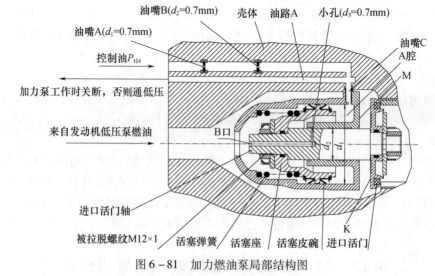

图 6-81 加力燃油泵局部结构图

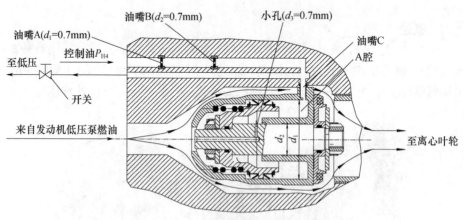

图 6-82 加力燃油泵工作流程示意图

当发动机不需开加力时,打开通低压的油路 A,相当于 A 腔通低压,进口活门在弹簧力的作用下关闭,切断发动机低压燃油泵燃油通向离心叶轮的油路,加力燃

298

油泵无燃油输出。进口活门轴左端螺纹损坏,造成需要加力燃油泵工作时进口活门无法打开,加力燃油泵供油失效。

3. 进口活门轴螺纹拉脱失效原因分析

经查,该型加力燃油泵是参照国外某型产品设计的,国外产品上进口活门轴材料为合金钢,对应国产材料牌号为4Cr14Ni14W2Mo。在该型加力燃油泵国产化过程中,其进口活门轴仍使用了4Cr14Ni14W2Mo材料。在我国开始推比十发动机研制初期,仍选用了上述加力燃油泵。同时,为满足发动机对燃油系统附件的减重要求,对加力燃油泵进行了减重设计,减重措施之一就是将进口活门轴4Cr14Ni14W2Mo材料改为6061-T6铝合金材料。

1) 进口活门轴受力分析

当进口活门完全打开后,进口活门的K端面将与壳体的M面紧贴(见图6-81和图6-82),M面对进口活门K端面产生一个支撑力 F,支撑力传到进口活门轴上(见图6-83),支撑力 F 与作用在活塞右端(A腔)的液压力 F_1、作用在活塞左腔的液压力 F_2 以及弹簧力 F_3 处于平衡状态,即 $F_1 = F + F_2 + F_3$。

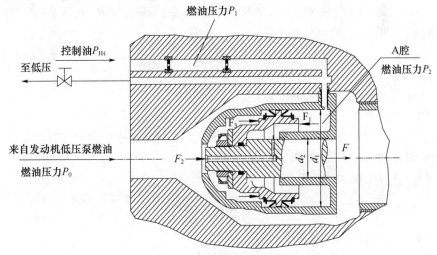

图6-83 加力燃油泵锁紧螺母受力分析图

(1) 计算液压力 F_1。由图6-82可知,控制油 P_{H4} 经过油嘴A(直径0.7mm)、油嘴B(直径0.7mm)、油嘴C进入活塞右腔(A腔),活塞右腔通过小孔 d_3(直径0.7mm)与低压燃油沟通。A腔燃油压力可以按图6-84进行计算(油嘴C直径

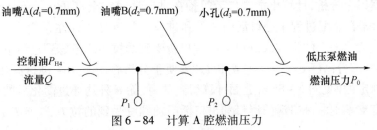

图6-84 计算A腔燃油压力

足够大,计算时不考虑)。

根据薄壁小孔流量公式,有:

$$Q = CA\sqrt{2\frac{\Delta P}{\rho}} = CA\sqrt{2\frac{P_{H4}-P_1}{\rho}} = CA\sqrt{2\frac{P_1-P_2}{\rho}} = CA\sqrt{2\frac{P_2-P_0}{\rho}} \quad (6-3)$$

式中:ΔP 为油嘴前后压差(MPa);C 为流量系数;A 为小孔截面积(m^2);ρ 为液体密度(kg/m^3);Q 为流量(m^3/s);P_1 为中间油压(MPa);P_2 为进口活门活塞右腔油压(MPa);P_0 为低压泵燃油压力(进口油压),0.9MPa;P_{H4} 为控制油压力,最大为 9.8MPa。

根据式(6-3)可知,$\Delta P = P_{H4}-P_1 = P_1-P_2 = P_2-P_0$。

① 当 P_{H4} 为最大油压 9.8MPa,$P_0 = 0.9$MPa 时,$\Delta P = 2.97$MPa,$P_2 = P_0 + \Delta P = 3.87$MPa。此时

$$F_1 = \frac{\pi}{4}(d_1^2 - d_2^2)P_2 = 5447\text{N}$$

② 当 P_{H4} 为最大油压 9.8MPa 时,且小孔 d_3 被堵死的情况下,进口活门完全打开后,活塞右腔变为一个死容腔,容腔内燃油的最终压力与 P_{H4} 相等,即此时 $P_2 = 9.8$MPa。此时

$$F_1 = \frac{\pi}{4}(d_1^2 - d_2^2)P_2 = 13793\text{N}$$

注:$d_1 = 46$mm,$d_1 = 18$mm。

(2)计算弹簧力 F_3。

进口活门完全打开后,弹簧被压缩到最短,根据弹簧刚度和被压缩的长度,计算出此时弹簧力为 $F_3 = 169$N。

(3)计算液压力 F_2,则

$$F_2 = \frac{\pi}{4}d_1^2 p_0 = 1496\text{N}$$

(4)计算进口活门轴承受的拉力 F。

根据 $F_1 = F + F_2 + F_3$,得 $F = F_1 - F_2 - F_3$。

① 正常情况下,$F = F_1 - F_2 - F_3 = (5447 - 1496 - 169)\text{N} = 3782\text{N}$。

② 当小孔 d_3 被堵死时,$F = F_1 - F_2 - F_3 = (13793 - 1496 - 169)\text{N} = 12128\text{N}$。

(5)进口活门轴螺纹受力计算。

根据以上分析,计算出了进口活门轴在进口活门完全打开状态下所受到的拉力 F。由于在装配过程中进口活门螺母和进口活门轴螺纹存在预紧力,所以 F 并不是进口活门轴上的螺纹或进口活门螺母所受到的拉力。考虑到进口活门完全打开后,活塞部分已经处于受力平衡状态,为便于分析将图 6-84 进行简化,并认为活塞是固定的(见图 6-85),上面计算得到的力,除 F 外均通过简化后的活塞座传到了固定支承上。进口活门螺母和进口活门轴螺纹受到的拉力 $F_\Sigma = F + f_1$。f_1 为

螺纹预紧力。

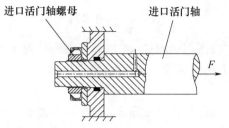

图 6-85 图 6-83 的简化(以为活塞是固定的)

经查装配资料,进口活门螺母拧紧力矩为 8N・m,预紧力 f_1 为 3000N。进口活门螺母和进口活门轴螺纹受到的拉力 $F_\Sigma = F + 3000$。当小孔 d_3 被堵死时,则 $F_\Sigma = F + 3000N = 12128N + 3000N = 15128N$;正常情况下 $F_\Sigma = 3782N + 3000N = 6782N$。

2)进口活门轴强度校核

对加力燃油泵进行减重设计后,进口活门轴材料为 6061-T6,螺纹尺寸为 M12×1,螺纹有效承载牙数为 5 牙。按《机械设计手册》(第 3 卷)公式,则

$$\tau = \frac{F_\Sigma}{K_z \pi d_1 b Z} \leqslant [\tau] \tag{6-4}$$

式中: τ 为剪应力(MPa); K_z 为载荷不均匀系数,取 0.75; d_1 为外螺纹小径,对 M12×1 螺纹而言, $d_1 = 10.17mm$; b 为螺纹牙根部宽度,0.87mm; Z 为螺纹有效承载牙数。

考虑到进口活门轴螺纹段上加工了尺寸为 10mm 的扁(见图 6-86),其实际的有效承载牙数将发生变化,经计算其实际承载牙数 Z 为 3.135。

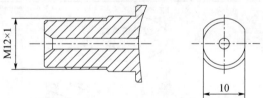

图 6-86 进口活门轴螺纹

F_Σ 为最大轴向载荷(N); $[\tau]$ 为许用剪应力,查阅《铝及铝合金材料手册》可知 6061-T6 材料; $[\tau] = 207MPa$。

按式(6-4)对进口活门轴螺纹进行强度校核:

(1)在正常情况下, $F_\Sigma = F = 6782N$,可得 $\tau_1 = 104MPa$;

所以安全系数

$$n = \frac{[\tau]}{\tau_1} = 1.99$$

(2)在 d_3 小孔被堵情况下, $F_\Sigma = 15128N$,可得 $\tau_2 = 231.5MPa$

所以安全系数

$$n = \frac{[\tau]}{\tau_2} = 0.894$$

通过理论计算,进口活门轴 M12×1 螺纹在正常情况下有足够的安全系数,强度满足要求,但在 d_3 小孔被堵情况下,安全裕度不够。

4. 解决措施

实际工作中,加力燃油泵控制油压 P_{H4} 存在压力波动,个别情况下有可能出现异物将进口活门上的小孔堵塞的情况,使进口活门上的活塞承受的液压力过大,超出进口活门轴螺纹的承载能力,造成螺纹损坏,加力泵供油失效。为避免出现上述情况,采取了以下措施:

(1)加强生产过程清洁度控制,避免进口活门轴 $\phi 0.7$ 小孔出现堵塞;

(2)更改进口活门轴材料。将进口活门轴使用的 6061 – T6 铝合金材料改为性能更好的 4Cr14Ni14W2Mo 材料。

6.13 某型发动机起动时喷口异常收放分析

1. 故障现象

2012 年 7 月,某发动机厂 43 车间 15# 台配装我厂 RT – 34(123013)喷口加力调节器(以下简称喷调)的发动机 ∗∗S∗∗10165H 在启动过程中出现 N_{2r} 约 60% 时发动机异常收小喷口后恢复正常大喷口故障,复查发动机其他性能无异常。故障发动机性能曲线见图 6–87。

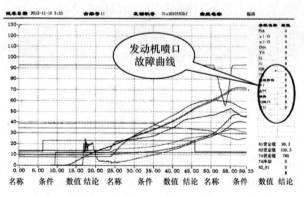

图 6–87　故障发动机性能曲线

该故障出现后发动机厂检查 P31 落压比调节器气路无异常;$\phi 8$ 指令油压力无异常;柱塞泵油源压力无异常;发动机尾喷口作动筒无异常。某厂检查分油活门上下腔压力、慢车活门灵活性无异常;清洗慢车活门后开车故障依旧,更换喷调后故障排除。

2012 年 11 月 10 日,该喷调 RT – 34(123013)配装发动机 ∗∗S∗∗10165H

号再次上台试车,故障依旧,调整无效,经确定该故障系 RT - 34 喷调引起。

RT - 34 喷调返厂后按技术规范试验检查故障未复现,外场已调整部位恢复出厂状态后,试验检查所有性能合格;分解检查未发现产品零部件失效现象。

2. 机理分析

1) 发动机喷口控制分析

某发动机采用慢车活门和落压比调节器分别控制开环(闭环前状态)及闭环状态尾喷口状态。本文故障出现在启动过渡态调节过程中未进入闭环状态且已定位故障由 RT - 34 喷调引起,因此客观排除了挡板活门、分油活门组件等执行部件问题,判断故障由控制开环状态尾喷口的控制部件——慢车活门组件引起。慢车活门工作原理图见图 6 - 88。

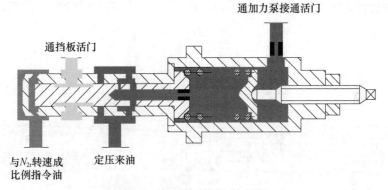

图 6 - 88　慢车活门工作原理

2) 故障分析

慢车活门左腔作用力为指令油压力、右腔为弹簧力与油压力合力。当两腔作用力对比发生变化时,慢车活门相应移动转化。

指令油压力由主泵提供,属外部因素,右腔弹簧力调定后固定不变;经过分析予以排除,因此影响慢车活门异常转换的因素仅有右腔油压作用力。

通过对故障发生时机(N_{2r} 约为 60%)与定压油建立时机(N_{2r} 大于 54%)的比对并结合原理分析可知,发动机启动过程中,慢车活门右腔油压力在定压油建立前(N_{2r} < 54%)为低压油,定压油建立后(N_{2r} > 54%)为节流后的定压油压力。由于节流后的定压压力大于低压压力,因此慢车活门右腔作用力大于定压油建立前右腔作用力,在指令油压力随转速逐渐增加的情况下,慢车活门右腔作用力相对左腔作用力出现先大(转速较低、指令油压力较小)后小(定压油未建立前,指令油随转速增大而增大)再大(定压油建立后、右腔油压力高于低压压力)的情况,慢车活门相应出现向右转换、向左回位现象。

定压油建立时及建立后慢车活门右腔压力的变化均属正常,但定压油建立前后弹簧力与右腔油压作用力在合力中所占的比重发生了较大变化。而这种变化是导致活门左右腔作用力对比发生转变的根本原因,因此,引起慢车活门异常收放的原因是调定的弹簧预紧力(慢车活门弹簧见图6-89)。

当弹簧力调整过低(C35调整钉凹入量太小),右腔油压及合力在定压油未建立时较低,慢车活门在指令油压力作用下向右移动沟通定压来油与挡板活门;定压油建立时直接沟通挡板活门使发动机收小喷口;定压油建立后慢车活门右腔压力增加,右腔作用力大于左腔指令油作用力,慢车活门向左移动复位,挡板活门开启,发动机放大喷口(慢车活门组件图见图6-90)。

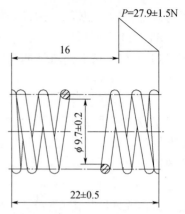

图6-89 慢车活门弹簧设计图

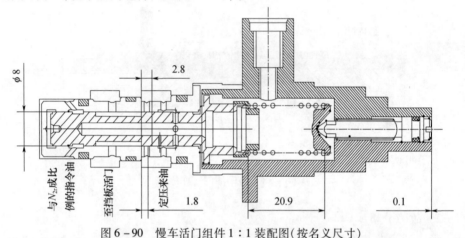

图6-90 慢车活门组件1:1装配图(按名义尺寸)

综上所述,初步判断慢车活门右腔弹簧力调整过低是引起发动机为喷口在启动过程中异常收放的原因。

3. 理论计算

1)理论计算依据

(1)$N_{2r} = 60\%$时,指令油压力P指$= 0.6\text{MPa} + 0.2$。

(2)C35螺钉的凹入量不小于0.1mm,查阅卷宗,本台产品出厂C35调整钉下沉量为3mm。

(3)定压:$P_{\text{КПД}}$定压油打开时的指令压力ΔP_{Π}为0.54~0.6MPa。

(4)回油压力:$P_{\text{СЛ}} = 0.20 \pm 0.02\text{MPa}$。

(5)节流嘴3的选用范围:$\phi 0.6\text{mm} \sim \phi 1.5\text{mm}$。

(6)节流嘴2的选用范围:$\phi 0.6\text{mm} \sim \phi 1.2\text{mm}$(出厂普遍装配$\phi 0.6\text{mm}$)。

(7)指令油压力:ΔP_{Π}从0~1.47MPa逐渐增大,$N_{2r} = 79\%$时,$\Delta P_{\Pi} = 0.79 \pm 0.03$,滞后值为0.04~0.07,发动机规定$N_{2r}$收$= 79 \pm 2$,$N_{2r}$放$> 74\%$,发动机收放

喷口转差为3%~7%，同理结合发动机实测数据推算：$N_{2r}=60\%$时，$\Delta P=0.6\text{MPa}$。

2）慢车活门理论受力计算

（1）$N_{2r}=54\%$时，慢车活门左端指令油作用力：

$$\overrightarrow{F_{指}}=(0.54+0.2)\text{MPa}\times50.262\text{mm}^2=37.2(\text{N}) \tag{6-5}$$

慢车活门右端作用力：$\overleftarrow{F_{合}}=\overleftarrow{F_{弹}}+\overleftarrow{F_{液}}$

弹簧刚度：
$$K=27.9/(22-16)=4.65 \tag{6-6}$$

$$\overleftarrow{F_{弹}}=4.65\times(22-20.9+3-0.1)=18.6(\text{N}) \tag{6-7}$$

$\overleftarrow{F_{液}}=0.2\times50.265=10(\text{N})$（慢车活门工作时未完全贴合，以活门直径尺寸计算）

$$\tag{6-8}$$

根据式（6-5）、式（6-7）、式（6-9）$\overrightarrow{F_{指}}>\overleftarrow{F_{合}}=\overleftarrow{F_{弹}}+\overleftarrow{F_{液}}=28.6(\text{N}) \tag{6-9}$

$$\Delta F=\overrightarrow{F_{指}}-\overleftarrow{F_{合}}=37.2-28.6=8.6(\text{N}) \tag{6-10}$$

$$\Delta L=8.6/4.65=1.81(\text{mm}) \tag{6-11}$$

根据式（6-11）可知：本台产品在调定状态下，在定压油建立前指令油压力可克服弹簧与右腔低压油压力驱动慢车活门向右移动1.8mm，该活门移动形成可使慢车活门定压来油路与挡板活门油路沟通。

（2）当定压油建立后，慢车活门受力情况，根据仿真分析，慢车活门转换后弹簧腔压力大于0.45MPa，见图6-14、图6-96。

$$\overleftarrow{F_{液}}=0.45\times50.265=22.6(\text{N}) \tag{6-12}$$

$$\overrightarrow{F_{指}}=(0.6+0.2)\text{MPa}\times50.262\text{mm}^2=40.2(\text{N}) \tag{6-13}$$

为防止活门回位后再次出现收放动作引起振荡，弹簧力应取初始弹簧力，且慢车活门开始转换回位时，由于燃油延迟作用发动机N_{2r}转速已快速上升至60%。

根据式（6-7）、式（6-12）、式（6-13），

$$\overrightarrow{F_{指}}<\overleftarrow{F_{合}}=\overleftarrow{F_{弹}}+\overleftarrow{F_{液}}=18.6+22.6=41.2(\text{N}) \tag{6-14}$$

根据式（6-14）可知，定压油建立后慢车活门右腔作用合力大于左腔指令油作用力，活门快速回位切断定压来油至挡板活门油路。

（3）为防止定压油建立时，慢车活门异常转换，应保证$N_{2r}\leqslant54\%$时，$\overrightarrow{F_{指}}<\overleftarrow{F_{合}}$：

根据式（6-5）、式（6-8），$\overleftarrow{F_{弹}}\geqslant\overrightarrow{F_{指}}-\overleftarrow{F_{液}}=37.2-10=27.2(\text{N}) \tag{6-15}$

$$\Delta L=(27.2-4.65\times(22-20.9))/4.65=4.75(\text{mm}) \tag{6-16}$$

由于计算时调整钉已下沉0.1mm，因此，实际调整C35调整钉下沉量为4.85mm。

根据计算，为保证慢车活门可靠工作，应保证C35调整钉出厂下沉量大于等于4.85mm。

4. 仿真模拟验证

根据理论计算结果，利用AMESim系统仿真软件仿真结果如图6-91~图6-96所示。

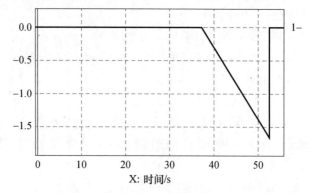

图 6 - 91　C35 下沉 3mm 时慢车活门位移曲线

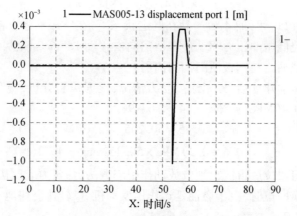

图 6 - 92　C35 下沉 3mm 时分油活门位移曲线

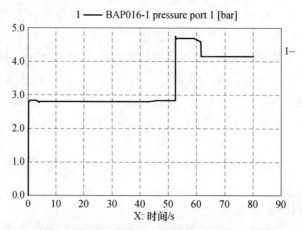

图 6 - 93　C35 下沉 3mm 喷口作动筒位移曲线

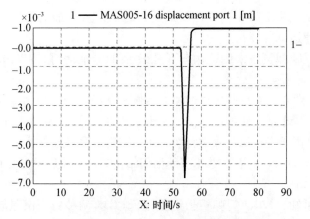

图 6-94　C35 下沉 3mm 弹簧腔压力曲线

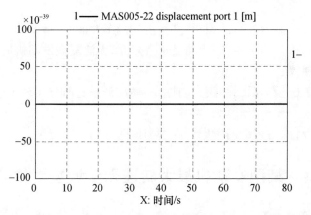

图 6-95　C35 下沉 4.85mm 慢车活门、分油活门喷口作动筒位移曲线

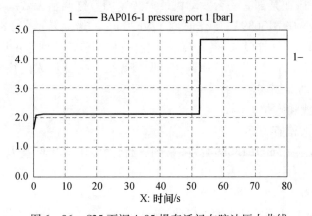

图 6-96　C35 下沉 4.85 慢车活门右腔油压力曲线

图 6-91~图 6-93 曲线反映故障状态慢车活门、分油活门、作动筒的运动状况,图中曲线反映慢车活门在定压油建立前(52s)已向右位移 1.8mm(可够沟通慢

车活门定压腔至挡板活门腔),在定压油建立的第52s,分油活门快速转换并复位,作动筒相应快速运动并复位。

图6-95反映弹簧正常调整状态下慢车活门、分油活门、喷口作动筒无异常动作,工作正常。

图6-94~图6-96反映定压油建立后慢车活门右腔油压力变化情况,该压力也是故障状态下慢车活门转换后回位的液压原动力。图6-94中慢车活门右腔油压力升高后降低是由于慢车活门异常转换后活门结构二次节流造成的,而图6-96由于未异常转换且仿真时间限定,曲线未显示活门结构二次节流后压力变化情况。

5. 结论

综上所述可知,慢车活门弹簧力调整过低(C35调整钉下沉量较小,为3mm)是造成发动机尾喷口在N_2转速约等于60%异常收放的直接原因。

6. 建议

由于厂内试验器为静态试验器,试验检查慢车性能时,指令油初始值设定已到达慢车转换时的指令油压值,定压油已正常建立,无法复现发动机启动时喷口异常收放的现象。建议:

(1)建议装配慢车活门弹簧力刚性高,喷调调整过程中C35调整钉下沉量不小于3m。

(2)建议设计、工艺部门考虑厂内增加该问题的检查方案。

6.14 某型发动机最大转速无法调整到位分析

1. 故障现象

2012年3月,在某部有一台发动机最大转速调整钉调整无效。该发动机配装某主燃油泵型(№09B13039),工作时间129h20min。最大转速为98%,拧出最大转速调整钉2圈(即外拧极限,最大转速无变化;将调整钉拧回原位后再正拧2圈,最大转速仍为98%左右,最大转速调整钉调节无效。立即派人前往部队进行排故工作,确认故障情况属实。

2. 返厂查找和定位

1)确定排故检查方案

某型主燃油泵(№09B13039)故障泵到厂后,确定了排故检查方案并外观检查无异常。

2)性能检查

(1)故障泵上试验器录取检查启动、慢车、定压,定压差、分布器等性能无异常。

(2)故障泵上试验器录取转速相关性能见表6-8。

从表6-8结果看出,自动工作转速比出厂时减小331r/min;额定转速比出厂时减小307r/min;最大转速调整钉已经调整到外拧极限,技术要求拧出最大转速调整钉不小于4250r/min 减小276r/min。与现场出现的故障现象相吻合。

表6-8 故障泵上试验器录取转速相关性能　　单位:r/min

序号	检查内容	技术要求	返厂录取的转速	出厂时的调整转速	转速相差
1	自动工作转速	3400～3340	3031	3362	331
2	额定转速	3750±15	3443	3750	307
3	最大转速	不小于4250	3974	大于4250	276

3)查找

(1)该泵分解检查 N_1 转速传感器、液压延迟器杆及活塞、液压延迟器杠杆等零组件未见异常。

(2)该泵分解分油活门组件,发现分油活门衬套内有黑色磨损物,支撑杆组件400-057A的支座400-269球窝部分有异常磨损现象见图6-97。

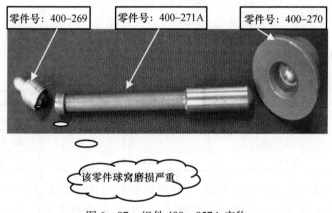

零件号:400-269　　零件号:400-271A　　零件号:400-270

该零件球窝磨损严重

图6-97　组件400-057A实物

(3)对支撑杆组件400-057A的支座400-269、支座400-270、支撑杆400-271A相关尺寸计量结果见表6-9。

表6-9　相关尺寸计量结果　　单位:mm

序号	零件名称	技术要求	实测结果
1	支座400-269	$R3+0.025\ 0$	$R3.17$
		$1+0.07\ 0$	1.81
		$9±0.2$	9.06
2	支座400-270	$R3+0.025\ 0$	$R3$
		$1+0.07\ 0$	1.06
3	支撑杆400-271A	$R3+0.03\ 0$	$R3.11$(与400-269接触端) $R3.01$(与400-270接触端)
		$\phi4.50\ -0.16$	$\phi4.45$
		$49+0.1\ 0$	49.09

（4）对比测量数据与技术要求，支座 400 −269R3 深度工艺要求 1 ~ 1.07 经查实际为 1.01（见图 6 − 98）磨损至 1.81，比实际值大 0.80，同时支座 400 − 270 的 R3 及支撑杆 400 − 271A 与支座 400 − 269 接触的 R3 也有一定微量磨损，但是支撑杆 400 − 271A 的总长度在技术要求范围内。

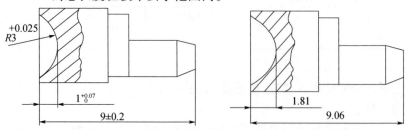

图 6 − 98　支座 400 − 269 要求尺寸和磨损的尺寸对比图

4）故障件定位

更换支撑杆组件 400 − 057A 新件，重新装配到主燃油泵 RZB − 2B1（№09B13039），上试验器录取性能见表 6 − 10。

表 6 − 10　上试验器录取性能　　　　　　　　　　　单位：r/min

序号	技术性能	技术要求	录取的转速
1	自动工作转速	3400 ~ 3340	3360
2	额定转速	3750 ± 15	3745
3	最大转速	4015 ± 15	4014

以上各转速均在合格范围内，最大转速调整钉可达到要求，同时将最大转速调整钉外调使最大转速的调整量可达 4250r/min 以上，符合技术条件要求，故障现象消失。说明该故障泵的支撑杆组件 400 −057A 是导致最大转速上不去的主要因素。

5）支撑杆组件 400 −057A 金相分析

（1）对该故障泵的支撑杆组件 400 − 057A 金相分析，对支座 400 − 270、支撑杆 400 − 271A 均符合设计要求。

（2）对磨损严重支座 400 − 269 硬度测试结果为：154 ~ 161HB。符合设计要求的 130 ~ 200HB；对 400 − 271A 最大圆柱面进行硬度测试，结果为 58HRC，符合设计要求的 58 ~ 64HRC。

磨损严重支座 400 − 269 球窝磨损高倍形貌为碾压、剥落、麻坑及环形犁沟痕迹特征，通过对支座及支承杆的磨损形貌分析，支座球窝表面可见金属粘着以及剥落等特征。

从能谱测定结果看，400 −269 支座球窝磨损面已经没有元素 Pb 的成分存在，因此磨损程度较大，而 400 −270 球窝磨损面还残留有 Pb 元素，说明磨损程度略轻，同时支座球窝与支承杆球头摩擦副之间发生了材料互移。

金相分析结论：支座球窝与支承杆球头的磨损性质为粘着磨损。

6）分解及故检

对该故障泵其他部分进行分解检查及故检无异常。

3. 原因

1）主泵机理分析

主泵低压转子转速调节器用于在不同飞行条件下自动保持给定的低压转子转速不变。当低压转子转速 N_1 高于自动调节开始转速（$N_1 = 85.2_0^{-1.8}\%$）时调节器投入工作。当飞行条件（高度和速度）改变时，流过发动机的空气流量改变，如果燃油流量不变就会导致涡轮前燃气温度改变和低压转子转速改变。这就需要低压转子转速调节器自动地调节供油量来保证发动机低压转子转速不变。

主燃油泵调节器工作是根据发动机油门手柄位置和 N_1 转速，调节油泵供油量，保证发动机在各状态所需供油量。当主燃油泵调节器的转速传感器感受发动机 N_1 转速后，传递给配重块，配重块产生的离心力与分油活门弹簧力产生平衡来调节主燃油泵供油量，同时也带动分油活门高速旋转。最大转速调整钉用于调整液压延迟器的位置，既分油活门弹簧的最大弹力值，来保证发动机的最大时的转速（见图6-99）。

转速调节器的敏感元件是能操纵分油活门的离心配重，而执行机构是确定斜盘倾斜角的随动活塞，并采用弹性回输装置作为稳定机构。

主燃油泵调节器采用离心式传感器（即敏感元件）由两个配种和分油活门组成，在两者之间装有两根滚针。发动机低压转子轴带动配重的传感装置旋转。配重传动装置的支点是两个球轴承。离心配重的短臂通过两根滚针顶在分油活门一端的孔中，分油活门是一个有四个凸台的圆柱体，其中中间的两个凸台是工作凸台，两边的凸台用来定中心。为了保证转速调节器具有必要的灵敏性，调节器分油活门相对于分油活门衬套作旋转运动。分油活门的位置由离心配重这一面的作用力和调节弹簧来确定。当这两方面的作用力相互平衡时，分油活门就处在中立位置。这时，分油活门的工作凸台正好对准分油活门衬套油孔，从凸台和油孔之间的油路流动的燃油循环能保证转速调节器的随动机构处于平衡状态。

从自始转速（$N_1 = 85.2_{-1.8}^0\%$）位置推上油门手柄至最大状态位置时，滑动套筒向左移动，立即将活塞杆上的放油孔盖住，使活塞右腔停止放油，活塞在燃油压力作用下克服弹簧力向左移动，直到放油孔露出一部分，使活塞右腔燃油压力减小，活塞两边受力重新平衡时，活塞停止移动为止。与此同时活塞带动杠杆，使转速调节器分油活门的弹簧座右移，逐渐增大调准弹簧力，低压转子转速 N_1 就增大到与油门手柄相对应的转速。因此，在自始转速 $85.2_{-1.8}^0\%$ 以上的各个转速，油门手柄的位置、延迟活塞的位置和低压转子转速 N_1 都是一一对应的。即油门手柄的位置越靠前，液压延迟器放油孔的开度越小，延迟器活塞停留在靠左的位置，低压转子转速 N_1 也越大。当油门手柄推到最大状态位置时，活塞杆上的放油孔始终被盖住，活塞在燃油压差力作用下紧紧地低压转子最大转速调整螺钉上，低压转子转速应当为 $100 \pm 0.5\%$。

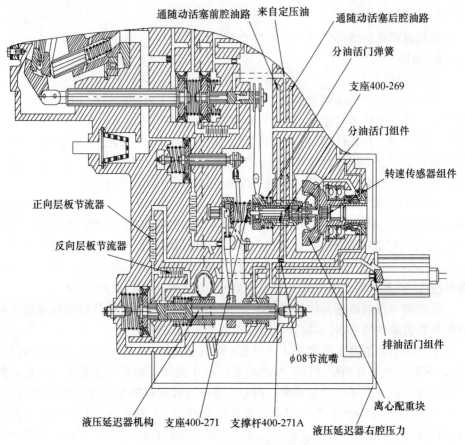

通随动活塞前腔油路　来自定压油　通随动活塞后腔油路

分油活门弹簧

支座400-269

分油活门组件

转速传感器组件

正向层板节流器

反向层板节流器

排油活门组件

φ08节流嘴

离心配重块

液压延迟器机构　支座400-271　支撑杆400-271A　液压延迟器右腔压力

图6-99　主燃油泵调节器工作原理图

　　由于支撑杆组件一端装于分油活门内,一端装在分油活门弹簧上(也有弹簧座的作用),在分油活门弹簧力的作用下始终处于压紧状态,当支座400-269的R_3磨损后,相当于分油活门弹簧压缩量减小,使转速调节器分油活门的弹簧减弱,逐渐减小调准弹簧力,低压转子转速N_1就减小,通过最大转速调整钉调进行增大调准弹簧力,保证低压转子转速N_1;但当支座400-269的R_3深度磨损到最大转速调整钉调最大位置也无法补偿支座400-269的磨损量时,此时也无法保证发动机最大转速$N_1 = 100.5 \pm 05\%$技术规定的要求。

　　2)主泵的最大转速螺钉调整量与分油活门轴向位移的关系分析

　　根据主燃油泵调节器转速传感器工作原理及产品结构特点,现将最大转速调整螺钉与分油活门及液压延迟器活塞杆简化成杠杆机构,见图6-100。

　　从主泵设计和工作原理可得:支撑杆组件一端装于分油活门内,一端装在分油活门弹簧上(也有弹簧座的作用),在分油活门弹簧力的作用下始终处于压紧状态,当支座400-269的R3磨损后,相当于分油活门弹簧压缩量减小,使转速调节

312

器分油活门的弹簧减弱,逐渐减小调准弹簧力,由于分油活门的位置由离心配重这一面的作用力和调节弹簧来确定。当分油活门的弹簧作用力减弱,离心配重作用力提前与其相互平衡,分油活门就处在中立位置,低压转子转速降低(见图6-101)。而实际上分油活门总长度没有变,因此,分油活门弹簧(见图6-101)压紧的工作范围在21.5~27mm之间,支座400-269R3深度磨损0.80mm,分油活门弹簧完全可以补偿磨损的长度,但分油活门的弹簧减弱了。所以,计算可考虑分油活门刚性的移动量。

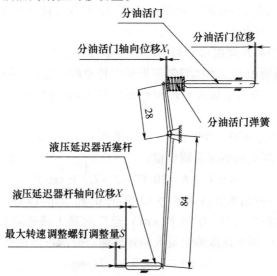

图6-100 最大转速螺钉调整量与分油活门示意图

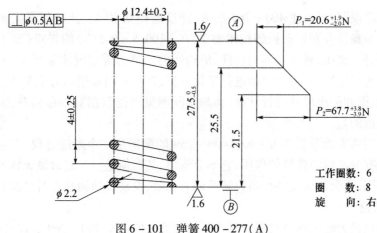

图6-101 弹簧400-277(A)

从图6-100可知 $S = X$;根据杠杆原理可知: $X = X_1 \times K_1$(其中 $K_1 = 84/28$,)。该式反映最大转速调整螺钉(M8×1)调整量(液压延迟器活塞杆轴向位移)与分油活门位移数据,见表 6-11。

表 6-11　最大转速调整螺钉调整量与分油活门位移数据

调整螺钉调整量 S/mm	液压延迟器杆轴向位移 X/mm	杠杆放大比 K_1	分油活门轴向位移 X_1/mm
0.3	0.3	3	0.1

从表 6-11 数据可以看出,当最大转速调整螺钉拧入 0.3mm 时,分油活门向左移动 0.1mm。因此,可根据杠杆放大比 K_1 得出最大转速调整螺钉在不同位置时的分油活门轴向移动量。

由上述的结果和发动机台架调整经验可得:最大转速调整螺钉顺时针拧最大转速下降;反之则增加。主燃油泵调节器最大转速调整螺钉一圈(M8×1),发动机转速变化约 2.7%,相当于最大转速调整螺钉转 1mm(相当于转 360°)时,分油活门移动 0.3mm。

该故障泵的支座 400-269 的 R_3 深度磨损量 0.8mm 后,相当分油活门动了 0.8mm,最大转速调整调整螺需调整量:

$$S = X_1 \times K = 10.80 \times 3 = 2.40 (\text{mm})$$

该故障泵出厂时最大转速调整为 4015r/min(相当于发动机 $N_1 = 100\%$),但最大转速调整钉长度尺寸出厂为 14.8(mm),返厂时最大转速调整钉在拧出到头长度尺寸为 17(mm),那么该故障泵最大转速调螺钉全部拧出调整量为

$$S_1 = 17 - 14.8 = 2.2 (\text{mm})$$

由此可知:

$$S > S_1$$

其结果说明:当支座 400-269 的 R_3 深度磨损 0.80 后,此时使最大转速调整钉无法调节到符合和发动机的技术要求($N = 100.5 \pm 0.5\%$)的规定(鉴于弹簧压缩量、弹力值、液压、转速及活门偶件、机构间的摩擦力等情况非常复杂,尤其是柔性调节系统错综复杂,为此很难进行量化分析,在此采用数据均为主泵结构名义尺寸、工程数据和最小尺寸进行计算,会与实际测量所得数据有一点偏差,但结果是正确的可信的)。

从上述两方面分析得知:支座 400-269 的磨损是一个渐进过程,支撑杆组件磨损由于有分油活门弹簧的作用,它不会脱出,其磨损量一旦超过最大转速调整钉的调整范围,只会造成发动机最大转速调节无效,发动机地面检查时可及时发现。

4. 结论

发动机最大转速调整钉调整无效是主燃油泵的支座 400-269 磨损造成,多余物划伤镀铟层造成镀铟层磨损,起润滑作用的镀铟层磨掉后支座球窝与支承杆球头的磨损将转变为粘着磨损,使磨损进一步加剧,当磨损量超过最大转速调整余量时,导致最大转速调整钉调整无效。

6.15 某两型发动机转速在 85% 失效分析

1. 故障描述

2007 年 2 月 2 日,在巴基斯坦某空军基地,巴方进行飞行训练,某型飞机完成飞行科目准备返场降落时,飞行员将油门推至最大状态,飞机仰角小于 5°,坡度为零,速度 400km/h 并持续增加,此时飞行员发现转速为 85%。飞行员保持油门杆位置 25s 后确认转速仍为 85%,飞行员认为无法迫降,弹射逃生,飞机坠毁,飞行员安全着陆。

该飞机所用发动机(＊＊＊7＊＊＊06315A,工作时间约为 16.9h)为某主机厂提供,发动机主泵 RZB－2B1(05B13075)为某附件厂提供。

2007 年 9 月 15 日,沈飞公司一架飞机在起飞线滑跑时,飞行员将油门手柄推至中间位置,发动机 N_1 转速只达到 85% 之后,机务人员地面开车检查,中间状态时 N_1 转速依然只有 85%。我外场人员接到通知后,赶赴现场地面开车检查,故障依然存在。

该飞机共飞行四个起落。所用发动机 ＊＊P＊＊A0604,工作时间约为 3h18min,装配主燃油泵调节器(№:06C0047S)。现场人员根据该情况,初步认为问题可能出现在主泵上,现场无法排除故障,更换新泵后,将 06C0047S 号泵返厂检查。

上述两起飞机产生的故障现象一样,但使用发动机和主泵型号不一样,那产生的原因是否一样,这正是分析研究的主要问题。

2. 检查情况

首先对两主燃油泵涉及的零组件的更改情况进行复查,从复查情况来看,原材料、加工方法、冲洗、试验、热表处理等工艺环节上无影响产品质量的重大工艺更改,工艺资料符合设计技术要求。

从以上复查情况看,主燃油泵生产过程正常,没有影响产品性能超差处理情况,产品质量符合设计资料及工艺资料的要求;没有涉及产品性能的设计更改。

1) 对某飞机的主燃油泵 RZB－2B1№:05B13075 返厂检查情况

(1) 对飞机坠毁后的主燃油泵进行外观检查、大分解、故检,发现该泵液压延迟器活塞的橡胶皮碗周边有裂纹,裂纹长度沿圆周长 4/5(见图 6－102)。定压差活门按正常分解方法无法分解

图 6－102　液压延迟器活塞的橡胶皮碗周边裂纹

下来,油泵外观呈黑色(明显可见是燃烧后造成的);无启动薄膜,进口油滤与层板节流器上的焊锡有熔化现象(飞机坠毁因燃烧造成的);补油活门变形弯曲(是坠毁因撞击造成的)。

(2)微分测量。对定压差活门、定压活门及调节器壳体上的该两个活门衬套内孔进行了微分测量,测量结果如下:540 – 291 定压差活门和 311 – 217 定压活门尺寸符合资料要求。定压差活门衬套和定压活门衬套内孔椎度、椭圆度超差分别为 0.001 ~ 0.004 和 0 ~ 0.003(技术资料要求不大于 0.002,实测结果分别为 0.003 ~ 0.006 和 0.002 ~ 0.005)。

定压差活门组件间隙规定为 0.007 ~ 0.009,定压活门组件间隙规定为 0.01 ~ 0.014。可初步确定定压差活门卡死的原因是由于油泵经掉地冲击和燃烧后衬套变形所致。

(3)定压差活门模拟试验情况。我厂对定压差活门卡在原理图上最右边的位置进行了模拟试验,试验结果:当油门手柄在自始转速以下位置时泵后压力突升,油泵可能被损坏无法正常工作;当油门手柄在自始转速以上位置时,油泵工作正常。液压延迟器皮碗 540 – 027 破裂后,油泵在 85% 转速以下工作时不受影响,但是在 85% 以上转速上不去。

2)某飞机的主燃油泵调节器(№:06C0047S)返厂检查情况

该台主燃油泵到达我厂,双方非常重视此事,组织了某公司、某所(并参与所有排查工作)相关人员,制定检查方案。

(1)对该泵进行外观检查,正常。

(2)泵上试验器复试性能,自动工作转速,额定工作转速,最大转速(发动机的中间状态)(含高温),分布器特性。上述检查工作共录取了三遍常温性能和两遍高温性能,所录取的性能参数基本相同,未见异常。外场反映的故障在性能试验中未见到,发动机 85% 转速以上的主泵供油量均在正常范围内。

(3)通过上述的检查工作后,已充分说明该泵性能参数合格,无故障。但是为了检查彻底,对该泵大分解检查并进行微分测量,并故检所有零组件,未发现异常。所有活门进行微分测量,各尺寸均符合设计资料要求。

3. 故障现象机理分析

该两台不同型号主泵的工作原理是相同的,所以这两次发动机 N_1 转速只达到 85% 的故障,一般认为问题可能出现在主泵上。我们知道发动机的转速主要是由主燃油泵调节器的定压差活门和液压延迟器共同控制的。因此,我们对定压差活门和液压延迟器进行了机理分析。

1)定压差活门分析

(1)功用。发动机定压差活门是在自始转速 $85.2^{0}_{-1.8}$% 以下工作的。它的功用是:当油门手柄位置一定而转速变化时,保持供油量不变;在推、收油门手柄时,调节供油量,以改变发动机的转速。

（2）工作原理。当油门手柄处于自始转速以下的某一位置时,转速调节器的 F 离换小于 F 弹,分油活门和回输套筒处于最右位置,分油活门较回输套筒更偏右一些。回输活塞处于最左位置,使中腔通来油,左腔通回油,有将随动活塞移至最左边的趋势。斜盘角度增大,燃油调节器供油量增加。但是,由于油门开关开度较小,油门开关前后的燃油压差使定压差活门处在某一打开位置,沟通左腔和中腔的油路,使随动活塞左腔来油,回油。这样定压差活门的开度改变就直接改变了随动活塞两边的燃油压差。结果,将随动活塞控制中腔在某一位置,以保持油门开关前后的燃油压差为1.0MPa。此时,供油量与油门手柄位置基本相适应,即压差活门跟踪油门手柄位置调节供油量。当油门手柄处于自始转速以上的某一位置时,由于油门开关型孔很大,压差活门无法保持压差,在弹簧力的作用下,压差活门靠在最右位置并退出调节工作,由转速调节器接替调节。

发动机停车时,油门手柄收回到停车位置,使油门开关完全关闭主燃油泵的出油道,引起油门开关前后燃油压差急剧增大,这时,定压差活门迅速左移起减压活门作用。当油门开关前后燃油压差大于1.5MPa时,定压差活门被顶到最左位置,使定压差活门上的油槽沟通低压腔,使主燃油泵出口的一部分煤油经回油槽流回油泵进口,使油门开关前油压下降。定压差活门原理图如图6-103所示。

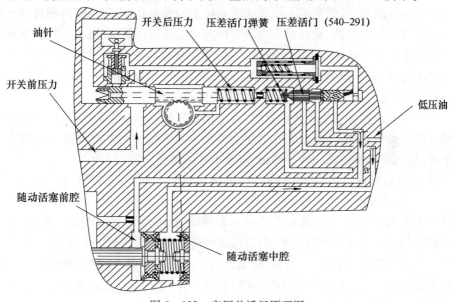

图6-103　定压差活门原理图

（3）定压差活门失效分析。从上述的定压差活门功用和工作原理可知:定压差活门的工作范围在发动机自始转速以下。如果定压差活门卡滞,则主泵无法在自始转速以下进行调节,即压差活门不再跟踪油门手柄位置,发动机启动不起来,转速也没有。这与故障描述中发动机转速上升到85%不再上升不符。

对改型飞机的主燃油泵 RZB-2B1№:05B13075 分解后对所有活门进行故检，未见异常；对所有活门进行微分测量，定压差活门模拟试验结果，说明该泵定压差活门卡死的原因是由于油泵经掉地冲击和燃烧后衬套变形所致，飞机坠毁该前主泵定压差活门工作正常。主泵(№:06C0047S)上试验器录取的性能数据均符合技术要求；主泵分解后对所有活门进行故检，未见异常；对所有活门进行微分测量，结果符合设计资料要求，这一切说明该泵的各活门组件不存在卡滞现象，各活门组件工作正常。

综合上述，该两台不同型号发动机和主泵而相同故障现象，充分证明了产生的原因与主泵的定压差活门无关。

2）液压延迟器分析

（1）功用。液压延迟器的功用是：发动机在自始转速 $85.2^{0}_{-1.8}$% 以上工作时，操纵油门手柄，通过它来改变转速调节器的调准弹簧力，在快推油门手柄时，使转速调节器的调准弹簧缓慢地增大，保证供油量逐渐增加，避免加速过程中因供油量增加过快，引起喘振或熄火停车。

（2）工作原理。

① 从慢车位置往自始转速 $85.2^{0}_{-1.8}$% 位置推油门手柄时，起初由于套筒和放油孔间有一段距离，滑动套筒不能盖住活塞杆上的放油孔，定压活门后的煤油经层板节流器进入活塞右腔，然后经空心活塞杆从放油孔回到低压腔。这时，活塞在弹簧力作用停在自始转速螺钉限动位置，因而液压延迟器不工作。在滑动套筒开始关小放油孔时，由于弹簧力较大，右腔油压虽然增加，但是仍然不能使活塞向左移动，液压延迟器仍不工作，转速调节器的调准弹簧的预紧力不变。

当油门手柄停在自始转速位置时，为了使液压延迟器处于平衡工作状态，滑动套筒应部分盖住放油孔，使右腔燃油压力增大到与弹簧力和左腔燃油压力的合力相平衡，这时发动机的低压转子转速 n_1 等于自始转速。

② 从自始转速位置推油门手柄时，滑动套筒向左移动，立即将活塞杆上的放油孔盖住，使活塞右腔停止放油，活塞在燃油压力作用下克服弹簧力向左移动，直到放油孔露出一部分，使活塞右腔燃油压力减小，活塞两边受力重新平衡时，活塞停止移动为止。与此同时活塞带动杠杆，使转速调节器分油活门的弹簧座右移，逐渐增大调准弹簧，低压转子转速 n_1 就增大到与油门手柄相对应的转速。因此，在自始转速 $85.2^{0}_{-1.8}$% 以上的各个转速，油门手柄的位置、延迟活塞的位置和低压转子转速 n_1 都是一一对应的。即油门手柄的位置越靠前，液压延迟器放油孔的开度越小，延迟活塞越停留在靠左的位置，低压转子转速 n_1 也越大。

当油门手柄推到最大状态位置时，活塞杆上的放油孔始终被盖住，活塞在燃油压差力作用下紧紧地低压转子最大转速调整螺钉上，低压转子转速应当为 100 ± 0.5%。

③ 当油门手柄从自始转速 $85.2^{0}_{-1.8}$% 位置快推到最大状态位置时，滑动套筒

迅速左移,将活塞杆上的放油孔完全盖住,使活塞右腔停止放油,右腔燃油压力增大,推动活塞左移,由于层板节流器限制了右腔的进油量,从而也就限制了活塞向左移动的速度,所以,活塞只能缓慢地左移,带动杠杆柔和地增大转速调节器的调准弹簧力,使供油量缓慢地增加,防止因推油门手柄过猛,造成供油量增加过快而引起压缩器喘振或发动机熄火停车等。其工作原理如图6-104所示。

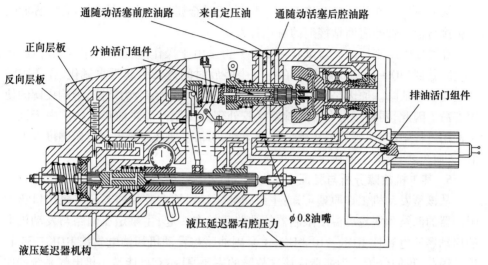

图6-104 液压延迟器工作原理图

(3)液压延迟器活塞失效分析。

从上述的液压延迟器功用和工作原理可知:该元件是在自始转速以上才起调节作用(当发动机的自始转速在以下时,由恒油量调节器进行发动机的转速调节)。如果该活塞皮碗出现裂纹,造成皮碗两面穿透时,液压延迟器皮碗的左、右腔沟通,当油门手柄推到最大状态位置时,活塞杆上的放油孔虽然被盖住,但作用在活塞上的燃油无压力差,只有弹簧力将活塞杆推至最右端,低压转子转速无法达到自始转速以上。也就是说液压延迟器皮碗失效时,油门手柄在自始转速和最大状态位置之间的任何位置时,发动机转速只能为自始转速,并恒定不变,即出现发动机转速在85%以上上不去故障。

根据以上所做大量工作和分析,可得出以下结论:

(1)对于主泵RZB-2B1(05B 13075),发动机转速在85%以上上不去故障,产生的原因是油泵液压延迟器活塞裂纹造成的。发动机转速在85%以下时,油泵能正常工作。定压差活门卡滞的原因是飞机坠毁过程中(掉地冲击和燃烧)造成的。

(2)主泵(№:06C0047S)返厂后,对各性能检查,数据均在技术要求的合格范围内;分解后对各活塞皮碗重点进行故检,未见异常;对液压延迟器组件进行微分测量,结果符合设计资料要求。以上情况说明该泵的液压延迟器组件没有失效现象。充分证明该泵与发动机转速85%以上上不去故障无关。

4. 主燃油泵某№:05B13075 皮碗分析

从皮碗外观检查来看,皮碗胶层沿周向裂开,裂纹沿周向长约 108 mm,约占整个周长的 86%,裂纹存在分叉。皮碗开裂后露出里面的金属骨架,金属骨架表面呈均匀的紫红色,这是因为金属骨架表面涂有粘结剂,粘结剂表面局部粘有少量的胶料。此外,胶层内表面存在裂纹,皮碗胶层表面光滑,未见明显的老化现象。

从失效故障件的断口粘接面分析看,主要是金属件与胶层弱粘接所致,界面的弱粘接与金属骨架表面粘接剂的氧化有关。

经过皮碗承制厂的大量试验和技术分析是由于操作过程中工作疏忽所致,将涂完胶黏剂(JQ-1)后金属骨架在空气中停放时间过长引起吸水氧化,在压胶时产生弱粘接缺陷。原因是胶黏剂被氧化,氨基减少导致结合力下降,影响皮碗的使用寿命。因此,弱粘接是在金属骨架涂胶处理后压制产品之前形成的。由于该主泵使用过程中,液压延迟器皮碗做往返运动,弱粘接使液压延迟器皮碗强度大大降低,久而久之,造成了液压延迟器皮碗裂纹。

5. 某飞机故障分析与验证

从该型发动机工作原理可知:主泵的液压延迟器右腔油路与压气机出口压力限制器的油路和涡轮后温度限制器的油路联接在一起;主泵定压油路与发动机上的启动燃油电磁铁 RDK-10 相连;主泵副油路与发动机切油电磁铁 RDK-34 相连。因此,我们分析认为能造成该次故障的主要原因:有可能是主机电气系统的原因给了一个错误的信号,会使定压油压力降低,造成液压延迟器的右腔压力建立不起来,使液压延迟器杆不移动,从而造成发动机在中间状态时,85%转速上不去。主要有以下几方面:

(1) RYT-5A 和 RWT-2B 的电信号提供不正确,该两型产品会放掉延迟器右腔压力的燃油,也将导致延迟器活塞不能右移,从而导致发动机转速到 85% 后不再上升。

(2) 由于电信号问题,发动机上的启动燃油电磁铁 RDK-10 有误动作,可能降低主泵定压活门后的压力,从而使主泵液压延迟器杆无法移动(主要由油嘴大小决定泄油量,从而决定定压油压力)。

(3) 发动机副油路的切油电磁铁 RDK-34 如果有误动作,会将发动机副油路燃油泄漏掉,有可能导致发动机转速到 85% 后不再上升(主要由回油油嘴大小决定泄油量,从而决定发动机转速大小)。

(4) 某飞机故障验证:

2007 年 11 月在沈飞公司将该某飞机原发动机换了新的一台主泵装上飞机,地面开车将发动机油门推到中间状态(最大)到 85% 后仍不再上升,故障再现。将飞机防喘的电插头与发动机断开,地面再次开车发动机油门推到中间状态转速到 100%,一切正常。

经查是防喘温度限制器 FC-1 有误动作,使发动机防喘工作,将发动机油路燃油降低,导致发动机转速到85%后不再上升。

6. 结论

（1）某飞机发动机转速在85%以上上不去的原因是主泵某（05B 13075）上液压延迟器皮碗破裂所致。

（2）某飞机发动机转速在85%以上上不去的原因与主泵（№:06C0047S）无关,主要是防喘温度限制器FC－1有误动作所致。

6.16 某型发动机空中自动断开加力分析

1. 问题提出

2006年5月,在某部队有一架飞机的发动机（№:＊＊P＊BC04655）,加力泵ZB－22B1（№:04B 13094）,工作时间为203h27min。该飞机的发动机接通加力后T_4温度瞬间正常（730～740℃）,然后突降至600℃左右,据飞行员反映:该飞机在空中接通加力时,发动机工作正常,T_4温度大约为720℃,N_1转速为100%,N_2转速为98.4%,时间维持不到3s,发动机T_4温度就下降至560～570℃,N_2转速只有92%,发动机自动断开加力。机务地面多次开车检查,该故障现象没有出现,接通加力后,发动机工作正常,全加力、小加力、最大状态的喷口直径、喷口收放、叶片、喷嘴、稳定器、加力电器系统工作正常。但是在高空飞行中,接通加力后,发动机自动断开加力现象依然存在。发动机厂和部队对发动机喷口、电器进行检查,调高台架点,均无效,发动机自动断开加力现象依然存在。

2. 故障机理分析

从该故障现象来看,像发动机接不通加力或接通加力不稳定的故障,那么发动机接加力是与加力燃油泵调节器部分有关。加力接不通或接通加力不稳定是常见故障,经常发生,原因复杂,影响因素很多,归纳常见的原因大约有以下几种:

（1）加力燃油没有点燃;

（2）喷口移动速度过快或过慢及喷口不随动;

（3）发动机接通加力的加速性不合格;

（4）接通加力过程中参数不符合规定;

（5）加力系统的加力点火、供油规律和点火器工作特性不匹配;

（6）加力泵供油量很小或为零;

（7）加力电气信号有异常。

而这个故障比较特殊,飞机在地面开车,发动机工作正常;但是飞机到空中接通加力后就有问题。从该故障现象分析,初步认为:没有与上述加力接不通常见的原因相同,因此,仔细研究分析确认发动机接通加力后N_2、T_4下掉（降温降转）的原因应属空中加力供油系统失调所引起。

根据加力燃油泵调节器工作原理,加力燃气温度T_4由加力调节器与气压调节器通过调节加力供油量进行控制。那我们就从机理进行研究分析,主要对落压比调节器和气压调节器机理进行分析。

1)落压比调节器

(1)落压比调节器的结构。

落压比调节器有三个内腔:P_2'腔、P_4腔和回油腔,见图 6 - 105。

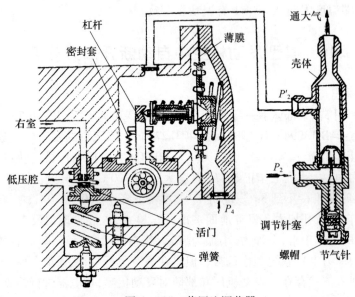

图 6 - 105　落压比调节器

(2)工作原理。

P_2'腔和 P_4 腔用橡胶薄膜隔开,P_2'腔和回油腔用金属密封套隔开。在金属密封套上固定有杠杆,而杠杆的支点是滚珠轴承,它的平衡取决于作用在活门上的油压力、弹簧力、P_2'和 P_4 的气压力。位于挡板活门(加力活门)下面的弹簧是用来调整加力特性的,它由调整钉进行调整,逆时针拧减少弹簧力,供油量减少,涡轮后燃气压力 P_4 和温度 T_4 下降,反之,P_4 和 T_4 上升。杠杆下面的止动钉是用来限制杠杆的位移,防止发动机在工作状态急剧变化时,杠杆产生过调引起挡板活门脱落。

落压比(πT)调节器的功用是根据飞行高度和速度自动调节加力供油量,保持喷口前燃气温度不变,从而间接保持落压比和 T_3 不变。

它是根据 P_3/P_4 = 常数(即落压比保持不变)的原理工作的。在加力状态时,当加力供油量不变,喷口直径一定时,如外界条件变化,喷口前燃气温度将随着改变。当喷口前燃气温度升高时,则加力燃烧室燃气膨胀能力增加,使 P_4 增加,涡轮落压比减小,T_3 随之增加;反之,喷口前燃气温度降低时,P_3/P_4 增大,T_3 随之减小。因此保持喷口前燃气温度不变,即保持 P_3/P_4 不变,T_3 也就不会改变了。所以为了保持 P_3/P_4 不变,落压比调节器应分别感受 P_3 和 P_4 的大小。但是由于燃

322

烧室的燃气温度较高,直接感受 P_3 较困难,而燃烧室是进行等压燃烧的,P_3 较 P_2 减小的不多,只要保持 P_3/P_2 不变,P_3/P_2 也就不变了。从图 6 - 106 中可以看出,加力调节器薄膜右腔通入 P_4;左腔通入 P_2',它是将 P_2 通过节气针减压到接近 P_4 的压力。因为 P_2 与 P_4 相差很大,调节器不变感受,只要将 P_2 按一定比例减压到 P_2',使其与 P_4 接近,就可使调节器正常工作,保持 P_2/P_4 不变。为使 P_2 按一定比例减小,在 P_2 气路上装有调节针塞。它能使 P_2' 和 P_4 的比值基本保持不变,这个比值(P'_2/P_2)叫节气比。

(3)在不同条件下,落压比调节器的工作情况。

① 飞行高度和速度变化时的工作。当飞行高度升高或速度减小时,压缩器进口压力下降,P_2' 减小,P_4 也减小,而加力供油量瞬时没有改变,加力燃烧室趋向富油,P_4 又稍增加。因此薄膜向左弯曲,推动杠杆将加力活门开度增大,回油量增加。于是随动活塞右移减小斜盘角度,从而减小供油量。在减小供油量的同时,P_4 开始下降,于是加力活门开度减小,加力供油量随之增加。调节结束时,活门稳定在较原来开度稍大的位置,随动活塞稳定在较原来偏右的位置,而加力供油量较调节前减少了。

② 飞机飞行高度降低或速度升高的调节与上述情况相反。

(4)性能分析。

落压比调节器工作时,是通过改变回油活门开度来改变随动活塞位置的。回油活门开度增大,随动活塞偏右,开度减小,随动活塞则偏左。由此可见,回油活门开度与随动活塞位置之间存在着一一对应的定位关系,使调节器具有定位特性。也就使落压比调节器调节的加力排气温度产生静态误差。例如从小加力到全加力,加力供油量的增加是靠 P_4 减小,即 ΔP 增大,关小回油活门来实现的。然而由于 P_4、P_2' 不变,所以落压比调节器进行调节以后,加力供油量比原来增大,回油活门比原来关小,而 P_4 必然比原来减小,这样就导致涡轮落压比增大,涡轮功增大,转速上升,N_1 转速调节器为保持 N_1 不变,减少主泵供油量,这样就会使涡轮前燃气温度 T_3、排气温度 T_4 和高压转子转速 N_1 都要下降,产生调节误差。这就是造成全加力时的排气温度比小加力时低的基本原因。反之,从全加力到小加力,T_3、T_4 和 N_2 都要上升。为了尽量减小这种调节误差,* *7 发动机的落压比调节器的供油特性曲线很陡,如图 6 - 106 所示。它是通过减小调准弹簧的刚度,使薄膜的位移量随 ΔP 的变化较大,回油活门的开度变化也较大,供油量的变化也较大,所以供油特性的曲线很陡。以保证在加力供油量变化足够大的条件下,使需要的压差 ΔP 变化很小。这样,便减小了涡轮落压比和涡轮前燃气温度 T_3 的变化量。因此,从小加力到全加力,涡轮落压比增大值不大于 1%,排气温度 T_4 下降为 10 ~ 20℃,P_4 下降 1% ~ 1.5%。

此外,落压比调节器在高空不能保证加力燃烧室稳定燃烧。这是因为当飞行高度上升时,大气密度减小,加力燃烧室气压变小,同时由于加力供油量减少,加力喷嘴前油压减小;煤油雾化不好,燃烧条件变差,煤油不能在加力燃烧室内完全燃烧。因而导致加力燃烧室内燃气温度 T_4 加降低,P_4 也降低,使作用在薄膜上的气压差力相对煤油完全燃烧时要大些,引起落压比调节器回油活门关小,加力供油量也相对增大,混合气变成富油混合气,以弥补因燃烧条件不好而未完全燃烧的那部分油量,使燃气温度 T_4 加,不致降低。

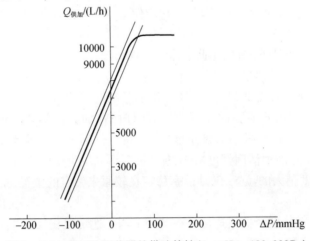

图 6 - 106　落压比调节器的供油特性(1mmHg = 133.322Pa)

随着飞行高度进一步增加,燃烧条件更差,使 T_4 更下降,P_4 加也更减小。这样 ΔP 相对增大的量就更多,引起调节器回油活门关小,加力供油量相对增大的量也更多,混合气越来越富油,使燃烧条件更加恶化。到一定高度时,导致加力燃烧室富油熄火。因此,高度上升到一定高度时,落压比调节器不能保证加力燃烧室稳定燃烧。这种现象叫做高空不稳定工作。在全加力时,由于加力燃烧室的余气系数较小,落压比调节器更不能在高空保证加力燃烧室稳定燃烧。所以,在加力煤油系统中,又设有气压调节器,在飞行高度上升到 15000m 以后,由它配合落压比调节器工作,防止加力燃烧室富油熄火。

从上述原理情况分析说明这次故障与落压比调节器无关,若落压比调节器的工作失效,是与高度无关,那么发动机在地面接通加力时,加力接不通的故障直始直终存在。充分证明该泵落压比调节器的工作情况是正常的。

2) 气压调节器

根据进入发动机内空气流量大小,按所确定的气压调节器特性来调节加力供油量,气压调节器是感受 P_2'' 压力,并随飞行高度和速度的变化而进行调节。保持加力燃烧室温度不变,在喷口面积一定的情况下,保证转速 N_1 = 常数,温度 T_3 = T_{3man}。气压调节器结构见图 6 - 107。

气压调节器的功用:约在 15000m 以上,根据发动机空气流量的变化来调节加力供油量,使之与需油量相适应,保证发动机加力工作正常。

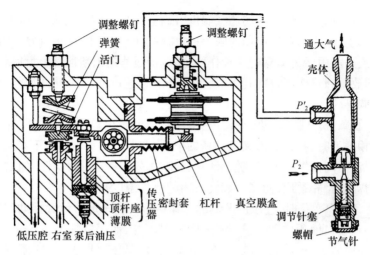

图 6 - 107　气压调节器结构

（1）组成。气压调节器由真空膜盒、传压器,调整螺钉、杠杆、弹簧、活门、节气针和密封套等组成,密封套右面装有膜盒,称为膜盒室。膜盒上面与调整螺钉接触。下面支承在杠杆右端。膜盒室通过 P_2'' 节气针（又称 1 号节气针,壳体上刻有"1"字,涂有蓝色标记,其构造和工作原理与 P_2' 节气针相同。）与压缩器出口相通,室内压力为 P_2''。P_2'' 是压缩器第六级后的增压空气经节气针放气减压后的压力。膜盒通过感受 P_2'' 的变化,间接感受空气流量的变化:膜盒张力作用在杠杆的右端,张力的大小随 P_2'' 变化而变化。杠杆左端上面装有弹簧,下面装有活门。杠杆以中间轴承为支点。膜盒张力和柱塞泵出口油压力对支点形成的力矩使活门开大,称为开门力矩。弹簧力对支点形成的力矩使活门关小,称为关门力矩。传压器由顶杆、顶杆座和薄膜等组成。薄膜下面通柱塞泵出口,出口油压经薄膜、顶杆传至杠杆上。柱塞泵出口至传压器油路上装有节流器,其作用是防止油泵出口油压的脉动而造成活门脉动,从而加剧油压的脉动。

（2）工作原理。发动机在加力工作状态,飞行条件不变时,发动机的空气流量一定,加力需油量一定。同时,由于 P_1 和压缩器增压比一定,故 P_2 和 P_2'' 不变,膜盒张力一定。此时,作用在杠杆上的开门力矩和关门力矩相平衡,回油活门开度一定,加力供油量一定,保持 T_4 不变。

① 飞行条件变化时,气压调节器的工作情形。飞行条件变化时,发动机的空气流量变化,加力需油量变化,同时,飞行条件变化,P_2 和 P_2'' 也随着变化,膜盒感受 P_2'' 的变化而膨胀或收缩,改变开门力矩,使回油活门开度变化,相应改变加力供油量;以保证加力燃烧室内的燃气温度基本不变。

例如,飞行高度升高时,一方面空气流量减少,加力需油量减少;另一方面压缩器进口气压 P_1 下降,使 P_2 和 P_2'' 减小,气压调节器膜盒膨胀,开门力矩增大,回油活门开度增大,随动活塞右室油压下降,随动活塞迅速右移,斜盘角度减小,加力供油量减少,防止加力燃烧室内的燃气温度升高。在加力供油量减少的同时,油泵出口油压也减小,使作用在传压器薄膜上的油压力下降,杠杆的开门力矩减小,回油活门又略关小。由于传压器的这种作用,使调节过程的后阶段,随动活塞右移速度减慢,起到液压回输作用,从而保证随动活塞右移速度先快后慢,使调节过程既迅速又不过调。

当 P_2'' 下降,膜盒膨胀,使开门力矩增加到与油泵出口油压下降使杠杆的开门力矩减小相抵消时,杠杆受力又达到新的平衡,调节器才重新稳定下来。调节过程结束后,回油活门开度略增大,随动活塞稳定在较原来偏右的位置,加力供油量减少,与加力需油量相适应,使加力燃烧室内的燃气温度基本不变。

② 喷口面积变化时,气压调节器的工作情形。从小加力位置推油门手柄至全加力位置时,喷口面积增大,气压调节器因 P_2'' 不变,而保持加力供油量不变,但此时喷口面积已放大,流动阻力减小,P_4 下降,涡轮落压比增大,转速便有增大的趋势,N_1 转速调节器要保持 N_1 不变,则减少主煤油系统的供油量,使 T_3 降低,T_4 也降低,加力推力反而减小。

(3) 性能分析。气压调节器是按补偿原理工作的。在发动机工作条件变化时,由于它和发动机同时感受工作条件的变化,调节加力供油量,故调节及时。并且在调节过程中,由于传压器的回输作用,使加力供油量变化先快后慢,所以加力供油量不会过调,加力时排气温度不会产生过调和振荡现象,即调节器的稳定性也是好的。

为了提高调节的准确性,涡喷 7 发动机的气压调节器膜盒感受的不是压缩器进口空气总压 P_1,而是压缩器出口空气总压 P_2,它包含有压缩器进口空气温度 T_1、压缩器增压比和压缩效率等的影响,因此,P_2 比 P_1 更能代表空气流量的变化,使调节的加力供油量比较接近于加力需油量,提高了调节的准确性。据估算,在 $H = 0 \sim 20000\mathrm{m}, M = 0 \sim 2.0$ 的飞行范围内,感受 P_1 时,将使加力供油量 G 供与加力需油量 G 需相差达 30%,而感受 P_2 时,可使其误差减小至 4% ~6%。

(4) 流量活门。流量活门是配合气压调节器工作的,使气压调节器调节的加力供油量更加接近加力需求量。流量活门由活门,带有特性孔的衬套和调准弹簧组成,见图6 - 108。

不加力时,流量活门在弹簧力的作用下关闭去加力喷咀的油路,接通加力时,当活门前油压达 1.47MPa。左右时,活门打开油路,向加力燃烧室供油。

在工作时,随着飞行高度升高,气压调节器工作使加力供油量减少,柱塞泵流量活门由暗门:带有特型孔酌衬筒和调准弹簧组成,如图 6 - 109 所示。出口油压降低,在弹簧力作

用下流量活门于度减小. 煤油流过活门时所受阻力增大,使活门前油压回升,通过传压器作用在杠杆上的开门力矩相应增大,使气压调节器活门开度增大更多一些,进一步减少加力供油量。由于流量活门的衬筒上有特型孔,当流量活门开开

326

度减小时,其流通截面积就按照一定规律减少;而保证了加力供油量与加力需油量基本相适应,加力燃烧室内的燃气温度 T_4 基不本变。气压调节器与流量,活门配合调节的加力供油量随 P_2'' 的变化情形,如图 6 - 109 所示。

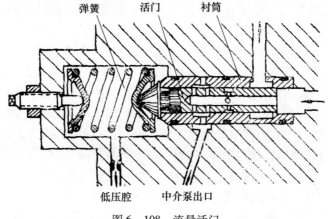

图 6 - 108　流量活门

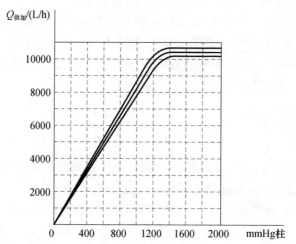

图 6 - 109　气压调节器的供油特性(1mmHg 柱 = 133. 322Pa)

在接通加力的起始阶段,流量活门靠左端的放油孔使一部分加力煤油放回中介油泵的出口,保证加力供油量柔和地增加。

流量活门中部的放油孔用来保证加力泵出口油压不大于 8. 82MPa。如果油压过大,放油孔将部分加力煤油放回中介油泵的出口。

3. 锁定故障部位

从上述原理得知:该加力泵的落压比调节器在地面或空中,能保持涡轮落压比 P_2'/P_4 基本不变,说明加力泵落压比调节器工作一切正常。该加力泵气压调节器是感受 P_2'' 压力,并随飞行高度和速度的变化而进行调节。已明确说明这次高空才能出现的故障产生原因是在发动机气路部分或加力泵气压调节器部分。

就是说,飞机在空中接通加力正常工作是:当飞行高度越高,空气压越小,进入发动机压气机 P_2 压力相应降低,因而,经节气针减压后进入气压调节器膜盒腔内的 P_2'' 压力相应减少。气压膜盒在负压力作用下膨胀,使气压挡板活门开度增大,油泵随动活塞往供油量减少的方向移动。油泵出口腔油压力降低,燃油分布器在弹簧作用下燃油流通面积减少,使得燃油流过燃油分布器的阻力增大,燃油分布器前燃油压力升高。从而使通过气压调节器滑块作用在气压杠杆上的油压力增大,将气压调节器挡板活门开大,进一步减少加力供油量。由于燃油分布器的燃油流通面积是根据不同的飞行高度,按照一定规律减少的,满足发动机的需求。此时,为使加力燃油量少于加力调节器单独工作所调节的供油量,满足发动机正常工作所需的燃油,气压调节器参与工作,与加力调节器共同调节加力供油量。

通过以上分析及地面检查情况看,该发动机全加力、小加力、最大状态的转速、喷口直径、喷口收放、叶片、喷嘴、稳定器、加力电器系统操纵均正常,则造成故障的原因:就是在发动机气路出问题(发动机气路系统不能满足加力调节器正常调节加力供油量,所需工作介质、P_2'、P_4 及 P_2'' 供给传递等)。

而该故障现象均在空中出现,进一步说明加力泵调节器的气压调节器在空中提前参与工作;或气压调节器调节元件失效而引起供油失调问题,或发动机的气管路问题。导致具体产生故障的疑点有以下两个方面,这也是重点排查的方向。

(1) 发动机气管路问题。

(2) P_2'' 节气针调整失调。

(3) 加力泵气压调节器失效。

4. 原因确定

通过上述原理,确定检查方案从易到难,先检查发动机所涉及的管路(发动机 P_2'' 节气针)及相关部位,再将加力泵分下,送承制厂检查。

在发动机上拆卸管路时,检查发现了发动机 P_2'' 节气针导管断裂。那就是说飞机在空中接通加力时,发动机压气机 P_2 压力经节气针减压后,由于发动机 P_2'' 节气针导管断裂漏气进入气压调节器膜盒腔内的 P_2'' 压力很小(比正常情况下要小)。因此气压膜盒在负压力作用下膨胀,使气压挡板活门开度较大,油泵随动活塞往供油量减少的方向移动。此时燃油分布器的燃油流通面积是不能根据调整好的要求,按照不同飞行高度减少供油,满足发动机的需求。就是说,气压调节器参与工作后,使加力燃油量减少的比满足发动机正常工作所需的燃油还要少,发动机在此情况下空中接通加力后,造成发动机的 N_2、T_4 下掉(降温降转),最终加力状态只能自动断开。

根据这情况和分析决定,更换新 P_2'' 节气针导管进一步验证。

5. 验证

在该台发动机上更换新 P_2'' 节气针导管。

328

1）地面验证

多次开车检查及接通加力后,发动机全加力、小加力、最大状态的转速、喷口直径、喷口收放、叶片、喷嘴、稳定器、加力电器系统工作正常。与出现故障前发动机地面接通加力一样工作正常。

2）空中验证

飞机经过多次在高空飞行,接通加力后,发动机没有出现该故障现象;发动机转速、温度一切正常,故障消除。

6. 结论

本次发动机空中自动断开加力故障是由于发动机 P_2'' 节气针导管断裂造成漏气,使加力泵气压调节器不能按设计要求进行调节所致。

6.17　某型发动机最大转速调不下来的失效分析

1. 故障现象及外场所做工作

2010 年 2 月 24 日,据某部反映,配装我公司产品主燃油泵调节器(RZB – 2AH №:08AH3177 工作时间:5h52min)的某型飞机在准备第七个起落飞行时,飞机驶入起飞线准备起飞时,飞行员突然发现最大转速为 $N_1 = 103\%$ (规定为 100 ± 0.5%), $T_4 = 810℃$ (规定不大于770℃),飞机终止起飞,油门收到慢车位置飞机滑回停机坪。该飞机经地面试车检查最大转速为 $N_1 = 103\%$ 、 $T_4 = 810℃$,调整最大转速螺钉、喷口及电器均无效,并且转速、温度还有上升的趋势。我公司外场技术人员现场确认故障属实,调整无效。

2. 厂内检查情况以及所做工作

（1）公司成立攻关小组对返厂故障泵,分析产品结构原理、建立故障树,逐一进行排查、不断试验。对故障泵(最大转速调整钉保持部队返回时的位置)上试验器录取转速性能相关性能表 6 – 12。

表 6 – 12　对故障泵上试验器录取转速性能相关性能　　　　　　单位:r/min

序号	技术性能	技术要求	录取的转速
1	自始转速位置	$n = 3400 \sim 60$	3470
2	调整额定转速	$n = 3750 \pm 15$	3828
3	调整钉全部拧入最大转速	不小于3870	4050

从表 6 – 12 结果看出,自动工作转速、额定转速和最大转速调整钉均超出技术要求,与部队出现的故障现象相吻合。

（2）分解检查。

① 该泵分解检查 N_1 转速传感器、液压延迟器杆及活塞、液压延迟器杠杆等零组件未见异常。

② 该泵分解检查打开液压延迟器低压腔盖,测量齿套与滑块之间的距离 $L =$ 4.4mm(与出厂位置相符)符合要求。

③ 该泵分解检查发现分油活门式柔性反馈(柔性回输)机构的锁紧螺母松动。见图 6 – 110。

锁紧螺钉松动

图 6 – 110 主泵实物图

④ 检查该故障泵的均衡位置:前腔压力 0MPa、后腔压力 0.5MPa,技术要求两腔压力不能超过 0.15MPa。

⑤ 故障件定位。该故障泵重新按装配技术要求调整均衡位置:前腔压力 0.6MPa、后腔压力 0.7MPa,技术要求两腔压力 0.1MPa,调整合格后上试验器录取性能见表 6 – 13。

表 6 – 13 调整合格后上试验器录取性能　　　　　　　　单位:r/min

序号	技术性能	技术要求	录取的转速
1	自动工作转速	3400 ~ 3340	3350
2	额定转速	3750 ± 15	3750
3	最大转速	4015 ± 15	4015

以上各转速均在合格范围内,最大转速调整钉可达到要求,同时将最大转速调整钉外调使最大转速的调整量可达 4250r/min 以上,符合技术条件要求,故障现象消失。说明该故障泵的分油活门反馈(柔性回输)机构的锁紧螺母松动是导致最大转速调不下来的主要因素。

⑥ 对该故障泵其他部分进行分解检查及故检无异常。

3. 原因分析

1)工作原理

发动机的主泵转速调节器敏感元件是能操纵分油活门的离心配重,而执行机构是确定斜盘倾斜角的随动活塞,并采用弹性回输装置作为稳定机构,见图 6 – 111。

330

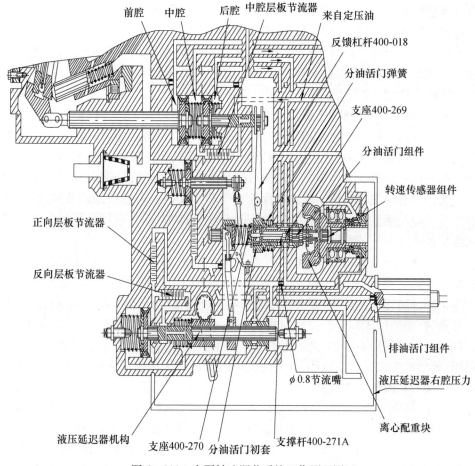

图 6-111 主泵转速调节系统工作原理图

离心式传感器(即敏感元件)由两个配重和分油活门组成,在两者之间装有两根滚针。发动机低压转子轴带动配重的传感装置旋转。配重传动装置的支点是两个球轴承。离心配重的短臂通过两根滚针顶在分油活门一端的孔中,分油活门是一个有四个凸台的圆柱体,其中中间的两个凸台是工作凸台,两边的凸台用来定中心。为了保证转速调节器具有必要的灵敏性,调节器分油活门相对于分油活门衬套作旋转运动。分油活门的位置由离心配重这一面的作用力和调节弹簧来确定。当这两方面的作用力相互平衡时,分油活门就处在中立位置。这时,分油活门的工作凸台正好对准分油活门衬套油孔,从凸台和油孔之间的油路流动的燃油循环能保证转速调节器的随动机构处于平衡状态。

如果发动机低压转子转速向增大方向偏离给定值(当飞行高度升高或飞行速度减小),离心配重离心力增大的结果就使分油活门从中立位置向左移动使随动活塞左腔与定压燃油进油路相通,回输活塞右腔则与低压油路相通,因此,随动活塞与回输活塞在改变了的燃油压力差作用下向减小供油量的方向移动。同时回输活塞通过回输杠杆使分油活门衬套向左移动。

如果在调节器工作时,随动活塞和回输活塞中间的容积不变,则此两个活塞如同一个刚体一样移动,那么,当发动机低压转子转速向增大方向偏离给定值时,两个活塞向右移动,减小油泵斜盘的倾斜角度,减小供油量,直到整个系统达到新的平衡状态为止。在此新的平衡状态下,由于回输活塞以及通过回输活门和回输杠杆而与分油活门衬套同时移动,分油活门和分油活门衬套这两者之间的相对位置是与原平衡状态一样的,这样的调节器的调节过程虽然具有良好的稳定性,不会出现大的过调和振荡现象。但是它不能以很高的精度来恢复到初始转速。

为了在各种飞行条件下既能够保证调节稳定又能具有较高的调节精度,转速调节器的随动活塞和回输活塞彼此之间不是刚性连接,而是通过容积可变的中腔来连接的。调节器调节器实际的调节过程如下:

当转速向增大方向偏离给定值时,随动活塞开始时作为一个整体向右移动(如上所述)。而后,由于回输活塞杆上的回输活门偏离其中立位置而右移到使中腔与低压油路相通的位置,使活塞中腔的容积逐渐变小。这时,回输活塞将停止向右移动,在中腔油压和中腔弹簧力的综合作用下回输活塞处在已经右移的位置上。而随动活塞继续向右移动,把活塞中腔的燃油挤入低压油路。随动活塞向右移动的结果,使发动机供油量减小,这就使发动机低压转子转速相应降低,同时也使分油活门向右移向原中立位置。

由于分油活门衬套已从原中立位置向右移动了一段距离,所以分油活门向右移动一段距离还没有移到原中立位置就与分油活门衬套相互处于一种预先平衡的位置,即分油活门工作凸台对准了分油活门衬套的油孔,转速调节器的随动机构处于暂时平衡状态,使随动活塞停止向右移动。然而活塞中腔内油压却还在下降,回输活塞在回输活塞右面弹簧力作用下反向地向左移动,同时也带动了分油活门衬套向右移动,这样就打破了暂时的预先平衡,使随动活塞左腔进定压油以致使随动活塞又继续向右移动,同时减小供油量,减小发动机转速,转速的减小就使分油活门又继续向右移动,最后,回输活塞、分油活门衬套和分油活门直到都回到原来的中立位置才停止移动,转速调节器即重新恢复了平衡状态。

由于油门操纵杆角度没有变化,调节器弹簧作用力没有变,分油活门回到原来的中立位置时,离心配重离心力、低压转子转速也必定是原来的给定值。因此转速调节器就能准确地将发动机低压转子转速调回到原来的给定速度。

由于该泵检查发现分油活门式柔性反馈(柔性回输)机构的锁紧螺母松动,造成带齿螺母400-125起不了固定作用,因此,偏心销400-124也不在调整好的位置。该均衡位置试验结果表明:调节器的随动前腔油压下降为0,那么,分油活门衬套向左偏移较多,使分油活门与其衬套相对中立的位置破坏,但其分油活门的位置由离心配重这一面的作用力和调节弹簧来确定没有变。为了保证其分油活门的工作凸台正好对准分油活门衬套油孔,从凸台和油孔之间的油路流动的燃油循环能保证转速调节器的随动机构处于平衡状态。只能将分油活门左移,需增大离心配重离心力;其结果就是增大了发动机低压转子转速。

该台发动机在最大状态时,油门操纵杆角度位置没有变化,调节器弹簧作用力没有变,由于上述原因该主泵的分油活门衬套向左偏移较多(与出厂时的位置),分油活门为了达到与其衬套中立位置新的平衡点,使随动活塞左腔进定压油以致使随动活塞又继续向右移动,减小供油量,减小发动机转速的目的。那么,该分油活门必须也要向左移动较多,其离心配重离心力就必须增大、发动机的低压转子转速将增大,也必定比原来的给定的最大状态位置时的转速值大,因此,该飞机出现地面试车检查最大状态转速为 $N_1 = 103\%$、$T_4 = 810\text{℃}$ 的故障。虽然调整最大转速调整、喷口及电器均无效,并且转速、温度还有上升的趋势,主要是分油活门衬套位置确定与其调整的无关,因此,在外场发动机上调整最大转速螺钉、喷口及电器均排除不了该故障。

2) 分油活门衬套和柔性回输(反向活门)轴向位移的关系

根据主燃油泵调节器转速传感器工作原理及产品结构特点,将分油活门衬套与反向活门简化成杠杆机构示意图见图 6 – 112,在该型发动机转速调节器系统设

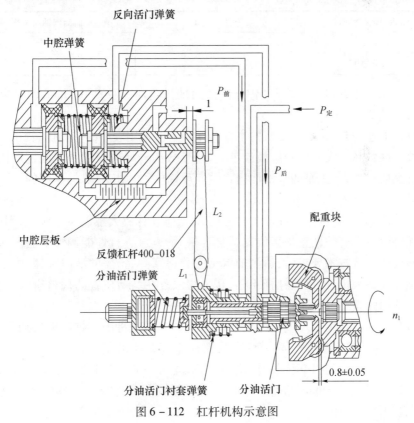

图 6 – 112 杠杆机构示意图

计中的主要参数有:(注:《航空喷气发动机自动控制设计手册》中查得)。

敏感元件放大系数 $K = 10.6$

反馈杠杆比 $A = 5.27$

反馈活门重叠量 $B = 0.032 \sim 0.037$cm

中腔层板流量 $G = 150 \sim 300$cm^3/min

定压油压力 $P = 147 \pm 1$kg/cm^2

主泵调整均衡位置时:

分油活门需位移量 $M = 0.8 \pm 0.05$cm

柔性回输需位移量 $T = 1$cm

技术要求前后腔压力不能超过 1.47kPa

反馈杠杆 400 - 018 的位置确定后,套齿垫圈 400 - 125 采用中间是方形与支架接触的一方通过齿结合,在与偏心销 400 - 124 连接定位,再用锁紧螺母将其固定锁紧。

根据杠杆放大原理可知: $A = L_2/L_1$。该式反映分油活门位移及反向活门位移间的量值关系见表 6 - 14。

表 6 - 14　分油活门位移及反向活门位移间的量值关系　　　　　　单位:mm

分油活门轴衬套向位移	杠杆比 A	反向活门轴向位移
0.1	5.27	0.527
0.0189		0.1

从表 6 - 14 数据中可以看出,分油活门轴衬套向左移动 0.1mm,此时反向活门向右运动 0.527mm。

综合上述可知:该型发动机的主泵转速调节器采用较小的传动比、较小的敏感元件放大系数和较大的中腔层板流量,这些参数的选择决定了系统的稳定性及过渡过程品质。那么,主泵的分油活门式柔性反馈(柔性回输)机构装配的主要尺寸必须满足上述技术要求,调整均衡位置,是装配中确定分油活门与其衬套相对中立的位置的重要工序,也是保证反馈杠杆比 A、敏感元件放大系数 K 正确性,因此,要求装配每台主泵必须调整均衡位置试验合格后,方可进行性能调整试验。每台主泵调整性能符合技术要求后,斜盘轴承角度受柱塞弹簧、反向活门弹簧、中腔弹簧的力顶靠在最大位置,反馈杠杆 400 - 018 的位置在均衡位置的调整所定,受的力有反向活门弹簧、中腔弹簧和分油活门衬套弹簧。

若分油活门式柔性反馈(柔性回输)机构的锁紧螺母因某种原因松动后,造成带齿螺母 400 - 125 起不了固定作用,反馈杠杆 400 - 018 的位置受反向活门弹簧、中腔弹簧和分油活门衬套弹簧作用力会随偏心销 400 - 124 顺时针转动,偏心销 400 - 124 偏心距 0.8mm(见图 6 - 113),分油活门衬套左移动大约最多是 0.8mm(由调整均衡位置所定)。

图 6 – 113　偏心销 400 – 124

发动机台架调整经验可得:主泵的最大转速调整螺钉顺时针拧最大转速下降;反之则增加。主燃油泵调节器最大转速调整调整螺钉一圈(M8 × 1),经查最大转速螺钉调整量与分油活门轴向位移的杠杆放大比为 3,相当于最大转速调整螺钉转 1mm(相当于转 360°)时,分油活门移动 0.3mm。发动机转速变化约 2.7%,那么,分油活门衬套左移动最多是 0.8mm,分油活门移动也将左移动 0.8mm,才能达到发动机转速的平衡,主泵的转速调节器进入工作;此时,发动机最大转速 N_1 = $(100 ± 0.5\%)$ + $(0.8/0.3) × 2.7\%$ ≈ $(107.2 \sim 108.2)\%$,这样,远远超出了发动机技术要求,会使出现发动机超温超转现象。

该次故障发动机的最大转速 N_1 = 103%,超出了发动机技术要求 N_1 = $(100 ± 0.5\%)$ 范围,说明该主泵的分油活门移动左移动量 ≈ $(2 \sim 3)\%/2.7\% × 0.3$ = $(0.22 \sim 0.33)$mm,该故障泵的分油活门衬套左移动量为 $(0.22 \sim 0.33)$mm,是分油活门式柔性反馈(柔性回输)机构的锁紧螺母松动所致。

鉴于弹簧压缩量、弹力值、液压、转速及活门偶件、机构间的摩擦力等情况非常复杂,尤其是柔性调节系统错综复杂,有较小的影响,为此在可忽略不计。

4. 结论

此次发动机转速发动机最大转速调不下来的故障是由于分油活门式柔性反馈(柔性回输)机构的锁紧螺母松动所致。

6.18　喷口加力调节器启动流量特性调整无效分析

1. 故障描述

1)现象

在厂内喷口加力调节器综合调整试验过程中,常常出现 $G_{\Phi\Pi} = f(P_2^\Phi)$ 特性曲线(见图 6 – 114)时,启动流量随 P_2^Φ 的特性曲线中,第 1 点流量存在偏大或偏小的故障,且经常出现不稳定的现象。

2)数据记录

启动流量第 1 点偏大调试时,用启动平移螺钉调整启动流量特性 $G_{\Phi\Pi} = f(P_2^\Phi)$,发现启动流量大于规定范围 231.84 ~ 264.6,在不装配平移螺钉内的调整垫圈的情况下,用平移螺钉无法调整合格,平移螺钉退出太多,不满足技术条件要求（见表6-15）。

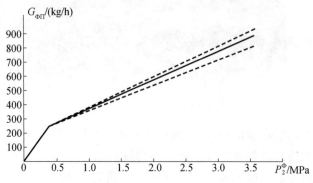

图6-114 特性曲线图 $G_{\Phi\Pi}=f(P_2^\Phi)$ 启动流量第1点偏小

表6-15 启动流量不稳定的现象

P_2^Φ/MPa	0.492	0.65	1.18	2.36	2.93	3.83
$G_{\Phi\Pi}{}^{+5}_{-8}\%/(\text{kg/h})$	251.84 ~ 294.6	281.28 ~ 348.2	381.32 ~ 419.55	585.32 ~ 629.55	732.04 ~ 821.35	862.68 ~ 970.45
$G_{\Phi\Pi}$（实测）	318	306	397	591	783	892

调试时，用启动平移螺钉调整启动流量特性 $G_{\Phi\Pi}=f(P_2^\Phi)$，发现启动流量小于规定范围231.84~264.6L/h，在平移螺钉内的调整垫圈的厚度达到上限2.5mm的情况下，用平移螺钉无法调整合格，平移螺钉向里拧至止动位置，启动流量第1点仍小于规定值（见表6-16）。

表6-16 启动流量不稳定的现象

P_2^Φ/MPa	0.492	0.65	1.18	2.36	2.93	3.83
$G_{\Phi\Pi}{}^{+5}_{-8}\%/(\text{kg/h})$	251.84 ~ 294.6	281.28 ~ 348.2	381.32 ~ 419.55	585.32 ~ 629.55	732.04 ~ 821.35	862.68 ~ 970.45
$G_{\Phi\Pi}$（实测）	223	313	398	613	782	936

启动流量调试合格后，关闭试验器，重新启动试验器检查启动流量，发现启动流量第1点发生变化，大于规定范围251.84~294.6；在此情况下，再将启动流量调试合格，后按上述方法重新启动试验器检查启动流量时，发现启动流量第1点小于规定范围251.84~294.6；启动流量不稳定（见表6-17、表6-18）。

表6-17 第一遍录取的启动流量

P_2^Φ/MPa	0.492	0.65	1.18	2.36	2.93	3.83
$G_{\Phi\Pi}{}^{+5}_{-8}\%/(\text{kg/h})$	251.84 ~ 294.6	281.28 ~ 348.2	381.32 ~ 419.55	585.32 ~ 629.55	732.04 ~ 821.35	862.68 ~ 970.45
$G_{\Phi\Pi}$（实测）	308	321	403	609	785	923

336

表 6 – 18　第二遍录取的启动流量

P_2^{Φ}/MPa	0.492	0.65	1.18	2.36	2.93	3.83
$G_{\Phi\Pi}{}^{+5}_{-8}$%/(kg/h)	251.84 ~ 294.6	281.28 ~ 348.2	381.32 ~ 419.55	585.32 ~ 629.55	732.04 ~ 821.35	862.68 ~ 970.45
$G_{\Phi\Pi}$(实测)	241	321	403	609	785	923

2. 工作机理

1）组成

启动计量活门燃油流量调节机构组成如图 6 – 115 所示，主要由摆锤活门、真空膜盒、P'_2 传感器、杠杆和启动总管计量开关、衬套、启动总管压差活门、弹簧、调整螺钉和限流嘴组成。

2）工作原理

从图 6 – 115 中可以看到，来自加力泵的燃油，跟据压气机后的减压气压力 P_2^{Φ} 和发动机进口空气温度 T_1 确定的关系，通过计量开关移动机构控制的油压力，推动启动计量开关产生轴向位移：左移，开大通往启动输油圈的燃油流量；右移则减小，从而调节启动燃油流量 $G_{T\Phi} = f(P_2^{\Phi})$（见图 6 – 114）、$G_{T\Phi} = f(\Delta P_t)$（见图 6 – 116）。调节过的燃油流量，进入启动计量开关后，一路经启动定压差活门和

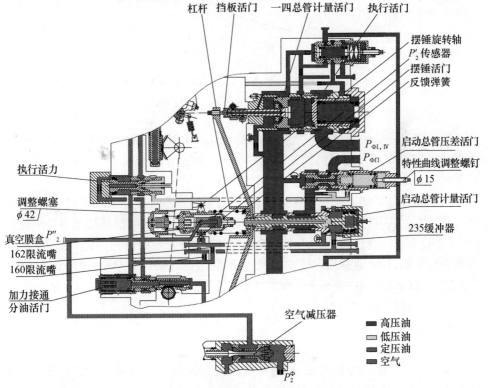

图 6 – 115　喷口和加力调节器燃油调节局部原理图

337

接管嘴 Φ_4 输送到加力燃油分布器;另一路经限流嘴进入启动定压差活门弹簧腔,当启动计量开关上的压差变化时,定压差活门上的压差也变化,定压差活门左右移动,活门边缘改变燃油通油面积,从而保持由弹簧力确定的启动计量开关的压差不变。摆锤活门控制着加力启动输油圈计量开关活塞左右腔的回油路,而气压膜盒中气压力的大小,又决定着摆锤活门的开度。当发动机加速时,P_2 气压力增大,气压膜盒开始膨胀,使摆锤活门绕支点反时针转动,关小启动输油圈计量开关活塞右腔的回油路,开大左腔的回油路,使计量开关活塞开始左移,开大通往启动输油圈的燃油路,同时,由于启动输油圈计量开关活塞的左移,通过平衡架带动第一、四和第二、三输油圈计量开关上的扁平活门左移,开大第一、四和第二、三输油圈计量开关左边的回油路,使计量开关左移,开大流通截面面积,增大加力供油量。随着计量开关左移,通过反馈弹簧,促使摆锤活门恢复到中立位置,调节过程结束。当气压膜盒内 P_2^Φ 气压力减小时,调节过程与上述相反。真空膜盒和温度补偿器随温度的变化,调节过程与上述相同。

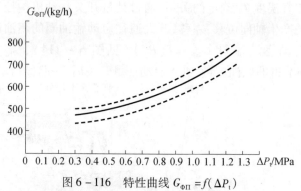

图 6 - 116　特性曲线 $G_{\Phi\Pi} = f(\Delta P_t)$

摆锤组件是感受发动机压气机后的经空气减压器减压后的空气压力 P_2,根据 P_2 的大小来调节启动计量活门的开度,同时带动内、外涵计量活门做轴向移动,从而在轴向上控制启动计量活门、内涵和外涵计量活门开度。

从原理可以可知,当 P_2 气压力增大时,进入摆锤组件气压波纹管内的气压 P_2^Φ 也随着增大,装在摆锤组件中的气压波纹管开始膨涨,使摆锤活门绕支点反时针转动,关小启动输油圈计量开关活塞右腔的回油路,开大左腔的回油路,使计量开关活塞开始左移,开大通往启动输油圈的燃油路,随着计量开关左移,通过反馈弹簧,促使摆锤活门恢复到中立位置,调节过程结束。当气压波纹管内 P_2^Φ 气压力减小时,调节过程与上述相反。

3. 原因分析

1）故障原因

从上述工作原理分析可知,根据压气机后的减压气压力 P_2^Φ 和发动机进气道空气温度 T_1^* 确定的关系,通过计量开关移动机构的摆锤组件控制着加力启动输油圈计量开关活塞左右腔的回油路,推动加力启动计量开关产生轴向位移,来调整启动燃油流量。因此结合产品在厂内装配、调试情况,通过仿真分析,得出以下造成启动流量非线性故障的原因:160号限流嘴及缓冲器235堵塞;启动计量活门中心孔有堵塞现象;启动计量活门皮碗唇口有损坏;反馈弹簧的影响;摆锤组件存在不灵活的现象。

2) 机理及仿真分析

对上述所列原因,作了以下机理分析,并对其中一些因素进行仿真建模分析:

(1) 160号限流嘴及缓冲器235堵塞:从仿真模型分析(见图6-117~图6-120)可以看出,如果160号限流嘴及缓冲器235堵塞,就会造成启动输油圈计量开关活塞左腔的回油路压力与右腔的回油路压力失调,启动输油圈计量开关活塞移动行程就会发生非正常运动,造成启动流量非线性故障。

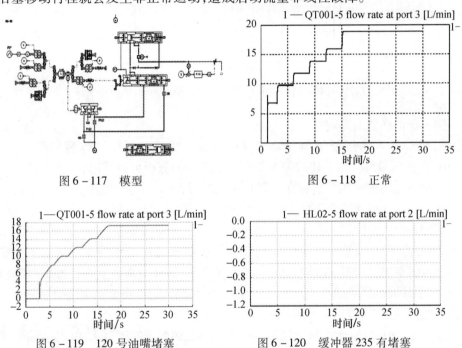

图6-117　模型　　　　　　　　　图6-118　正常

图6-119　120号油嘴堵塞　　　　　图6-120　缓冲器235有堵塞

(2) 启动计量活门中心孔有堵塞现象:从仿真模型分析(见图6-121、图6-122)可以看出,如果启动总管计量活门中心孔有堵塞现象,就会造成启动输油圈计量开关左边旁路高压油释放时存在不顺畅的现象,使得启动输油圈计量开关活塞移动不到位,造成各点流量值增大的现象,从而造成启动流量非线性故障。

(3) 启动计量活门皮碗唇口有损坏:通过仿真建模分析(见图6-121~图6-123)可以看出,如果启动计量活门皮碗唇口有损坏,就会造成启动输油圈计量开关活塞左腔的回油路压力与右腔的回油路压力沟通,活门不受控,启动输油圈计量开关活塞移动行程就会发生非正常运动甚至不能移动,造成启动流量非线性故障。

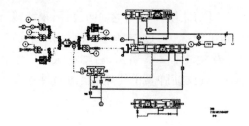

图 6 – 121 模型

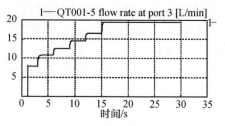

图 6 – 122 各点流量值增大，平移关系

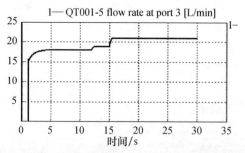

图 6 – 123 随着皮碗唇口破损加大活门运动到一端，活门不受控

（4）反馈弹簧的影响：

① 反馈弹簧的压紧量与起动流量的关系。摆锤组件反馈弹簧装配时，有 0.2 ~ 0.4 预压紧量。从上述故障现象和工作原理的分析可以看出，如果当摆锤组件反馈弹簧在装配时预压紧量在上限 0.4 左右时，此时在摆锤组件相同工作气压 P_2^{ϕ} 的情况下，反馈弹簧将摆锤组件推着顺时针转动，由于此时压紧值过大造成弹簧力偏大，因此摆锤组件将会运动至中立位置过于偏左的位置上，造成启动流量第 1 点偏小的故障。如果当摆锤组件反馈弹簧在装配时预压紧量在下限 0.2 左右时，此时在摆锤组件相同工作气压 P_2^{ϕ} 的情况下，反馈弹簧将摆锤组件推着顺时针转动，由于此时压紧值过小造成弹簧力偏小，因此摆锤组件将会运动至中立位置过于偏右的位置上，造成启动流量第 1 点偏大的故障。

② 反馈弹簧的刚度与启动流量的关系。当反馈弹簧刚度过大时，与上述反馈弹簧预压紧量大时的现象一样，可能造成启动流量第 1 点偏小的故障；而当反馈弹簧刚度过小时，与上述反馈弹簧预压紧量小时的现象一样，可能造成启动流量第 1 点偏大的故障。

（5）摆锤组件的灵活性与启动流量的关系。摆锤活门组件主要由波纹管和摆锤组成，其原理是通过气压控制波纹管的拉伸与压缩，使与波纹管固定的摆锤摆动，打开和关闭油路，从而达到控制启动加力计量开关移动。如果摆锤活门组件不灵活，摆锤摆动不正常，不能正常打开和关闭油路，从而使得启动加力计量开关移动变化不正常，造成启动流量非线性故障。

4. 验证试验

（1）通过以上分析，结合现场故障情况对上述原因用故障产品和标准样件，采用对比法和排除法进行了验证试验，进行了以下试验，结果如下：

① 启动流量偏小的情况，通过将启动平移调整螺钉 $\phi 42$ 内的调整垫圈的厚度增加到超出设计规定的范围是可以将启动流量的第 1 点调试合格的；

② 启动流量偏大的情况，将启动平移调整螺钉 $\phi 42$ 往外退至胶圈刚好密封住的位置，此时可以将启动流量调试合格；

③ 对于启动流量不稳定的故障，每次启动流量变化后均可以通过调整启动平移调整螺钉 $\phi 42$ 将启动流量重新调试合格；

④ 用标准样件上试验器检查启动流量性能（见表 6 – 19），结果性能符合技术条件要求。

表 6 – 19　标准样件录取启动流量

P_2^{Φ}/MPa	0.392	0.55	0.98	1.96	2.53	3.23
$G_{\Phi\Pi}{}^{+5}_{-8}\%/(\mathrm{kg/h})$	231.84 ~ 264.6	261.28 ~ 298.2	341.32 ~ 389.55	525.32 ~ 599.55	632.04 ~ 721.35	762.68 ~ 870.45
$G_{\Phi\Pi}$（实测）	256	289	368	561	679	832

从上面的分析可以看出，由于在调试过程中，除了第 1 点不合格外，启动流量特性 $G_{\Phi\Pi} = f(P_2^{\Phi})$ 随 P_2^{Φ} 的特性曲线是合格的，因此可以排除①、②、③条中所列出的故障原因，最终将故障原因锁定在反馈弹簧和摆锤组件上。

由上述可知，在整个特性曲线范围内、在计量活门前后压差不变的情况下，启动流量的特性应与装在摆锤组件中的反馈弹簧的线性、反馈弹簧的压紧值、摆锤组件的灵活性等因素有关。得出了在装配调试过程中，造成启动流量非线性故障的主要原因是反馈弹簧和摆锤组件，所以后续主要针对摆锤组件及反馈弹簧的装配进行了分析研究。

（2）摆锤组件在现场装配时要求保证气压波纹管的扩张量为 0.3 ~ 0.7，同时保证摆锤回到中间位置。而现场装配摆锤组件时，现场工人是使用螺钉将波纹管壳体自身带的两个弹片固定在摆锤组件上，通过调整弹片的弹力，与波纹管产生的张力相互抵消后，使摆锤回到中间位置的。但该两个弹片的作用是在自然状态下，摆锤偏离中间位置时，对摆锤的回位启到辅助作用。而当用这两个弹片强行与摆锤的张力进行平衡时，就会使弹片发生扭曲变形，这就会给摆锤的运动造成一个阻力，从而在小气压的情况下使摆锤的运动灵活性降低，降低了波纹管的灵敏度，因此引起启动流量第 1 点不稳定的现象。

当用这两个弹片强行与摆锤的张力进行平衡时，弹片长时间处于受力状态，会产生时效，改变弹片本身的弹性，当弹片的弹性发生改变后，摆锤偏离中间位置，因此也会导致启动流量的不合格。摆锤向左偏离中间位置时，启动流量偏小；反之，摆锤向右偏离中间位置时,启动流量偏大。

从装配的角度来考虑,图6-124所示为摆锤组件的装配图,从图中的技术条件要求可以看出气压波纹管(波纹管X)的扩张量0.3~0.7,是符合波纹管组件性能要求的。而从波纹管的有效工作行程为0.25±0.01mm,总的工作行程小,因此在工作行程内不允许波纹管的线形度大于1%。由于启动流量第1点空气压 P_2'' 很小,假设其按比例计算的话,对应最大压力3.23MPa、最小压力0.392MPa,最小压力约为最大压力的0.1倍,因此其使波纹管的位移换算下应为0.025mm,位移非常小,因此在气压波纹管没有缺陷的情况,如果摆锤稍有不灵活和卡滞现象,就会降低气压波纹管的灵敏度,引起启动流量第1点的不稳定的现象。所以在试验过程中,有时会出现当气压超过0.392MPa时,仍然没有启动流量的现象。综合上述分析的结果,分别针对反馈弹簧、摆锤组件进行了如下工作:

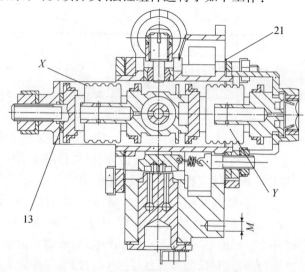

图6-124　摆锤组件的装配图

1. 用选择配件27来保证表面 N、K 相对于孔 M 的轴线的不对称度不大于0.1;

2. 根据件3组件合格证中的尺寸 H 确定摆锤的中间位置,然后选配件13使波纹管 X 扩张0.3~0.7,再选配件21扩张波纹管 Y 使摆锤回到中间位置。

（3）分解检查反馈弹簧的压紧值:

反馈弹簧压紧值的检查(见图6-125)。

反馈弹簧装到附件上应为压紧状态,压紧值的计算公式:

$$H_0 = L_2 - H + L_1$$

式中: H_0 为压紧值; H 为弹簧长度; L_1、L_2 见图6-122。

检查 $H_0 = 0.3$mm 符合工艺规定压紧值(0.2~0.4mm)。

由于反馈弹簧的压紧值 $H_0 = 0.3$mm 符合工艺规定压紧值,因此排除反馈弹簧压紧值是引起启动流量不合格的因素。

（4）检查反馈弹簧的刚度：将反馈弹簧检查弹力值，弹力值在设计规定的范围内，因此排除反馈弹簧刚度是引起启动流量不合格的因素。

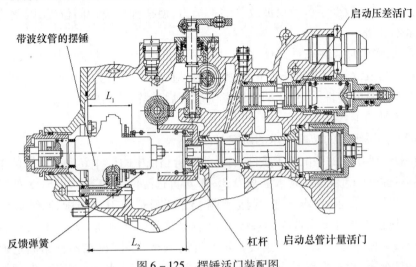

图 6 – 125　摆锤活门装配图

（5）分解检查摆锤组件，检查摆锤装配的运动灵活性：

将摆锤组件从盖子上分解下，检查其运动灵活性时发现，摆锤组件在运动过程中有卡滞现象，而且能听到运动过程中的卡滞声音，将固定两个弹片的螺钉松开后，卡滞现象消失，但摆锤不能在自然状态回到中间位置。因此摆锤组件的装配运动灵活性是引起启动流量不合格的主要因素。摆锤活门控制着加力启动输油圈计量开关活塞左右腔的回油路，而气压膜盒中气压力的大小，又决定着摆锤活门的开度。在平衡位置，气压波纹管中气压力与反馈弹簧的力相等，正常情况下，当 P_2 气压力增大，气压波纹管开始膨涨，使摆锤活门绕支点反时针转动，关小启动输油圈计量开关活塞右腔的回油路，开大左腔的回油路，使计量开关活塞开始左移，开大通往启动输油圈的燃油路。但由于前期对摆锤组件的装配没有充分认识，导致在装配时，使用波纹管壳体上的弹片扭曲变形产生的弹力来平衡波纹管扩张产生的力，而扭曲变形影响了摆锤的运动灵活性，进而降价了波纹管的灵敏度，造成启动流量不稳定；同时，由于弹片长时间处于受力状态，产生时效，弹力改变，导致摆锤偏离中间位置，因此引起启动流量不合格，而弹片也失去了本身辅助回位的意义。

5. 排除方法

（1）根据以上故障分析及验证，摆锤组件的装配运动灵活性是引起启动流量不合格的主要因素，因此我们针对摆锤组件的装配运动灵活性进行了以下分析研究：

① 当用这两个弹片用螺钉拧紧固定后，强行与摆锤的张力进行平衡，就会使弹片发生扭曲变形，这就会给摆锤的运动造成一个阻力，从而在小气压的情况下使摆锤的运动灵活性降低，降低了波纹管的灵敏度，因此引起启动流量第 1 点不稳定的现象。

② 由于弹片是用螺钉的拧紧面与弹片表面接触,拧紧后产生表面摩擦力而固定的,这种固定方式是不可靠的,在有振动的情况下,弹片会对螺钉的拧紧面产生相对移动,从而改变了弹片对波纹管的平衡力,使摆锤偏离中间位置,因此造成启动流量不合格。

③ 从弹片时效性来看,弹片在入中央零件库时为自然状态,当用螺钉强行将其拧紧并与波纹管产生的张力平衡,弹片这样长时间处于受力状态,会产生时效,改变弹片本身的弹性,当弹片的弹性发生改变后,摆锤偏离中间位置,因此也会导致启动流量的不合格。

（2）摆锤组件的装配技术的研究与改进。

根据摆锤组件的装配技术条件"件 3 组件合格证中的尺寸 H 确定摆锤的中间位置,然后选配件 13 使波纹管 X 扩张 $0.3 \sim 0.7$,再选配件 21 扩张波纹管 Y 使摆锤回到中间位置"的要求,在现场进行调整垫圈 13 和调整垫圈 21 的选配、调整如下:

① 按技术条件要求选配调整垫圈 13 保证波纹管 X 扩张 $0.3 \sim 0.7$,然后将摆锤组件按装配图进行组合,并预装一定厚度的调整垫圈 21,在不拧紧固定弹片的螺钉的情况下,检查摆锤是否能回到中间位置;经过多次装配试验后,发现按照上述方法选配调整垫圈 12 和调整垫圈 21,需要进行多次重复的拆散、装配的工作,且难以保证最终摆锤组件回到中间位置。

② 经过现场的装配试验,发现如果调整垫圈 21 选配时厚度比较薄(相对于摆锤回到中间位置时的厚度)时,可以通过拧松螺母 X,使摆锤回到中间位置,从这一点得到启发,可以将调整垫圈 13 和调整垫圈 21 的选配顺序改变一下,按如下方法进行调整:

a. 选配调整垫圈 21,保证波纹管 Y 的扩张量为 $0.3 \sim 0.7$。

如图 6 - 126 所示,将摆锤组件按图装配后,用塞尺检查间隙 A,根据公式:$h =$

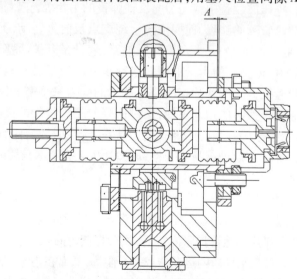

图 6 - 126　摆锤组件装配图 I

$A + (0.3 \sim 0.7)$ 来计算调整垫圈 21 的厚度,保证真空波纹管 Y 的扩张量为 $0.3 \sim 0.7$。

b. 选配调整垫圈 13,保证波纹管 X 的扩张量为 $0.3 \sim 0.7$。

如图 6 – 127 将选配好的调整垫圈 21 装配在摆锤组件上,按图将摆锤组件装配好,从 B 方向将摆锤推至止动位置,此时用塞尺检查间隙 L_2;

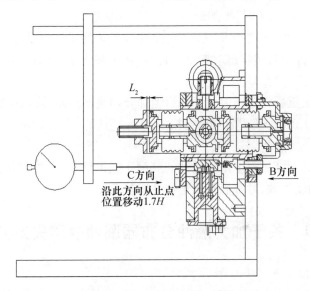

图 6 – 127　摆锤组件装配图 Ⅱ

如图 6 – 128 所示,在用塞尺检查间隙 L_2 后,将螺母 c 拧在波纹管上,并用螺母 c 将摆锤组件调整至中间位置,此时再用塞尺检查间隙 $L_2{}'$,尺寸 L_2' 即为调整垫

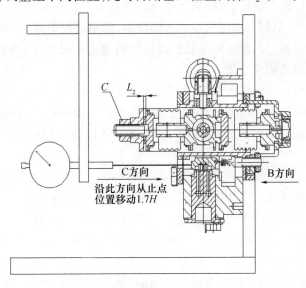

图 6 – 128　摆锤组件装配图 Ⅲ

圈 13 的厚度,此时 L_2、L_2' 应满足以下要求:

$L_2 - L_2' = 0.3 \sim 0.7$,$L_2 - L_2'$ 即为气压波纹管 X 的扩张量。

如果 $L_2 - L_2'$ 不满足上述要求按以下方法进行调整:

$L_2 - L_2' > 0.3 \sim 0.7$ 时,减少调整垫圈 21 的厚度;

$L_2 - L_2' < 0.3 \sim 0.7$ 时,增加调整垫圈 21 的厚度。

c. 按上述方法将调整垫圈选配后,按现行工艺将摆锤组件装配合格,在固定弹片时,使弹片处于自然状态时拧紧螺钉,再按上述方法,检查摆锤组件应处于中间位置。

按上述方法重新将摆锤装配合格后上综合调整试验器,故障现象完全消失,流量 $G_{\Phi\Pi} = f(\Delta P_t)$、$G_{\Phi\Pi} = f(P_2^\Phi)$ 调整合格。

6. 结论

在厂内装配调试过程中由于摆锤的装配工艺方法不当,摆锤活门不能回到平衡位置,分油功能失效,导致启动流量特性调整无效。

6.19 关于加力燃油分布器漏油故障失效分析

1. 故障情况

(1) 2013 年 8 月,在某部队一架飞机左发 * * S * * 10169H,夜航时加力起飞工作正常,飞行中加力断开 3s 之后,飞参及座舱内出现加力信号,并且油门杆在中间及以下状态间歇性出现加力信号,发动机在 $n_2 = 92\%$ 时间歇报 7 次喘振信号,发动机正常执行消喘动作,飞机安全返航。飞机着陆后地面指挥员命令飞行员立即跳离飞机后,发动机仍然尾喷口有火焰喷出,滑回过程中到发动机停车 12min 内加力信号连续出现。发动机停车后检查发动机流道未见异常,检查发动机加力火焰稳定器存在黑色积炭现象。

(2) 地面检查冷运转发现发动机尾喷口有大量油雾喷出。发动机总工作时间:34h29min,RFB – 10A(09A3055)配装 * * S * * 10169H 发动机使用 14h58min。厂、所相关人员及时达部队,并召开故障分析研讨会,分析故障机理,制定了排故方案。

按排故方案发动机地面冷运转开车,测量 RT – 34 指令油压为 1.2MPa(正常应为系统回油压力 0.2 ± 0.02MPa),发现加力输油圈有漏油现象;压力信号器 XY – 51 的 9 号、10 号针脚为导通状态(正常不导通)。分解检查该加力燃油分布器的三处指令活门组件(13、14、15 号位),发现Ⅳ路指令活门(14 号位)衬套上密封圈 Q/14D03.37 – 9.7×1.9A 断裂。

(3) 更换断裂密封圈后,飞机左发地面全程试车,两次接通加力,发动机性能正常,停车后检查发动机输油圈,无漏油情况。

2. 故障原因分析

（1）分解发现Ⅰ路（对应Ⅰ区输油圈）闭锁活门出口有漏油现象。分解检查发现 14 号位指令活门衬套上密封圈 Q/14D03.37 - 9.7 × 1.9A Ⅱ 断裂（见图 6 - 129、图 6 - 130）。

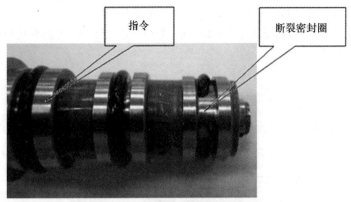

图 6 - 129　指令活门处断裂密封圈

图 6 - 130　故障密封圈

（2）通过计算得出密封圈装配后的单边最大紧度为 0.392mm，最小紧度为 0.315mm，是壳体孔内径、衬套密封槽外径、密封圈尺寸共同形成，密封圈紧度与某设计图相同，该密封结构在我厂产品上广泛采用，密封圈的安装无特殊要求。

（3）密封圈 Q/14D03.37 - 9.7 × 1.9A 在发动机未进入加力状态时，下腔为低压油（见图 6 - 131）、上腔为填充油（由主泵供油，最大油压力 9.31MPa）；当发动机进入加力后，下腔为指令油压力（由喷口加力调节器供油，随油门手柄增加从低压油上升到最大 1.8MPa）、上腔为填充油（由加力泵供油，最大油压力 7.5MPa），在所配装的 20 余型产品中工作压力属中压范围，该密封圈的受载无特殊性。

（4）发动机退出加力状态，喷口加力调节器供给 RFB - 10A 的指令油切断，控制各区输油圈闭锁活门关闭，加力燃油分布器 RFB - 10A 停止向发动机各区输油圈供油。由于 14 号位指令活门衬套上靠底部的密封圈 Q/14D03.37 - 9.7 × 1.9A

断裂,供给 RFB – 10A 的填充油通过断裂的密封圈泄漏到指令活门底部,即填充油与指令油沟通(见图 6 – 132),此时填充油相当于指令油将指令活门打开,同时打开闭锁活门,导致加力输油圈有燃油泄漏故障。由于填充油与指令油沟通,填充油通过指令油油路返回到喷口加力调节器的 XY – 51 压力信号器的受感器处,当压力达到 0.98 ± 0.62MPa 时 XY – 51 发出接通信号,出现加力信号灯亮故障。在 $n_2 = 92\%$ 时,由于加力输油圈有燃油泄漏,造成加力燃烧室燃烧不充分,导致发动机出现喘振信号。

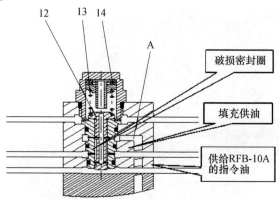

图 6 – 131　喷口加力调节器指令控制活门原理图

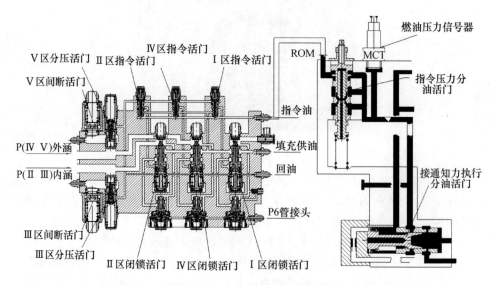

图 6 – 132　加力供油控制原理图

3. 密封圈断裂原因分析

（1）密封圈承制 3097 厂分析认为出现断裂的密封圈属个别现象。可能与检验目视差异有关系,造成密封圈内分模处有较粗糙的情况未被发现。在装配使用后受到载荷作用下出现断裂。

（2）密封圈 Q/14D03.37 - 9.7 × 1.9A 在发动机工作中，上腔感受的填充油在非加力和加力状态时，分别由主泵（齿轮泵）和加力泵（离心泵）交替供油，工作中主泵和加力泵出口油压有一定脉动，加上在发动机启动、非加力和加力状态转换时油压的冲击，使密封圈从内表面大量气孔处产生疲劳断裂。

4. 危害性分析

根据加力燃油分布器的工作原理和在发动机上的工作状态，对密封圈断裂后的危害性进行如下分析。

（1）当发动机未进入加力时，若故障密封圈断裂，来自主泵调节器的填充燃油通过指令活门衬套与壳体之间的间隙进入指令活门控制腔，使Ⅰ区指令活门和Ⅱ区指令活门进入工作状态（Ⅰ区、Ⅱ区指令活门打开压力 ΔP 分别为 $0.4 \pm 0.05\mathrm{MPa}$、$1.05 \pm 0.05\mathrm{MPa}$），导致发动机Ⅰ区、Ⅱ区加力总管打开，造成填充燃油漏到加力燃烧室，此时漏到加力燃烧室的最大燃油流量为分布器各区总管最小供油量（其中分布器Ⅰ区总管最小供油量为 $305.2 \pm 30\mathrm{L/h}$，Ⅱ区总管最小供油量为 $1400 \pm 120\mathrm{L/h}$）；由于发动机未进入加力状态，漏到加力燃烧室内的燃油此时不燃烧，燃油随着发动机的气流吹出加力燃烧室。此时不会影响发动机安全，仅会造成燃油消耗量增加。

（2）当发动机进入加力状态时，故障密封圈完好或者断裂，分布器各区燃油总管都处于打开状态，喷口加力调节器来的计量油通过加力分布器进入到加力燃烧室燃烧，而此时填充供油在压差活门的作用下被关闭，因此不影响发动机性能。

（3）当发动机退出加力至闭环控制后，若故障密封圈断裂，加力燃油分布器的Ⅰ区、Ⅱ区最小燃油流量继续往加力燃烧室供油。此时，如漏至加力燃烧室的燃油稳定燃烧，加力燃烧室的气压 P_4 高于正常值，发动机为保持闭环状态下的涡轮落压比，通过 RT - 34 喷口加力调节器 $\pi\mathrm{T}$ 调节机构放大喷口，喷口截面积较正常状态下的截面积略大，但不影响发动机安全；如漏至加力燃烧室的燃油燃烧不充分或贫油燃烧，此时加力燃烧室的 P_4 压力摆动，可能引起发动机轻微喘振。

（4）在地面冷运转开车时发动机尾喷口有油雾喷出，可即时发现。

5. 结论

经统计使用中密封圈断裂故障为个别故障，从故障发生时间上看为早期故障，可及时发现，已出厂产品在加强监控的情况下可正常使用。

参 考 文 献

[1] 胡世炎. 机械失效分析手册. 成都:四川科学出版社,1998.

[2] 陶春虎,何玉华,刘新灵. 失效分析新技术. 北京:国防工业出版社,2011.

[3] 张栋,钟培道,陶春虎,雷祖圣. 失效分析. 北京:国防工业出版社,2004.

[4] 刘家浚. 材料磨损原理及耐磨性. 北京:清华大学出版社,1993.

[5] 陶春虎,刘高远,等. 军工产品失效分析技术手册. 北京:国防工业出版社,2009.

[6] [苏]M. B. 拉兹特林,Д、H. 苏尔诺夫. 喷气发动机附件. 北京:国防工业出版社,1978.

[7] 吴琪华,贺惠珠,张加桢. 航空发动机调节. 北京:国防工业出版社,1986.

[8] 樊思齐,徐芸华. 航空推进系统控制. 西安:西北工业大学出版社,1995.

[9] 卢光贤. 液压传动与控制. 西安:西北工业大学出版社,1984.

[10] 马传宝,梁永刚,苟军喜. 批生产装备可靠性增长探讨. 科技咨讯,2012.

[11] 苏德清,王淑君. 可靠性增长大纲. 电子工业部电子标准化所,1994.

[12] 樊思齐. 航空发动机控制. 西安:西北工业大学出版社,2008.

[13] 《某涡扇发动机技术和使用维护说明书》中航工业黎阳航空发动机有限责任公司.

[14] 于宏军.《军用航空发动机适航性审查标准》中国航空综合技术研究所.

后　记

　　20世纪七八十年代，我在企业冶金部门专门从事失效分析工作。那个时期，正好是企业的开拓创业时期，也是产品故障暴露的频发期，企业研制的几型产品在研发的道路上充满着与失效的顽强斗争。在柱塞磨损剥落、弹簧折断与腐蚀、橡胶件裂纹、轴承剥落掉块、油滤脱焊、活门卡滞、支承组件脱落、液压延迟器杆点瘤等失效分析与攻关中，我作为具体承担失效分析工作的技术人员，有幸参与了多型产品在生产、试验、使用中的故障分析攻关工作。同时，配合落实纠正措施和产品定型定寿，参加了诸如弹簧钢丝研制、柱塞材料研制、橡胶薄膜研制、轴承材料研制、活门材料研制、液压延迟器套齿材料研制、滚针材料研制等多项新材料研制与攻关，并发表了10多篇失效分析论文，特别是被收入到《航空装备失效典型案例分析》一书中的"分油活门卡滞分析"一篇，赢得了编委会和有关同行的好评。

　　燃情岁月里丰富实践的积淀，使我经常会有一种同失效作斗争的纠结和担当，有一种强烈的把它总结成文、淬火出炉的创作冲动。我甚至非常喜欢我的这个行当。我觉得很少能找到另一种职业能比得上潜心搞失效分析更能让人体会到智慧、忘我、责任和神秘，更能给人以神圣感和成就感。也许这就是一种感情和事业的难分难舍的融合。这大概就是我愿意以航空发动机燃油控制器失效事件为线索，撰写亲历经过所感悟和沉淀的真诚而强烈的原动力。

　　在这种动力的驱动下，我从20世纪90年代开始，坚持数十年，开始了积水成河、山不辞土的对相关材料的搜集整理，开始了昏天黑地的忙忙碌碌整理编写的笔耕差事，并在这种保存历史、沉淀经验中寻找乐趣。当时，在计算机应用还没有普及的情况下，已经年近六旬的我克服困难，借助计算机技术，利用工作的间隙潜心构思谋篇，并写出了几万字的架构和初稿。每每翻看那个时候留下的重重叠叠的手稿、文集、报告，虽然是一张张无生命的纸张、冷峻的笔调、枯燥的实验数据，但在我眼里却有着一种鲜活的生命、深沉的情感、自强和奉献精神渗透和洋溢在那字里行间，使我久久不能平静。一般而言，一种职业只能算作人生中的一个阶段、一段阅历、一个插曲，但对我来说，却几乎成了我的全部人生。因为从上大学读专业课、到入国防单位、到几十年孜孜不倦的业务工作，再到退休后的念念不忘，几乎是漫漫人生的苦恋、苦专，岂能轻易舍弃！

　　退休十年后，公司科技委从知识沉淀、知识管理角度，希望由科技委牵头，请我担纲，把公司几十年失效分析的知识和经验沉淀下来。我今年已近70高龄，按说不适宜也不允许自己充满活力地再去接受和完成具有挑战性的工作任务，好在自我感觉身子骨还算硬朗，于是那种即将泯灭的激情又被唤醒，于是就有了再一次的冲动和担当。

鉴于航空发动机燃油泵调节器的失效与预防的地位和影响，本书或许聚而可为航空发动机失效与预防大书之一章，散则可为发动机燃油控制系统专著之一册。一本专著的完成必须有一个厚积薄发的漫长过程，需要长期的研究、试验、总结和沉淀。我也知道，要写出一本有指导意义的好书，是有难度的，没有一种自信、一种毅力、一种拼搏是很难完成的。本书是公司几十年失效分析技术活动的一个基本总结，其突出特点就是具有乡土气息的实践性。本书的编撰和出版，得益于红林机械有限公司科技委搭建的平台和热心该工作的领导、同事们的鼎力支持帮助。没有他们的热情帮助，没有团队人员只争朝夕、潜心谋篇的辛勤工作，这件事是不可能做成的。在此终于可以使这本专著呈现在了读者面前的时候，作为主编，我也完成了一桩宿愿，为航空事业尽了一份微薄之力！

需要说明的是，本书是在以往速记拾忆、参考资料和多年在失效分析工作实践的基础上完成的。书的内容一半是整理，一半是吸纳，二者结合而成。所以，我要再次感谢书中所列参考书目的作者和编者，再次感谢我曾经工作过的中航工业红林机械有限公司各相关部门的领导、同志和朋友，还有长期给予我关爱和支持的我的家人！

书的出版面世，对于长期身居大山的一名普通工程技术人员来说是一种愿望的满足！如果还有遗憾和不满足，那就是我应该把一切做得比现在更好。因为我明白自己的局限——不仅局限在技术方面，还局限在自己的思维和创造力方面。唯一能自慰的是，我们曾真诚而充满激情地将自己的血汗献给了伟大航空事业的澎湃大潮和我工作了毕生的企业。

由于笔者水平有限，书中难免有不妥或谬误之处，愿接受读者的争鸣与指教！

2014 年冬